U0616482

高等学校电子信息类专业"十二五"规划教材

高频电路原理及应用

主　　编　　朱代先
副主编　　李白萍　　吴文峰
　　　　　　刘晓佩　　刘凌志

西安电子科技大学出版社

内 容 简 介

　　本书是为满足高等学校应用型人才培养的需要而编写的。全书共 8 章，包括绪论，选频网络，高频小信号放大电路，高频功率放大器，振荡器，振幅调制、解调及混频，角度调制与解调，自动控制电路。

　　本书本着突出重点、便于教学、注重实用的原则，着重于物理概念的叙述，避免繁琐的公式推导，加强高频电路基本理论和基本电路的分析，注重器件与电路的紧密结合，增强集成电路应用等内容的比例，使得集成电路的设计性和综合性更强。本书将理论讲授、课堂讨论、自学、作业等教学环节有机结合，以充分调动学生学习的积极性和创造性。本书每章末均编有思考题与习题，以便于学生巩固所学内容。

　　本书可作为通信工程、电子信息工程等电子信息类专业的本科生及专科生教材，也可作为相关工程技术人员的参考书。

图书在版编目(CIP)数据

高频电路原理及应用/朱代先主编. —西安：西安电子科技大学出版社，2011.9
高等学校电子信息类专业"十二五"规划教材
ISBN 978 - 7 - 5606 - 2631 - 4

Ⅰ. ① 高…　Ⅱ. ① 朱…　Ⅲ. ① 高频—电子电路—高等学校—教材　Ⅳ. ① TN710.2

中国版本图书馆 CIP 数据核字(2011)第 146889 号

策　　划　云立实
责任编辑　任倍萱　云立实
出版发行　西安电子科技大学出版社(西安市太白南路 2 号)
电　　话　(029)88242885　88201467　　邮　　编　710071
网　　址　www.xduph.com　　　　电子邮箱　xdupfxb001@163.com
经　　销　新华书店
印刷单位　虎彩印艺股份有限公司
版　　次　2011 年 9 月第 1 版　2011 年 9 月第 1 次印刷
开　　本　787 毫米×1092 毫米　1/16　印　张　24
字　　数　567 千字
印　　数　1~3000 册
定　　价　40.00 元

ISBN 978 - 7 - 5606 - 2631 - 4/TN · 0615

XDUP 2923001 - 1

前　言

　　高频电路是通信、电子、信息等专业一门重要的专业基础课和技术基础课，主要研究讨论各种无线电设备和通信系统中基本单元电路的结构、原理和分析方法。

　　随着教学改革的深入和科学技术的发展，高频电路的地位和作用也在不断地发生着变化。近年来，由于高校开设课程的增加，高频电路课程的学时有很大程度的减少，这就需要不断调整和更新这门课程的内容，以满足实际教学的需要。为此，我们在编写本书时，力求控制篇幅、精选内容、突出重点，以便于教学。

　　本书内容主要包括：绪论，选频网络，高频小信号放大电路，高频功率放大器，振荡器，振幅调制、解调及混频，角度调制与解调，自动控制电路。在编写本书时，采用了分立元件讲原理，而集成芯片讲应用的形式；以基本电路原理和基本方法为重点，适当结合实际应用，介绍采用集成电路搭建电子通信系统中各种电路的实例。这样既加深了学生对基本电路的理解，又通过理论联系实际培养了其在电路设计中的实际动手能力，使学习效果事半功倍。

　　本书力求做到简明扼要、深入浅出、通俗易懂，以达到既便于教师授课，又便于学生自学的目的。本书既适合作为电子信息类本专科生的教材，也可供相关工程技术人员作为电路设计的参考书。本书建议学时数为 50～60，在实际教学中，可以根据不同专业的要求，对内容酌情进行删减。

　　本书由朱代先主编，李白萍、吴文峰、刘晓佩、刘凌志担任副主编。全书共 8 章。朱代先编写了本书的第 1 章和第 8 章的 8.3～8.7 节；李白萍编写了第 2 章的 2.4、2.5 节，第 4 章的 4.6～4.8 节，第 7 章的 7.4～7.7 节和第 8 章的 8.1、8.2 节；吴文峰编写了第 6 章和第 7 章的 7.1～7.3 节；刘晓佩编写了第 4 章的 4.1～4.5 节和第 5 章；刘凌志编写了第 2 章的 2.1～2.3 节和第 3 章。

　　在本书编写过程中，吴延海老师给以很多建设性的意见和指导，在此表示衷心的感谢。同时，也要感谢朱仲明、王帆两位同学，他们在本书的绘图、文字录入等方面做了大量的工作。

　　由于编者水平有限，教材中难免存在不妥之处，恳请读者不吝赐教。

编著者

2011 年 4 月

目　　录

第1章 绪 论

1.1 无线电通信发展简史

无线电技术已广泛应用于无线电通信、广播、电视、雷达、导航等领域，尽管它们在传递信息形式、工作方式和设备体制等方面有所差别，但它们都是利用高频（射频）无线电波来传递信息的，因此设备中发射和接收、检测高频信号的基本功能电路大都相同。本书主要结合无线电通信这一方式讨论设备和系统中高频电路的组成、工作原理及工程设计计算。

信息传输是人类社会生活的重要内容。现代人类社会是建立在信息传输和信息交换的基础上的。广义地说，凡是在发信者和收信者之间，以任何形式进行的信息传输和交换，都可称之为通信。通信是推动人类社会进步与发展的巨大动力。通信的目的是克服距离上的障碍，迅速而准确地传递信息。从古代的烽火到近代的旗语，都是人们快速远距离通信的手段。19 世纪，在电磁学理论与实践已有坚实的基础后，人们又开始寻求用电磁能量传送信息的方法。1837 年，莫尔斯（F. B. Morse）发明了电报，创造了莫尔斯电码，开创了通信的新纪元。1876 年，贝尔（Alexander G. Bell）发明了电话，直接将语言信号变为电信号沿导线传送。电报、电话的发明，为迅速准确地传递信息提供了新手段，是通信技术的重大突破。电报、电话都是沿导线传送信号的。能否不通过导线而在空间传送信号呢？答复是肯定的，这就是无线电通信。

1864 年，英国物理学家麦克斯韦（J. Clerk Maxwell）发表了《电磁场的动力理论》这一著名论文，总结了前人在电磁学方面的工作，得出了电磁场方程，也就是著名的麦克斯韦方程。它阐述了电磁在空间的分布特性，从理论上证明了电磁波的存在，为后来的无线电发明和发展奠定了坚实的理论基础。1887 年，德国物理学家赫兹（H. Hertz）以卓越的实验技巧证实了电磁波是客观存在的。他在实验中证明：电磁波在自由空间的传播速度与光速相同，并能产生反射、折射、驻波等与光波性质相同的现象。麦克斯韦的理论从而得到了证实。从此以后，许多国家的科学家都在努力研究如何利用电磁波传输信息的问题，这就是无线电通信。其中著名的有英国的罗吉（O. J. Lodge）、法国的勃兰利（Branly）、俄国的波波夫（А. С. ПопоB）、意大利的马可尼（Guglielmo Marconi）等人。

在以上这些人中，以马可尼的贡献最大。他于 1895 年首次在几百米的距离用电磁波进行通信并获得成功，1901 年又首次完成了横渡大西洋的通信。从此，无线电通信进入了实用阶段。但这时的无线电通信设备是：发送设备为火花发射机、电弧发生器或高频发电机等，接收设备则为粉末（金属屑）检波器。直到 1904 年，弗莱明（Fleming）发明了电子二极管，才开始进入无线电电子学时代。

1907 年，李·德·福雷斯特（Lee de Forest）发明了电子三极管，用它可组成具有放大、振荡、变频、调制、检波和波形变换等重要功能的电子线路，为现代千变万化的电子线路提供了"心脏"器件。电子管的出现是电子技术发展史上第一个重要里程碑。

1948 年，肖克利（W. Shockley）等人发明了晶体三极管，它在节约电能、缩小体积与重量、延长寿命等方面远远胜过电子管，因而成为电子技术发展史上第二个重要里程碑。晶体管在许多方面取代了电子管的传统地位，成为极其重要的电子器件。

20 世纪 60 年代开始出现的将"管"、"路"结合起来的集成电路，几十年来已取得极其巨大的成就。中、大规模乃至超大规模集成电路的不断涌现，已成为电子线路，特别是数字电路发展的主流，对人类进入信息社会起到不可估量的推动作用。这可以说是电子技术发展史上第三个重要里程碑。

1958 年美国研制成功第一块集成电路，1967 年研制成功大规模集成（LSI）电路，1978 年研制成功超大规模集成（VLSI）电路，从此电子技术进入了微电子技术时代。无线电技术从诞生到现在，对人类的生活和生产活动产生了非常深刻的影响。20 世纪初首先解决了无线电报通信问题；接着又解决了用无线电波传送语言和音乐的问题，从而开展了无线电话通信和无线电广播；以后传输图像的问题也解决了，出现了无线电传真和电视。20 世纪 30 年代中期到第二次世界大战期间，为了防空的需要，无线电定位技术迅速发展和雷达的出现，带动了其他科学的兴起，如无线电天文学、无线电气象学等。20 世纪 40 年代电子计算机诞生了，它能对复杂的数学问题进行快速计算，代替了部分脑力劳动，因而得到飞速发展。20 世纪 50 年代以来，宇航技术的发展又促进了无线电技术向更高的阶段发展。在自动控制方面，由于应用了信息论和控制论，不仅能使生产高度自动化，而且具有各种功能的机器人也已制造出来了。

无线电技术给人们带来的影响是无可争议的。如今每一天大约有 15 万人成为新的无线用户，全球范围内的无线用户数量目前已经超过 2 亿。这些人包括大学教授、仓库管理员、护士、商店负责人、办公室经理和卡车司机。他们使用无线电技术的方式和他们自身的工作一样都在不断地更新。

无线电技术的发展是从利用电磁波传输信息的无线电通信扩展到计算机科学、宇航技术、自动控制以及其他各学科领域的。可以说，上至天文，下至地理，大到宇宙空间，小到基本粒子等科学的研究，从工农业生产到社会、家庭生活，都离不开无线电技术。无线电技术的发展过程是不断延伸和扩展人的感觉器官和大脑部分功能的过程。无线电话、电视、雷达延伸和扩展了眼、耳的功能，电子计算机延伸和扩展了大脑的部分功能。人类的感觉器官和大脑联合工作，能感知、传递和处理信息，现在已发展起来的各种控制系统正部分地模拟、延伸和扩展人类对于信息的感知、传递和处理的综合运用功能。无线电技术的发展虽然头绪繁多、应用广泛，但其主要任务是解决信息传输和信息处理问题。高频电子线路所涉及的单元电路都是从传输与处理信息这两个基本点出发来进行研究的，因此，我们仍以普遍应用的、典型的无线电通信系统为例来说明它的工作原理和工作过程。

1.2 无线电系统概述

1.2.1 通信系统的组成

通信既是人类社会的重要组成部分，又是社会发展和进步的重要因素。实现消息传递所需设备的总和，称为通信系统。19 世纪末迅速发展起来的以电信号为消息载体的通信方式，称为现代通信系统。现代通信系统由输入变换器、发送设备、信道、接收设备及输出变换器五部分组成。在信号的传输过程中，各个环节都不可避免地会受到各种噪声的干扰。为简化分析过程，可将各环节的噪声干扰等效到信道部分，最后形成现代通信系统的组成框图，如图 1.1 所示。其中，各个组成部分的功能介绍如下。

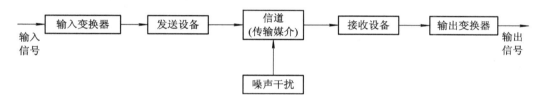

图 1.1 通信系统基本组成框图

1. 输入变换器

输入变换器的主要任务是将发信者提供的非电量消息（如声音、景物等）变换为电信号，它能反映待发送的全部消息，通常具有"低通型"频谱结构，故称为基带信号。当输入消息本身就是电信号时（如计算机输出的二进制信号），可省略输入变换器而直接进入发送设备。

2. 发送设备

发送设备主要有两大任务：一是调制，二是放大。

所谓调制，就是将基带信号变换成适合信道传输的频带信号。调制就是利用基带信号去控制载波信号的某一参数，让该参数随基带信号的大小而线性变化的处理过程。通常又将基带信号称为调制信号，将高频振荡信号称为载波信号。将经过调制后的高频振荡信号称为已调信号或已调波。

所谓放大，是指对调制信号和已调信号的电压和功率进行放大、滤波等处理，以保证送入信道的已调信号功率足够大。

3. 信道

信道是连接收、发两端的信号通道，又称传输媒介。通信系统中的信道可分为两大类：有线信道（如架空明线、电缆、波导、光缆等）和无线信道（如海水、地球表面、自由空间等）。不同信道有不同的传输特性，相同媒介对不同频率的信号传输特性也是不同的。下一节我们讨论信号在自由空间里的传播特性。

4. 接收设备

接收设备的任务是将信道传送过来的已调信号进行处理，以恢复出与发送端一致的基带信号，这种从已调波中恢复基带信号的处理过程称为解调。显然，解调是调制的反过程。由于信道的衰减特性，经远距离传输到达接收端的信号电平通常是很微弱的（微伏数量级），需要放大后才能解调。同时，在信道中还会存在许多干扰信号，因而接收设备还必须具有从众多干扰信号中选择有用信号、抑制干扰的能力。

5．输出变换器

输出变换器的作用是将接收设备输出的基带信号变换成原来形式的消息，如声音、景物等，供收信者使用。

6．噪声干扰

噪声虽然不是通信的组成部分，但其在通信系统中时刻都存在着。在图 1.1 中只标出了信道的噪声，实际上通信系统的各个部分都会受到噪声的干扰。所谓噪声，就是在电子设备中与有用信号同时存在的一种随机变化的电流或电压，即使没有通信信号，它也存在。例如，收音机中常听到的"沙沙"声，电视图像中的雪花点都是典型的噪声。

根据分类方式的不同，通信系统的种类很多。按传输消息的物理特征可将其分为电话、电报、传真通信系统、广播电视通信系统和数据通信系统等；按传输的基带信号的物理特征可将其分为模拟和数字通信系统；而按传输媒介的物理特征可将其分为有线通信系统和无线通信系统。

1.2.2　无线电波的传播

众所周知，任何载有消息的无线电波都占有一定的信号带宽。载波频率越高，可利用的总带宽（或波段）就越宽，因此利用高频可以在同一波段中实现许多不同对象间的消息传输。此外，某些频带很宽的消息（如电视图像、多路话音、雷达信号等）只能在很高的频率上才能传输。例如，电视图像信号的频带宽度约为 6 MHz，它只适于在几十兆赫兹以上的频率上传输。

为了讨论无线电波的传播，我们必须考虑信号的频率特性。任何信号都具有一定的频率和波长。我们这里所讲的频率特性就是无线电信号的频率或波长。电磁波辐射的波长范围如图 1.2 所示。

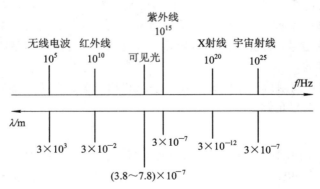

图 1.2　电磁波波谱分布

在实际生活中，为了讨论问题的方便，将不同频率的电磁波人为地划分成若干频段或波段，其相应名称和主要应用举例列于表 1.1 中。应该指出，各种波段的划分是相对的，因为各波段之间并没有显著的分界线，但各个不同波段的特点仍然有明显的差别。无线通

信系统使用的频率范围很宽阔，从几十千赫兹到几百兆赫兹。习惯上按电磁波的频率范围
划分为若干个区段，称为频段或波段。无线电波在空间的传播速度 $c = 3 \times 10^8$ m/s，则无线
电信号的频率与其波长的关系为

$$\lambda = \frac{c}{f} \tag{1.1}$$

式中，频率 f 的单位为 Hz，波长 λ 的单位为 m。

表 1.1　波段的划分

波段名称		波段范围	频率范围	频段名称
超长波		10 000～100 000 m	3～30 kHz	甚低频（VLF）
长波		1000～10 000 m	30～300 kHz	低频（LF）
中波		100～1000 m	0.3～3 MHz	中频（MF）
短波		10～100 m	3～30 MHz	高频（HF）
超短波（米波）		1～10 m	30～300 MHz	甚高频（VHF）
微波	分米波	10 cm～1 m	0.3～3 GHz	特高频（VLF）
	厘米波	1～10 cm	3～30 GHz	超高频（SHF）
	毫米波	1 mm～10 cm	30～300 GHz	极高频（EHF）
	亚毫米波	0.1～1 mm	300～3000 GHz	超极高频

应当指出，不同频段的信号具有不同的分析与实现方法，对于米波以上的信号通常用
集总参数的方法来分析与实现，而对于米波以下的信号一般应用分布参数的方法来分析与
实现。另外，从表中可以看出，频段划分有一个"高频"段，其频率范围在 3～30 MHz，这
是狭义的解释，它指的是短波波段。本课程涉及的波段可从中波到微波波段。

在自由空间媒介里，电磁能量是以电磁波的形式传播的。然而，不同频率的电磁波却
有不同的传播方式。1.5 MHz 以下的电磁波主要沿地表传播，称为地波，如图 1.3 所示。
由于大地不是理想的导体，当电磁波沿其传播时，有一部分能量被损耗掉。频率越高，趋
表效应越严重，损耗越大，因此频率较高的电磁波不宜沿地表传播。1.5～30 MHz 的电磁
波主要靠天空中电离层的折射和反射传播，称为天波，如图 1.4 所示。电离层是由于太阳
和星际空间的辐射引起大气上层电离形成的。电磁波到达电离层后，一部分能量被吸收，
一部分能量被反射和折射到地面。频率越高，被吸收的能量越小，电磁波穿入电离层也越
深。当频率超过一定值后，电磁波就会穿透电离层而不再返回地面。因此频率更高的电磁
波不宜用天波传播。30 MHz 以上的电磁波主要沿空间直线传播，称为空间波，如图 1.5 所
示。由于地球表面的弯曲，空间波传播距离受限于视距范围。架高收发天线可以增大其传
输距离。在实际无线通信中，还有一种对流层散射传播方式，如图 1.6 所示。

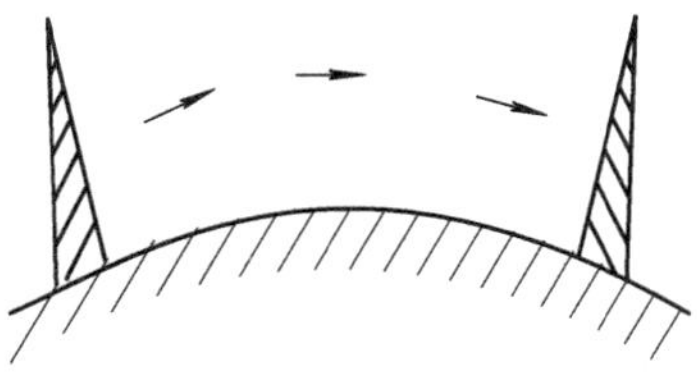

图 1.3　电磁波沿地表绕射 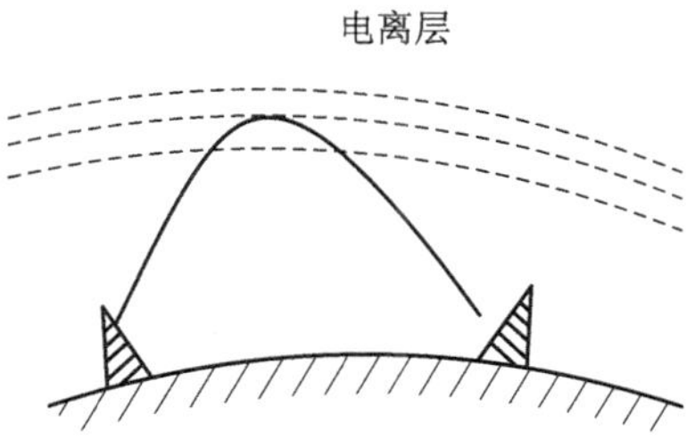　　　　　　　　　图 1.4　电磁波的折射与反射

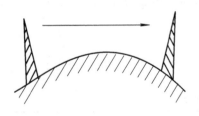
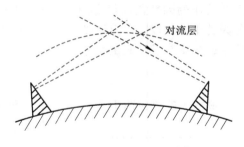

图 1.5　电磁波的直射　　　　　　　　图 1.6　对流层散射传播

1.2.3　无线电通信系统的工作原理

在无线通信系统中，传输媒介是自由空间。根据电磁波的波长或频率范围，电磁波在自由空间的传播方式不同，且信号传输的有效性和可靠性也不同，由此使得通信系统的构成及其工作机理也有很大的不同。

由天线理论可知，要将无线电信号有效地发射出去，天线的尺寸必须和电信号的波长为同一数量级。由原始非电量信息经转换而成的原始电信号一般是低频信号，波长很长。例如，音频信号一般仅在 15 kHz 以内，对应波长为 20 km 以上，要制造出如此巨大的天线是不现实的。另外，即使这样巨大的天线能够制造出来，由于各个发射台发射的均为同一频率的信号，这样也会造成它们之间的相互干扰。为了有效地进行传输，必须采用几百千赫兹以上的高频振荡信号作为运载工具，将携带信息的低频电信号"装载"到高频振荡信号上（这一过程称为调制），然后经天线发送出去。到了接收端后，再把低频电信号从高频振荡信号上"卸取"下来（这一过程称为解调）。其中，未经调制的高频振荡信号称为载波信号，低频电信号称为调制信号，经过调制并携带有低频信息的高频振荡信号称为已调波信号。采用调制方式以后，由于传送的是高频已调波信号，故所需天线尺寸可大大缩小。另外，不同的发射台可以采用不同频率的高频振荡信号作为载波，这样在频谱上就可以加以区分。

发射机和接收机是无线电通信系统的核心部件，它们是为了使基带信号在信道中有效和可靠地传输而设置的。图 1.7 和图 1.8 分别给出了无线电通信系统中发送设备与接收设备的方框图。

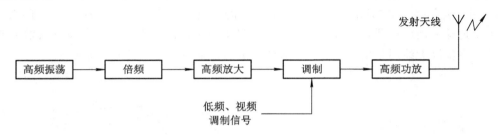

图 1.7　无线电通信系统发送设备方框图

由图 1.7 可见，发送设备所涉及的基本功能电路包括：高频振荡器、倍频器、高频放大器、调制器、高频功放和发射天线等。它的工作过程为：振荡器产生一定频率的最初高频振荡信（一般是正弦信号），通常其功率很小。倍频器主要是以提高发射机的频率以及扩展发射机的波段范围，使其频率倍增到载波频率(f_c)上，高频放大器的主要功能是将小的等幅振荡信号加以放大，达到一定的功率，以便于后续的调制。它通常由若干级放大器组成。调制器主要把基带信号加载到载波上，完成信号调制。功率放大器主要把调制信号放大到足够高的功率，送给天线进行发射。

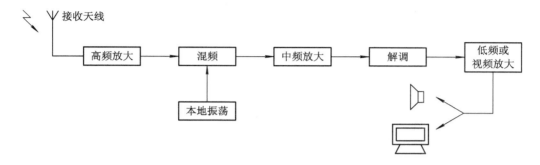

图 1.8 无线电通信系统接收设备方框图

接收设备主要由接收天线、高频小信号放大器、混频器、本地振荡器、中频放大器、解调器和低频信号（基带）放大器等组成。它的工作过程为：接收天线接收到微弱的高频调制信号，首先进行高频放大，然后和本地振荡器产生的高频信号进行混频，得到中频信号，再送入中频放大器进行放大，最后进行解调，恢复出原来的低频信号（基带信号）。其中，混频电路起频率变换作用，其输入是各种不同载频的高频已调波信号和本地振荡信号，输出是一种载频较低而且固定的高频已调波信号（习惯上称此信号为中频信号）。也就是说，混频电路可以把接收到的不同载频的各发射台高频已调波信号变换为同一载频（中频）的高频已调波信号，由于工作频段较低而且固定，其性能可以做得很好，从而达到满意的接收效果。这种接收方式称为超外差方式。

以上这些基本功能电路中，大部分属于高频电子线路。另外，包括自动增益控制、自动频率控制和自动相位控制（锁相环）在内的反馈控制电路也是高频电子线路所要研究的重要对象，因为这是通信系统中必不可少的部分。

在高频电子线路中，大部分是非线性电路，如振荡电路、调制和解调电路、混频电路、倍频电路等。非线性电路必须采用非线性分析方法。非线性微分方程是描述非线性电路的数学模型，但在工程上常采用一些近似分析和求解的方法。

1.3　信号、调制和频谱

在高频电路中，我们要处理的无线电信号主要有三种：基带信号、高频载波信号和已调信号。基带（消息）信号就是在没有调制前的原始电信号。在高频电子线路中，也称之为调制信号。如话音、数据、电报、图像、视频信号就是常见的消息信号。话音信号与图像信号是随时间连续变化的信号，是一种模拟信号。数据和电报信号是取离散值时间的信号，是一种数字信号。图 1.9(a)、(b)分别表示模拟信号和数字信号的波形。图 1.9(b)中的 1 和 0 是二进制数字信号。

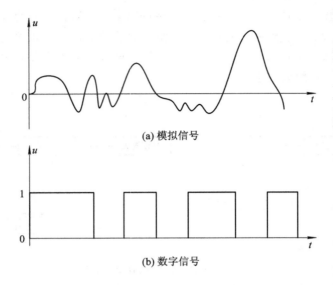

(a) 模拟信号

(b) 数字信号

图 1.9 模拟信号和数字信号的波形

　　表示和分析一个信号通常有时域和频域两种方法。在时域中，我们通常用数学方式将信号表示为电压和电流的时间函数或者直接画出波形图。对于简单的信号（如正余弦波信号、周期性信号），用时域表示是很方便的。对于较复杂的信号，比如话音信号、图像信号，由于其复杂性和随机性，难以用数学表达式和波形直接描述，若采用频域的分析方法则较为方便。一个确定的时间信号 $f(t)$，总可以分解为许多不同频率的单一正弦信号。周期性的时间信号可以用傅里叶级数分解为许多个离散的频率分量（各分量间成谐波关系）；非周期的时间信号可以用傅里叶变换分解为连续谱，信号为连续谱的积分。通过对这些分量的研究就可以了解信号的许多特性，如信号的频率分布、信号的带宽等。在研究和设计某些电子电路时，常常需要了解信号的这些特性。频域分析方法还有一个好处，就是它可以用仪器对信号（甚至是随机信号）进行测量分析。频谱分析仪就是其中最有用的一种仪器。

　　设周期性时间信号为 $f(t)$，当 $f(t)$ 是连续函数时，或只有有限个间断点（在周期内）时，它可以展开为傅里叶级数

$$f(t) = \frac{a_0}{2} + \sum_{n=1}^{\infty} (a_n \cos n\omega t + b_n \sin n\omega t) \tag{1.2}$$

或

$$f(t) = \sum_{n=1}^{\infty} C_n \mathrm{e}^{jn\omega t} \tag{1.3}$$

式中，$\omega = 2\pi/T$，T 为周期性函数，且有，

$$\begin{cases} a_n = \dfrac{2}{T} \displaystyle\int_{-T/2}^{T/2} f(t) \cos n\omega t \ \mathrm{d}t & (n = 0, 1, 2, \cdots) \\[2mm] b_n = \dfrac{2}{T} \displaystyle\int_{-T/2}^{T/2} f(t) \sin n\omega t \ \mathrm{d}t & (n = 1, 2, \cdots) \\[2mm] C_n = \dfrac{2}{T} \displaystyle\int_{-T/2}^{T/2} f(t) \mathrm{e}^{-jn\omega t} \mathrm{d}t & (n = 0, \pm 1, \pm 2, \cdots) \end{cases} \tag{1.4}$$

　　式（1.3）是周期信号的指数形式。C_n 是复数，n 可取整数，表示展开式中还有"负"频率

分量，是为分析方便而引入的，这样得到的频谱称为双边带频谱。而式(1.2)是单边带谱。

图 1.10 所示是一周期方波的波形与对应的单边谱与双边谱。此周期方波如果除去直流成分，将是一奇函数，其傅里叶展开式的余弦项的系数 a_n 都为零，它的展开式为

$$i = I\left(\frac{1}{2} + \frac{2}{\pi}\sin\Omega t + \frac{2}{3\pi}\sin3\Omega t + \frac{2}{5\pi}\sin5\Omega t + \cdots\right) \tag{1.5}$$

式中，$\Omega = 2\pi/T$。

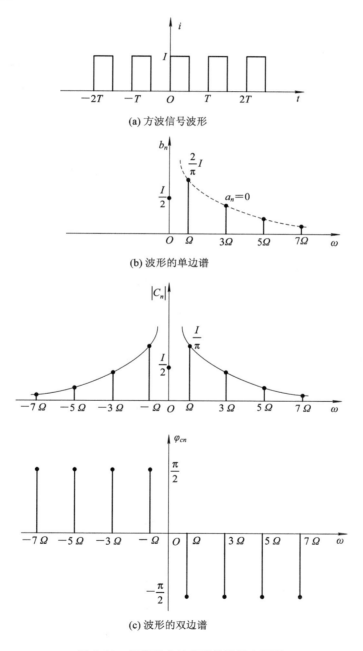

(a) 方波信号波形

(b) 波形的单边谱

(c) 波形的双边谱

图 1.10　周期性方波信号的波形和频谱

对于非周期时间信号 $f(t)$，它的傅里叶变换为 $F(\omega)$，是 ω 的连续函数，量纲为 A/Hz 或 V/Hz。信号 $f(t)$ 可以表示为谱密度 $F(\omega)$ 的积分和，即

$$F(\omega) = \int_{-\infty}^{\infty} f(t) e^{-j\omega t} \, dt \tag{1.6}$$

$$f(t) = \frac{1}{2\pi} \int_{-\infty}^{\infty} F(\omega) e^{j\omega t} \, d\omega \tag{1.7}$$

可知，$f(t)$ 是 $F(\omega)$ 的反变换。式(1.6)表示的是双边谱。非周期信号可以看做是周期 T 为无穷大的信号。由式(1.4)可知，当 T 趋于无穷大时，频率分量趋于无限小；同时，分量由离散变为连续。引用极限的概念，这些分量可以用连续分布的谱密度表示。由信号分析可知，如果引用冲激函数 $\delta(\omega)$ 的概念，即使是周期性信号，也可以用谱密度表示，从而可以将两者统一起来。但是为了方便，在本书中，我们仍然用频谱分量和频谱密度分别描述周期信号与非周期信号的频域特性。

人耳可听的声音信号的频率范围约从 20 Hz 到十几千赫兹，话音的频率范围大致为 100 Hz~6 kHz，其主要能量集中在 0.3~3.4 kHz，通常只需传送此频率范围的信号，就能保证通话所需的可懂度和自然度。话音信号是非周期性的随机信号。图 1.11 是话音信号的频谱分布示意图，由于是连续时间信号，因此谱是连成一片的。

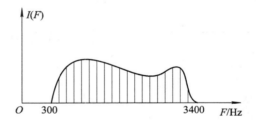

图 1.11　话音信号的频谱分布图

高频载波信号是指尚未受信号调制的单一频率 ω_c 正弦波信号，可以表示为

$$u(t) = U_c \cos(\omega_c t + \varphi) \tag{1.8}$$

式中，U_c 为正弦信号的振幅；$\omega_c = 2\pi f_c$，为载波角频率；f_c 为载波频率；φ 为初始相位。

要通过载波传送信号，就必须使载波信号的某一参数——振幅、频率或相位，随消息信号发生改变，这一过程称为调制。

单用电报信号和数字消息信号进行调制时，通常又称为键控。此时，载波的振幅、频率、相位在有限几个值之间变化，故数字信号的调制又分别称为振幅键控（ASK）、频率键控（FSK）及相位键控（PSK）。

除了以上的基本调制外，还可以实现某些组合调制。在某些通信系统，比如微波中继通信、卫星通信和移动通信中，也会用到以脉冲信号为中间信号的二重调制。即首先用消息信号对脉冲进行调制，如常用的脉码调制（PCM），然后用此受调脉冲信号对载波进行调制或键控。本书第 6、7 章将讨论高频范围内的几种常用调制。

调制的另外一个功用就是能实现信道的复用，比如中继通信和卫星通信中多路电话的传送，就是经调制实现的。立体声广播和电视广播也是利用组合调制来实现多种消息的传送（如双声道话音、电视中的图像、伴音、同步信号等）。

受消息调制的高频信号称为已调制信号。现以最简单的常规振幅调制（AM）为例，说

明已调信号的特点。中、短波广播和传统的单路无线电通信就是这种调制。先看单一音频信号的振幅调制。设音频信号为 $u_\Omega(t) = U_\Omega \cos\Omega t$，则振幅受调制的已调信号为

$$u(t) = U_c(1 + m\cos\Omega t)\cos(\omega_c t + \varphi) \tag{1.9}$$

式中，m 与 U_Ω 成正比，$\dfrac{kU_\Omega}{U_c}$ 称为调幅度。比较式(1.8)和式(1.9)，可知已调信号的特点就是载波的振幅 $u(t) = U_c(1 + m\cos\Omega t)$ 与音频信号成线性变化关系。图 1.12 所示是音频信号、带直流的音频信号载波信号和已调波信号的波形。由图可见，m 必须小于 1，高频信号的振幅(包络)才能无失真地反映被传送的音频信号。

用三角函数关系可将式(1.9)分解为

$$u(t) = U_c\cos(\omega_c t + \varphi) + \frac{1}{2}mU_c\cos[(\omega_c - \Omega)t + \varphi]$$
$$+ \frac{1}{2}mU_c\cos[(\omega_c + \Omega)t + \varphi] \tag{1.10}$$

式中，除了原有的载波分量外，还出现了 $\omega_c - \Omega$ 和 $\omega_c + \Omega$ 两个频率分量。它们的振幅都与 U_Ω 成正比。这两个分量分别称为下边频 $\omega_c - \Omega$ 和上边频 $\omega_c + \Omega$。图 1.13 表示了调制信号和已调信号的频谱分布。

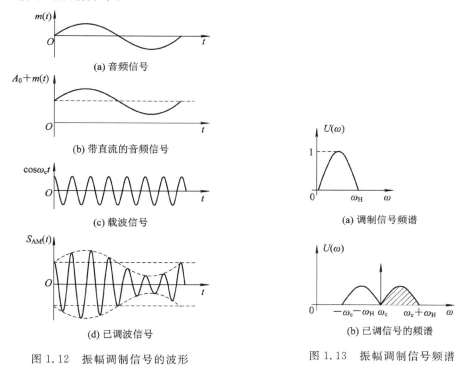

(a) 音频信号

(b) 带直流的音频信号

(c) 载波信号

(d) 已调波信号

图 1.12 振幅调制信号的波形

(a) 调制信号频谱

(b) 已调信号的频谱

图 1.13 振幅调制信号频谱

1.4 本课程的特点

应用于电子系统和电子设备中的高频电子线路几乎都是由线性的元件和非线性的器件组成的。严格来讲，所有包含非线性器件的电子线路都是非线性电路，只是在不同的使用

条件下，非线性器件所表现的非线性程度不同而已。比如，对于高频小信号放大器，由于输入的信号足够小，而又要求不失真放大，因此，其中的非线性器件可以用线性等效电路来表示，分析方法也可以用线性电路的分析方法。但是，本书的绝大部分电路都属于非线性电路，一般都用非线性电路的分析方法来分析。

与线性器件不同，对非线性器件的描述通常用多个参数，如直流跨导、时变跨导和平均跨导，而且大都与控制变量有关。在分析非线性器件对输入信号的响应时，不能采用线性电路中行之有效的叠加原理，而必须通过求解非线性方程（包括代数方程和微分方程）。实际上，要想精确求解方程十分困难，一般都采用计算机辅助设计(CAD)的方法进行近似分析。在工程上也往往根据实际情况对器件的数学模型和电路的工作条件进行合理的近似，以便用简单的分析方法获得具有实际意义的结果，而不必过分追求其严格性。因此，在学习本课程时，要抓住各种电路之间的共性，洞悉各种功能之间的内在联系，而不要局限于掌握一个个具体的电路及其工作原理。当然，熟悉典型的单元电路对识图能力的提高和电路的系统设计都是非常有意义的。近年来，集成电路和数字信号处理(DSP)技术迅速发展，各种通信电路甚至系统都可以做在一个芯片内，称为片上系统(SOC)。但要注意，所有这些电路都是以分立器件为基础的，因此，在学习时要注意"分立为基础，集成为重点，分立为集成服务"的原则。在学习具体电路时，要掌握"管为路用、以路为主"方法，做到以点带面、举一反三、触类旁通。

高频电子线路是在科学技术和生产实践中发展起来的，也只有通过实践才能深入的了解。因此，在学习本课程时必须要高度重视实验环节，坚持理论联系实际，在实践中积累丰富的经验。随着计算机技术和电子设计自动化(EDA技术)的发展，越来越多的高频电子线路可以采用EDA软件进行设计、仿真分析和电路板制作，甚至可以做电磁兼容的分析和实际环境下的仿真。因此，掌握先进的高频电路EDA技术，也是学习高频电子线路的一个重要内容。

思考题与习题

1.1　画出无线通信收发信机的原理框图，并说明各部分的功能。

1.2　无线通信为什么要用高频信号？"高频"信号指的是什么？

1.3　无线通信为什么要进行调制？如何进行调制？

1.4　无线电信号的频段是如何划分的？各个频段的传播特性和应用情况如何？

第 2 章　选 频 网 络

2.1　概　　述

在各种通信系统中,信号在变换电路和传输过程中不可避免地会受到各种噪声和干扰的影响,从而产生众多的无用信号并可能引起信号的失真。在接收端,接收设备的首要任务就是从众多的无用信号和噪声干扰中把所需要的有用信号选出来并放大,同时尽可能地抑制和滤除无用信号和各种噪声干扰。在由高频电路组成的接收设备中,常采用选频网络来完成此功能。选频网络能选出有用频率分量和滤除不需要的频率分量。

在高频电子线路中应用的选频网络分为两大类:第一类是由电感 L 和电容 C 元件组成的谐振回路,它又可分为单谐振回路和耦合谐振回路;第二类是各种滤波器,如石英晶体滤波器、陶瓷滤波器和声表面波滤波器等。

由电感 L 和电容 C 元件组成的谐振回路除了具有选频的作用外,还具有阻抗匹配的功能。各种滤波器除具有良好的选频特性外,与放大器构成的集中选频放大器,还具有高增益、高稳定性、设计简单、批量生产等优点,它们在高频电子线路中都得到广泛的应用。因此掌握各种选频网络的特性及分析方法特别重要。

在分析谐振回路和滤波器之前,我们先分析高频电路中元件的高频特性。高频电路中的元件主要是电阻(器)、电容(器)和电感(器),它们都属于无源的线性元件。

1. 电阻的高频特性

一个实际的电阻,在低频时主要表现为电阻耗能特性,但在高频使用时不仅表现有电阻特性,还表现有电抗特性。电阻元件表现出的电抗特性反映的就是电阻元件的高频特性。一个电阻 R 的高频等效电路如图 2.1 所示。其中 R 为电阻,C_R 为分布电容,L_R 为引线电感。分布电容和分布电感越小,电阻体现的高频特性就越好。

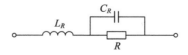

图 2.1　电阻的高频等效电路

电阻的高频特性与制造电阻的材料、电阻的封装形式和电阻的尺寸大小密切相关。通常,金属膜电阻比碳膜电阻的高频特性要好,而碳膜电阻比线绕电阻的高频特性要好;表面封装电阻比线绕电阻的高频特性要好,小尺寸的电阻比大尺寸的电阻高频特性要好。频率越高，电阻的电抗特性就越明显。在实际使用时，要尽量减小电阻高频特性的影响，使之表现为纯电阻。

2. 电感线圈的高频特性

电感线圈在高频电路中可以作为谐振元件、滤波元件和隔阻元件使用。与普通电感器一样，电感量是其主要参数。电感量 L 产生的感抗为 $j\omega L$，ω 为工作角频率。但在高频波段，除了表现电感 L 的特性外，还具有一定的损耗电阻 r 和分布电容。在分析一般的长、中、短波或米波频段电路时，可以忽略分布电容的作用。因而，电感线圈的等效电路可以表示为电感 L 和电阻 r 的串联，如图 2.2(a)所示。

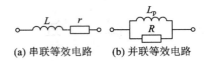

(a) 串联等效电路　　(b) 并联等效电路

图 2.2　电感线圈的串、并联等效电路

电阻 r 指的是在交流电信号下的电阻，此电阻比在直流工作状态下的电阻要大得多，这是由于集肤效应和其他一些因素的影响。所谓集肤效应，是指随着工作频率的增大，流过导线的交流电趋于流向导线表面的现象。当频率很高时，导线中心部位几乎没有电流流过，这相当于导线导电的有效面积较直流时大为减小，从而使电阻 r 增大。工作频率越高，导线电阻 r 值就越大。

在无线电技术中通常不直接用等效电阻 r，而是引入线圈的"品质因数"这一参数来表示线圈的损耗性能。所谓品质因数，就是电感线圈上的无功功率与有功功率之比，即

$$Q = \frac{无功功率}{有功功率}$$

由定义可得电感线圈的品质因数等于线圈的感抗值与其串联电阻 r 之比

$$Q = \frac{\omega L}{r} \tag{2.1}$$

式(2.1)中，ω 为工作角频率。Q 是一个比值，没有量纲，Q 越高，损耗越小。通常 Q 值在几十到一、二百左右，要达到二、三百以上很不容易。

在电路分析中，为了计算方便，有时需要把如图 2.2(a)所示的电感 L 和电阻 r 串联形式等效电路转换成如图 2.2(b)所示的电感 L_p 和电阻 R 的并联形式等效电路。两种等效电路两端导纳相等，有

$$\frac{1}{r + j\omega L} = \frac{1}{R} + \frac{1}{j\omega L_p} \tag{2.2}$$

根据式(2.1)和式(2.2)，可以得到

$$R = r(1 + Q^2) \tag{2.3}$$

$$L_p = L\left(1 + \frac{1}{Q^2}\right) \tag{2.4}$$

一般情况下，$Q \gg 1$，则

$$R \approx rQ^2 = \frac{\omega^2 L^2}{r} \tag{2.5}$$

$$L_p \approx L \tag{2.6}$$

上述结果表明：一个高品质因数的电感线圈，在串、并两种形式的等效电路中，电感值近似不变而并联电阻 R 为串联电阻 r 的 Q^2 倍，串联电阻和并联电阻的乘积等于感抗的平方。在相同的工作频率下，r 越大，R 就越小，则流过并联等效电路中电阻支路 R 的电流越大，损耗就越大；反之，损耗越小。

电感线圈的品质因数 Q 也可以用并联形式的参数表示。由式（2.5）可得 $r \approx \dfrac{\omega^2 L^2}{R}$，代入式（2.1）可得

$$Q = \frac{R}{\omega L} \tag{2.7}$$

此式表明，以并联形式表示电感的 Q 时，则为并联电阻 R 与电抗 ωL 之比。

3. 电容的高频特性

由介质隔开的两导体即构成电容。一个实际的电容器除了表现为电容的特性外，也具有损耗电阻和分布电感。但在分析米波以下频段的谐振回路时，常常只考虑电容和损耗。电容器的高频等效电路也有并、串联两种形式，如图 2.3 所示。

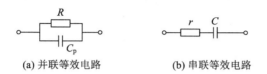

(a) 并联等效电路　　　　　　　　(b) 串联等效电路

图 2.3　电容器的并、串联等效电路

图 2.3 中，R、C_p 分别表示电容器高频等效并联电路的电阻和电容，r、C 分别表示电容器高频等效串联电路的电阻和电容。为了说明电容器的损耗性能，也引入电容器的品质因数 Q_C，它等于容抗与串联电阻之比

$$Q_C = \frac{\dfrac{1}{\omega C}}{r} = \frac{1}{\omega C r} \tag{2.8}$$

若以并联电路参数表示，则为并联电阻与容抗之比

$$Q_C = \frac{R}{\dfrac{1}{\omega C_p}} = \omega C_p R \tag{2.9}$$

电容器损耗电阻 r 的大小主要由构成电容器的介质材料决定。由于其品质因数 Q_C 值可达几千到几万的数量级，故与电感线圈相比，电容器的损耗常常忽略不计。图 2.3 所示的并、串联等效电路的变换公式可推导为

$$R = r(1 + Q_C^2) \tag{2.10}$$

$$C_p = C \frac{1}{1 + \dfrac{1}{Q_C^2}} \tag{2.11}$$

当 $Q_C \gg 1$ 时，它们可近似为

$$R \approx r Q_C^2 = \frac{1}{\omega^2 C^2 r} \tag{2.12}$$

$$C_p \approx C \tag{2.13}$$

上面的分析表明，一个实际的电容器，其等效电路也可以表示为串联形式或者并联形式，两种形式电路中电容值近似不变，串联电阻与并联电阻的乘积等于容抗的平方。

除了无源的线性元件之外，还有用于高频电路的各种有源器件，如各种半导体二极管、晶体管、场效应管以及半导体集成电路等。这些有源器件与低频或其他电子线路的器件没有什么不同，只是由于工作在高频范围，对器件的某些性能要求更高而已。它们的具体应用将在后面的章节中讨论，下面介绍常用的无源网络。

2.2 单谐振回路

由电感 L 和电容 C 元件组成的 LC 谐振回路又可分为单谐振回路和耦合谐振回路。它们是高频电路中最基本且应用最广泛的选频网络，是构成高频谐振放大器、正弦波振荡电路及各种选频电路的重要基础部件。利用 LC 谐振回路的幅频特性和相频特性，不仅可以进行选频，还可以进行信号的频幅转换和频相转换（例如在斜率鉴频和相位鉴频电路里）。此外，用 L、C 元件还可以组成各种形式的阻抗变换电路和匹配电路。所以，LC 谐振回路虽然结构简单，但是在高频电路里却是不可缺少的重要组成部分。

先分析由单个 L 和 C 组成的 LC 单谐振回路。LC 单谐振回路根据电感和电容的关系分为并联单谐振回路和串联单谐振回路两种形式。其中并联单谐振回路在实际电路中的用途更为广泛。

2.2.1 并联谐振回路

并联谐振回路指的就是 LC 并联单谐振回路，其中电感 L 和电容 C 处于并联形式。下面从几个方面来分析并联谐振回路的特性和基本电路参数。

1. 电路结构

LC 并联单谐振回路中电感 L 和电容 C 处于并联状态，回路具有谐振特性和频率选择作用。图 2.4(a)所示为简单的 LC 并联单谐振回路，图中，r 是电感线圈中的损耗电阻，i_s 是并联谐振回路的外加信号源，R_s 是信号源内阻，Z_p 为信号频率为 ω 时，其输入端口的并联阻抗。图 2.4(b)是其等效的图，$\dot{u}_i$ 是谐振回路的端口电压，R_p 是将与 L 串联的电阻 r 转化为和 L 并联的电阻。

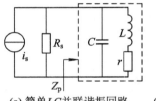
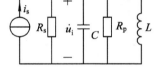

(a) 简单LC并联谐振回路　　　　(b) 简单LC并联谐振回路的等效电路

图 2.4 简单 LC 并联谐振回路及其等效图

2. 回路阻抗

在图 2.4(a)所示的并联谐振回路中，当信号的频率为 ω 时，其输入端口的并联阻抗为

$$Z_p = \frac{(r+j\omega L)\frac{1}{j\omega C}}{r+j\omega L+\frac{1}{j\omega C}} = \frac{(r+j\omega L)\frac{1}{j\omega C}}{r+j(\omega L-\frac{1}{\omega C})} \tag{2.14}$$

在实际应用中，通常都满足 $\omega L \gg r$ 的条件，因此

$$Z_p \approx \frac{\frac{L}{C}}{r+j(\omega L-\frac{1}{\omega C})} = \frac{1}{\frac{rC}{L}+j(\omega C-\frac{1}{\omega L})} \tag{2.15}$$

我们采用导纳分析并联谐振回路，引入并联谐振回路的导纳 Y_p，即

$$Y_p = \frac{1}{Z_p} = \frac{rC}{L}+j(\omega C-\frac{1}{\omega L}) = G_p+jB_p \tag{2.16}$$

式中，$G_p=\frac{rC}{L}$，为并联谐振回路的电导，故并联电阻 $R_p=\frac{1}{G_p}=\frac{L}{rC}$；$B_p=\omega C-\frac{1}{\omega L}$，为并联谐振回路的电纳。

3. 回路的谐振特性

并联谐振回路的谐振特性可从以下几个方面进行分析。

1）谐振条件

当 LC 并联谐振回路的总电纳为零时所呈现的状态称为 LC 并联谐振回路对外加信号源频率 ω 谐振。故 LC 并联谐振回路的谐振条件为

$$B_p = \omega C-\frac{1}{\omega L} = 0 \tag{2.17}$$

2）谐振频率

当 LC 并联谐振回路满足谐振条件时的工作频率称为 LC 并联谐振回路的谐振频率 ω_0 或者 f_0。由式(2.17)可知，LC 并联谐振回路的谐振频率为

$$\omega_0 = \frac{1}{\sqrt{LC}} \quad 或者 \quad f_0 = \frac{1}{2\pi\sqrt{LC}}$$

3）回路的品质因数 Q

通常定义回路谐振时的感抗值（或者容抗值）与电感线圈的损耗电阻 r 之比称为回路的品质因数 Q，也称为线圈的空载品质因数，空载品质因数常以 Q_0 表示。即

$$Q_0 = \frac{\omega_0 L}{r} = \frac{1}{\omega_0 Cr} = \frac{1}{r}\sqrt{\frac{L}{C}} \tag{2.18}$$

同时，Q_0 也可以表示成

$$Q_0 = \frac{u_i^2/\omega_0 L}{u_i^2/R_p} = \frac{R_p}{\omega_0 L} \quad 或者 \quad Q_0 = \frac{u_i^2\omega_0 C}{u_i^2/R_p} = \omega_0 CR_p$$

其物理意义实际上反映了 LC 谐振回路在谐振状态下存储能量与损耗能量的比值。

4）回路阻抗频率特性

由式(2.15)可知，LC 并联回路的端口阻抗 Z_p 是信号频率 ω 的函数，即

$$Z_p = \cfrac{\cfrac{L}{C}}{r + j\left(\omega L - \cfrac{1}{\omega C}\right)} = \cfrac{\cfrac{L}{rC}}{1 + j\,\cfrac{L}{r}\left(\omega - \cfrac{1}{\omega CL}\right)} = \cfrac{R_p}{1 + j\,\cfrac{L}{r}\left(\omega - \cfrac{1}{\omega CL}\right)}$$

$$= \cfrac{R_p}{1 + j\,\cfrac{\omega_0 L}{r}\left(\cfrac{\omega}{\omega_0} - \cfrac{\omega_0}{\omega}\right)} \tag{2.19}$$

由于 $Q = \dfrac{\omega_0 L}{r}$，且实际应用中，回路在正常工作时失谐量 $\Delta\omega = \omega - \omega_0$ 不大（外接信号源频率 ω 和回路谐振频率 ω_0 之差 $\Delta\omega = \omega - \omega_0$ 表示频率偏离谐振频率的程度，称 $\Delta\omega$ 为失谐或者失调），可近似为 $\omega \approx \omega_0$，因此 $\dfrac{\omega}{\omega_0} - \dfrac{\omega_0}{\omega} \approx \dfrac{2\Delta\omega}{\omega_0}$，所以有：

$$Z_p = \cfrac{R_p}{1 + jQ_0\,\cfrac{2\Delta\omega}{\omega_0}} = \cfrac{R_p}{1 + j\xi} = |Z_p|\,e^{j\varphi_p} \tag{2.20}$$

式中，$\xi = Q\dfrac{2\Delta\omega}{\omega_0}$，为广义失谐或者相对失谐；$|Z_p| = \dfrac{R_p}{\sqrt{1 + \xi^2}}$，为 LC 并联谐振回路阻抗的模；φ_p 是阻抗的相角，$\varphi_p = -\arctan\xi$。LC 并联谐振回路的阻抗频率的特性曲线如图 2.5 所示。

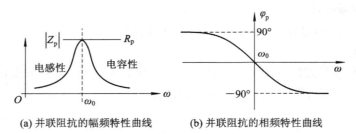

(a) 并联阻抗的幅频特性曲线　　　　(b) 并联阻抗的相频特性曲线

图 2.5　阻抗的幅频特性及其相频特性曲线图

由图 2.5(a)所示幅频特性曲线可以看出：① 当 $\omega < \omega_0$ 时，LC 并联谐振回路呈电感性，即 $\varphi_p > 0$；② 当 $\omega = \omega_0$ 时，谐振回路处于谐振状态，LC 并联谐振回路呈纯电阻性，且 $|Z_p|$ 取得最大值，$|Z_p|_{\max} = R_p$；③ 当 $\omega > \omega_0$ 时，LC 并联谐振回路呈电容性，即 $\varphi_p < 0$。

5）谐振曲线

定义 LC 并联谐振回路的端电压振幅与工作频率之间的关系曲线为并联谐振回路的幅频特性曲线，简称谐振曲线。当 $\omega = \omega_0$ 时，LC 并联回路发生了并联谐振。谐振时，回路呈现纯电导，且谐振导纳最小（或谐振阻抗最大），回路电压 $\dot{u}_0$ 最大。定义任意频率下的回路电压 $\dot{u}_i$ 与谐振时回路电压 $\dot{u}_0$ 值之比称为单位谐振函数，其曲线称为单位谐振曲线，即归一化谐振曲线。根据图 2.4 所示的电路，可得并联谐振回路的端电压为

$$\dot{u}_i = \cfrac{\dot{i}_s}{Y_p} = \cfrac{\dot{i}_s}{\cfrac{rC}{L} + j\left(\omega C - \cfrac{1}{\omega L}\right)} \tag{2.21}$$

所以

$$|\dot{u}_i| = \cfrac{\dot{i}_s}{\sqrt{\left(\cfrac{rC}{L}\right)^2 + \left(\omega C - \cfrac{1}{\omega L}\right)^2}} \tag{2.22}$$

谐振时的端电压为

$$|\dot{u}_0| = \frac{i_s}{rC/L} \tag{2.23}$$

则归一化谐振函数为

$$\left|\frac{\dot{u}_i}{\dot{u}_0}\right| = \frac{1}{\sqrt{1 + \left(\dfrac{\omega C - 1/(\omega L)}{rC/L}\right)^2}} \tag{2.24}$$

考虑到 $\omega_0 = \dfrac{1}{\sqrt{LC}}$ 和品质因数 $Q = \dfrac{1}{\omega_0 Cr} = \dfrac{1}{\omega_0 L \cdot \dfrac{rC}{L}}$，所以上式中的

$$\frac{\omega C - \dfrac{1}{\omega L}}{\dfrac{rC}{L}} = \frac{1}{\omega_0 Cr}\left(\omega C \cdot \omega_0 L - \frac{\omega_0}{\omega}\right) = Q\left(\frac{\omega}{\omega_0} - \frac{\omega_0}{\omega}\right) \approx Q\frac{2\Delta\omega}{\omega_0} = \xi$$

所以

$$\left|\frac{\dot{u}_i}{\dot{u}_0}\right| = \frac{1}{\sqrt{1 + \xi^2}} \tag{2.25}$$

同理，定义并联谐振回路的端电压的相位与工作频率之间的关系曲线称为并联谐振回路的相频特性曲线，所以其归一化的相频特性曲线为 $\varphi_p = -\arctan\xi$。归一化谐振曲线如图 2.6 所示。

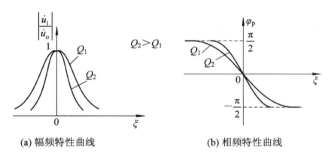

(a) 幅频特性曲线　　　　　　　(b) 相频特性曲线

图 2.6　归一化谐振曲线

由图 2.6 可知，回路的品质因数 Q 越高，谐振曲线越尖锐。

6）并联谐振时电压与电流的关系

在图 2.4(b)所示的并联等效电路图中，当发生并联谐振时，流过电感 L 支路的电流设为 $i_L(j\omega_0)$；流过电容 C 支路的电流设为 $i_C(j\omega_0)$；流过 R_p 支路的电流设为 $i_R(j\omega_0)$，谐振回路的端电压为 $\dot{u}_i(j\omega_0)$，如图 2.7 所示，则可得出：

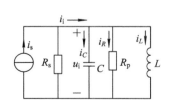

图 2.7　并联谐振回路的电流关系

谐振回路的端电压取得最大值

$$\dot{u}_i(j\omega_0) = i_i(j\omega_0)R_p \tag{2.26}$$

电感支路电流

$$i_L(j\omega_0) = \frac{\dot{u}_i(j\omega_0)}{j\omega_0 L} = -j\frac{R_p}{\omega_0 L} \cdot i_i(j\omega_0) = -jQi_i(j\omega_0) \tag{2.27}$$

电容支路电流

$$i_C(j\omega_0) = \dot{u}_i(j\omega_0) \cdot j\omega_0 C = i_i(j\omega_0)R_p \cdot j\omega_0 C = jQi_i(j\omega_0) \qquad (2.28)$$

由以上分析可以得出结论：LC 并联谐振回路谐振时，端电压 $\dot{u}_i$ 与端电流 i_i 同相；流过电感 L 支路的电流是感性电流，它滞后回路端电压 $90°$；流过电容 C 支路的电流是容性电流，它超前回路端电压 $90°$；流过 R_p 支路的电流与回路端电压同相；电压与电流的矢量图如图 2.8 所示。由于谐振时 $i_L(j\omega_0)$ 和 $i_C(j\omega_0)$ 大小相等，相位相反，因此流入回路输入端的电流 $i_i(j\omega_0)$ 正好就是流过谐振电阻 R_p 支路的电流 $i_R(j\omega_0)$。

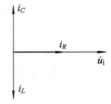

图 2.8　并联谐振时电压与电流关系的矢量图

7）通频带和矩形系数

通频带和矩形系数是描述选频网络选频特性的两个参量。理想的选频网络在通频带内的幅频特性 $H(f)$ 应满足 $\dfrac{dH(f)}{df}=0$，为了抑制通频带外的干扰信号频率，选频网络在通频带外的幅频特性 $H(f)$ 应满足 $H(f)=0$。也就是说，理想的选频网络的幅频特性是一个关于频率的矩形窗函数，在通频带内各频率点的幅频特性相等，在通频带外各频率点的幅频特性为零。图 2.9 中所示的矩形曲线为理想选频网络的幅频特性曲线，其纵坐标是关于选频网络谐振频率 f_0 的归一化幅频特性函数 $\alpha(f) = \dfrac{H(f)}{H(f_0)}$。

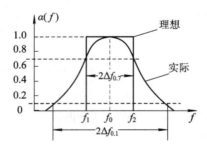

图 2.9　选频网络的幅频特性曲线

由信号与系统的理论可知，幅频特性为矩形窗函数的选频网络是一个物理不可实现的系统，因此实际的选频网络的幅频特性只能是接近矩形，如图 2.9 中所示。二者相接近的程度取决于选频网络本身的结构形式，常用矩形系数 $K_{0.1}$ 表示，其定义为

$$K_{0.1} = \frac{2\Delta f_{0.1}}{2\Delta f_{0.7}} \qquad (2.29)$$

上式中，$2\Delta f_{0.1}$ 为纵坐标 $\alpha(f)$ 下降到 0.1 处的频带宽度；$2\Delta f_{0.7}$ 为纵坐标 $\alpha(f)$ 下降到 $1/\sqrt{2}$ 大约 0.7 处时，两边界频率 f_1 与 f_2 之间的频带宽度，称之为通频带 B（也常用 BW 表示），即

$$B = f_2 - f_1 = 2(f_2 - f_0) = 2(f_0 - f_1) = 2\Delta f_{0.7} \qquad (2.30)$$

显然，理想选频网络的矩形系数 $K_{0.1} = 1$，实际的选频网络的矩形系数均大于 1。

在并联谐振回路中，令 $\left| \dfrac{\dot{u}_i}{u_0} \right| = \dfrac{1}{\sqrt{1 + \xi^2}} = \dfrac{1}{\sqrt{2}}$，可得 $\xi = Q_0 \dfrac{2\Delta\omega_{0.7}}{\omega_0} = 1$。所以通频带为

$$B = 2\Delta\omega_{0.7} = \frac{\omega_0}{Q_0} \quad \text{或者} \quad B = 2\Delta f_{0.7} = \frac{f_0}{Q_0} \qquad (2.31)$$

回路的品质因数 Q 值越大，回路的损耗越小，谐振曲线越陡峭，通频带越窄。

如果令 $\left| \dfrac{\dot{u}_i}{u_0} \right| = \dfrac{1}{\sqrt{1 + \xi^2}} = \dfrac{1}{10}$，同样可得 $\xi = Q_0 \dfrac{2\Delta\omega_{0.1}}{\omega_0} = \sqrt{99}$、$2\Delta\omega_{0.1} = \dfrac{\omega_0}{Q_1}\sqrt{99}$，则 LC 并联谐振回路的矩形系数为

$$K_{0.1} = \frac{2\Delta\omega_{0.1}}{2\Delta\omega_{0.7}} = \sqrt{99} \approx 9.95 \gg 1 \qquad (2.32)$$

可见，LC 并联谐振回路的矩形系数与理想的选频特性相比较，频率的选择性较差。

8）信号源内阻及负载对回路的影响

考虑信号源内阻 R_s 和负载 R_L 后，LC 并联谐振回路的有载品质因数 Q_{SL}（通常情况下只考虑负载时有载品质因数常写成 Q_L）变为

$$Q_{SL} = \frac{R_p /\!/ R_s /\!/ R_L}{\omega_0 L} = (R_p /\!/ R_s /\!/ R_L)\sqrt{\frac{C}{L}} = \frac{\dfrac{R_p}{\omega_0 L}}{1 + \dfrac{R_p}{R_s} + \dfrac{R_P}{R_L}} = \frac{Q_0}{1 + \dfrac{R_p}{R_s} + \dfrac{R_p}{R_L}} \qquad (2.33)$$

与空载时的品质因数 $Q_0 = \dfrac{R_p}{\omega_0 L}$ 相比较可知：当 LC 并联谐振回路外接信号源及负载后，回路的损耗增加，有载品质因数 Q_{SL} 值下降，所以通频带加宽，频率的选择性变差。一般并联回路的 R_s 或者 R_L 的阻值越小，有载品质因数 Q_{SL} 值越小。

【例 2.1】 某放大电路中的单一 LC 并联谐振回路，谐振频率 $f_0 = 10$ MHz，回路线圈电感 $L = 5.07\ \mu H$，要求回路谐振，试计算所需的回路电容值。又若线圈品质因数为 $Q = 100$，试计算回路谐振电阻及回路带宽。若放大器所需的带宽为 0.5 MHz，则应在回路上并联多大电阻才能满足要求？

【解】 （1）计算并联谐振回路的电容值。由于回路谐振时 $f_0 = \dfrac{1}{2\pi\sqrt{LC}}$，可得

$$C = \frac{1}{(2\pi f_0)^2 \cdot L}$$

将 $f_0 = 10$ MHz、$L = 5.07\ \mu H$ 代入上式，得 $C = 50$ pF。

（2）计算回路的谐振电阻和带宽。将 $Q = 100$、$L = 5.07\ \mu H$ 代入 $R_p = Q\omega_0 L$，可得 $R_p = 31.8\ k\Omega$；回路带宽 $B = f_0 / Q = 100$ kHz。

（3）求满足 0.5 MHz 带宽所需的并联电阻。设带宽为 0.5 MHz 时，在回路上并联的电阻为 $R_{/\!/}$，则并联后的总电阻为谐振电阻 R_p 和 $R_{/\!/}$ 的并联电阻。根据有载品质因数公式 $Q_L = \dfrac{f_0}{B}$，将要求的 $B = 0.5$ MHz 和 $f_0 = 10$ MHz 代入，可得 $Q_L = 20$，又因为 $\dfrac{R_p \cdot R_{/\!/}}{R_p + R_{/\!/}} =$

$Q_L\omega_0 L$，将数值 $R_p=31.8$ kΩ，$\omega_0=2\pi f_0=2\pi\times10\times10^6$，$Q_L=20$，$L=5.07$ μH 代入，可得 $R_{/\!/}=7.97$ kΩ。即当放大器所需的带宽为 0.5 MHz 时，需在回路上并联 7.97 kΩ 的电阻。

【例 2.2】 并联谐振回路如图 2.4(a)所示，在其两端接上负载电阻 R_L。已知 $L=586$ μH，$C=200$ pF，$r=12$ Ω，$R_s=R_L=100$ kΩ，试分析信号源、负载对谐振回路特性的影响。

【解】 （1）不考虑 R_s、R_L 的影响求回路的固有特性可知：

谐振频率为

$$f_0=\frac{1}{2\pi\sqrt{LC}}=\left(\frac{1}{2\pi\sqrt{586\times10^{-6}\times200\times10^{-12}}}\right)\text{Hz}=465\times10^3\text{ Hz}=465\text{ kHz}$$

空载品质因数为

$$Q=\frac{1}{r}\sqrt{\frac{L}{C}}=\frac{1}{12}\sqrt{\frac{586\times10^{-6}}{200\times10^{-12}}}=143$$

谐振电阻为

$$R_p=\frac{L}{Cr}=\left(\frac{586\times10^{-6}}{200\times10^{-12}\times12}\right)\Omega=244\times10^3\ \Omega=244\text{ kΩ}$$

通频带为

$$B_{0.7}=\frac{f_0}{Q}=\frac{465}{143}\text{ kHz}=3.3\text{ kHz}$$

（2）考虑 R_s、R_L 影响后，求回路的特性。因 L、C 没有变化，故谐振频率仍为 465 kHz（严格讲 f_0 与回路损耗电阻有关）。等效谐振电阻

$$R_e=R_s\ /\!/\ R_p\ /\!/\ R_L=41.5\text{ kΩ}$$

所以，由式(2.33)可求得谐振回路有载品质因数为

$$Q_{SL}=R_e\sqrt{\frac{C}{L}}=41.5\times10^3\sqrt{\frac{200\times10^{-12}}{586\times10^{-6}}}=24$$

通频带为

$$B_{0.7}=\frac{f_0}{Q_L}=\frac{465\text{ kHz}}{24}=19.4\text{ kHz}$$

上述结果说明，信号源的内阻及负载电阻将会对并联谐振回路的品质因数产生明显的影响，使回路的有载品质因数 Q_{SL} 比空载品质因数 Q_0 下降很多。本例中 Q 由 143 降为 $Q_{SL}=24$，带来的后果是使回路的谐振电阻下降，通频带变宽，选择性变差。这些在实际使用中应加以注意。为保证回路有较高的选择性，应采取必要措施，使信号源、负载的影响减小，当然也可在并联谐振回路两端并联一个电阻以获得较宽的通频带。

2.2.2 串联谐振回路

图 2.10 是 LC 串联谐振回路的基本形式，其中 r 是电感 L 的损耗电阻，R_s 和 $\dot{U}_s$ 是串联谐振回路的外加信号源，Z_s 是信号频率为 ω 时，其输入端口的串联阻抗。下面可按照与并联谐振回路的对偶关系，直接给出串联谐振回路的主要基本参数。

（1）当信号的频率为 ω 时，其输入端口的串联阻抗为

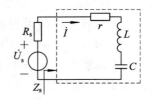

图 2.10 LC 串联谐振回路

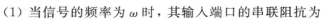

$$Z_s = r + j\left(\omega L - \frac{1}{\omega C}\right) \tag{2.34}$$

（2）回路谐振时的谐振频率为

$$f_0 = \frac{1}{2\pi\sqrt{LC}} \tag{2.35}$$

（3）回路空载品质因数为

$$Q_0 = \frac{\omega_0 L}{r} = \frac{1}{\omega_0 Cr} = \frac{1}{r}\sqrt{\frac{L}{C}} \tag{2.36}$$

（4）归一化的谐振曲线。任意频率下的回路电流 $\dot{I}$ 与谐振电流 $\dot{I}_0$ 之比定义为串联谐振回路的谐振曲线，即

$$\frac{\dot{I}}{\dot{I}_0} = \frac{\dot{U}/Z_s}{\dot{U}/r} = \frac{r}{Z_s} = \frac{1}{1 + j\dfrac{\omega L - \dfrac{1}{\omega C}}{r}} = \frac{1}{1 + j\dfrac{\omega_0 L}{r}\left(\dfrac{\omega}{\omega_0} - \dfrac{\omega_0}{\omega}\right)}$$

$$= \frac{1}{1 + jQ\left(\dfrac{\omega}{\omega_0} - \dfrac{\omega_0}{\omega}\right)} \approx \frac{1}{1 + jQ\dfrac{2\Delta\omega}{\omega_0}} = \frac{1}{1 + j\xi} \tag{2.37}$$

式中，$\dot{U}$ 为输入端口的电压。

（5）通频带为

$$B = 2\Delta f_{0.7} = \frac{f_0}{Q_0} \tag{2.38}$$

通过分析可知，串联谐振回路的通频带、选频特性与回路品质因数的关系和并联谐振回路的情况是一样的，即 Q_0 越高，谐振曲线越尖锐，回路的选频特性越好，但通频带越窄。

2.3　串并联阻抗等效互换和回路阻抗变换

由 LC 谐振回路的分析可以看出，实际工作时信号源内阻 R_s 及负载 R_L 对谐振回路的影响较大，会使谐振回路的品质因数 Q 值下降、通频带展宽、频率的选择性变差。同时信号源内阻及负载不一定是纯阻，这又将对谐振曲线产生影响。通常情况下，信号源内阻 R_s 及负载 R_L 的数值都是固定值，不能随意选择的。那么，如何降低它们对回路品质因数 Q 值的影响从而保证回路有较好的选择性呢？高频电子线路中常采用 LC 阻抗变换网络，将 R_s 或 R_L 变换成合适的值后再与回路相连接。采用阻抗变换电路可以改变信号源或负载对于回路的等效阻抗。若使 R_s 或 R_L 经变换后的等效电阻增加，再与 R_p 并联，可使回路总电阻减小不多，从而保证有载品质因数与空载品质因数相差不大；若信号源电容与负载电容经变换后大大减小，再与回路电容 C 并联，可使总等效电容增加很少，从而保证谐振频率基本保持不变。此外在一些输出级回路中，还可以通过阻抗变换，达到阻抗匹配的功能，使输出电压或功率变得最大。下面介绍一些常采用的 LC 阻抗变换网络。

2.3.1　串并联阻抗等效互换

为了分析电路的方便，常常需要把串联电路转换为并联电路，如图 2.11 所示。

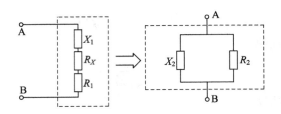

图 2.11　串并联阻抗的等效互换图

图中，X_1 为电抗元件(纯电感或者纯电容元件)，R_x 是 X_1 的损耗电阻，R_1 是与 X_1 串联的外接电阻；X_2 为转换后的电抗元件，R_2 为转换后的电阻。

串联并联阻抗等效互换的原则是：等效互换前的电路与等效互换后的电路阻抗相等，即变换前后 AB 两端的阻抗值保持不变。这要求 $(R_1 + R_x) + \mathrm{j}X_1 = \dfrac{R_2 \cdot \mathrm{j}X_2}{R_2 + \mathrm{j}X_2}$，而 $\dfrac{R_2 \cdot \mathrm{j}X_2}{R_2 + \mathrm{j}X_2} = \dfrac{R_2 \cdot X_2^2}{R_2^2 + X_2^2} + \mathrm{j}\dfrac{R_2^2 \cdot X_2}{R_2^2 + X_2^2}$，根据实部和虚部对应相等，则有：

实部相等时，
$$R_1 + R_x = \frac{R_2 \cdot X_2^2}{R_2^2 + X_2^2} \tag{2.39}$$

虚部相等时，
$$X_1 = \frac{R_2^2 \cdot X_2}{R_2^2 + X_2^2} \tag{2.40}$$

而且等效互换前后回路的品质因数也应相等，即
$$Q_1 = \frac{X_1}{R_1 + R_x} = Q_2 = \frac{R_2}{X_2} \tag{2.41}$$

利用式(2.39)~(2.41)，可得
$$R_2 = (R_1 + R_x)(1 + Q_1^2) \tag{2.42}$$
$$X_2 = X_1\left(1 + \frac{1}{Q_1^2}\right) \tag{2.43}$$

一般回路中，品质因数 Q_1 值总是比较大的，当满足 $Q_1 \gg 1$ 时，有
$$R_2 \approx (R_1 + R_x) \cdot Q_1^2 \tag{2.44}$$
$$X_2 \approx X_1 \tag{2.45}$$

式(2.44)和(2.45)表明：串联电路转换成等效的并联电路后，X_2 的电抗性质与 X_1 的电抗性质相同。当 Q_1 值比较大时，$X_2 = X_1$ 基本不变，而 R_2 是 $(R_1 + R_x)$ 的 Q_1^2 倍($Q_1 = \dfrac{X_1}{R_1 + R_x}$)。例如图 2.12 虚线所示，串并阻抗互换后，$L_2 = L_1$，$R_p = r \cdot Q_{L_1}{}^2 = r \cdot \left(\dfrac{\omega_0 L_1}{r}\right)^2 = \dfrac{L_1}{rC}$(注意：回路谐振时，$\omega_0 = 1/\sqrt{L_1 C}$)。

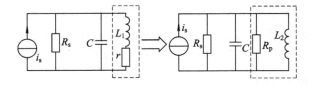

图 2.12　串并阻抗变换图

　　串联形式电路中的电阻愈大，则电路的损耗愈大；并联形式电路中的电阻愈小，则该支路的分流愈大，电路的损耗愈大。反之亦然。所以串并阻抗变换两种电路是等效的。

2.3.2　回路的阻抗变换

　　LC 并联谐振回路在高频电路中应用特别广泛，当并联谐振回路作为放大器的负载时，其连接的方式将直接影响放大器的性能。一般情况下直接接入是不合适的，因为在放大电路中晶体管的输出阻抗低，会降低谐振回路的品质因数 Q。通常，多采用变压器阻抗变换电路和部分接入方式阻抗变换电路，以完成阻抗变换的要求。

　　变压器阻抗变换电路可从自耦变压器阻抗变换电路和变压器耦合式阻抗变换电路两种形式来分析。

1. 自耦变压器阻抗变换电路

　　图 2.13 左边所示为自耦变压器阻抗变换电路，右边所示为考虑次级后的初级等效电路，R_L' 是 R_L 等效到初级的电阻。在图 2.13 中，负载 R_L 经自耦变压器耦合连接到并联谐振回路上。设自耦变压器的损耗很小，可以忽略，则初、次级的功率 P_1、P_2 近似相等，且初、次级线圈上的电压 U_1 和 U_2 之比应该等于匝数 N_1 和 N_2 之比。设初级线圈与抽头部分次级线圈匝数之比 $N_1 : N_2 = 1 : n$，则有 $P_1 = P_2$，$U_1 : U_2 = 1 : n$，又因为 $P_1 = \dfrac{1}{2}\dfrac{U_1^2}{R_L'}$，$P_2 = \dfrac{1}{2}\dfrac{U_2^2}{R_L}$，所以有 $\dfrac{R_L'}{R_L} = \dfrac{U_1^2}{U_2^2} = \dfrac{1}{n^2}$，可以得出

$$R_L' = \frac{1}{n^2} \cdot R_L \quad \text{或} \quad g_L' = n^2 g_L \tag{2.46}$$

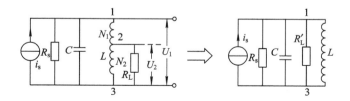

图 2.13　自耦变压器阻抗变换电路

　　对于自耦变压器，n 总是小于或等于 1，所以，R_L 等效到初级回路后阻值增大，从而对回路的影响将减小。n 越小，则 R_L' 越大，对回路的影响越小。所以，n 的大小反映了外部接入负载（包括电阻负载与电抗负载）对回路影响大小的程度，可将其定义为接入系数 p，即

$$p = \frac{\text{外部部分接入点电压}}{\text{整个回路电压}}$$

p 总是小于或等于 1。所以对于图 2.13 所示的自耦变压器阻抗变换电路，有

$$R_L' = \frac{1}{p^2} \cdot R_L \quad \text{或} \quad g_L' = p^2 g_L \tag{2.47}$$

2. 变压器耦合式阻抗变换电路

　　变压器耦合式阻抗变换电路如图 2.14 所示。假设初级电感线圈的圈数为 N_1，次级圈数为 N_2，且初次间全耦合（耦合系数 $K=1$），线圈损耗忽略不计，则等效到初级回路的电

阻 R'_L 上所消耗的功率应和次级负载 R_L 上所消耗功率相等。又因全耦合变压器的初次级电压之比 U_1/U_2 等于相应线圈圈数之比 N_1/N_2，故 $R'_L = \left(\dfrac{N_1}{N_2}\right)^2 \cdot R_L = \dfrac{1}{p^2}R_L$。一般情况下，$p = N_2/N_1$ 之比小于 1，则 $R'_L > R_L$。在此变换电路中，可以通过调整接入系数 p 的值来调整 R'_L 的大小。

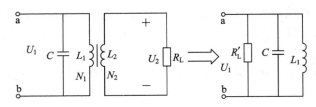

图 2.14　变压器耦合式阻抗变换电路

自耦变压器阻抗变换电路和变压器耦合式阻抗变换电路的原理一致，结论也一样。二者都是在不考虑耦合处的互感 M 的情况下得出的结论，如果考虑互感 M，改变的只是接入系数 p 的表达式，而分析原理保持不变。变压器耦合式连接的优点是负载与回路之间没有直流通路，缺点是多绕制一个次级线圈。

【例 2.3】　在图 2.15 所示的并联回路中，已知：谐振频率 $f_0 = 30$ MHz，谐振电阻 $R_p = 20$ kΩ，空载品质因数 $Q_0 = 60$，信号源内阻较大不予考虑，负载电阻 $R_L = 1$ kΩ。

(1) 为使通频带 $B = 2$ MHz，采用变压器与 R_L 连接，已知 $N_1 = 10$，求 N_2。

(2) 若把负载 R_L 直接接到回路的两端，求通频带 B。

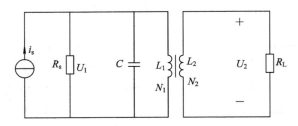

图 2.15　例 2.3 的电路图

【解】　(1) 把 R_L 折合到初级回路的两端，由式(2.55)可得

$$R'_L = \frac{1}{p^2} \cdot R_L = \left(\frac{N_1}{N_2}\right)^2 R_L$$

根据 f_0 和 B 可求出 Q_L，即

$$Q_L = \frac{f_0}{B} = \frac{30 \times 10^6}{2 \times 10^6} = 15$$

又由式(2.46)有

$$Q_L = \frac{Q_0}{1 + \dfrac{R_p}{R'_L}}$$

将 Q、Q_L、R_p 值代入上式求出 R'_L，得

$$15 = \frac{60}{1 + \dfrac{20 \times 10^3}{R_L'}}$$

$$R_L' = 6.7 \text{ k}\Omega$$

再由 $R_L' = \left(\dfrac{N_1}{N_2}\right)^2 R_L$，得

$$6.7 \times 10^3 = \left(\frac{10}{N_2}\right)^2 \times 10^3$$

可知 $N_2 \approx 4$。

（2）把负载 R_L 直接接到回路的两端，得

$$Q_L = \frac{Q_0}{1 + \dfrac{R_p}{R_L}} = \frac{60}{1 + \dfrac{20 \times 10^3}{10^3}} = \frac{60}{21} \approx 3$$

$$B = \frac{f_0}{Q_L} = \frac{30 \times 10^6}{3} = 10 \text{ MHz}$$

可见，接上 R_L 后，通频带就更宽了。

高频电路的实际应用中，常用到激励信号源或负载与振荡回路中的电感或电容部分接入的并联振荡回路，称为抽头振荡电路或部分接入并联振荡回路。根据与接入点相连接的元件不同，可将其分为电容式阻抗变换电路和电感式阻抗变换电路。

1）电容式部分接入阻抗变换电路

电容式部分接入阻抗变换电路又常称双电容抽头耦合连接阻抗变换电路，如图 2.16 所示。

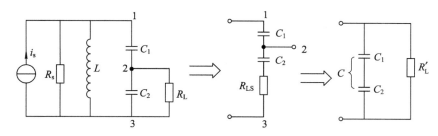

图 2.16　电容式部分接入阻抗变换电路

以负载 R_L 部分接入到电容 C_2 的两端为例来推导其比例关系，可以应用串并联等效互换的关系求得。首先将 R_L 与 C_2 组成的并联支路等效为 R_{LS} 与 C_2 组成的串联支路。其中电抗 X 不变，即 C_2 不变，电阻 R_{LS} 为

$$R_{LS} \approx \frac{1}{Q_{C_2}^2} \cdot R_L = \frac{1}{(\omega C_2 R_L)^2} \cdot R_L = \frac{1}{\omega^2 C_2^2 R_L} \tag{2.48}$$

这里近似的条件是 $R_L \gg \dfrac{1}{\omega C_2}$。再将 R_{LS}、C_1、C_2 组成的串联支路等效为并联支路。而电阻 R_L' 为

$$R_L' \approx Q_C^2 R_{LS} = \left(\frac{1}{\omega C R_{LS}}\right)^2 R_{LS} = \frac{1}{\omega^2 C^2 R_{LS}} \tag{2.49}$$

式（2.49）中的电容 C 为 C_1 和 C_2 的并联电容，即 $C = \dfrac{C_1 C_2}{C_1 + C_2}$，将其代入上式，可得

$$R'_L = \left(\frac{C_1 + C_2}{C_1}\right)^2 R_L \tag{2.50}$$

再根据抽头系数的定义，可得

$$p = \frac{U_{23}}{U_{13}} = \frac{\dfrac{1}{\omega C_2}}{\dfrac{1}{\omega C}} = \frac{C}{C_2} \tag{2.51}$$

把 $C = \dfrac{C_1 C_2}{C_1 + C_2}$ 代入上式得

$$p = \frac{C}{C_2} = \frac{C_1}{C_1 + C_2} < 1 \tag{2.52}$$

则

$$R'_L = \frac{1}{p^2} R_L > R_L \tag{2.53}$$

同样的关系表达式也可以采用功率相等的方法获得。如果把电阻变换成电导、电抗、电流源，采用阻抗变换电路，根据等效电路与原电路功率相等的原则，设 R_s、i_s 为部分接入的信号源内阻及信号源电流，R'_s、i'_s 为等效到回路两端的等效内阻和电流源，如图 2.17 所示。

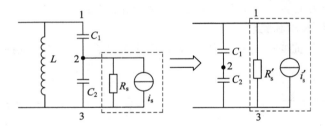

图 2.17 信号源的部分接入

根据图 2.17 可以推导出：

$$
\begin{cases}
\dfrac{u_{13}^2}{R'_s} = \dfrac{u_{23}^2}{R_s} \\[2mm]
i'_s u_{13} = i_s u_{23} \\[2mm]
\dfrac{u_{13}^2}{R'_L} = \dfrac{u_{23}^2}{R_L}
\end{cases}
\Rightarrow
\begin{cases}
\dfrac{1}{R'_s} = \left(\dfrac{u_{23}}{u_{13}}\right)^2 \dfrac{1}{R_s} \\[2mm]
i'_s = \left(\dfrac{u_{23}}{u_{13}}\right) i_s \\[2mm]
\dfrac{1}{R'_L} = \left(\dfrac{u_{23}}{u_{13}}\right)^2 \dfrac{1}{R_L}
\end{cases}
\tag{2.54}
$$

而接入系数定义为 $p = \dfrac{U_{23}}{U_{13}}$，可得

$$
\begin{cases}
\dfrac{1}{R'_s} = p^2 \dfrac{1}{R_s} \\[2mm]
i'_s = p i_s \\[2mm]
\dfrac{1}{R'_L} = p^2 \dfrac{1}{R_L}
\end{cases}
\quad \text{或} \quad
\begin{cases}
g'_s = p^2 g_s \\[2mm]
i'_s = p i_s \\[2mm]
G'_L = p^2 G_L
\end{cases}
\tag{2.55}
$$

虽然电容式部分接入阻抗变换电路相对单电容并联谐振回路多了一个电容元件，但是，相对电感耦合式变换电路来说，它能避免绕制变压器和线圈抽头的麻烦，调整方便，

同时还起到隔电流作用。而且频率较高时，可将部分分布电容作为此类电路中的电容，因此这个方法得到了广泛应用。

　　2）电感式部分接入阻抗变换电路

　　电感式部分接入阻抗变换电路又常称为双电感抽头连接电路，如图 2.18 所示。这里 L_1 与 L_2 是没有耦合的，它们各自屏蔽起来，串联组成回路电感，若将 R_L 折合到 $1-3$ 端，且利用接入系数

$$p = \frac{L_2}{L_1 + L_2} \tag{2.56}$$

可得

$$R_L' = \left(\frac{L_1 + L_2}{L_2}\right)^2 R_L = \frac{1}{p^2} \cdot R_L \tag{2.57}$$

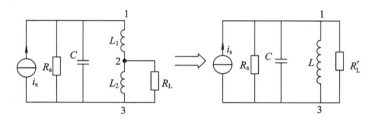

图 2.18　电感式部分接入阻抗变换电路

　　如果将部分接入的电阻 R_L 更换成信号源，式(2.55)仍然成立，只是此处的接入系数 p 变成了式(2.56)的形式。同样，当外接负载不为纯电阻还包含电抗部分时，上述等效关系仍然成立。例如 $C_L' = p^2 C_L$，由此可知，电阻折合变大，而电容折合变小（实际容抗变大）。从电位低端向高端折合的一般规律是阻抗变大。由于该电路电感需要采用屏蔽措施，相对而言应用不如前面几种广泛。

　　【例 2.4】　某接收机输入回路的简化电路如图 2.19 所示。已知 $C_1 = 5\ \text{pF}$、$C_2 = 15\ \text{pF}$、$R_s = 75\ \Omega$、$R_L = 300\ \Omega$。为了使电路匹配，即负载 R_L 等效到 LC 回路输入端的电阻 $R_L' = R_s$。问线圈初、次级匝数比 N_1/N_2 应该是多少？

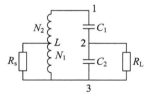

图 2.19　例 2-4 电路图

　　【解】　由图可见，这是自耦变压器电路与电容分压式电路的级联形式。设信号源内阻接入点的接入系数为 p_1，负载电阻接入点的接入系数为 p_2，负载 R_L 等效到谐振回路 $1-3$ 端的等效电阻为 R_L''。则

$$R_L'' = \frac{1}{p_2^2} R_L = \left(\frac{C_1 + C_2}{C_1}\right)^2 \cdot R_L$$

将 $C_1 = 5\ \text{pF}$、$C_2 = 15\ \text{pF}$、$R_L = 300\ \Omega$ 代入上式可得 $R_L'' = 16 R_L = 4800\ \Omega$。再设将 R_L'' 等效

到源输入端的电阻为 R'_L，则

$$R''_L = \frac{1}{p_1^2} R'_L = \left(\frac{N_2}{N_1}\right)^2 R'_L$$

要求电路匹配，即 $R'_L = R_s$，则

$$R''_L = \left(\frac{N_2}{N_1}\right)^2 R'_s$$

所以

$$4800 = \left(\frac{N_2}{N_1}\right)^2 R_s = \left(\frac{N_2}{N_1}\right)^2 \times 75$$

可以推导出线圈初、次级匝数比为 $N_1/N_2 = 1/8$。

由以上的分析可以看出，通过改变部分接入并联谐振回路的抽头位置，可以进行阻抗变换，实现回路与信号源及负载之间的阻抗匹配。通常情况下，接入系数 $p < 1$，也即由低抽头向高抽头转换时，等效阻抗提高了 $1/p^2$ 倍，由高抽头向低抽头转换时，等效阻抗会降到原来阻抗的 $1/p^2$。在实际应用中，当回路失谐不大，满足 $Q \gg 1$ 时，2-3 端口的外接阻抗 Z_{23} 与等效到谐振回路两端的阻抗 Z_{13}，有 $Z_{23} = p^2 Z_{13}$ 或者 $Y_{13} = p^2 Y_{23}$ 的关系成立。

采用以上介绍的电路虽然可以在较宽的频率范围内实现阻抗变换，但严格计算表明，各频率点的变换值有差别。如果要求在较窄的频率范围内实现理想的阻抗变换，可采用下面介绍的 LC 选频匹配网络。

2.3.3 LC 选频匹配网路

LC 选频匹配网络有倒 L 型、T 型、Π 型等几种不同组成形式，其中倒 L 型是基本形式。现以倒 L 型为例，说明其选频匹配原理。

倒 L 型网络是由两个异性电抗元件 X_1、X_2 组成的，常用的两种电路如图 2.20(a)、(c)所示，其中 R_2 是负载电阻，R_1 是二端网络在工作频率处的等效输入电阻。

对于图 2.20(a)所示电路，设 X_2 与 R_2 串联形式的品质因数为 Q，且满足 $Q \gg 1$，则 X_2 与 R_2 的串联形式等效可变换为 X_p 与 R_p 的并联形式，如图 2.20(b)所示。在 X_1 与 X_p 并联谐振时，有

$$X_1 + X_p = 0, \quad R_1 = R_p \tag{2.58}$$

又可以根据串并转换的关系，得到

$$R_p = (1 + Q_L^2) R_2 \tag{2.59}$$

即

$$Q_L = \sqrt{\frac{R_p}{R_2} - 1} = \sqrt{\frac{R_1 - R_2}{R_2}}$$

又根据品质因数的定义，$Q_L = \frac{|X_2|}{R_2} = \frac{R_p}{|X_p|}$，所以，

$$\begin{cases} |X_2| = Q_L R_2 = \sqrt{R_2(R_1 - R_2)} \\ |X_1| = |X_p| = \frac{R_p}{Q_L} = \frac{R_1}{Q_L} = R_1 \sqrt{\frac{R_2}{R_1 - R_2}} \end{cases} \tag{2.60}$$

由 $R_1 = (1 + Q_L^2) R_2$ 可知，采用图 2.20(a)的倒 L 型电路形式，可以在谐振频率处增大负载电阻的等效值。

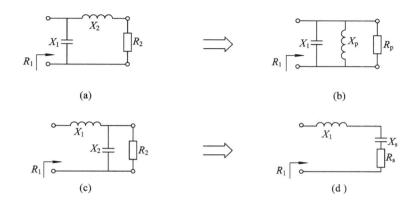

图 2.20　倒 L 型网络

对于图 2.20(c)所示电路，将其中 X_2 与 R_2 的并联形式等效变换为 X_s 与 R_s 的串联形式，如图 2.20(d)所示。在 X_1 与 X_s 串联谐振时，可求得以下关系式：

$$R_1 = R_s = \frac{R_2}{1 + Q_L^2} \qquad (2.61)$$

故

$$Q_L = \sqrt{\frac{R_2 - R_1}{R_1}}$$

所以

$$\begin{cases} |X_2| = \dfrac{R_2}{Q_L} = R_2 \sqrt{\dfrac{R_1}{R_2 - R_1}} \\[3mm] |X_1| = |X_s| = Q_L \cdot R_s = Q_L \cdot R_1 = \sqrt{R_1(R_2 - R_1)} \end{cases} \qquad (2.62)$$

由式(2.61)可知，采用这种电路可以在谐振频率处减小负载电阻的等效值。

T 型网络和 Π 型网络各由三个电抗元件(其中两个同性质，另一个异性质)组成，它们都可以分别看做是两个倒 L 型网络的组合，用类似的方法可以推导出其有关公式。

【例 2.5】　已知某电阻性负载为 10 Ω，请设计一个匹配网络，使该负载在 20 MHz 时转换为 50 Ω。如负载由 10 Ω 电阻和 0.2 μH 电感串联组成，又该怎样设计匹配网络？

【解】　由题意可知，匹配网络应使负载值增大，故采用图 2.20(a)所示的倒 L 型网络。由式 $|X_2| = \sqrt{R_2(R_1 - R_2)}$ 可知：

$$|X_2| = \sqrt{R_2(R_1 - R_2)} = \sqrt{10 \times (50 - 10)} = 20 \ \Omega$$

$$|X_1| = R_1 \sqrt{\frac{R_2}{R_1 - R_2}} = 50 \sqrt{\frac{10}{50 - 10}} = 25 \ \Omega$$

所以

$$L_2 = \frac{|X_2|}{\omega} = \frac{20}{2\pi \times 20 \times 10^6} \approx 0.16 \ \mu H$$

$$C_1 = \frac{1}{\omega |X_1|} = \frac{1}{2\pi \times 20 \times 10^6 \times 25} \approx 318 \ pF$$

由 0.16 μH 电感和 318 pF 电容组成的倒 L 型匹配网络即为所求，如图 2.21 (a)中虚线框内所示。

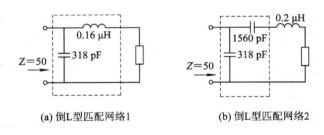

图 2.21　例 2－5 图

如负载为 10 Ω 电阻和 0.2 μH 电感相串联，在相同要求下的设计步骤如下：因为 0.2 μH 电感在 20 MHz 时的电抗值为

$$X_L = \omega L = 2\pi \times 20 \times 10^6 \times 0.2 \times 10^{-6} = 25.1\ \Omega$$

而

$$X_2 - X_L = 20 - 25.1 = -5.1\ \Omega$$

所以

$$C_2 = \frac{1}{|X_2 - X_L|} = \frac{1}{2\pi \times 20 \times 10^6 \times 5.1} \approx 1560\ \text{pF}$$

由 1560 pF 和 318 pF 两个电容组成的倒 L 型匹配网络即为所求，如图 2.21(b)中虚线框内所示。这是因为负载电感量太大，需要用一个电容来适当抵消部分电感量。在 20 MHz 处，1560 pF 电容和 0.2 μH 电感串联后的等效电抗值与图 2.21(a)中的 0.16 μH 电感的电抗值相等。

2.4　耦合谐振回路

通过前面分析可知，单 LC 振荡回路虽然具有频率选择和阻抗变换的作用，但是其选频特性与理想的矩形曲线特性相比相差很大，而且通带内不平坦，通带外衰减也慢，且阻抗变换不灵活、不方便。当频率较高时，电感线圈匝数很少，L 值较低，而负载阻抗可能很低，因而接入系数很小，再加上受分布电容的限制，结构上实现有困难。所以为了使网络具有接近理想矩形选频特性，或者完成阻抗变换的需要，在无线电领域中广泛采用耦合振荡回路，它是由两个或者两个以上的单振荡回路通过各种不同的耦合方式组成的选频网络。

在由耦合振荡回路组成的选频网络中，与激励信号源相连接的回路称为初级回路，与负载相连接的回路称为次级回路，初、次级回路一般都是单谐振回路。单谐振回路可通过多种耦合方式组成耦合振荡回路。最常见的耦合回路是通过电感或者电容耦合组成的双耦合振荡回路，如图 2.22 所示。

图 2.22(a)所示是通过互感 M 耦合的串联型双耦合回路，称为互感双耦合振荡回路；图 2.22 (b)是通过电容 C_M 耦合的并联型双耦合振荡回路，称为电容双耦合回路。当然，为了方便分析计算，串联型回路可以等效地转化为并联型回路；反之亦然。通过改变耦合回路中互感 M 和电容 C_M 这两个耦合参量的值可以改变其初、次级回路之间的耦合程度，从

而改变整个回路的特性和功能。为了说明回路之间的耦合程度，引入耦合系数的概念并以 K 表示。

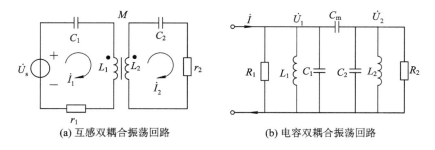

图 2.22 最常见的双耦合振荡回路

耦合系数 K 定义为在耦合回路中耦合元件电抗的绝对值与初、次级回路中同性质的电抗值的几何中项之比，即

$$K = \frac{|X_{12}|}{\sqrt{X_{11}X_{22}}} \tag{2.63}$$

式中，X_{12} 为耦合元件电抗，X_{11} 和 X_{22} 分别为初级回路和次级回路中与 X_{12} 同性质的总电抗。故图 2-21(a)电路的耦合系数 $K = \dfrac{M}{\sqrt{L_1 L_2}}$，当 $L_1 = L_2 = L$ 时，

$$K = \frac{M}{L} \tag{2.64}$$

互感 M 的单位与自感 L 相同，高频电路中 M 的量级一般是 μH，耦合系数 K 的量级约百分之几；而图 2.21(b)电路的耦合系数 $K = \dfrac{C_M}{\sqrt{(C_1 + C_M)(C_2 + C_M)}}$，当初、次级回路参数相同，即 $C_1 = C_2 = C$ 且 $C_M \ll C$ 时，

$$K = \frac{C_M}{C + C_M} \approx \frac{C_M}{C} \tag{2.65}$$

由耦合系数的定义可知，任何电路的耦合系数不但都是无量纲的常数，而且永远是个小于 1 的正数。一般地讲，$K < 1\%$ 称为极弱耦合；$1\% < K < 5\%$ 称为弱耦合；$5\% < K < 90\%$ 称为强耦合；$K > 90\%$ 称为极强耦合；$K = 1$ 称为全耦合。K 值的大小能极大地影响耦合振荡回路频率特性曲线的形状，从而影响耦合振荡回路的选频特性。

下面以图 2.22(a)的互感耦合回路为例来分析其选频特性，所得结论同样适用于电容耦合回路。

列出图 2.22(a)中初、次级回路的电压方程：

$$\begin{cases} \dot{I}_1 Z_{11} - j\omega M \dot{I}_2 = \dot{U}_s \\ -j\omega M \dot{I}_1 + \dot{I}_2 Z_{22} = 0 \end{cases} \tag{2.66}$$

式中，Z_{11}、Z_{22} 分别为初、次级回路的自阻抗，即

$$\begin{cases} Z_{11} = r_1 + j\omega L_1 + \dfrac{1}{j\omega C_1} = R_{11} + jX_{11} \\ Z_{22} = r_2 + j\omega L_2 + \dfrac{1}{j\omega C_2} = R_{22} + jX_{22} \end{cases} \tag{2.67}$$

解式(2.66)的方程组，可分别求出初、次级回路电流的表示式：

$$\dot{I}_1 = \frac{\dot{U}_s}{Z_{11} + \dfrac{(\omega M)^2}{Z_{22}}} = \frac{\dot{U}_s}{Z_{11} + Z_{f1}} \tag{2.68}$$

$$\dot{I}_2 = \frac{j\omega M \dfrac{\dot{U}_s}{Z_{11}}}{Z_{22} + \dfrac{(\omega M)^2}{Z_{11}}} = \frac{j\omega M \dfrac{\dot{U}_s}{Z_{11}}}{Z_{22} + Z_{f2}} = \frac{\dot{U}_2}{Z_{22} + Z_{f2}} \tag{2.69}$$

式(2.68)和式(2.69)中，ωM 称为耦合阻抗；$Z_{f1} = (\omega M)^2/Z_{22}$，称为次级回路对初级回路的反射阻抗，它表明次级电流 $\dot{I}_2$ 通过互感 M 的作用，在初级回路中所感应的电动势 $j\omega M \dot{I}_2$ 对初级电流 $\dot{I}_1$ 的影响，可用一个等效的阻抗来表示；而 $Z_{f2} = (\omega M)^2/Z_{11}$，称为初级回路对次级回路的反射阻抗；$j\omega M \dot{U}_s/Z_{11}$ 为次级开路时，初级电流 $\dot{I}'_1 = \dot{U}_s/Z_{11}$ 在次级线圈 L_2 中所感应的电动势，用电压表示为 $\dot{U}_2 = j\omega M \dot{I}'_1 = j\omega M \dot{U}_s/Z_{11}$。初、次级回路的等效电路如图 2.23 所示。

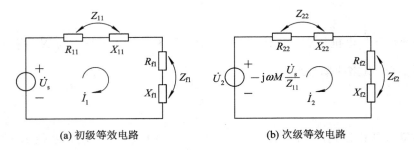

(a) 初级等效电路　　　　　　　(b) 次级等效电路

图 2.23　初、次级回路的等效电路图

初、次级回路的反射阻抗为

$$\begin{cases} Z_{f1} = \dfrac{(\omega M)^2}{Z_{22}} = \dfrac{(\omega M)^2}{R_{22} + jX_{22}} = \dfrac{(\omega M)^2}{R_{22}^2 + X_{22}^2}R_{22} - j\dfrac{(\omega M)^2}{R_{22}^2 + X_{22}^2}X_{22} = R_{f1} + jX_{f1} \\ Z_{f2} = \dfrac{(\omega M)^2}{Z_{11}} = \dfrac{(\omega M)^2}{R_{11} + jX_{11}} = \dfrac{(\omega M)^2}{R_{11}^2 + X_{11}^2}R_{11} - j\dfrac{(\omega M)^2}{R_{11}^2 + X_{11}^2}X_{11} = R_{f2} + jX_{f2} \end{cases} \tag{2.70}$$

式中：

$$\begin{cases} R_{f1} = \dfrac{(\omega M)^2}{R_{22}^2 + X_{22}^2}R_{22} \\ X_{f1} = -\dfrac{(\omega M)^2}{R_{22}^2 + X_{22}^2}X_{22} \\ R_{f2} = \dfrac{(\omega M)^2}{R_{11}^2 + X_{11}^2}R_{11} \\ X_{f2} = -\dfrac{(\omega M)^2}{R_{11}^2 + X_{11}^2}X_{11} \end{cases} \tag{2.71}$$

由式(2.70)和式(2.71)可见，反射阻抗由反射电阻 R_f 与反射电抗 X_f 所组成。

(1)反射电阻永远是正值。这是因为，无论是从初级回路反射到次级回路，还是从次级回路反射到初级回路，反射电阻总代表一定能量的损耗。

(2)反射电抗的性质与原回路总电抗的性质总是相反的。以 X_{f1} 为例，当 X_{22} 呈感性

$(X_{22} > 0)$ 时，则 X_{f1} 呈容性（$X_{f1} < 0$）；反之，当 X_{22} 呈容性（$X_{22} < 0$）时，则 X_{f1} 呈感性（$X_{f1} > 0$）。

（3）反射电阻和反射电抗的值与耦合阻抗的平方值 $(\omega M)^2$ 成正比。当互感量 $M = 0$ 时，反射阻抗也等于零，这就是单回路的情况。

（4）当初、次级回路同时调谐到与激励频率谐振（即 $X_{11} = X_{22} = 0$）时，反射阻抗为纯阻。对于初级回路，其作用相当于在初级回路中增加一电阻分量 $(\omega M)^2 / R_{22}$，该反射电阻与原回路电阻成反比。

在初、次级回路同时调谐到与激励频率谐振，即 $X_{11} = X_{22} = 0$ 时，称耦合回路达到全谐振状态。在全谐振状态下，两个回路的自阻抗均呈现纯电阻性，即 $Z_{11} = R_{11}$、$Z_{22} = R_{22}$，式（2.68）和式（2.69）可变为

$$\dot{I}_1 = \frac{\dot{U}_s}{R_{11} + \dfrac{(\omega M)^2}{R_{22}}} \tag{2.72}$$

$$\dot{I}_2 = \frac{j\omega M \dfrac{\dot{U}_s}{R_{11}}}{R_{22} + \dfrac{(\omega M)^2}{R_{11}}} \tag{2.73}$$

如果在全谐振的基础上，再调节耦合量，使次级回路达到匹配状态，即 $R_{22} = (\omega M)^2 / R_{11}$，可使次级回路电流达到最大值，即

$$\dot{I}_{2\max} = \frac{j\dot{U}_s}{2\sqrt{R_{11}R_{22}}} \tag{2.74}$$

称为最佳耦合下的全谐振，简称最佳全谐振。

为了简化分析，假设图 2.22(a) 所示耦合回路中的初、次级回路元件参数对应相等，即 $L_1 = L_2 = L$，$C_1 = C_2 = C$，$r_1 = r_2 = r$。则有谐振频率 $\omega_{01} = \omega_{02} = \omega$；品质因数 $Q_1 = Q_2 = Q$；广义失谐量 $\xi_1 = \xi_2 = \xi$，其中 $\xi_1 = 2Q_1 \dfrac{\Delta\omega}{\omega_{01}}$、$\xi_2 = 2Q_2 \dfrac{\Delta\omega}{\omega_{02}}$；回路自阻抗 $Z_{11} = Z_{22} = Z = r(1 + j\xi)$。重写次级回路电流表达式，则有：

$$\dot{I}_2 = \frac{j\omega M \dfrac{\dot{U}_s}{Z_{11}}}{Z_{22} + Z_{f2}} = \frac{j\omega M \dfrac{\dot{U}_s}{r(1 + j\xi)}}{r(1 + j\xi) + \dfrac{(\omega M)^2}{r(1 + j\xi)}} = \frac{j\omega M \dfrac{\dot{U}_s}{r^2}}{(1 + j\xi)^2 + \left(\dfrac{\omega M}{r}\right)^2} \tag{2.75}$$

将反映耦合程度的耦合因数定义为 $\eta = KQ = \dfrac{K\omega L}{r} = \dfrac{\omega M}{r}$，代入式（2.75），得

$$\dot{I}_2 = \frac{j\eta \dfrac{\dot{U}_s}{r}}{(1 + j\xi)^2 + \eta^2} \tag{2.76}$$

又因为最佳全谐振时，次级回路的最大电流为

$$\dot{I}_{2\max} = \frac{\dot{U}_s}{2\sqrt{R_{11}R_{22}}} = \frac{\dot{U}_s}{2r}$$

则

$$\frac{\dot{I}_2}{\dot{I}_{2\max}} = \frac{2\eta}{(1 + j\xi)^2 + \eta^2} = \frac{2\eta}{(1 - \xi^2 + \eta^2) + 2j\xi} \tag{2.77}$$

令 $\alpha = \left| \dfrac{\dot{I}_2}{\dot{I}_{2\max}} \right|$，则归一化谐振曲线 α 表示为

$$\alpha = \frac{2\eta}{\sqrt{(1-\xi^2+\eta^2)^2+4\xi^2}} = \frac{2\eta}{\sqrt{(1+\eta^2)^2+2(1-\eta^2)\xi^2+\xi^4}} \tag{2.78}$$

由式(2.78)可以看出，归一化谐振曲线 α 的表达式是广义失谐量 ξ 的偶函数。若以 ξ 为自变量，η 为参变量，由式(2.78)可画出次级回路归一化谐振特性曲线图，该谐振曲线相对于纵坐标 α 而言是对称的，如图 2.24 所示。

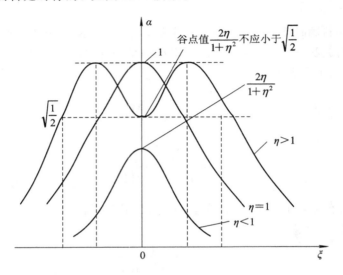

图 2.24　耦合回路中次级回路归一化谐振特性曲线

由图 2.24 可以看出，η 的值不同，曲线的形状也不同。讨论如下：

(1) $\eta=1$，即 $KQ=1$，称为临界耦合。由图 2.24 可见，临界耦合谐振曲线是单峰曲线。在谐振点($\xi=0$)上，$\alpha=1$，次级回路电流达到最大值，即最佳耦合下的全谐振状态；对应 $\eta=1$ 的曲线，式(2.78)变为

$$\alpha = \frac{2}{\sqrt{4+\xi^4}} \tag{2.79}$$

若令 $\alpha=\frac{1}{\sqrt{2}}$，代入上式可得，$\xi=\pm\sqrt{2}$。据此求得通频带

$$B_{0.7} = 2\Delta f_{0.7} = \frac{\sqrt{2}f_0}{Q} \tag{2.80}$$

与单谐振回路的通频带相比较，在品质因数 Q 相同的情况下，临界耦合双谐振回路的通频带是单谐振回路通频带的 $\sqrt{2}$ 倍。

再来求临界耦合情况下的矩形系数，令 $\alpha=\frac{2}{\sqrt{4+\xi^4}}=0.1$，可解得

$$2\Delta f_{0.1} = \sqrt[4]{100-1}\frac{\sqrt{2}f_0}{Q} \tag{2.81}$$

故矩形系数 $K_{0.1}=\frac{2\Delta f_{0.1}}{2\Delta f_{0.7}}=\sqrt[4]{100-1}=3.16$。与单谐振回路相比，矩形系数小得多。因此，临界耦合情况下，耦合双谐振回路的通频带较宽，频率选择性也较好。

(2) $\eta<1$ 为弱耦合状态。由式(2.78)可知，其分母中各项均为正值，随着 $|\xi|$ 值的增

大，分母也随之增大，所以 α 减少。在谐振点，$\xi=0$，则 $\alpha=\dfrac{2\eta}{1+\eta^2}<1$。由此可见，当 $\eta<1$ 时，η 值越小，α 值越小，表现为次级电流越小，通频带变得越窄，频率选择性变得越差。

（3）$\eta>1$ 为强耦合状态，式(2.78)分母中的第二项 $2(1-\eta^2)\xi^2$ 为负值，随着 $|\xi|$ 值的增大，该项负值也随之增大，但分母中的第三项 ξ^4 随着 $|\xi|$ 值的增大会增大得更快。因此，当 $|\xi|$ 值较小时，分母随 $|\xi|$ 值的增大而减少；当 $|\xi|$ 值较大时，分母随着 $|\xi|$ 值增大而增大。所以，随着 $|\xi|$ 值的增大，α 值先是增大，而后又减少，在谐振点 $\xi=0$ 处的两边必然形成双峰，$\xi=0$ 处为谷点。

由于特性曲线的最大值位于 $\alpha=1$ 处，当 $\alpha=1$ 时，有

$$\alpha=\frac{2\eta}{\sqrt{(1-\xi^2+\eta^2)^2+4\xi^2}}=1 \tag{2.82}$$

解式(2.82)，可得 $(1+\eta^2-\xi^2)^2+4\xi^2=4\eta^2$，整理为 $1-\eta^2+\xi^2=0$，解得

$$\xi=\pm\sqrt{\eta^2-1} \tag{2.83}$$

式(2.83)表明，特性曲线呈双峰，峰值点位于 $\xi=\pm\sqrt{\eta^2-1}$ 处。而在 $\xi=0$ 的谷点处，$\alpha=\dfrac{2\eta}{1+\eta^2}<1$，可以看出，耦合因数 η 值越大，两峰点相距越远，相应的谷点下凹也越厉害。但通常 η_{max} 的取值不应使 $\xi=0$ 时 $\alpha=\dfrac{2\eta}{1+\eta^2}<\dfrac{1}{\sqrt{2}}$，否则会使幅频特性曲线双峰间的谷值过小，根据通频带的定义可知相应的通频带不连续。如果 $\xi=0$ 时 $\alpha=\dfrac{2\eta_{max}}{1+\eta_{max}^2}=\dfrac{1}{\sqrt{2}}$，可以求得 $\eta_{max}=2.41$，把 $\eta_{max}=2.41$ 代入 $\alpha=\dfrac{2\eta}{\sqrt{(1-\xi^2+\eta^2)^2+4\xi^2}}$ 中，且令 $\alpha=\dfrac{1}{\sqrt{2}}$，可以得到通频带 $B_{0.7}=2\Delta f_{0.7}=3.2\dfrac{f_0}{Q}$。由此得出，在相同品质因数 Q 值下，这种耦合情况下的通频带是单谐振回路通频带的 3.2 倍。

必须指出，上述分析都是在假定初、次级回路元件参数相同的情况下得出的结论。如果初、次级回路元件参数不同，分析将会十分繁琐，而实际电路又不常见，故不再讨论。感兴趣的读者可以参阅其他参考书。

通过以上分析可知，耦合回路相对单谐振回路来说，谐振曲线更接近理想的特性曲线，故在多管的高质量收音机、某些电视接收机和小型通信电台的高放或者中放电路、调频接收的解调电路等都采用耦合回路来改善谐振曲线。

2.5　其他形式的滤波器

随着电子技术的发展，高增益、宽频带的高频集成放大器和其他高频处理模块（如高频乘法器、混频器、调制解调器等）越来越多，应用也越来越广泛。与这些高频集成放大器和高频处理模块配合使用的滤波器可以采用前面所讨论的高频选频网络来实现，但采用其他形式的滤波器作为选频电路不仅有利于电路和系统设计的简化及电路和设备的微型化，

还可以提高电路和系统的稳定性、改善系统性能。高频电路中常用的其他形式的滤波器有石英晶体滤波器、声表面波滤波器和陶瓷滤波器。下面对其加以简要介绍。

2.5.1 石英晶体滤波器

在高频电路中，石英晶体滤波器是一个重要的高频部件。根据晶片的压电效应，采用特殊方式切割的石英晶片做成的石英晶体滤波器，其品质因数 Q 数值能达到几万，采用石英晶体谐振器组成的滤波元件，能得到工作频率稳定度很高、阻带衰减特性陡峭、通带衰减很少的性能优良滤波器，故其广泛应用于频率稳定性高的振荡电路中，也用作高性能的窄带滤波器和鉴频器。

在晶体两端加交变电压时，晶体就会发生周期性的振动。同时由于电荷的周期变化，又会有交变电流通过晶体。由于晶体是具有弹性的固体，对于某一种振动方式，会有一个机械的固有振动频率。当外加电信号频率在此固有频率附近时，就会发生谐振现象。它既表现为晶片的机械振动，又在电路上表现为电谐振。发生谐振时，机械振动的幅度最大，相应地在晶体表面产生的电荷量也最大，外电路就会有很大的电流通过晶体，产生电能和机械能的转换。因此，石英晶体具有谐振电路特性，它的谐振频率等于晶体机械振动的固有频率（基频），该固有频率取决于晶片的材料、几何形状、尺寸及振动方式。当晶片确定后，固有频率十分稳定，其温度系数（温度变化 1℃ 时引起的固有频率相对变化量）均在 10^{-6} 或者更高数量级上，有些切型（如 GT 型和 AT 型）的晶片，其温度系数在在很大范围内都趋近零。

石英晶体谐振器的符号和基频等效电路如图 2.25 所示。晶体两电极可看做一个平板电容器 C_0，称为静电电容，其大小与晶体的几何尺寸、电极面积有关，为几个皮法到几十皮法；晶体的质量惯性可用电感 L 来等效，等效的 L 值为几十豪亨至几亨；而晶片的弹性可用 C 来等效，C 的值很小，为 $0.0002 \sim 0.1 \text{ pF}$；晶片振动时因和空气摩擦造成的损耗用损耗电阻 r 等效，它的数值约为 $100 \ \Omega$。由于晶片的等效电感 L 很大，而损耗电阻 r 很小，因而品质因数 Q 很大，可达 $10^4 \sim 10^6$。

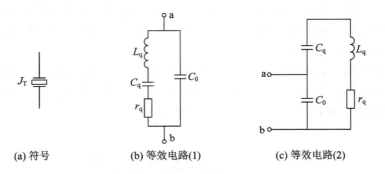

(a) 符号 (b) 等效电路(1) (c) 等效电路(2)

图 2.25　石英晶体谐振器的符号和两种基频等效电路

由图 2.25 可见，石英晶体谐振器有两个谐振角频率，串联谐振角频率 ω_q（即石英晶片本身的固有角频率）和并联谐振角频率 ω_p。它们分别为

$$\omega_q = \frac{1}{\sqrt{L_q C_q}} \tag{2.84}$$

$$\omega_{\text{p}} = \frac{1}{\sqrt{L_{\text{q}}C}} = \frac{1}{\sqrt{L_{\text{q}}\dfrac{C_0 C_{\text{q}}}{C_0 + C_{\text{q}}}}} = \omega_{\text{q}}\sqrt{1 + \frac{C_{\text{q}}}{C_0}} \qquad (2.85)$$

式中，电容 C 为 C_0 和 C_{q} 串联后的电容。显然，$\omega_{\text{p}} > \omega_{\text{q}}$。

与通常的 LC 谐振回路相比较，石英晶体谐振器的参数 L_{q}、C_{q} 与一般线圈的电感 L、电容元件 C 有很大不同。如国产 B45 型 1 MHz 中等精度石英晶体的等效参数为 $L_{\text{q}} = 4.00$ H，$C_{\text{q}} = 0.0063$ pF，$C_0 = 2 \sim 3$ pF，$r_{\text{q}} = 100 \sim 200$ Ω。

由此可见，L_{q} 很大，C_{q} 很小。由于 $C_{\text{q}} \ll C_0$，因此，ω_{q} 和 ω_{p} 很接近。在图 2.25 中的 a、b 两端，设接入系数为 p，则 $p = \dfrac{C_{\text{q}}}{C_0 + C_{\text{q}}} \approx \dfrac{C_{\text{q}}}{C_0}$ 很小，所以有

$$\omega_{\text{p}} = \omega_{\text{q}}\sqrt{1 + \frac{C_{\text{q}}}{C_0}} = \omega_{\text{q}}\sqrt{1 + p}$$

因为接入系数 p 很小，将上式按泰勒级数展开并忽略高次项，可得

$$\omega_{\text{p}} \approx \omega_{\text{q}} + \omega_{\text{q}}\frac{C_{\text{q}}}{2C_0}$$

由于 $\dfrac{C_{\text{q}}}{C_0}$ 的比值在 0.002～0.003 之间，所以相对频率间隔

$$\frac{\omega_{\text{p}} - \omega_{\text{q}}}{\omega_{\text{q}}} = \frac{1}{2}\frac{C_{\text{q}}}{C_0} = \frac{1}{2}p$$

仅为 1‰～2‰。接入系数 p 一般为 10^{-3} 数量级，所以石英晶体谐振器的两个频率非常接近。石英晶体谐振器等效电路的接入系数 p 非常小，意味着晶体谐振器与外电路的耦合必然很弱。在实际电路中，晶体两端并联有电容，故接入系数变得更小，接入的电容越大，ω_{p} 越靠近 ω_{q}。

通过石英晶体的等效电路，可定性画出它的电抗—频率特性曲线，如图 2.26 所示。可见，石英晶体仅在高于串联谐振频率低于并联谐振回路的极窄频率范围内才呈现出感性。

晶体谐振器与一般的 LC 谐振回路相比较，有几个明显的特点：

（1）晶体的参数 L_{q}、C_{q}、C_0 由晶体尺寸决定，由于晶体的物理特性，它们受温度、震动等外界因素的影响小。

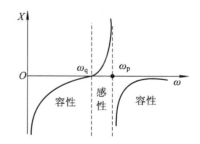

图 2.26　石英晶体谐振的电抗特性

（2）晶体谐振器有非常高的 Q。一般很容易得到数值上万的 Q 值，而普通 LC 回路的 Q 值只能达到 100～200。

（3）晶体谐振器的接入系数非常小，一般为 10^{-3} 数量级甚至更小。

（4）晶体在工作频率附近阻抗变化率大，有很高的并联谐振阻抗。

所有这些特点决定了晶体谐振器频率稳定度比一般谐振回路要高很多。故经常用多只石英晶体构成一个滤波器，通过适当地选择各个石英晶体谐振频率，得到带宽不同、中心工作频率不同的滤波器。中心频率稳定、带宽很窄、阻带内有很陡峭的衰减特性是石英晶体滤波器的主要特点。石英晶体滤波器在工作时，石英晶体两个谐振频率之间感性区的宽

度决定了滤波器的通带的宽度。晶体滤波器的通带宽度只有千分之几，在许多情况下限制了它的应用。为了加宽滤波器通带的宽度，就必须加宽石英晶体两谐振频率之间的宽度。通常的是采用外加电感与石英晶体串联或者并联的方法实现。

2.5.2　声表面滤波器

　　声表面波滤波器 SAWF(Surface Acoustic Wave Filter)是一种以铌酸锂、石英或锆钛酸铅等压电材料为衬底(基体)的一种沿表面传播机械振动波的弹性固体器件，具有电声换能功能。它利用声表面波器件 SAW 沿弹性体表面传播机械波的原理，通过机电耦合，作为电信号的滤波器或者延迟线使用。这种器件由于采用了与集成电路工艺相同的平面加工工艺，因而制造简单、可大批量生产、成本低，且重复性和设计灵活性高；同时具有体积小、重量轻、中心频率可做的很高、相对频带较宽、理想的矩形选频特性等特点，在高频电子线路中得到了广泛应用。如电视机中频系统均采用声表面波滤波器作为选频滤波电路。

　　声表面波滤波器是在经过研磨抛光的极薄的压电材料基片上，用蒸发、光刻、腐蚀等工艺制成两组叉指状电极换能器，其中与信号源连接的一组称为发送叉指换能器，与负载连接的一组称为接收叉指换能器。当把输入高频电信号加到发送换能器上时，通过逆压电效应，使基片产生弹性振动，激发出与外加电信号同频率的的弹性波——声波，该声波的能量主要集中在晶体表面，故称为声表面波。叉指电极产生的声表面波沿与叉指电极垂直的轴线方向双向传送，其中一个方向的声波被吸收材料吸收，另一个方向的声波则传输到输出端的换能器，并通过正压电效应，将声波还原成电信号输出送入负载。声表面波滤波器的结构示意图如图 2.27(a)所示。

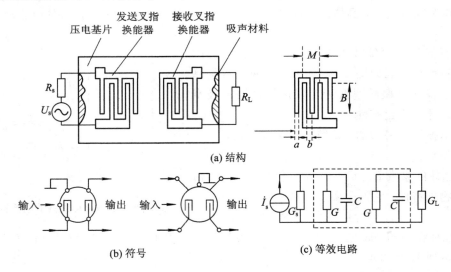

图 2.27　声表面波滤波器的结构符号及等效电路示意图

　　在声表面波滤波器中，叉指换能器共有 $N+1$ 个电极。当输入信号频率等于叉指换能器的固有中心频率 ω_0，而叉指形电极的间距为声波的 1/2 时，相邻叉指电极之间激起的声波将在另一端同相相加，这是因为相邻叉指电极间的电场方向相反(相位差 180°)，而传播延迟了半个波长，又会产生 180° 的相移。此时，换能器产生谐振，输出信号幅度最大。当信号频率偏离 ω_0 时，则由于传播引起的相移差(指两个叉指电极产生的波)，多个叉指电极在输出端的合成信号相互抵消，产生频率选择作用。这种滤波器属于多抽头延迟线构成的横向滤波器。其结构的优点是设计自由，但当要求通频带宽与中心频率之比较小和通频带带宽与衰减带宽之比较大时，则需要较多的电极数，因此难以实现小型化。同时，由于SAWF 是双向传播的，在输入/输出叉指换能器电极上会分别产生 1/2 的损耗，这对降低损耗是不利的。

图 2.27 中，均匀叉指声表面波滤波器的传输函数为

$$H(\mathrm{j}\omega) = \exp\left(-\mathrm{j}\,\frac{\omega}{\nu}x_0\right) \frac{\sin\dfrac{N\pi}{2}\dfrac{\Delta\omega}{\omega_0}}{\sin\dfrac{\pi}{2}\dfrac{\Delta\omega}{\omega_0}} \tag{2.86}$$

式中，x_0 为两换能器的中心距离，ν 为声波传播速度，N 为叉指换能器电极数目（N 为奇数），ω_0 为中心角频率，所以幅频特性为

$$|H(\mathrm{j}\omega)|^2 = \left|\frac{\sin\dfrac{N\pi}{2}\dfrac{\Delta\omega}{\omega_0}}{\sin\dfrac{\pi}{2}\dfrac{\Delta\omega}{\omega_0}}\right|^2 \tag{2.87}$$

对应的幅频特性曲线如图 2.28 所示。

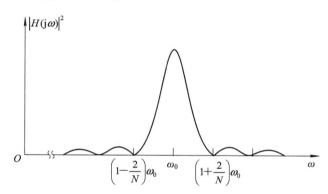

图 2.28 均匀叉指换能器的幅频特性

声表面波滤波器的符号如图 2.27(b)所示，图 2.27(c)是它的等效电路。在图 2.27(c)中的虚线框中，其左边为发送换能器，$\dot{I}_s$ 和 G_s 表示信号源。G 中消耗的功率相当于转换为声能的功率；右边为接收换能器，G_L 为负载电导，G_L 中消耗的功率相当于再转换为电能的功率。

由式(2.87)和图 2.28 可以看出，叉指换能器的电极数 N 越大，频带就越窄。声表面波滤波器由于结构和其他方面的限制，N 不能做得太大，因而滤波器的带宽不能做得很窄。

声表面波滤波器已成为高频电子线路中的基本元件，在移动通信系统中应用特别广泛，它的主要特点如下：

(1) 工作频率高，中心频率在 10 MHz 至几吉赫兹之间，且频带宽。对于声表面波器件，当压电基材选定后，其工作频率则由叉指换能器指条宽度决定，指条愈窄，频率则愈高。利用普通的 0.5 μm 级半导体工艺，就可以制作出约 1500 MHz 的声表面波滤波器；利用 0.35 μm 级的光刻工艺，能制作出 2 GHz 的器件；借助于 0.18 μm 级的精密加工技术，

3 GHz 的声表面波器件也进入了实用化。

（2）尺寸小，重量轻，便于器件微型化和片式化。声表面波器件的叉指形换能器电极条带通常按照声表面波波长的 1/4 进行设计。对于工作频率在 1 GHz 以上的器件，若设声表面波的传播速度是 400 m/s，则波长小于 4 μm。那么在 4 mm 的距离中就能容纳 100 条 1 μm 宽的电极。故声表面波器件可以做得非常小，易于实现微型化，而且其封装形式也由传统的圆形金属壳改为方形或长方扁平金属或 LCC 表面贴装款式，并且尺寸不断缩小。

（3）插入损耗低。声表面波滤波器以往存在的最突出问题是插入损耗大，一般不低于 15 dB。为满足移动通信系统的要求，人们通过开发高性能的压电材料和改进叉指换能器设计，使器件的插入损耗降低到 4 dB 以下，而且有些产品降至 1 dB。

（4）由于声表面波器件是在单晶材料上用半导体平面工艺制作的，所以它具有很好的一致性和重复性，易于大量生产，而且当使用某些单晶材料或复合材料时，声表面波器件具有极高的温度稳定性。

（5）选择性好，矩形系数可达 1.2。

2.5.3　陶瓷滤波器

某些陶瓷材料（如常用的锆钛酸铅 $[Pb(ZrTi)O_3]$）经过直流高压电场给予极化后，可以产生类似石英晶体中的压电效应，这些陶瓷材料称为压电陶瓷材料。由压电陶瓷材料制成的陶瓷滤波器具有耐热、耐湿性好，受外界条件的影响小，且容易焙烧，形状多样的特点。它的等效品质因数 Q 值为几百，比普通的 LC 滤波器的品质因数要高，但比石英晶体滤波器的要低。因此，应用时，陶瓷滤波器的通带比石英晶体滤波器的要宽，选择性也比石英晶体滤波器的稍差。但陶瓷材料在自然界比较丰富，陶瓷滤波器相对比较便宜。

由单个陶瓷片构成的两端陶瓷滤波器的等效电路与石英晶体的相同。图 2.29 所示为陶瓷滤波器的结构、符号及等效电路示意图，其电抗特性曲线与石英晶体滤波器的相同。

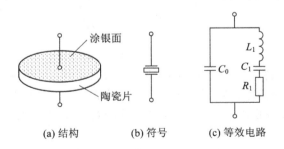

(a) 结构　　　　(b) 符号　　　　(c) 等效电路

图 2.29　陶瓷滤波器的结构、符号和等效电路示意图

简单的两端陶瓷滤波器的通频带较窄，选择性较差。性能较好的陶瓷滤波器通常是将多个陶瓷谐振器接入梯形网络而构成的多极点带通或者带阻滤波器。如图 2.30 所示，将不同谐振频率的陶瓷片进行适当的组合连接，就得到性能接近理想的四端陶瓷滤波器，图 2.30 所示为由两个陶瓷片（见图(a)）和 9 个陶瓷片（见图(b)）组成的四端陶瓷滤波器电路及其表示符号。在四端陶瓷滤波器电路中，陶瓷片数目越多，滤波性能越好。由于陶瓷片谐振器的品质因数 Q 值通常比电感元件要高，故滤波器带内衰减小而带外衰减大，矩形系数也较小。

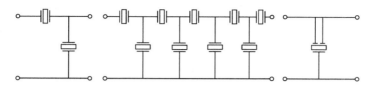

(a) 两个陶瓷片组成的电路　(b) 9 个陶瓷片组成的电路　(c) 四端陶瓷滤波器电路符号

图 2.30　四端陶瓷滤波器电路及符号示意图

　　高频陶瓷滤波器的工作频率可从几百千赫兹到几百兆赫兹，带宽可以做得很窄，其等效 Q 值约为几百。它具有体积小、成本低、耐热耐湿性好、受外界条件影响小等优点，已广泛用于接收机中，如收音机的中放、电视机的伴音中放等。注意使用时，其输入阻抗需与信号源阻抗匹配，其输出阻抗需与负载阻抗匹配。陶瓷滤波器的不足之处是频率特性较难控制，生产一致性较差，通频带不够宽等。

　　这几种滤波器的共同特性是具有谐振特性及选频作用，但不同滤波器的结构、原理与工作性能不尽相同。现将各种集中滤波器的性能特点的对比列于表 2.1 中，以加深对各种集总参数滤波器的理解。

表 2.1　各种滤波器的主要特点

特性＼名称	陶瓷滤波器	晶体滤波器	声表面滤波器
工作频率	几百千赫兹至 10 MHz	100 MHz 以下	1～1000 MHz
带宽（$BW_{0.1}/f_0$）	0.5%～6%	千分之几	0.5%～40%
选择性（矩形系数）	小	较小	近似为 1
其他优点	体积小、重量轻、加工方便，成本低，使用时无需复杂调整	体积小，工作稳定性好，使用时无需复杂调整	用平面加工工艺制作，易于实现要求特性，体积小，使用时无需复杂调整
主要缺点	稳定性稍差	通频带较差	带内衰减较大
应用场合	用作电视机、收音机、调频机中频放大器的滤波器	用于窄频带的通信接收机及仪表中	可工作于高频、超高频、微波波段。用于通信系统、雷达、彩色电视机宽带中频放大器的滤波器

本　章　小　结

　　1. 高频电子线路中的元件主要是电阻、电容和电感，它们都是无源线性元件。

　　2. 选频网络在高频电子线路中应用广泛，具有频率选择作用。选频特性指的是选出所需频率信号并滤除不需要的（干扰）频率信号。常用的选频网络为 LC 谐振回路和各种滤波器。理想选频网络的幅频特性应为矩形，相频特性应为线性。可通过分析选频网络的谐振曲线，从通频带、矩形系数两相矛盾的参数来衡量选频网络选频性能的好坏。

3. LC 谐振回路又分为串、并联两种形式。可以从回路的电路结构、阻抗、谐振特性、品质因数、谐振曲线和信号源内阻及负载对回路的影响等多方面比较其特点。串、并联谐振回路的参数具有对偶关系。

4. 谐振回路的品质因数越高，谐振曲线越尖锐，选择性越好，但通频带越窄，矩形系数越小；反之，通频带越宽，选择性越差，矩形系数就越大。

5. LC 阻抗变换电路和选频匹配电路都可以实现信号源内阻或负载的阻抗变换，这对于提高放大电路的增益是必不可少的。区别在于：后者仅可以在较窄的频率范围内实现较理想的阻抗变换，而前者虽然可在较宽的频率范围内进行阻抗变换，但各频率点的变换值有差别。

6. 耦合振荡回路具有比单谐振荡回路更好的频率特性，但电路复杂，且有时也不能满足现代无线电技术提出的选频滤波和阻抗变换的各种要求。但在后面章节的分析中可引用与耦合回路类似的参数和分析方法。

7. 滤波器具有品质因数高、频率稳定性好、选频特性好等优点，可实现其他类型滤波器无法实现的优良特性，且与宽频带放大器一起使用，构成各种集成宽带选频放大器，在通信、电视等领域应用非常广泛。

思考题与习题

2.1　串联谐振回路的 $f_0 = 5$ MHz、$C = 50$ pF，谐振时电阻 r 小于 6 Ω。求回路的 L 及 Q。又若信号源电压幅度 $U_s = 1$ mV，忽略信号源内阻，求谐振时回路的电流。

2.2　并联谐振回路的 $f_0 = 30$ MHz、$C = 30$ pF，线圈 Q 值约为 100，信号源电流幅度 $I_s = 1$ mA，忽略信号源内阻，求 L、R_p 以及谐振时输出电压。

2.3　已知一并联谐振回路（如题图 2.1 所示）的谐振频率 $f_0 = 1$ MHz，要求对 990 kHz 的干扰信号有足够的衰减，设回路损耗电阻为 $r = 10$ Ω，问该并联回路应如何设计？（即求 L 和 C）

2.4　在题图 2.2 所示电路中，信号源频率 $f_0 = 1$ MHz，信号源电压振幅 $U_{ms} = 0.1$ V，回路空载 Q_0 值为 100，r 是回路损耗电阻。将 $1-1$ 端短路，电容 C 调至 100 pF 时回路谐振。如将 1.1 端开路后再串接一阻抗 Z_X（由电阻 R_X 与电容 C_X 串联），则回路失谐；C 调至 200 pF 时重新谐振，这时回路有载 Q_L 值为 50。试求电感 L 和未知阻抗 Z_X。

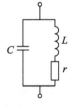

题图 2.1

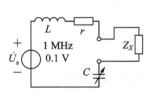

题图 2.2

2.5　在题图 2.3 所示电路中，已知回路谐振频率 $f_0 = 465$ kHz，$Q_0 = 100$，$N = 160$ 匝，$N_1 = 40$ 匝，$N_2 = 10$ 匝，$C = 200$ pF，$R_s = 16$ kΩ，$R_L = 1$ kΩ。试求回路电感 L、有载 Q_L 值和通频带 B。

2.6　用一个 $Q = 100$、$L = 100$ μH 的线圈和一个 $C = 100$ pF 的电容并联，组成一并联谐振回路，（1）求谐振电阻 R_p？（2）用什么方法可使这个谐振电阻 R_p 减少一半，有人说因为 $R_p = rQ^2$，只要把 r 减少一半就可以了，此法是否可行？

2.7　在题图 2.4 所示电路中，$L = 0.8$ μH，$C_1 = C_2 = 20$ pF，$C_s = 5$ pF，$R_s = 10$ kΩ，$C_L = 20$ pF，$R_L = 5$ kΩ，$Q_0 = 100$。试求回路在有载情况下的谐振频率 f_0、谐振电阻 R_p（不计 R_s 和 R_L）、有载品质因数 Q_L 值和通频带 B。

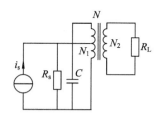

题图 2.3

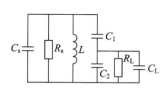

题图 2.4

2.8　题图 2.5 所示为某波段内调谐用的并联谐振回路，可变电容 C 的变化范围为 $12 \sim 260$ pF，C_t 为微调电容。要求此回路的调谐范围为 $535 \sim 1605$ kHz，求回路电感 L 和 C_t 的值，并要求 C 的最大和最小值与波段的最低和最高频率对应。

2.9　并联谐振回路与负载间采用部分接入方式，如题图 2.6 所示，已知 $L_1 = L_2 = 4$ μH，同时忽略 L_1、L_2 间互感，$C = 500$ pF，空载品质因数 $Q_0 = 100$，负载电阻 $R_L = 1$ kΩ，负载电容 $C_L = 10$ pF。计算谐振频率 f_0 及通频带 B。

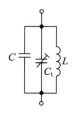

题图 2.5

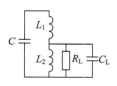

题图 2.6

2.10　已知一收音机中频放大器，其交流等效电路如题图 2.7 所示，LC 谐振回路谐振频率 $f_0 = 465$ kHz、$C = 200$ pF、$L = 583$ μH、$2\Delta f_{0.7} = 10$ kHz。求：

（1）当初级线圈 $N_{13} = 175$ 匝，忽略回路本身损耗，并且初、次级匹配时，N_{12}、N_{45} 为多少？

（2）根据（1）问的结果进行连接后，在负载两端并接一个 400 pF 电容，这时回路谐振频率是多少？

2.11　为什么双耦合振荡回路的耦合因数 η 大到一定程度时，其谐振曲线出现双峰？

2.12　如题图 2.8 所示，已知 $L_1 = L_2 = 100$ μH，$r_1 = r_2 = 5$ Ω，$\omega_{01} = \omega_{02} = 10^7$ rad/s，电路处于全谐振状态。试求：

（1）a、b 两端的等效耦合因数；

（2）两回路的耦合因数；

（3）耦合回路的相对通频带。

2.13　设计一个 LC 选频网络，使 50 Ω 的负载和 20 Ω 的信号源内阻匹配。如果工作频率是 20 MHz，则各元件值是多少？

2.14　石英晶体有什么特点？为什么用它制作的振荡器的频率稳定度高？

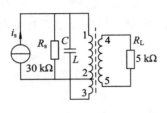

题图 2.7

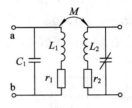

题图 2.8

第 3 章　高频小信号放大电路

3.1　概　　述

　　高频小信号放大电路是一种窄带放大电路，它对中心频率在几百千赫兹到几百兆赫兹、频谱宽度在几千赫兹到几十兆赫兹内的受干扰的微弱信号进行不失真的放大，故不仅需要有一定的电压增益，还需要有选频功能。放大电路由晶体管、场效应管或集成电路等有源器件提供电压增益，由 LC 谐振回路、声表面波滤波器、陶瓷滤波器、石英晶体滤波器等实现选频功能。放大器有两种主要类型：以分立元件为主的谐振放大器和以集成电路为主的集中选频放大器。

　　本章先重点分析以 LC 谐振回路为选频网络的晶体管高频小信号放大电路，再讨论集成谐振放大电路和集中选频放大器。同时，晶体管、场效应管和电阻引起的电噪声将直接影响放大器和整个电子系统的性能。本书将这部分内容也放在这一章中讨论。

　　对晶体管高频小信号放大电路来说，由于信号较弱，可以认为它工作在晶体管的线性范围内，故把晶体管看成线性元件，晶体管高频小信号放大电路看成线性放大电路。y 参数等效电路和混合 Ⅱ 型等效电路是分析晶体管高频电路线性工作的重要工具。

　　对高频小信号放大电路的主要要求是：增益高、选频特性好、噪声系数低、通频带宽和工作稳定性好等。放大器中的晶体管一般应用在甲类工作状态。

　　下面介绍高频小信号放大电路的主要技术指标：

1. 中心频率 f_0

　　中心频率就是调谐放大电路的工作频率，一般为几百千赫兹到几百兆赫兹。它是调谐放大器的主要指标，是根据设备的整体指标来确定的。中心频率是设计放大电路时选择有源器件、计算谐振回路元件参数的依据。

2. 增益

　　增益用来描述放大电路对有用信号的放大能力，它具有与谐振回路相似的谐振特性。通常用中心频率点 f_0 上的电压增益和功率增益两种方法表示。

　　电压增益：

$$A_{uo} = \frac{U_o}{U_i} \tag{3.1}$$

　　功率增益：

$$A_{\text{Po}} = \frac{P_{\text{o}}}{P_{\text{i}}} \tag{3.2}$$

式中，U_{o}、U_{i} 分别为放大电路在中心频率点 f_0 上的输出、输入电压幅度；P_{o}、P_{i} 分别为放大器在中心频率点 f_0 上的输出、输入功率，通常增益用分贝（dB）表示。

3. 通频带

无线电接收设备接收到的高频小信号具有一定的频带宽度，为了保证频带信号无失真地通过放大电路，要求其增益的频率响应特性必须有与信号带宽相适应的平坦宽度，这个宽度通常用放大电路的通频带表示。放大电路电压增益的频率响应特性由最大值下降 3 dB 时对应的频率宽度来衡量，故称为放大器的通频带。通常以 $B_{0.7}$ 或 $2\Delta f_{0.7}$ 表示，如图 3.1 所示。

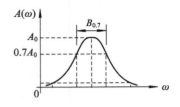

图 3.1　通频带的定义

通频带的大小取决于放大器谐振回路的 Q 值及其形式；多级级联时随着级数的增加会越来越窄。而且用途不同，对带宽的要求也各不相同，如中频广播带宽为 6～8 kHz，电视信号的为 6 MHz。

4. 选择性

选择性是指放大器从输入信号中选出有用信号并加以放大，而对通频带之外的干扰信号加以衰减和有效抑制的能力，常用"矩形系数"和"抑制比"两个技术指标来衡量。矩形系数用来评价实际放大器的谐振曲线与理想曲线的接近程度，其值越接近 1，说明其对有用信号的选择性越好。抑制比用来说明放大器对频带外某一特定干扰频率 f_{N} 信号的抑制能力，其定义为

$$d(\text{dB}) = 20\ \lg \frac{A_{\text{uo}}(f_0)}{A_{\text{u}}(f_{\text{N}})} \tag{3.3}$$

式中，$A_{\text{uo}}(f_0)$ 是中心频率点 f_0 上的电压增益；$A_{\text{u}}(f_{\text{N}})$ 是特定干扰频率 f_{N} 上的电压增益。

5. 工作稳定性

工作稳定性是指当放大电路的工作状态、元件参数等发生可能的变化时，放大器主要性能的稳定程度。不稳定现象表现为增益变化、中心频率偏移、通频带变窄、谐振曲线变形等。不稳定状态的极端情况是放大器的自激振荡，发生自激振荡会使放大器完全不能工作。

引起放大器不稳定的主要原因是由于晶体管的寄生反馈作用。为消除或减少不稳定现象，必须尽力找出寄生反馈的途径，力图消除一切可能产生反馈的因素。

6. 噪声系数

噪声系数是用来描述放大器本身产生噪声电平大小的一个参数，是放大器输入端的信噪比 $P_{\text{i}}/P_{\text{ni}}$ 与输出端的信噪比 $P_{\text{o}}/P_{\text{no}}$ 两者的比值，即

$$(N_{\text{F}})_{\text{cB}} = 10\ \lg\left(\frac{P_{\text{i}}/P_{\text{ni}}}{P_{\text{o}}/P_{\text{no}}}\right) \tag{3.4}$$

式中，P_{i} 为放大器输入端的信号功率，P_{ni} 为输入端的噪声功率，P_{o} 为放大器输出端的信号功率，P_{no} 为输出端的噪声功率。放大器本身产生的噪声对所传输的信号，特别是对微弱

信号的影响是极其不利的。

上述指标之间既相互联系又相互矛盾，如增益和稳定性、通频带和选择性等。在设计中，可根据实际需要决定参数间的主次，并进行合理的设计与调整。

3.2　晶体管高频小信号等效电路与参数

在分析低频放大电路时，晶体管作为放大器件可以用简单的交流等效电路来表示。在频率较低的情况下，这种等效电路用晶体管的输入电阻 r 和电流放大倍数 β 这两个参数就可以了。但是当信号的频率较高时，晶体管的作用比较复杂，只用两个参数就不能确切地表示它的放大作用。故晶体管在高频运用时，它的等效电路不仅包含着一些和频率基本上没有关系的电阻，还包含着一些电容，这些电容在高频时的作用是不容忽略的。为了说明晶体管放大的物理过程，我们引入它的高频等效电路：y 参数等效电路和混合 Ⅱ 型等效电路，并介绍反映晶体管高频性能的高频参数 f_β、f_T 和 f_{max}。

3.2.1　晶体管 y 参数等效电路

晶体管是非线性元件，一般情况下必须考虑其非线性特点。但是，在小信号运用或者动态范围不超出晶体管特性曲线线性区的情况下，可视晶体管为线性元件，并可用线性元件组成的网络模型来模拟晶体管。把晶体管看成一个有源线性二端口网络，列出电流、电压方程式，拟定满足方程的网络模型。

根据二端口网络的理论，在两个端口的四个变量中可任选两个作为自变量，由所选的不同自变量和参变量，可得到六种不同的参数系，但最常用的只有 h、y、z 三种参数系。在高频电子电路中常采用 y 参数系等效电路。因为晶体管是电流受控元件，输入和输出都有电流，采用 y 参数较方便，另外导纳的并联可以直接相加而使运算简单。晶体管 y 参数这种网络模型的等效电路称为晶体管 y 参数等效电路。这种等效是一种形式上的等效，故又称晶体管 y 参数形式等效电路。

在图 3.2 所示的 BJT 共发射极组态有源二端口网络的四个参数中选择电压 $\dot{U}_{be}$ 和 $\dot{U}_{ce}$ 为自变量，电流 $\dot{I}_b$ 和 $\dot{I}_c$ 为参变量，可得 y 参数系的约束方程为

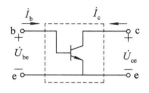

图 3.2　共发射极组态的二端口网络

$$\begin{cases} \dot{I}_b = y_{ie}\dot{U}_{be} + y_{re}\dot{U}_{ce} \\ \dot{I}_c = y_{fe}\dot{U}_{be} + y_{oe}\dot{U}_{ce} \end{cases} \quad (3.5)$$

式中，$y_{ie} = \dfrac{\dot{I}_b}{\dot{U}_{be}}\bigg|_{\dot{U}_{ce}=0}$，为输出短路时的输入导纳；

$y_{fe} = \dfrac{\dot{I}_c}{\dot{U}_{be}}\bigg|_{\dot{U}_{ce}=0}$，为输出短路时的正向传输导纳；

$y_{re} = \dfrac{\dot{I}_b}{\dot{U}_{ce}}\bigg|_{\dot{U}_{be}=0}$，为输入短路时的反向传输导纳；

$y_{oe} = \dfrac{\dot{I}_c}{\dot{U}_{ce}}\bigg|_{\dot{U}_{be}=0}$，为输入短路时的输出导纳。

y_{ie}、y_{re}、y_{fe}、y_{oe} 四个参数具有导纳量纲，称为 BJT 共发射极组态的导纳参数，即 y 参

数。这些参数只与晶体管的特性有关，与外电路无关，故又称内参数。

根据式(3.5)可得出如图 3.3 所示的 y 参数等效电路。图 3.3 中，$y_{fe}\dot{U}_{be}$ 和 $y_{re}\dot{U}_{ce}$ 是受控电流源。$y_{fe}\dot{U}_{be}$ 表示输入电压 $\dot{U}_{be}$ 作用在输出端引起的受控电流源，代表了晶体管的正向传输能力，y_{fe} 越大，则晶体管的放大能力越强；$y_{re}\dot{U}_{ce}$ 表示输出电压 $\dot{U}_{ce}$ 在输入端引起的受控电流源，代表晶体管的内部反馈作用，y_{re} 越大，表明晶体管的内部反馈越强。y_{re} 是放大器工作不稳定的根源，它的存在会给实际工作带来很大的危害，应尽可能减少它的影响，使放大器工作稳定。一般情况下 y_{re} 的值很小；理想状态时 $y_{re}=0$。在实际应用中为了简化分析，通常忽略 y_{re}，其简化的共射极 y 参数等效电路如图 3.4 所示。

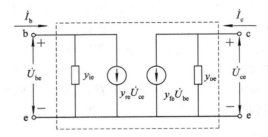

图 3.3 共发射极组态 y 参数等效电路

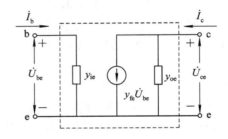

图 3.4 简化的共发射极组态 y 参数等效电路

晶体管的 y 参数可以通过测量得到。根据 y 参数方程，分别使输出端或输入端交流短路，在另一端加上直流偏压和交流信号，然后测量其输入端或输出端的交流电压和交流电流，代入式(3.5)中就可求得。也可通过查阅晶体管手册得到各种型号晶体管的 y 参数。

需要注意的是，y 参数不但与静态工作点的电压值、电流值有关，而且是工作频率的函数。例如当发射极电流 $\dot{I}_c$ 增加时，输入与输出电导都将加大。当工作频率较低时，电容效应的影响逐渐减弱。所以无论是测量还是查阅晶体管手册，都应注意工作条件和工作频率。

在高频工作时，由于晶体管结电容不可忽略，故 y 参数是一个复数。为了分析方便，晶体管 y 参数中输入导纳和输出导纳通常用电导和电容表示，而正向传输导纳和反向传输导纳通常写成模值和相位的形式，即

$$\begin{cases} y_{ie} = g_{ie} + j\omega C_{ie} \\ y_{oe} = g_{oe} + j\omega C_{oe} \\ y_{fe} = |y_{fe}| e^{j\varphi_{fe}} \\ y_{re} = |y_{re}| e^{j\varphi_{re}} \end{cases} \tag{3.6}$$

对于共基组态的晶体管，其 y 参数用 y_{ib}、y_{rb}、y_{fb}、y_{ob} 表示。对于共集组态的晶体管，其 y 参数用 y_{ic}、y_{rc}、y_{fc}、y_{oc} 表示。表 3.1 列出了晶体管三种组态的 y 参数换算关系。

表 3.1　三种组态的 y 参数换算关系

共发射极组态	y_{ie}	$y_{ib}+y_{rb}+y_{fb}+y_{ob}$	y_{ic}
	y_{re}	$-(y_{rb}+y_{ob})$	$-(y_{ic}+y_{rc})$
	y_{fe}	$-(y_{fb}+y_{ob})$	$-(y_{ic}+y_{fc})$
	y_{oe}	y_{ob}	$y_{ic}+y_{rc}+y_{fc}+y_{oc}$
共集电极组态	y_{ie}	$y_{ib}+y_{rb}+y_{fb}+y_{ob}$	y_{ic}
	$-(y_{ie}+y_{re})$	$y_{ib}+y_{rb}+y_{fb}+y_{ob}$	y_{rc}
	$-(y_{ie}+y_{fe})$	$-(y_{fb}+y_{ob})$	y_{fc}
	$y_{ie}+y_{re}+y_{fe}+y_{oe}$	y_{ib}	y_{oc}
共基极组态	$y_{ie}+y_{re}+y_{fe}+y_{oe}$	y_{ib}	y_{oc}
	$-(y_{re}+y_{oe})$	y_{rb}	$-(y_{fc}+y_{oc})$
	$-(y_{fe}+y_{oe})$	y_{fb}	$-(y_{fc}+y_{oc})$
	y_{oe}	y_{ob}	$y_{ic}+y_{rc}+y_{fc}+y_{oc}$

3.2.2　混合 Π 型等效电路

混合 Π 型等效电路是根据晶体管内部发生的物理过程来拟定的模型。晶体三极管 (BJT) 由两个 PN 结组成，且具有放大作用，其结构如图 3.5(a) 所示。如果忽略集电区和发射区体电阻 r_{cc} 和 r_{ee}，则电路如图 3.5(b) 所示，称为混合 Π 型等效电路。这个等效电路考虑了结电容效应，因此它适用的频率范围可以到高频段。如果频率再高，引线电感和载流子渡越时间不能忽略，这个等效电路就不适用了。一般来说，它适用的最高频率约为 $f_T/5$。

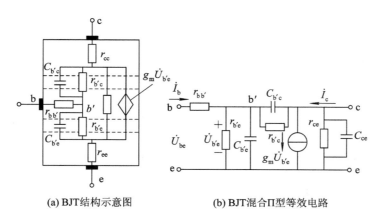

(a) BJT结构示意图　　　　(b) BJT混合Π型等效电路

图 3.5　BJT 结构共射混合 Π 型等效电路示意图

下面阐述混合 Π 型等效电路中各元件参数的物理意义：

（1）基极体电阻 $r_{bb'}$：是基区纵向电阻，其值为几十欧姆至一百欧姆，甚至更大。

（2）有效基极到发射极间的电阻 $r_{b'e}$：是发射极电阻 r_e 折合到基极回路的等效电阻，反映了基极电流受控于发射极电压的物理过程。当晶体管工作于放大状态时，发射极处于正向偏置，所以 $r_{b'e}$ 数值很小，一般在几十欧姆到几百欧姆之间。$r_{b'e}$ 与 r_e 的关系可近似表示为 $r_{b'e} = (1+\beta_0)r_e \approx \beta_0 r_e \approx 26\beta_0/\dot{I}_e$，$\beta_0$ 为共射极组态晶体管的低频电流放大系数，I_e 为发射极电流，单位为 mA。

（3）发射极电容 $C_{b'e}$：包括发射极的势垒电容 C_T 和扩散电容 C_D。由于发射极正偏，所以 $C_{b'e}$ 主要是指扩散电容 C_D，一般在 $100\sim500$ pF 之间。

（4）集电极电阻 $r_{b'c}$：由于集电极反偏，因此 $r_{b'c}$ 很大，约在 100 kΩ~10 MΩ 之间。

（5）集电极电容 $C_{b'c}$：由势垒电容 C_T 和扩散电容 C_D 两部分组成，因为集电极反偏，所以 $C_{b'c}$ 主要是指势垒电容 C_T，其值一般为 $2\sim10$ pF。

（6）受控电流源 $g_m\dot{U}_{b'e}$：模拟晶体管放大作用。当在有效基极 b' 到发射极 e 之间，加上交流电压 $\dot{U}_{b'e}$ 时，集电极电路就相当于有一电流源 $\dot{I}_c = g_m\dot{U}_{b'e}$ 存在。g_m 称为晶体管的跨导，它反映晶体管的放大能力，单位为 S。即

$$g_m = \frac{\dot{I}_c}{\dot{U}_{b'e}} \tag{3.7}$$

在低频情况下：

$$g_m = \frac{\beta_0 \dot{I}_b}{r_{b'e}\dot{I}_b} = \frac{\beta_0}{r_{b'e}} = \frac{\beta_0}{(1+\beta_0)r_e} \approx \frac{1}{r_e} \tag{3.8}$$

（7）集-射极间电阻 r_{ce}：表示集电极电压 $\dot{U}_{ce}$ 对集电极电流 $\dot{I}_c$ 的影响，其值一般在几十千欧以上。

（8）集-射极间电容 C_{ce}，这是由引线或封装等结构形成的分布电容，这个电容很小，一般在 $2\sim10$ pF 之间。在高频段工作时，通常满足 $\frac{1}{\omega C_{b'e}} \ll r_{b'e}$ 和 $R_L \ll r_{ce}$，即可将 $r_{b'e}$ 和 r_{ce} 忽略，C_{ce} 并入负载回路电容中，则可得简化的混合 Ⅱ 型等效电路，见图 3.6。

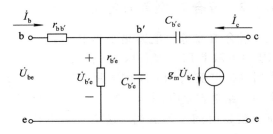

图 3.6 简化的共射混合 Ⅱ 型等效电路

需要注意的是，$C_{b'c}$ 和 $r_{bb'}$ 的存在对晶体管的高频运用是非常不利的。$C_{b'c}$ 将输出交流电流反馈到输入端，降低了放大电路的稳定性，甚至有可能引起放大器的自激。$r_{bb'}$ 在共基电路会引起高频负反馈，降低晶体管的电流放大系数。

混合 Ⅱ 型等效电路的优点是各元件参数物理意义明确，在较宽的频带内这些元件值基本上与频率无关；其缺点是随器件不同各元件参数也不同，分析和测量不便，且电路复杂，计算麻烦。因此，混合 Ⅱ 型等效电路比较适合分析宽频带放大器。

3.2.3 混合 Ⅱ 型等效电路参数与 y 参数转换关系

同一个晶体管应用在不同的场合可用不同的等效电路来表示，但不同的等效电路之间是相互等效的，各等效电路之间的参数是可以互换的。

通常，当晶体管直流工作点选定后，混合 Ⅱ 型等效电路的各参数就确定了。但在高频小信号放大电路中，为了简化分析，常以 y 参数等效电路作为分析基础。晶体管的 y 参数，除根据定义通过测量求出外，也可以通过混合 Ⅱ 型等效电路的参数来计算。例如求晶体管共发射极组态 y 参数与混合 Ⅱ 型参数间的关系。求 y_{ie} 时，将图 3.6 输出端短路，则

$$\dot{I}_{\mathrm{b}} = \dot{U}_{\mathrm{be}} \frac{\dfrac{1}{r_{\mathrm{bb'}}}\left[g_{\mathrm{b'e}} + \mathrm{j}\omega(C_{\mathrm{b'e}} + C_{\mathrm{b'c}})\right]}{\dfrac{1}{r_{\mathrm{bb'}}} + g_{\mathrm{b'e}} + \mathrm{j}\omega(C_{\mathrm{b'e}} + C_{\mathrm{b'c}})}$$

通常，$C_{\mathrm{b'e}} \gg C_{\mathrm{b'c}}$，则

$$y_{\mathrm{ie}} = \frac{\dot{I}_{\mathrm{b}}}{\dot{U}_{\mathrm{be}}} \approx \frac{g_{\mathrm{b'e}} + \mathrm{j}\omega C_{\mathrm{b'e}}}{1 + g_{\mathrm{b'e}} r_{\mathrm{bb'}} + \mathrm{j}\omega C_{\mathrm{b'e}} r_{\mathrm{bb'}}} = g_{\mathrm{ie}} + \mathrm{j}\omega C_{\mathrm{ie}} \tag{3.9}$$

由此可见，输入导纳 y_{ie} 是频率 ω 的函数。

同理，可以推导出：

$$y_{\mathrm{fe}} \approx \frac{g_{\mathrm{m}}}{1 + g_{\mathrm{b'e}} r_{\mathrm{bb'}} + \mathrm{j}\omega C_{\mathrm{b'e}} r_{\mathrm{bb'}}} = |y_{\mathrm{fe}}| \mathrm{e}^{\mathrm{j}\varphi_{\mathrm{fe}}} \tag{3.10}$$

$$y_{\mathrm{re}} \approx \frac{-\mathrm{j}\omega C_{\mathrm{b'e}}}{1 + g_{\mathrm{b'e}} r_{\mathrm{bb'}} + \mathrm{j}\omega C_{\mathrm{b'e}} r_{\mathrm{bb'}}} = |y_{\mathrm{re}}| \mathrm{e}^{\mathrm{j}\varphi_{\mathrm{re}}} \tag{3.11}$$

$$y_{\mathrm{oe}} \approx \mathrm{j}\omega C_{\mathrm{b'c}} + \frac{\mathrm{j}\omega C_{\mathrm{b'c}} r_{\mathrm{bb'}} g_{\mathrm{m}}}{1 + g_{\mathrm{b'e}} r_{\mathrm{bb'}} + \mathrm{j}\omega C_{\mathrm{b'e}} r_{\mathrm{bb'}}} = g_{\mathrm{oe}} + \mathrm{j}\omega C_{\mathrm{oe}} \tag{3.12}$$

共集电极组态的 y 参数和共基极组态的 y 参数可通过表 3-1 的转换关系得到。

3.2.4　晶体管的高频参数

为了分析和设计各种高频等效电路，则必须了解晶体管的高频特性。晶体管的高频特性可由下列几个高频参数来表征。

1. 截止频率 f_{β}

考虑晶体管的电容效应后，晶体管的电流增益将是工作频率的函数。β 是晶体管共射短路电流放大系数，其值随着工作频率的升高而下降。截止频率 f_{β} 就是当 $|\beta|$ 下降到低频电流放大倍数 β_0 的 $1/\sqrt{2}$ 时所对应的频率，又称为 $|\beta|$ 截止频率。

根据 β 的定义，有：

$$\beta = \frac{\dot{I}_{\mathrm{c}}}{\dot{I}_{\mathrm{b}}} \bigg|_{U_{\mathrm{ce}}=0} \tag{3.13}$$

由简化电路图 3.6，可求出：

$$\dot{I}_{\mathrm{c}} = g_{\mathrm{m}} \dot{U}_{\mathrm{b'e}}$$

$$\dot{U}_{\mathrm{b'e}} = \dot{I}_{\mathrm{b}} \frac{1}{g_{\mathrm{b'e}} + \mathrm{j}\omega(C_{\mathrm{b'e}} + C_{\mathrm{b'c}})}$$

代入式(3.13)中，可得

$$\beta = \frac{g_{\mathrm{m}} r_{\mathrm{b'e}}}{1 + \mathrm{j}\omega r_{\mathrm{b'e}}(C_{\mathrm{b'e}} + C_{\mathrm{b'c}})}$$

在频率很低时，电路中 $C_{\mathrm{b'e}}$ 和 $C_{\mathrm{b'c}}$ 可以忽略，对应的 $\beta = \beta_0 = g_{\mathrm{m}} r_{\mathrm{b'e}}$，故

$$\beta = \frac{\beta_0}{1 + \mathrm{j}\omega r_{\mathrm{b'e}}(C_{\mathrm{b'e}} + C_{\mathrm{b'c}})} = \frac{\beta_0}{1 + \mathrm{j}\dfrac{f}{f_{\beta}}} \tag{3.14}$$

式(3.14)中，$f_{\beta} = \dfrac{1}{2\pi r_{\mathrm{b'e}}(C_{\mathrm{b'e}} + C_{\mathrm{b'c}})}$，是根据定义由 $\sqrt{1 + [\omega_{\beta} r_{\mathrm{b'e}}(C_{\mathrm{b'e}} + C_{\mathrm{b'c}})]^2} = \sqrt{2}$ 推导得出的。由式(3.14)可知，$|\beta|$ 的值随着频率的升高而下降。

2. 特征频率 f_T

当频率升高使 $|\beta|$ 下降至 1 时所对应的频率称为晶体管的特性频率 f_T。令

$$|\beta| = \frac{\beta_0}{\sqrt{1 + \left(\dfrac{f_T}{f_\beta^2}\right)^2}} = 1$$

则

$$f_T = f_\beta \sqrt{\beta_0^2 - 1} \tag{3.15}$$

由于大部分晶体管的 $\beta_0 > 10$，所以

$$f_T \approx \beta_0 f_\beta \tag{3.16}$$

特征频率 f_T 的值既可以测得，也可以通过晶体管高频小信号模型估算出。目前，先进的硅半导体工艺已经可以将双极型晶体管的 f_T 做到 10 GHz 以上。另外，特性频率还与工作点电流有关，它表示晶体管丧失电流放大能力的极限频率。当 $f > f_T$ 时，$|\beta| < 1$，但这并不意味着晶体管已经没有放大作用了，实际放大器的电压增益还有可能大于 1（因为通常放大器的负载阻抗比输入阻抗要大）。

晶体管的电流放大系数 $|\beta|$ 的频率特性如图 3.7 所示。

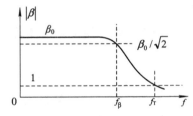

图 3.7 $|\beta|$ 的频率特性

3. 最高频率 f_{max}

当晶体管的功率增益 $A_P = 1$ 时所对应的频率称为晶体管的最高振荡频率 f_{max}。f_{max} 表示一个晶体管所能适用的最高极限频率。在此频率工作时，晶体管已得不到功率放大。当 $f > f_{max}$ 时，无论用什么方法都不能使晶体管产生振荡。可以证明：

$$f_{max} = \frac{1}{2\pi}\sqrt{\frac{g_m}{4r_{bb'}C_{b'e}C_{b'c}}} \tag{3.17}$$

通常，为了使电路工作稳定且有一定的功率增益，晶体管的实际工作频率约为最高振荡频率的 $1/4 \sim 1/3$。

晶体管三个高频参数的关系是：f_{max} 最高、f_T 次之、f_β 最低。

3.3 单级单调谐回路谐振放大器

晶体管谐振放大电路由晶体管和调谐回路两部分组成。根据不同的要求，晶体管可以是双极型晶体管，也可以是场效应晶体管，或者是线性模拟集成电路。调谐回路可以是单谐振回路，也可以是双耦合回路。

本节先分析由双极型晶体管和 LC 回路组成的单级单调谐回路谐振放大器。

3.3.1　单调谐放大器的工作原理和等效电路

单调谐回路谐振放大器是小信号放大器最常用的形式。图 3.8 是一个典型的共发射极高频小信号谐振放大器的实际线路图。

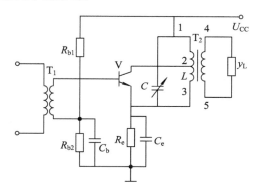

图 3.8　高频小信号谐振放大器线路图

如果把图 3.8 所示电路中的所有电容开路、电感短路，可得该放大器的直流偏置电路，如图 3.9(a)所示。R_{b1}、R_{b2} 为基极分压式偏置电阻；R_e 为发射极负反馈偏置电阻，用来稳定静态工作点；C_b、C_e 为高频旁路电容。如果把图 3.8 所示电路的旁路电容短路，直流电源 U_{CC} 对地短路，可得到该放大器的交流等效电路，如图 3.9(b)所示。

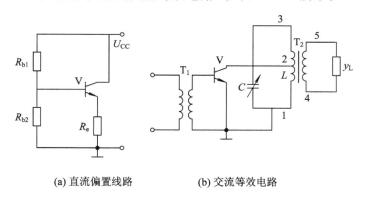

(a) 直流偏置线路　　　　　　　　　(b) 交流等效电路

图 3.9　高频小信号谐振放大器直流偏置电路

整个放大电路由输入回路、晶体管 V 和输出回路三部分组成，将晶体管用 y 参数等效，则如图 3.10 所示。图中，晶体管的内参数 y_{ie} 和 y_{oe} 采用式(3.6)的形式。整个放大电路的三个组成部分为：

（1）输入回路：主要由输入变压器 T_1 构成，其作用是隔离信号源与放大器之间的直流联系，耦合交流信号，同时还实现阻抗的匹配与变换。此处若采用耦合电容，也可以实现隔直流通交流的作用，但耦合电容不能实现阻抗的匹配与变换。

（2）晶体管 V 是放大器的核心，起着电流控制和放大作用。

（3）输出回路。由 LC 并联谐振回路、输出变压器 T_2 及负载电导 y_L 构成，$y_L = g_L +$ $j\omega C_L$。电容 C 与变压器 T_2 的初级绕组电感 L 构成并联谐振回路，起着选频和阻抗变换的作用。多级放大器级联时，负载导纳 y_L 通常为下级放大器的输入导纳。为了实现晶体管输出阻抗与负载之间的匹配，减小晶体管输出阻抗与负载对谐振回路品质因数的影响，负载与谐振回路之间采用了变压器耦合形式，其接入系数为 $p_2 = \dot{U}_{54}/\dot{U}_{31} = N_2/N$；晶体管集射回路与谐振回路之间采用抽头接入方式，接入系数为 $p_1 = \dot{U}_{21}/\dot{U}_{31} = N_1/N$。$N_1$、$N_2$、$N$ 为输出变压器 T_2 每个绕组的匝数。

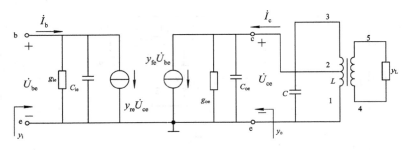

图 3.10　调谐放大器的高频等效电路

根据图 3.10 所示的调谐放大器的高频等效电路来分析放大器的性能参数。图中的 y_i 表示放大器的输入导纳，y_o 表示放大器的输出导纳。

3.3.2　单调谐放大器的性能指标分析

单调谐放大器的性能指标主要从增益、通频带与选择性等方面来分析。

1. 增益

增益要足够高这是对高频小信号调谐放大器的主要要求之一。高频小信号调谐放大器的增益有电压增益和功率增益之分。

1) 放大器的电压增益

单级放大器的电压增益定义为输出电压 $\dot{U}_o$ 与输入电压 $\dot{U}_i$ 的比值

$$\dot{A}_u = \frac{\dot{U}_o}{\dot{U}_i} \tag{3.18}$$

在图 3.10 中，输入电压为 $\dot{U}_i = \dot{U}_{be}$，输出电压为 $\dot{U}_o = \dot{U}_{54} = p_2\dot{U}_{31}$。所以

$$\dot{A}_u = \frac{p_2\dot{U}_{31}}{\dot{U}_{be}} \tag{3.19}$$

把晶体管集电极回路和负载都折合到谐振回路的两端，如图 3.11(a)所示，再把谐振回路同性质元件等效合并，如图 3.11(b)所示。

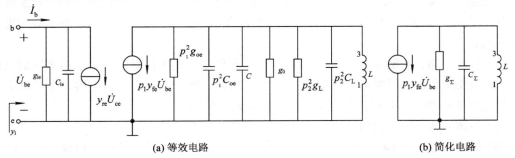

(a) 等效电路　　　　　　　　　　　　　　(b) 简化电路

图 3.11　晶体管和负载折合到谐振回路两端的等效电路

在图 3.11(b)中，

$$\dot{U}_{31} = -\frac{p_1 y_{fe} \dot{U}_{be}}{g_\Sigma + j\omega C_\Sigma + \dfrac{1}{j\omega L}} \tag{3.20}$$

式中，

$$\begin{cases} g_\Sigma = g_0 + p_1^2 g_{oe} + p_2^2 g_L \\ C_\Sigma = C + p_1^2 C_{oe} + p_2^2 C_L \end{cases}$$

$$\begin{cases} y_{oe} = g_{oe} + j\omega C_{oe} \\ y_L = g_L + j\omega C_L \end{cases}$$

其中，g_L 为负载导纳，C_L 为负载电容。

LC 并联谐振回路的空载谐振电导为

$$g_0 = \frac{1}{\omega_0 L Q_0} = \frac{\omega_0 C}{Q_0}$$

把式(3.20)代入式(3.19)，得放大器的电压增益为

$$\dot{A}_u = -\frac{p_1 p_2 y_{fe}}{g_\Sigma + j\omega C_\Sigma + \dfrac{1}{j\omega L}} = -\frac{p_1 p_2 y_{fe}}{g_\Sigma \left(1 + jQ_L \dfrac{2\Delta f}{f_0} \right)} \tag{3.21}$$

式中，$f_0 = \dfrac{1}{2\pi \sqrt{LC_\Sigma}}$，为小信号调谐放大器的谐振频率；$Q_L = \dfrac{\omega_0 C_\Sigma}{g_\Sigma} = \dfrac{1}{\omega_0 L g_\Sigma}$，为谐振回路的有载品质因数。

放大器谐振时，$\omega_0 C_\Sigma - \dfrac{1}{\omega_0 L} = 0$，即放大器的谐振频率 $f_0 = \dfrac{1}{2\pi \sqrt{LC_\Sigma}}$，此时有：

$$\dot{A}_{u0} = -\frac{p_1 p_2 y_{fe}}{g_\Sigma} = -\frac{p_1 p_2 y_{fe}}{g_0 + p_1^2 g_{oe} + p_2^2 g_L} \tag{3.22}$$

由式(3.22)可知，谐振时放大器的电压增益 $\dot{A}_{u0}$ 与晶体管的正向传输导纳 y_{fe} 成正比，与谐振回路的总电导 g_Σ 成反比。负号表示放大器的输入与输出电压相位差为 π。由于 y_{fe} 是一个复数，有一个相角 φ_{fe}。故一般来说放大器谐振时，输入和输出之间的相位差不是 π，而是 $\pi + \varphi_{fe}$。只有当工作频率较低时，$\varphi_{fe} = 0$，输入和输出之间的相位差才是 π。

通常，在电路计算时，电压增益用其幅度值来表示，即 $A_{u0} = |\dot{A}_{u0}|$ 可表示为

$$A_{u0} = |\dot{A}_{u0}| = \frac{p_1 p_2 |y_{fe}|}{g_\Sigma} \tag{3.23}$$

2) 放大器的功率增益

由于在非谐振点上计算功率增益非常复杂，一般用处不大，且放大器通常工作在谐振状态，因此谐振放大器的功率增益一般指放大器谐振时的功率增益。

谐振时的功率增益定义为

$$\dot{A}_{Po} = \frac{P_o}{P_i} \quad \text{或} \quad \dot{A}_{Po} = 10 \lg \frac{P_o}{P_i} (\text{dB}) \tag{3.24}$$

式中，P_i 为放大器的输入功率，P_o 为放大器的输出端负载 g_L 上获得的功率。谐振时的等效电路如图 3.12 所示，从图中可以推导出放大器的谐振功率增益为

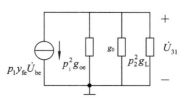

图 3.12 谐振时的简化等效电路

$$\dot{A}_{Po} = \frac{P_o}{P_i} = \frac{\dot{U}_{31}^2 p_2^2 g_L}{g_{ie} \dot{U}_{be}^2} = \frac{\left(\frac{-p_1 y_{fe} \dot{U}_{be}}{g_\Sigma}\right)^2 p_2^2 g_L}{g_{ie} \dot{U}_{be}^2} = \frac{p_1^2 p_2^2 |y_{fe}|^2 g_L}{g_{ie} g_\Sigma^2} = (\dot{A}_{u0})^2 \frac{g_L}{g_{ie}}$$

$$(3.25)$$

理想情况下，LC谐振回路为无损回路，即$g_0 = 0$，如果此时输出回路处于匹配，即有$p_1^2 g_{oe} = p_2^2 g_L$，则可得输出回路匹配条件下的最大功率增益为

$$(\dot{A}_{Po})_{max} = \frac{p_1^2 p_2^2 |y_{fe}|^2 g_L}{g_{ie}(p_1^2 g_{oe} + p_2^2 g_L)^2} = \frac{|y_{fe}|^2}{4 g_{ie} g_{oe}}$$

$$(3.26)$$

式(3.26)说明小信号调谐放大器的最大功率增益只与晶体管本身的参数y_{fe}、g_{ie}、g_{oe}有关，而与回路元件无关。这个最大功率增益是放大器输出端达到共轭匹配时，在给定工作频率上放大能力的极限值。实际情况下，回路本身损耗g_0不可忽略，考虑g_0的作用，可推导出功率增益的最大值为

$$(\dot{A}_{Po})_{max} = \frac{|y_{fe}|^2}{4 g_{ie} g_{oe}} \left(1 - \frac{Q_L}{Q_0}\right)^2$$

$$(3.27)$$

式中，$Q_0 = \frac{1}{\omega_0 L g_0}$，为回路的空载品质因数；$Q_L = \frac{1}{\omega_0 L g_\Sigma}$，为回路的有载品质因数；$\left(1 - \frac{Q_L}{Q_0}\right)^2$为回路的插入损耗，表示回路存在损耗时增益下降的程度。

2. 通频带与选择性

调谐放大器除了具有放大功能外，还具有频率选择的功能。放大器频率选择性能的优劣取决于放大器矩形系数的数值，矩形系数的数值以及通频带都和放大器的谐振曲线有关。

1) 放大器的通频带

放大器的谐振曲线表示放大器的相对电压增益与输入频率的关系。由式(3.21)和式(3.22)可得放大器的相对电压增益，即归一化电压增益为

$$\frac{\dot{A}_u}{\dot{A}_{u0}} = \frac{1}{1 + jQ_L \frac{2\Delta f}{f_0}} = \frac{1}{1 + j\xi}$$

$$(3.28)$$

取归一化电压增益的模值得出其幅频特性为

$$\frac{A_u}{A_{u0}} = \left|\frac{\dot{A}_u}{\dot{A}_{u0}}\right| = \frac{1}{\sqrt{1 + \xi^2}}$$

$$(3.29)$$

由式(3.29)画出放大器的幅频特性曲线如图3.13所示(自变量为广义失谐因子ξ)。

如果令

$$\frac{A_u}{A_{u0}} = \frac{1}{\sqrt{1 + \xi^2}} = \frac{1}{\sqrt{2}}$$

则$\xi = Q_L \frac{2\Delta f_{0.7}}{f_0} = 1$，得出放大器的通频带为

$$B = 2\Delta f_{0.7} = \frac{f_0}{Q_L}$$

$$(3.30)$$

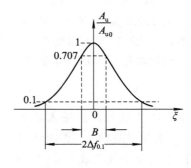

图 3.13 放大器的幅频特性曲线

可见，单调谐放大器的幅频特性与 LC 并联谐振回路的幅频特性是相同的。

实际应用中，常讨论放大器的电压增益与通频带之间的关系。由于回路的有载品质因数 $Q_L = \dfrac{\omega_0 C_\Sigma}{g_\Sigma}$，再根据式（3.30）可得

$$g_\Sigma = \frac{\omega_0 C_\Sigma}{Q_L} = \frac{2\pi f_0 C_\Sigma}{(f_0/B)} = 2\pi B C_\Sigma$$

代入式（3.22）并取模值，得谐振时放大器的电压放大增益 A_{u0} 的另一种表达式，即

$$A_{u0} = \frac{p_1 p_2 |y_{fe}|}{g_\Sigma} = \frac{p_1 p_2 |y_{fe}|}{2\pi B C_\Sigma} \tag{3.31}$$

上式表明，当晶体管选定后（即 y_{fe} 已确定），在接入系数不变时，放大器的谐振电压增益 A_{u0} 只取决于回路的总电容 C_Σ 和通频带 B 的乘积。电容 C_Σ 越大，通频带 B 越宽，则电压增益 A_{u0} 越小。

如果把式（3.31）写成 $A_{u0}B = \dfrac{p_1 p_2 |y_{fe}|}{2\pi C_\Sigma}$，且当 $|y_{fe}|$ 和 C_Σ 为定值、接入系数不变时，放大器的谐振电压增益和通频带的乘积等于常数。这说明，在此情况下，通频带越宽，放大器的增益就越小；反之放大倍数越大。这个矛盾在设计宽频带放大器时特别突出。要想得到高增益，又保证足够的带宽，除了选用 $|y_{fe}|$ 较大的晶体管外，应尽量减少回路的总电容 C_Σ，选用 C_{ie}、C_{oe} 小的晶体管或者减少回路的外接电容 C。注意：减小回路的外接电容 C 对提高电压增益是有益的，但过小的回路电容 C 会使得回路的总电容 C_Σ 容易受其他杂散电容的影响，从而引起放大器谐振曲线的不稳定，以致引起频率失真。因此在选用回路电容 C 时要综合考虑稳定性和增益。

2）放大器的选择性

放大器频率选择性的优劣是用放大器谐振曲线的矩形系数 $K_{0.1}$ 来表示的。令 $A_u/A_{u0} = 0.1$，即

$$\frac{1}{\sqrt{1 + \left(Q_L \dfrac{2\Delta f_{0.1}}{f_0}\right)^2}} = 0.1$$

可得 $2\Delta f_{0.1} = \sqrt{10^2 - 1}\,\dfrac{f_0}{Q_L}$，放大器的矩形系数

$$K_{0.1} = \frac{2\Delta f_{0.1}}{2\Delta f_{0.7}} = \sqrt{99} \approx 9.95 \gg 1 \tag{3.32}$$

上式表明，单调谐放大器的矩形系数与理想矩形相差较远，所以选择性差。这正是单调谐放大器的缺点。

【例 3.1】　在图 3.14 所示的两级单调谐回路共发射极放大器中，已知工作频率 $f_0 = 30$ MHz，晶体管采用 3DG47 型 NPN 高频管。当 $U_{CC} = 6$ V，$I_{EQ} = 2$ mA 时，晶体管 y 参数在上述工作条件和工作频率处的数值为：$g_{ie} = 1.2$ mS，$C_{ie} = 12$ pF，$g_{oe} = 400$ μS，$C_{oe} = 95$ pF，$|y_{fe}| = 58.3$ mS，$\varphi_{fe} = -2.2°$，$|y_{re}| = 310$ μS，$\varphi_{re} = -88.8°$，回路电感 $L = 1.4$ μH，接入系数 $p_1 = 0.5$，$p_2 = 0.3$，回路空载品质因数 $Q_0 = 100$，负载是另一级相同的放大器。求：

（1）单级放大器谐振时的电压增益 A_{u0}；

（2）回路电容 C 取多少时，才能使回路谐振；

（3）通频带 $2\Delta f_{0.7}$。

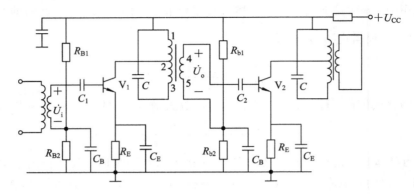

图 3.14 两级单调谐回路共发射级放大器

【解】   由题意可知，$|y_{re}|=310\ \mu S$，该值较小，可以暂不考虑（$y_{re}=0$）。单级放大器的 y 参数微变等效电路如图 3.15(a)所示。

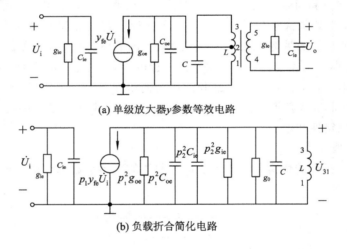

(a) 单级放大器y参数等效电路

(b) 负载折合简化电路

图 3.15   单级放大器的 y 参数微变等效电路及负载折合简化电路

图 3.15(b)是把晶体管集电极回路和负载都折合到谐振回路两端后的等效电路。其中，

$$g_0 = \frac{1}{R_0} = \frac{1}{Q_0 \omega_0 L} = \frac{1}{100 \times 6.28 \times 30 \times 10^6 \times 1.4 \times 10^{-6}} \approx 3.84 \times 10^{-5}\ S$$

当下一级采用相同的晶体管时，由图 3.15(b)可得回路的总电导为

$$g_\Sigma = g_0 + p_1^2 g_{oe} + p_2^2 g_{ie}$$

$$= 3.84 \times 10^{-5} + 0.25 \times 0.4 \times 10^{-3} + 0.09 \times 1.2 \times 10^{-3}$$

$$\approx 0.25\ mS$$

（1）单级放大器谐振时的电压增益为

$$A_{u0} = \frac{p_1 p_2 \left| y_{fe} \right|}{g_\Sigma} = \frac{0.15 \times 58.3}{0.25} = 34.98$$

（2）谐振时，回路的总电容为

$$C_\Sigma = \frac{1}{(2\pi f_0)^2 L} = \frac{1}{(6.28 \times 30 \times 10^6)^2 \times 1.4 \times 10^{-6}} \approx 20\ pF$$

故外加电容为

$$C = C_\Sigma - (p_1^2 C_{oe} + p_2^2 C_{ie}) = 20 - (0.25 \times 9.5 + 0.09 \times 12) \approx 16.55 \text{ pF}$$

（3）通频带为

$$2\Delta f_{0.7} = \frac{f_0}{Q_L} = \frac{\dfrac{\omega_0}{2\pi}}{\dfrac{\omega_0 C_\Sigma}{g_\Sigma}} = \frac{g_\Sigma}{2\pi C_\Sigma} = \frac{0.25 \times 10^{-3}}{6.28 \times 20 \times 10^{-12}} \approx 1.99 \text{ MHz}$$

3.4　多级单调谐回路谐振放大器

在实际运用中，单级谐振放大器的增益一般不能满足要求，需要采用多级放大器级联来实现。当多级放大器中的每一级都调谐在同一频率上时，则称为多级单调谐回路谐振放大器。

假如放大器有 m 级级联，各级电压增益分别为 A_{u1}、A_{u2}、$\cdots$、A_{um}，则 m 级单调谐回路谐振放大器的总电压增益 A_m 是各单级放大器电压增益的乘积。即

$$A_u = A_{u1} \times A_{u2} \times A_{u3} \times \cdots \times A_{um} = \prod_{i=1}^{m} A_{ui} \tag{3.33}$$

而谐振时的电压总增益为

$$A_{u0} = \prod_{i=1}^{m} A_{u0i} \tag{3.34}$$

如果多级放大器是由完全相同的单级放大器级联而成的，即各单级放大器的参数及电压增益都相等，则有

$$A_u = A_{u1}^m, \quad A_{u0} = A_{u01}^m \tag{3.35}$$

由 m 级相同的放大器级联构成的 m 级单调谐回路谐振放大器，其归一化电压增益为

$$\frac{A_u}{A_{u0}} = \left(\frac{A_{u1}}{A_{u01}}\right)^m = \frac{1}{\left[1 + \left(Q_L \dfrac{2\Delta f}{f_0}\right)^2\right]^{\frac{m}{2}}} = \left(\frac{1}{1+\xi^2}\right)^{\frac{m}{2}} \tag{3.36}$$

它等于各单级谐振曲线的乘积。所以级数越多，谐振曲线越尖锐。令式（3.36）的表达式等于 $1/\sqrt{2}$，可得 m 级单调谐回路谐振放大器的通频带 $(2\Delta f_{0.7})_m$ 为

$$(2\Delta f_{0.7})_m = \sqrt{2^{\frac{1}{m}} - 1} \cdot \frac{f_0}{Q_L} = \sqrt{2^{\frac{1}{m}} - 1} \cdot (2\Delta f_{0.7})_1 \tag{3.37}$$

由此可见，m 级谐振放大器的通频带是单级放大器通频带 $(2\Delta f_{0.7})_1$ 的 $\sqrt{2^{\frac{1}{m}}-1}$ 倍，$\sqrt{2^{\frac{1}{m}}-1}$ 称为带宽缩减因子。因为 m 是大于 1 的整数，故 m 级放大器的通频带比单级放大器的通频带要小，即级数越多，通频带越小。换句话说，当多级谐振放大器的带宽确定后，级数越多，则要求每一级的带宽越宽。多级单调谐回路谐振放大器的幅频特性曲线如图3.16所示。

再来分析多级单调谐回路谐振放大器的选择性。根据矩形系数的定义，可得

$$(K_{0.1})_m = \frac{(2\Delta f_{0.1})_m}{(2\Delta f_{0.7})_m} \tag{3.38}$$

其中，$(2\Delta f_{0.1})_m$ 可由式(3.36)求得，令 $A_u/A_{u0} = 0.1$，则

$$(2\Delta f_{0.1})_m = \sqrt{100^{\frac{1}{m}} - 1} \cdot \frac{f_0}{Q_L} \qquad (3.39)$$

故 m 级单调谐振放大器的矩形系数为

$$(K_{0.1})_m = \frac{\sqrt{100^{\frac{1}{m}} - 1}}{\sqrt{2^{\frac{1}{m}} - 1}} \qquad (3.40)$$

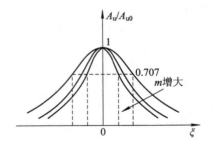

图 3.16　多级单调谐放大器的幅频特性曲线

可见级数越多，矩形系数越小。但矩形系数的改善是有限度的，一般级数越多，$K_{0.1}$ 的改善越缓慢。当 $m \to \infty$ 时，$K_{0.1}$ 也只有 2.56，与理想的矩形仍然有一定的距离。表 3.2 列出了 $K_{0.1}$ 与级数 m 的关系。

表 3.2　$K_{0.1}$ 与级数 m 的关系

m	1	2	3	4	5	6	7	8	9	10	∞
$K_{0.1}$	9.95	4.7	3.75	3.4	3.2	3.1	3.0	2.94	2.92	2.9	2.56

多级单调谐谐振回路放大器的优点是电路简单，调试比较容易。其电压增益比单级放大器的电压增益提高了，而通频带比单级放大器的通频带缩小了，且级数越多，频带越窄。所以，增益和通频带的矛盾是一个严重的问题，特别是对于要求高增益宽频带的放大器来说，这个问题更为突出。

3.5　双调谐回路谐振放大器

为了克服单调谐回路放大器的选择性较差、通频带与电压增益之间矛盾较大的缺点，可采用双调谐回路放大器。双调谐回路放大器具有频带宽、选择性较好的优点，并能较好地解决电压增益与通频带之间的矛盾，从而在通信接收设备中广泛应用。

1. 双调谐放大器的电路组成

双调谐放大器是利用两个相互耦合的单调谐回路作为选频回路，并且两个回路的谐振频率都调谐在同一个中心频率上。其电路原理图如图 3.17(a)所示。

在双调谐谐振放大器中，被放大后的信号通过互感耦合回路加到下级放大器的输入端，若耦合回路初、次级本身的损耗很小，则可忽略。设晶体管 V_1、V_2 的 $f_T \geq f$，则双调谐放大器的 y 参数交流等效电路如图 3.17(b)所示。

从图中可知，本级晶体管与下级晶体管都受接入回路的影响，其接入系数分别为 p_1 与 p_2。在实际应用中，一般前后级所用晶体管皆为对称的，并有初级回路与次级回路谐振于同一个工作频率 f_0，将晶体管 V_1、V_2 的输出与输入分别折合至回路的两端，则经过变换后的等效电路如图 3.17(c)所示。为了分析简便，设初、次级回路的元件参数相同，即

$$L_1 = L_2 = L \text{、} C_{\Sigma 1} = C_{\Sigma 2} = C_{\Sigma} = C \text{、} g_{\Sigma 1} = g_{\Sigma 2} = g_{\Sigma} = g$$

其中，

$$\begin{cases} C_{\Sigma 1} = C_1 + p_1^2 C_{oe}, \\ g_{\Sigma 1} = g_{01} + p_1^2 g_{oe} \end{cases} \begin{cases} C_{\Sigma 2} = C_2 + p_2^2 C_{ie} \\ g_{\Sigma 2} = g_{02} + p_2^2 g_{ie} \end{cases}$$

有载品质因数为

$$Q_{L1} = Q_{L2} = Q_L = \frac{\omega_0 C}{g} = \frac{1}{\omega_0 L g}$$

如图 3.17(d)所示。这样就可以直接引用第 2 章 2.4 节耦合振荡回路的结果，很容易地推导出双调谐回路放大器的性能特点。

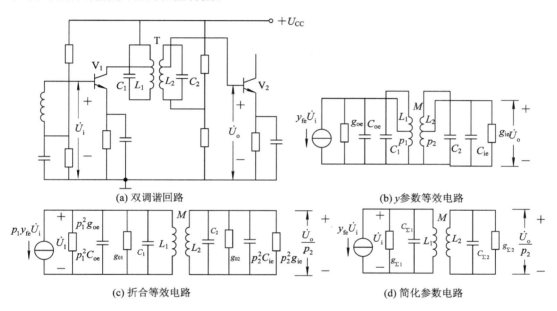

(a) 双调谐回路　　　　　　　　　　　(b) y 参数等效电路

(c) 折合等效电路　　　　　　　　　　(d) 简化参数电路

图 3.17　双调谐回路及其等效电路

2. 双调谐放大器的性能特点

1）电压增益

由图 3.17(d)的等效电路，利用 2.4 节的结论，可推导出双调谐回路放大器的电压增益为

$$\dot{A}_u = \frac{j\omega M p_1 p_2 y_{fe}}{\left(\frac{M}{L}\right)^2 + (\omega L)^2 \left[g + j\left(\omega C - \frac{1}{\omega L}\right)\right]^2} \tag{3.41}$$

引入广义失谐量 $\xi = Q_L \dfrac{2\Delta\omega}{\omega_0}$、耦合系数 $K = \dfrac{M}{L}$ 及耦合因数 $\eta = K Q_L$，则 $A_u = |\dot{A}_u|$ 为

$$A_u = \frac{p_1 p_2 |y_{fe}|}{g} \frac{\eta}{\sqrt{(1 - \xi^2 + \eta^2)^2 + 4\xi^2}} \tag{3.42}$$

以广义失谐量 ξ 为自变量，耦合因数 η 为参变量，画出 A_u 的曲线图，如图 3.18 所示。谐振时 $\xi = 0$，则有

$$A_{u0} = \frac{p_1 p_2 |y_{fe}|}{g} \frac{\eta}{1 + \eta^2} \tag{3.43}$$

由式(3.43)可以看出，双调谐回路放大器的电压增益也与晶体管的正向传输导纳

$|y_{fe}|$ 成正比，与回路的电导 g 成反比，而且还和耦合参数有关。若调节初、次级之间的耦合系数 K，使放大器处于临界耦合状态，即 $\eta=1$，则 A_{u0} 达到最大值，这是双谐振回路最常用的情况。即

$$A_{u0\ max} = \frac{p_1 p_2 |y_{fe}|}{2g} \qquad (3.44)$$

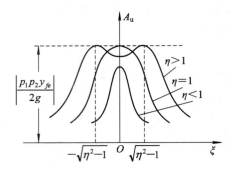

图 3.18　双调谐放大器的频率特性

2）通频带

由式（3.42）与式（3.44）可得归一化谐振曲线的表达式为

$$\begin{aligned}\frac{A_u}{A_{u0\ max}} &= \frac{2\eta}{\sqrt{(1-\xi^2+\eta^2)^2+4\xi^2}} \\ &= \frac{2\eta}{\sqrt{\xi^4+2(1-\eta^2)^2\xi^2+(1+\eta^2)^2}}\end{aligned} \qquad (3.45)$$

讨论式（3.45）可得双耦合放大器的频率特性，参考图 3.18 可知：

（1）弱耦合 $\eta<1$ 时，$K<1/Q_L$，谐振曲线在谐振频率 f_0 处（$\xi=0$）出现单峰。峰点处 $A_u = \dfrac{p_1 p_2 |y_{fe}|}{g} \dfrac{\eta}{1+\eta^2} < A_{u0\ max} = \dfrac{p_1 p_2 |y_{fe}|}{2g}$。

（2）强耦合 $\eta>1$ 时，$K>1/Q_L$，谐振曲线出现双峰，可得两个峰值点的位置为 $\xi=\pm\sqrt{\eta^2-1}$。峰点处 $A_u = A_{u0\ max} = \dfrac{p_1 p_2 |y_{fe}|}{2g}$。

（3）临界耦合 $\eta=1$ 时，$K=1/Q_L$，谐振曲线也是在谐振频率 f_0 处（$\xi=0$）出现单峰。峰点处 $A_u = A_{u0\ max} = \dfrac{p_1 p_2 |y_{fe}|}{2g}$。而此情况下归一化谐振曲线为

$$\frac{A_u}{A_{u0\ max}} = \frac{2}{\sqrt{4+\xi^4}} \qquad (3.46)$$

从图 3.18 可以看出，当双耦合谐振回路放大器在失谐较小（ξ 很小）时，曲线比单调谐放大器的谐振曲线要平坦；而当失谐较大时（ξ 较大），增益比的下降速率很快。因此，双调谐回路放大器具有较宽的通频带和较小的矩形系数。

令式（3.46）中 $\dfrac{A_u}{A_{u0\ max}} = \dfrac{1}{\sqrt{2}}$，可得临界耦合时，双调谐放大器的通频带

$$2\Delta f_{0.7} = \sqrt{2}\,\frac{f_0}{Q_L} \qquad (3.47)$$

显然，它是单调谐回路通频带的 $\sqrt{2}$ 倍。

3）选择性

式(3.46)中，令 $A_{\mathrm{u}}/A_{\mathrm{u0\ max}}=1/10$，可得临界耦合时

$$\frac{2}{\sqrt{4+\left(Q_{\mathrm{L}}\dfrac{2\Delta f_{0.1}}{f_0}\right)^4}}=0.1$$

则 $2\Delta f_{0.1}=\sqrt[4]{100-1}\cdot\sqrt{2}\dfrac{f_0}{Q_{\mathrm{L}}}=\sqrt[4]{100-1}\cdot 2\Delta f_{0.7}$。所以临界耦合时双调谐放大器的矩形系数 $K_{\mathrm{r0.1}}$ 为

$$K_{\mathrm{r0.1}}=\frac{2\Delta f_{0.1}}{2\Delta f_{0.7}}=\sqrt[4]{100-1}\approx 3.16 \tag{3.48}$$

可以看出，临界耦合的双调谐放大器的矩形系数比单调谐放大器的矩形系数小，因此更接近于矩形，其选择性也较好。

综上所述，双调谐放大器在弱耦合时，其放大器的谐振曲线和单调谐放大器相似，通频带窄，选择性差；强耦合时，通频带显著加宽，矩形系数变小，但不足之处是谐振曲线的顶部出现凹陷，这就使回路通频带、增益的兼顾较难。解决的方法通常是在电路上采用双—单—双的方式，即用双谐振回路展宽频带，用单调谐回路补偿中频段曲线的凹陷，使其增益在通频带内基本一致。但在大多数情况下，双调谐放大器是工作在临界耦合状态的。

同样，对于多级(m 级)临界耦合双调谐回路，放大器的归一化电压增益为

$$\left(\frac{A_{\mathrm{u}}}{A_{\mathrm{u0}}}\right)^m=\left(\frac{2}{\sqrt{4+\xi^4}}\right)^m \tag{3.49}$$

m 级临界耦合双调谐回路放大器的通频带为

$$B_m=(2\Delta f_{0.7})_m=\sqrt[4]{2^{\frac{1}{m}}-1}\cdot\frac{f_0}{Q_{\mathrm{L}}} \tag{3.50}$$

m 级临界耦合双调谐回路放大器的矩形系数为

$$(K_{\mathrm{r0.1}})_m=\sqrt[4]{\frac{100^{1/m}-1}{2^{1/m}-1}} \tag{3.51}$$

表 3.3 给出了不同的 m 值及与之相对应的$(K_{\mathrm{r0.1}})_m$ 的值。

表 3.3　$(K_{\mathrm{r0.1}})_m$ 与级数 m 的关系

m	1	2	3	4	5	6	7	8
$(K_{\mathrm{r0.1}})_m$	3.2	2.2	1.95	1.85	1.78	1.76	1.72	1.72

与表 3.2 对比可知，多级双调谐回路的矩形系数比多级单调谐回路的矩形系数要小得多，选择性比较好，而且频带较宽，但它的调整相当困难。

3.6　谐振放大器的稳定性

增益、通频带和选择性是调谐放大器的三项基本指标。除此之外，在电路分析方面，其电路的稳定性是放大器的重要指标之一。下面分析影响谐振放大器的稳定性因素以及如

何改善谐振放大器的稳定性而采取的措施。

3.6.1 影响谐振放大器稳定性的因素

前面对放大器性能的分析，都是在假定晶体管的反向传输导纳 $y_{re}=0$，即输出电路对输入端没有影响，放大器工作于稳定状态下得出的结论。但实际上 $y_{re}\neq0$，下面，讨论内反馈 y_{re} 的影响。

根据图 3.10 所示的调谐放大器的高频等效电路，可以推导出单调谐放大器的输入导纳 $Y_i=y_{ie}-\dfrac{y_{fe}y_{re}}{y_{oe}+y_L'}$，其中 $Y_L'=\dfrac{1}{p_1^2}\left(g_0+p_2^2Y_L+\mathrm{j}\omega C+\dfrac{1}{\mathrm{j}\omega L}\right)$，调谐放大器的输入导纳 Y_i 并不等于放大器中晶体管的输入导纳 y_{ie}，而是包括两部分：① 晶体管的输入导纳 y_{ie}；② 输出电路通过反馈导纳 y_{re} 的作用，在输入电路产生的等效导纳 $\dfrac{y_{fe}y_{re}}{y_{oe}+Y_L'}$，此等效导纳还与负载导纳的折合导纳 Y_L' 有关。这个等效导纳的存在，有可能使放大器工作不稳定，甚至发生自激。同理，可以推导出单级放大器的输出导纳 $Y_o=y_{oe}-\dfrac{y_{re}y_{fe}}{Y_s+y_{ie}}$（$Y_s$ 是信号源内导纳）。它也不等于晶体管的输出导纳 y_{oe}。由于晶体管的内部反馈作用，放大器的输入和输出导纳，分别与负载及信号源有关。这种关系会给放大器的调试带来很多麻烦。

在实际应用中，采用单个晶体管作为放大器时，如果负载导纳 Y_L 太大，则放大倍数 A_u 会减少；如果 Y_L 太小，则放大器不稳定。在设计放大器时对增益和稳定性这一对矛盾体应该作全面的考虑。最好是确定放大器允许达到的最大稳定增益界限，再考虑放大器的最大稳定增益 $|\dot{A}_{u0}|_{\max}$。

为了分析方便，将图 3.10 重画为图 3.19 所示。

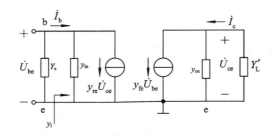

图 3.19　调谐放大器的等效电路

如果 be 两端之间的总导纳为零，即 $Y_s+Y_i=0$，线路将产生自激振荡（正弦波振荡电路将讲到），其中 Y_i 是放大器的输入导纳。线路产生自激振荡的条件是

$$Y_s+Y_i=(Y_s+y_{ie})-\frac{y_{fe}y_{re}}{y_{oe}+Y_L'}=Y_1-\frac{y_{fe}y_{re}}{Y_2}=0 \tag{3.52}$$

其中，令 $\begin{cases}Y_1=Y_s+y_{ie}\\Y_2=y_{oe}+Y_L'\end{cases}$。式（3.52）中的四个导纳 Y_1、Y_2、y_{re}、y_{fe} 都是复数，令 φ_1、φ_2、φ_{re} 和 φ_{fe} 分别代表 Y_1、Y_2、Y_{re} 和 Y_{fe} 的相角，则下面两式也应成立：

$$|Y_1|-\frac{|y_{fe}|\cdot|y_{re}|}{|Y_2|}=0 \tag{3.53}$$

$$\varphi_1+\varphi_2-\varphi_{re}-\varphi_{fe}=0 \quad 或 \quad \varphi_1+\varphi_2-\varphi_{re}-\varphi_{fe}=2n\pi(n\in\mathbf{Z}) \tag{3.54}$$

放大器必须同时满足上述两个条件才能产生自激。如果仅满足式(3.54)的相角条件，而式(3.53)中的第二项小于第一项，即由于晶体管内部反馈而引起的负导纳的绝对值小于 Y_1 的绝对值时，放大器就不会自激。将式(3.53)中的第一项与第二项的比值称为稳定系数 S，即

$$S = \frac{|Y_1| \cdot |Y_2|}{|y_{re}| \cdot |y_{fe}|} \qquad (3.55)$$

如果 $S \leq 1$，放大器将产生自激振荡；如果 $S > 1$，即反馈导纳较小，放大器不会产生自激。S 越大，放大器离自激条件就越远，工作就越稳定。通常单级放大器取 $S = 6$。S 确定后，根据晶体管的参数，就可以计算出 Y_s 和 Y_L'。按照这样的条件做成的放大器能够保证有足够的稳定性。但 S 过大，放大器的增益将下降很多。通常情况下，$S = 5 \sim 10$。

3.6.2　改善谐振放大器稳定性的措施

如前所述，由于晶体管内存在 y_{re} 的反馈，可能引起放大器工作的不稳定。为了提高放大器的稳定性，通常从两个方面考虑。一是从晶体管本身想办法，减少其反向传输导纳 y_{re} 的值。y_{re} 的大小取决于集电极与基极间的极电容 $C_{b'c}$（由混合 II 型等效电路图可知，$C_{b'c}$ 跨接在输入、输出之间），所以制作晶体管时应尽量使其 $C_{b'c}$ 减小，使反馈容抗增大，反馈作用减弱。由于晶体管制造工艺的进步，这个问题已得到较好的解决。二是从电路上想办法，设法消除晶体管的反向作用，使其单向化。具体可分为中和法与失配法。

1. 中和法

中和法是在放大器线路中插入一个外加的反馈电路，使它的作用恰好与晶体管的内反馈相互抵消。图 3.20(a)是中和电路的工作原理图，图 3.20(b)为某收音机实际电路。由于 $y_{re} \approx j\omega_0 C_{b'c}$，因此晶体管内反馈主要由集电极电容 $C_{b'c}$ 决定。粗略地说，集电极电压 $\dot{U}_c$ 通过 $C_{b'c}$ 把反馈电流 $\dot{I}_f$（相当于 $y_{re}\dot{U}_{ce}$）注入基极。为了抵消这个电流，在回路次级线圈 L_2 至基极之间插入了一个中和电容 C_n，这样就形成一中和电流 $\dot{I}_n$ 从输出端反馈回基极。因连线时使 L_1 与 L_2 的方向相反，集电极电压 $\dot{U}_c$ 与输出电压 $\dot{U}_o$ 的极性正好相差 $180°$，这样 $\dot{I}_n$ 就与 $\dot{I}_f$ 方向相反。如果适当地调整 C_n 使中和电流 $\dot{I}_n$ 与反馈电流 $\dot{I}_f$ 大小相等。这样，流入基极的两个电流就相互抵消，放大器输出对输入的影响就随之消除了。

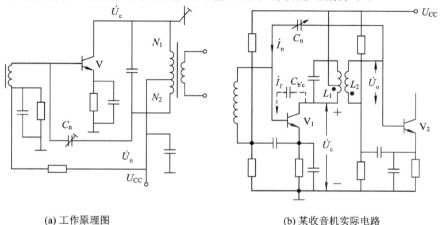

(a) 工作原理图　　　　　　　　　　(b) 某收音机实际电路

图 3.20　中和电路

以上粗略地说明了中和电路的原理。由于 y_{re} 是随频率变化的，所以固定的中和电容 C_n 只能在某一个频率点起到完全中和的作用，对其他频率只能起到部分中和作用；又因为 y_{re} 是一个复数，中和电路应该是一个由电阻和电容组成的网络，这会给设计和调试增加困难。另外，在高频段如果再考虑到分布参数的作用和温度变化等因素的影响，中和电路的效果是有限的，因此目前仅在收音机中采用中和法，而在要求较高的通信设备中一般不建议采用。

2. 失配法

由谐振放大器的输入导纳 Y_i 的表达式可以看出，如果负载折合导纳 Y_L' 很大，则放大器的输入导纳 Y_i 为

$$Y_i = y_{ie} - \frac{y_{fe} y_{re}}{y_{oe} + Y_L'} \approx y_{ie} \tag{3.56}$$

这样，Y_i 就基本上与 Y_L' 无关了。即使 Y_L' 有变化，对 Y_i 的影响也将变得很小，几乎可以忽略。

同理，当信号源内导纳 $Y_s \ll y_{ie}$ 时，放大器的输出导纳 Y_o 变成

$$Y_o = y_{oe} - \frac{y_{fe} y_{re}}{y_{ie} + Y_s} \approx y_{oe} - \frac{y_{fe} y_{re}}{y_{ie}} \tag{3.57}$$

可知，Y_o 也与 Y_s 无关，只取决于晶体管本身的参数。

采用了以上措施后，晶体管除了具有我们希望的放大作用外，其输出端与输入端互不影响，从而达到了使晶体管单向化的目的。

当负载导纳 Y_L 很大时，负载折合导纳 Y_L' 也很大，再加上 $Y_s \ll y_{ie}$，因此放大电路将严重失配，这时输出电压相应减少，同时，反馈到输入端的信号就大大减弱，对输入电路的影响也随之减小。一旦严重失配，放大器的增益也会严重下降。因此，采用失配法减小晶体管内反馈是以牺牲放大器的增益为代价的。

用失配法实现晶体管单向化的方案很多，为满足增益和稳定性的要求，图 3.21 所示的用两只晶体管按照共射-共基方式级联而成的复合管是常采用的一种方式。

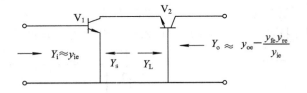

图 3.21 共发-共基电路

晶体管 V_1 采用共发射极方式，它的负载导纳 Y_L 就是第二级晶体管共基方式工作的晶体管 V_2 的输入导纳 y_{ib}。因共基组态的晶体管输入导纳 y_{ib} 很大（$y_{ib} = y_{ie} + y_{re} + y_{fe} + y_{oe}$），所以复合管的输入导纳 $Y_i \approx y_{ie}$。另外对 V_2 而言，其信号源内导纳 Y_s 等于 V_1 管的输出导纳 y_{oe}，即 $Y_s \approx y_{oe}$。因 $y_{oe} \ll y_{ib}$，所以对复合管而言，输出导纳 $Y_o \approx y_{ob} - \frac{y_{fb} y_{rb}}{y_{ib}}$，它取决于晶体管 V_2 本身的参数，而与真正的信号源内导纳无关。这样，复合管从整体上看就是单向化了。

由于共基极电路的输入导纳较大，当它和输出导纳较小的共发射极电路相连接时，相

当于增大了共发射极电路的负载导纳而使之失配,从而使共发射极晶体管的内部反馈减弱,稳定性大大提高。共发射极电路在负载导纳很大的情况下,虽然电压增益会减少,但电流增益仍然很大;虽然共基极电路的电流增益接近于 1,但电压增益很大。所以将二者级联后,会相互补偿,电压增益和电流增益都会比较大。此外共射-共基级联方式的上限频率也较高。

3.7　集成谐振放大电路和集中选频放大器

前面介绍的谐振放大器中既有放大器件又有选择性电路,可用于窄带信号的选频放大。为了获得高增益,一般常采用多级放大电路。对于多级调谐放大电路,要求每级均有 LC 谐振回路,因而造成元件多,调谐不方便,且不易获得较宽的通频带,选择性也不够理想。此外由于回路直接与有源器件连接,频率特性常会受到晶体管参数及工作点变化的影响。另外,在高增益的多级放大器中,即使放大器内部反馈很少,也可能由于布线之间的寄生反馈而产生自激,影响稳定性和可靠性。故随着电子技术的发展,高增益宽频带的集成放大电路被广泛应用于选频放大电路中,以适应现代雷达、通信和电视等系统对宽频带的要求。

高增益宽频带的集成放大电路可分为两类:一类是非选频的高频集成放大器,主要用于某些不需要选频功能的设备中,通常以电阻或宽带高频变压器作负载;另一类是选频放大器,用于需要有选频功能的场合,如接收机中的中放就是它的典型应用。由于放大部分采用了宽带集成电路,故简称为宽带集成谐振放大电路。该集成电路具有可靠性高、性能好、体积小、重量轻、便于安装调试和适合大批量生产等优点被广泛应用在各种无线电设备中。

集成谐振放大电路把高频放大器的两大任务——放大和选频功能分开了。放大功能由宽带集成电路完成,选频功能常采用矩形系数较好的集中选频滤波器,如前章介绍的石英晶体滤波器、陶瓷滤波器、声表面波滤波器等来完成信号的选择。所以也把这种电路称为集中选频放大器。

常采用的集中选频放大器组成框图如图 3.22 所示。

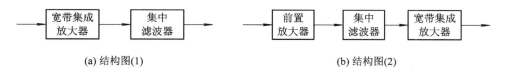

(a) 结构图(1)　　　　　　　　　　　　　　(b) 结构图(2)

图 3.22　集中选频放大器组成框图

集成谐振放大电路以集中选频代替逐级选频,可减少晶体管参数的不稳定性对选频回路的影响,保证放大器的稳定指标,减少调试的难度,有利于发挥集成电路的优势。

目前,宽带集成谐振电路的型号很多,各自的性能和适用范围也有所不同。使用时可根据放大器的技术指标要求,查阅有关的集成放大电路手册。

图 3.23 所示为彩色电视接收机的中放部分电路。包括外接前置中放、声表面波滤波器 SAWF 和 TA7680AP 内部中频放大部分的电路图。

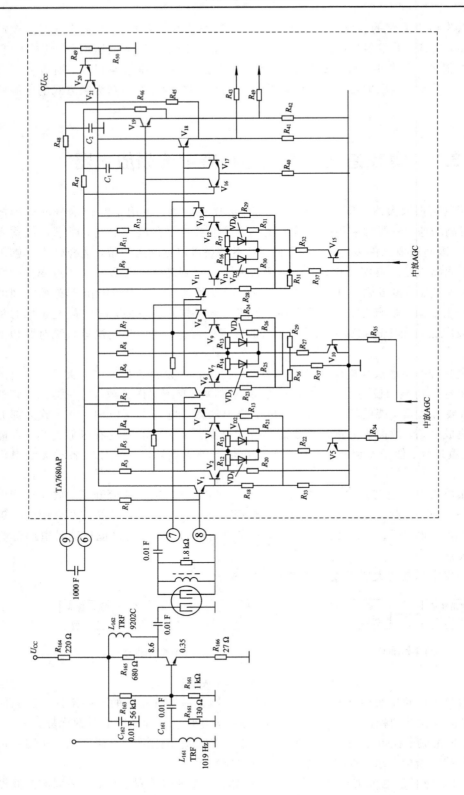

图 3.23　彩电图像中频放大器与外接前置电路

　　从电视机高频调谐器送来的图像、伴音中频信号（载频为 38 MHz、带宽为 8 MHz），由分立元件组成的前置宽带放大器进行预放大后，进入声表面波滤波器 SAWF（SAWF 作为一个带通滤波器），然后由 TP7680AP 的⑦、⑧脚双端输入，经三级相同的具有 AGC 特性的高增益、宽频带直接耦合差动放大器之后，送入 TA7680AP 内的检波电路。

　　TA7680AP 内每一级放大器均为双端输入双端输出，且由带有射极跟随器的差分电路组成。如第一级的射极跟随器 V_1 和 V_3 起极间隔离和阻抗变换作用，提高差分放大器 V_2、V_4 的输入阻抗。第三级的输出通过 V_{18}、V_{19} 射极跟随后，经 R_{43}、R_{44} 送往解调电路。

　　为了提高三级放大电路的稳定性，引入了一条直流负反馈通路。从 V_{18}、V_{19} 的发射极输出经 R_{45}、R_{46}、C_1 和 C_2 组成的低通滤波网络后，滤除图像中频信号，再经 R_{47}、R_{48} 及⑥、⑨脚外接 1000 pF 电容进一步滤除残余中频信号，然后通过 R_1 和 R_2 加到第一级 V_1 和 V_3 的基极。

　　为了降低整个放大电路的噪声系数，并保证增益控制特性平稳，中放自动增益控制（AGC）采用逐级延迟方式，即首先使输出幅度最大的第三级增益下降，这样前两级放大器的增益保持不变，总噪声系数几乎不会增大。若输出电压仍然很大，再陆续使第二级、第一级的增益下降。

3.8　放大器的噪声

　　噪声是一种随机信号，其频谱分布于整个无线电工作频率范围，因此它是影响各类收信机性能的主要因素之一。

　　放大器的噪声，就是在放大器或电子设备的输出端与有用信号同时存在的一种随机变化的电流或电压，即使没有有用信号，它也存在。例如，收音机中常听到的"沙沙"声；电视机图像背景上的"雪花"斑点等，这些都是接收机或者放大器内部产生的噪声。由于放大电路内部具有噪声，因此当外来信号通过放大电路输出的同时，也有内部噪声的输出。如果外来信号小到一定值时，从放大器输出的有用信号和噪声大小则差不多，甚至比噪声还小，那么在放大器的输出端将无法识别有用信号。因此，噪声分析是非常重要的，但是噪声涉及的范围很广，计算也比较复杂，详细的理论分析我们暂不考虑，下面只对噪声问题做一些简单的介绍和分析。

3.8.1　电子噪声的来源及特性

　　在雷达、通信、广播、电视和遥控遥测等无线电系统中，接收机和放大器的输出端除了有用信号外，还包含有害的噪声。噪声的种类很多，有的是从无线电设备外部串扰进来的，常称为外部干扰。外部干扰可分为自然的和人为的。自然干扰有天电干扰、宇宙干扰和大地干扰等，这些自然干扰会被无线电系统的天线接收和辐射；人为干扰是人类活动所产生的各种干扰，主要有工业干扰和无线电干扰等。工业干扰来源于各种电气设备，如开关接触噪声、工业的点火辐射等；无线电干扰来源于各种无线电发射机，如外台干扰等。有的噪声是电子设备本身产生的各种噪声，通常称为内部噪声，如电阻一类的导体中自由电子的热运动产生的热噪声、电子管中电子的起伏发射或晶体管中载流子的起伏变化产生的散弹噪声等。我们分析的主要是内部噪声，内部噪声源主要是电阻热噪声及有源器件的噪声。

热噪声、散弹噪声及外部宇宙噪声始终是存在的，是一种起伏噪声，即一种连续波随机噪声，对其特性的表征采用随机过程的分析方法。起伏噪声的特点是具有相当宽的频带，且在较宽的频带范围内噪声的功率谱密度是平坦的，可以看成是常数。

3.8.2 噪声的分类、表示与计算方法

1. 噪声的分类

下面主要分析放大电路的内部噪声。内部噪声来源于包括输入阻抗在内的电阻热噪声和有源器件的噪声。

1）电阻热噪声

电阻热噪声是由电阻内部自由电子无规则热运动引起的。温度越高，这种运动越剧烈，只有当温度下降到绝对零度时，运动才会停止。因为自由电子运动速度的大小和方向都是不规则的，所以通过导体任一截面的自由电子数目是随时间变化的。即使在导体两端不外加电压，导体中也会有这种由于热运动而引起的电流，这种电流呈杂乱起伏状态，即起伏噪声电流。起伏噪声电流通过电阻本身就会在其两端产生起伏噪声电压（对外电路而言则是起伏噪声电动势）。

起伏噪声电压的瞬时振幅和瞬时相位是随机变化的，故无法确切地写出它的数学表达式。但大量的实践和理论分析已经得出了它们的规律性，其特性可以用概率特性，如功率谱密度来描述。例如，电阻的热噪声电压 $u_n(t)$ 具有很宽的频谱，它从零频率开始，连续不断地一直延伸到 $10^{13} \sim 10^{14}$ 以上的频率，而且它的各个频率分量的强度是相等的。其频率与白噪声的频谱类似，故热噪声是一种白噪声。

理论和实验证明，电阻热噪声的频谱在极宽的频带内具有均匀的功率谱密度。当温度为 $T(\mathrm{K})$ 时，阻值为 R 的电阻，其热噪声电压功率谱密度为

$$S(f) = 4kTR \qquad (\mathrm{V^2/Hz}) \tag{3.58}$$

式中，k 为波尔兹曼常数，$k = 1.38 \times 10^{-23} \mathrm{J/K}$；$T$ 为电阻的热力学温度，单位是 K。

因为功率谱密度表示单位频带内的噪声电压均方值，故噪声电压的均方值 $\overline{u_n^2}$ 为

$$\overline{u_n^2} = 4kTR\Delta f_n \tag{3.59}$$

或表示为噪声电流的均方值，即

$$\overline{i_n^2} = 4kTG\Delta f_n \tag{3.60}$$

式中，$G = 1/R$；Δf_n 为热噪声的等效噪声带宽，单位为 Hz。由式（3.59）可知，频带越宽、温度越高、阻值越大，噪声电压就越大。

电阻的热噪声可以用一个均方值为 $\overline{u_n^2}$ 的噪声电压源和一个理想无噪声的电阻 R 串联等效，也可以用一个噪声电流源 $\overline{i_n^2}$ 和无噪声的理想电导 $G = \dfrac{1}{R}$ 并联等效，如图 3.24 所示。因功率与电压或电流的均方值成正比，电阻热噪声也可以看成是噪声功

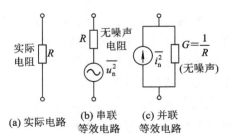

图 3.24 电阻热噪声的等效电路

率源。

一般当数个元件相串联时，用电压源等效电路比较方便，而当数个元件并联时，则采用电流源等效电路比较方便。实际电路中若包含多个电阻时，每一个电阻都将引入一个噪声源。对于线性网络的噪声，适用叠加原则，总的噪声输出功率是每个噪声源单独作用在输出端所产生的噪声功率之和。

2）晶体三极管的噪声

晶体三极管噪声是电子设备内部固有噪声的另一个重要来源。主要包括热噪声、散弹噪声、分配噪声和闪烁噪声四个部分。

（1）热噪声。构成晶体管发射区、基区、集电区的体电阻和引线电阻均会产生热噪声，其中以基区体电阻 $r_{bb'}$ 产生的噪声为主。$r_{bb'}$ 产生的热噪声用噪声功率谱表示为

$$S(f) = 4kTr_{bb'} \tag{3.61}$$

（2）散弹噪声。散弹噪声是由单位时间内通过晶体管 PN 结的载流子数目随机起伏流动而产生的噪声。人们将这种现象比拟为靶场上大量射击时子弹着点对靶心的偏离，故称为散弹噪声。由于散弹噪声是由大量载流子引起的，每个载流子通过 PN 结的时间很短，因此其噪声功率谱与电阻热噪声类似，在带宽 Δf_n 内具有平坦的噪声功率谱，属于白噪声。根据理论和实验表明，散弹噪声引起的电流起伏均方根值与 PN 结的直流电流成正比，其电流的均方值为

$$\overline{i_n^2} = 2qI_o\Delta f_n \tag{3.62}$$

式中，I_o 是通过 PN 结的平均电流值；q 是每个载流子所载的电荷量，$q=1.59\times10^{19}$ C。注意，在 $I_o=0$ 时，散弹噪声为零，然而只要不是绝对零度，热噪声总是存在的。一般情况下，散弹噪声大于电阻热噪声。

晶体三极管中有发射极和集电极，发射极工作于正向偏置，结电流大；集电极工作于反向偏置，除了基极来的传输电流外，还存在反向饱和电流。因此发射极的散弹噪声起主要作用，而集电极的散弹噪声可以忽略。

（3）分配噪声。晶体管发射区注入到基区的非平衡少数载流子，其中大部分经过基区到达集电极，形成集电极电流；少部分在基区被基极流入的大多数载流子复合，产生基极电流。载流子复合时，其数量是随机起伏的。分配噪声就是集电极电流随基区载流子复合数量的随机变化所引起的噪声。晶体管的电流放大倍数 α、β 只是反映平均意思上的分配比。这种因分配比起伏变化而产生的集电极电流、基极电流起伏噪声，称为晶体管的分配噪声。分配噪声实际上也是一种散弹噪声，但它的功率频谱密度是随频率变化的，频率越高，噪声越大。

理论与实践证明，分配噪声可用集电极噪声电流的均方值 $\overline{i_{cn}^2}$ 表示，其值为

$$\overline{i_{cn}^2} = 2qI_{CQ}\left(1-\frac{\dot{\alpha}^2}{\alpha_0}\right)\Delta f_n \tag{3.63}$$

式中，I_{CQ} 为三极管集电极静态电流；α_0 为低频共基短路电流放大倍数；$\dot{\alpha}$ 为高频时共基短路电流放大倍数的复数值，其值为

$$\dot{\alpha} = \frac{\dot{\alpha}_0}{1+j\dfrac{f}{f_o}} \tag{3.64}$$

式中，f_o 为晶体管共基截止频率，f 为晶体管工作频率。

（4）闪烁噪声。闪烁噪声一般认为是由于晶体管表面清洁处理不好或缺陷而引起的噪声。它与晶体表面少数载流子的复合有关，表现为发射极电流的起伏，其电流噪声功率谱密度与频率近似成反比，故又称为 $1/f$ 噪声。其特点是频率集中在低频（几千赫以下）范围内，且功率谱密度随频率降低而增大。在高频工作时，除非考虑闪烁噪声的调幅、调相作用，通常不考虑它的影响。

晶体管内部噪声影响的大小用噪声系数 N_F 表示（噪声系数的定义将在后面介绍），一般晶体管的噪声频率特性如图 3.25 所示。可以看出，在 $f_1 < f < f_2$ 的频段内，噪声系数与频率无关，这时的噪声主要是散弹噪声和热噪声；在 $f < f_1$ 的频段内，噪声系数随频率的下降以接近 $1/f$ 的变化规律迅速增大，这时主要是闪烁噪声；在 $f > f_2$ 的频段内，噪声系数随频率的升高以接近于 6 dB/倍频程的变化规律迅速增大，这时的噪声主要是分配噪声。

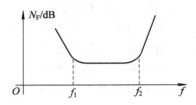

图 3.25　晶体管的噪声频率特性

为获得低噪声性能的放大器，应选用噪声系数小的晶体三极管，同时使晶体三极管工作在 $f_1 \sim f_2$ 的频段内。

3）二极管和场效应管的噪声

晶体二极管工作状态分为正偏和反偏两种。正偏使用时，主要是直流通过 PN 结时产生的散粒噪声。相比散射噪声而言，由半导体材料体电阻产生的热噪声可忽略。反偏使用时，因反向饱和电流很小，故其产生的散粒噪声也小。但如果达到反向击穿，又分为齐纳击穿和雪崩击穿两种情况：齐纳击穿二极管主要是散粒噪声，个别的有闪烁噪声；雪崩击穿二极管除了有散粒噪声，还有由于结片内杂质缺陷和结宽的变化所引起的多态噪声，即其噪声电压在两个或两个以上不同电平上进行随机转换，不同电平可能相差若干个毫伏。因此雪崩击穿二极管的噪声较大。通常，硅二极管工作电压在 4 V 以下是齐纳二极管，7 V 以上是雪崩二极管，在 4~7 V 之间时两种二极管都有。为了降低噪声，最好是选用低压齐纳二极管。

场效应管的噪声不同于晶体三极管的噪声，其主要噪声为沟道电阻产生的热噪声、沟道热噪声通过沟道与栅极电容耦合作用在栅极上产生的感应噪声以及闪烁噪声。

4）接收天线噪声

无线电发射或接收系统中辐射或接收无线电波是由天线来完成的，天线辐射或接收电磁波的同时，也会辐射或接收噪声，这种噪声称为天线噪声。它用天线的辐射电阻 R_A 在温度 T_A 时产生的热噪声来表示，故归于内部噪声处理。根据天线理论，辐射电阻是计算天线辐射功率大小的一个重要参量，与辐射电阻相比，天线的欧姆电阻通常是可以忽略的。

接收天线端口呈现的噪声有两个来源：第一是欧姆电阻产生的热噪声（通常可以忽略）；第二是接收外来噪声能量，其一是周围介质辐射的噪声能量，因为任何温度大于绝对零度的物体都要辐射能量，显然天线端口呈现噪声的大小与周围介质所处的温度有关，其二是宇宙辐射干扰的能量。所以天线的噪声是这些噪声和干扰的综合，且与周围介质的温度、天线的指向以及频率有关。

为了便于工程计算，统一规定用天线的辐射电阻 R_A 在温度 T_A 时产生的热噪声来表示天线的噪声性能。显然，这一电阻是虚构的，我们将 T_A 称为"天线有效噪声温度"，可以通过测量得到，T_A 与天线周围介质密度和温度分布以及天线的方向性有关。

当天线和其周围的介质处于热平衡状态时，天线的噪声电压均方值可表示为

$$\overline{u_n^2} = 4kT_A R_A \Delta f_n \qquad (3.65)$$

例如，有一根辐射电阻为 $200\ \Omega$ 的接收天线，用带宽为 10^4 Hz 的仪器测得其端口的噪声电压有效值为 $0.1\ \mu V$，则用式(3.65)算得

$$T_A = \frac{\overline{u_n^2}}{4kR_A \Delta f_n} = \frac{(0.1 \times 10^{-6})^2}{4 \times 1.38 \times 10^{-23} \times 200 \times 10^4} \approx 90.6\ \text{K}$$

所以，此天线的噪声等效为 $200\ \Omega$ 电阻在温度 90.6 K 时产生的热噪声。

除此之外，还有来自太阳、银河系及月球等的无线电辐射的宇宙噪声，这种噪声在空间的分布是不均匀的，且与时间(昼夜)和频率有关。通常，银河系的辐射较强，其影响主要在米波及更长波，长期观测表明，这种影响是稳定的。太阳的影响最大且极不稳定，它与太阳黑子及日辉(太阳爆发)有关。

2. 噪声的表示方法及计算

在高频电路中，为了使放大器能够正常工作，除了要满足增益、通频带、选择性等要求之外，还应对放大器的内部噪声进行限制。下面分析描述放大器噪声的几个性能指标。

1) 等效噪声频带宽度

电阻热噪声是均匀频谱的白噪声，通过线性二端口网络后，噪声将怎样变化? 例如，放大电路具有一定的频率特性，噪声通过放大电路后，输出噪声是否也是均匀频谱呢?

设二端口网络的电压传输系数为 $A(f)$，输入端的噪声功率频谱密度为 $S_i(f)$，输出端的噪声功率谱密度为 $S_o(f)$。根据信号与线性系统的结论可知:

$$S_o(f) = |A(f)|^2 S_i(f) \qquad (3.66)$$

因此，作用于输入端的均匀功率谱密度为 $S_i(f)$ 的白噪声，通过传输系数为 $|A(f)|^2$ 的线性网络后，如果 $|A(f)|^2$ 不是常系数，则输出端的噪声功率谱密度就不再是均匀的了。在这种情况下如何获得输出端噪声电压的均方值呢?

由于起伏噪声电压的均方值与功率谱密度之间存在的关系为

$$\overline{u_n^2} = \int_0^\infty S(f)\mathrm{d}f$$

对于线性网络来说，输出端的噪声电压均方值 $\overline{u_{uon}^2}$ 可写成

$$\overline{u_{uon}^2} = \int_0^\infty S_o(f)\mathrm{d}f = \int_0^\infty S_i(f)|A(f)|^2\mathrm{d}f \qquad (3.67)$$

$\overline{u_{uon}^2}$ 可用 $S_o(f)$ 曲线与横坐标轴 f 之间的面积来表示。

等效噪声带宽是按噪声功率相等(几何意义即面积相等)来等效的。图 3.26 中，虚线表示的宽度为 Δf_n、高度为 $S_o(f_0)$ 的矩形面积与曲线 $S_o(f)$ 下的面积相等，$S_o(f_0)$ 表示输出端特定频率点 f_0 处的噪声功率谱密度。Δf_n 即为等效噪声带宽。由于面积相等，所以起伏噪声通过这样两个特性不同的网络后，具有相同的输出电压均方值。

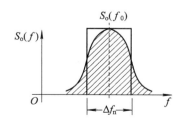

图 3.26　等效噪声带宽示意图

根据功率相等的条件，可得

$$\int_0^\infty S_o(f)\mathrm{d}f = S_o(f_o)\Delta f_n \tag{3.68}$$

将式(3.67)代入式(3.68)中，可得

$$\Delta f_n = \frac{\int_0^\infty |A(f)|^2 \mathrm{d}f}{|A(f_o)|^2} \tag{3.69}$$

故线性网络输出端的噪声电压均方值为

$$\overline{u_{uon}^2} = S_i(f)\int_0^\infty |A(f)|^2 \mathrm{d}f = S_i(f)|A(f_o)|^2 \Delta f_n \tag{3.70}$$

因为 $S_i(f)=4kTR$，所以

$$\overline{u_{uon}^2} = 4KTR|A(f_o)|^2 \Delta f_n \tag{3.71}$$

通常，$|A(f_o)|^2$ 是已知的。所以，只要能求出 Δf_n，就很容易算出 $\overline{u_{uon}^2}$。对于其他噪声源来说，只要噪声功率谱密度是白噪声，都可以应用 Δf_n 来计算其通过线性网络后输出噪声电压的均方值。

必须指出，线性网络的等效噪声带宽 Δf_n 与信号通频带 $2\Delta f_{0.7}$ 是不同的两个概念。前者是从噪声的角度引出来的，而后者是对信号而言的，但二者之间有一定的关系。可以证明：对于常用的单调谐并联回路来说：

$$\Delta f_n = \frac{\pi}{2}(2\Delta f_{0.7}) \tag{3.72}$$

随着回路级数 m 的增加，等效噪声带宽与信号通频带的差别越来越小。

2）噪声系数

如果放大器内部不产生噪声，当输入信号与噪声通过它时，二者都得到同样的放大，那么放大器输出端信号功率与噪声功率的比值（称为信噪比）应该和输入端信号功率与噪声功率的比值相等。但实际放大器是由晶体管和电阻等元器件组成，它们都会产生噪声，所以输出信噪比总是小于输入信噪比。为了衡量放大器噪声性能的好坏，提出了噪声系数这一性能指标。

放大电路的噪声系数的定义为：放大电路的输入端信噪比 $S_i/N_i = P_{si}/P_{ni}$ 与输出端信噪比 $S_o/N_o = P_{so}/P_{no}$ 的比值，用 N_F 表示为

$$N_F = \frac{S_i/N_i}{S_o/N_o} = \frac{P_{si}/P_{ni}}{P_{so}/P_{no}} = \frac{输入信噪比}{输出信噪比} \tag{3.73}$$

用分贝数表示为

$$N_F(\mathrm{dB}) = 10\lg\frac{P_{si}/P_{ni}}{P_{so}/P_{no}} \tag{3.74}$$

它表示信号通过放大器后，信噪比变差的程度。

如果放大电路是理想无噪声的线性网络，那么其输入的信号和噪声会得到同样的放大。而输出信噪比与输入信噪比相同，噪声系数 $N_F=1$。若放大电路本身有噪声，则输出噪声功率等于放大后的输入噪声功率和放大电路本身噪声功率之和。显然，经放大后，输出端的信噪比降低，即 $N_F>1$。

式(3.73)是噪声系数的基本定义。若将它作适当的变换，可有另一种表示形式：

$$N_F = \frac{P_{si}}{P_{so}} \cdot \frac{P_{no}}{P_{ni}} = \frac{P_{no}}{A_P P_{ni}} \tag{3.75}$$

式中，$A_P = P_{so}/P_{si}$ 为放大电路的功率增益。

$A_P P_{ni}$ 表示信号源产生的噪声通过放大电路放大后在输出端所产生的噪声功率，可用 P_{noi} 表示，则式 (3.75) 可写成

$$N_F = \frac{P_{no}}{P_{noi}} \tag{3.76}$$

上式表明，噪声系数 N_F 仅与输出端的两个噪声功率 P_{no}、P_{noi} 有关，而与输入信号的大小无关。

实际上，放大电路的输出噪声功率 P_{no} 由两部分组成：一部分是 $P_{noi} = A_P P_{ni}$；另一部分是放大电路本身产生的噪声在输出端呈现的噪声功率，用 P_{non} 表示，即 $P_{no} = P_{noi} + P_{non}$。所以，噪声系数又可写成

$$N_F = 1 + \frac{P_{non}}{P_{noi}} \tag{3.77}$$

由此可以看出噪声系数与放大电路内部噪声的关系。

应该指出，噪声系数的概念仅仅适用于线性电路，可用功率增益来描述。对非线性电路，信号与噪声、噪声与噪声之间会相互作用，即使电路本身不产生噪声，输出端的信噪比也和输入端的不同，因此噪声系数的概念就不适用。

为了计算和测量的方便，噪声系数可用额定功率和额定功率增益来表示。

当信号源内阻（用 R_s 表示）与放大电路的输入电阻（用 R_i 表示）相等，即输入端匹配时，信号源有最大功率输出。这个最大功率称为额定输入信号功率。其值为

$$P'_{si} = \frac{u_s^2}{4R_s} \tag{3.78}$$

而额定输入噪声功率为

$$P'_{ni} = \frac{\overline{u_n^2}}{4R_s} = \frac{4kTR_s \Delta f_n}{4R_s} = kT\Delta f_n \tag{3.79}$$

由此看出，不管信号源内阻如何，它产生的额定噪声功率是相同的，均为 $kT\Delta f_n$，与电阻值大小无关，只与电阻所处的环境温度和系统带宽有关。但信号源额定功率随着内阻的增加而减小。

当 $R_i \neq R_s$ 时，额定信号功率和额定噪声功率的数值不变。但这时的额定功率不表示实际的功率。

同理，对输出端来说，当放大电路的输出电阻 R_o 和负载电阻 R_L 相等，即输出端匹配时，输出端的功率为额定信号功率为 P'_{so} 和额定噪声功率 P'_{no}。当 $R_o \neq R_L$ 时，P'_{so} 和 P'_{no} 的数值不变，但不表示输出端的实际功率。

额定功率增益是指放大电路的输入和输出都匹配时（即 $R_i = R_L$，$R_o = R_L$ 时）的功率增益，即 $A_{PH} = P'_{so}/P'_{si}$。额定功率增益的概念在放大电路不匹配时也是存在的，因此，噪声系数也可以定义为

$$N_F = \frac{P'_{si}P'_{ni}}{P'_{so}/P'_{no}} = \frac{P'_{no}}{A_{PH}P'_{ni}} = \frac{P'_{no}}{kT\Delta f_n A_{PH}} \tag{3.80}$$

这是噪声系数的又一种表示形式。用此式进行计算和测量噪声比较方便。

3）多级放大器的噪声系数

多级放大器中，在已知各个单级的噪声系数时计算总的噪声系数是一个十分重要的问

题。下面先讨论两级放大器的总噪声系数。

设两级放大器如图 3.27 所示。每一级的额定功率增益和噪声系数分别是 A_{PH1}、N_{F1} 和 A_{PH2}、N_{F2}，等效噪声通频带均为 Δf_n。

图 3.27　两级级联放大器示意图

第一级放大器的额定输入噪声功率 $P'_{ni} = kT\Delta f_n$。由式(3.80)可知，第一级放大器的额定输出噪声功率 P'_{no1} 为

$$P'_{no1} = kT\Delta f_n N_{F1} A_{PH1} \tag{3.81}$$

显然，第一级额定输出噪声功率 P'_{no1} 由两部分组成：一部分是经放大后的信号源噪声功率 $KT\Delta f_n A_{PH1}$；另一部分是第一级放大器本身产生的输出噪声功率 P_{n1}。因此，

$$P_{n1} = P'_{no1} - kT\Delta f_n A_{PH1} = (N_{F1} - 1)kT\Delta f_n A_{PH1} \tag{3.82}$$

同理，第二级放大器的额定输出噪声功率 P'_{no2} 也由两部分组成：一部分是第一级放大器输出的额定噪声功率 P'_{no1} 经过第二级放大后的输出部分 $A_{PH2}P'_{no1}$；另一部分是第二级放大器本身产生的输出噪声功率 P_{n2}，即

$$P_{n2} = (N_{F2} - 1)kT\Delta f_n A_{PH2} \tag{3.83}$$

这样，第二级放大器的额定输出噪声功率为

$$\begin{aligned} P'_{no2} &= P'_{no1}A_{PH2} + (N_{F2} - 1)kT\Delta f_n A_{PH2} \\ &= kT\Delta f_n N_{F1} A_{PH1} A_{PH2} + (N_{F2} - 1)kT\Delta f_n A_{PH2} \end{aligned} \tag{3.84}$$

根据噪声系数的定义，两级放大器的总噪声系数为

$$N_F = \frac{P'_{no2}}{A_{PH1}A_{PH2}kT\Delta f_n} = N_{F1} + \frac{N_{F2} - 1}{A_{PH1}} \tag{3.85}$$

采用同样方法，可以求得 m 级级联放大器的总噪声系数为

$$N_F = N_{F1} + \frac{N_{F2} - 1}{A_{PH1}} + \frac{N_{F3} - 1}{A_{PH1}A_{PH2}} + \cdots + \frac{N_{Fm} - 1}{A_{PH1}A_{PH2}\cdots A_{PH(m-1)}} \tag{3.86}$$

由此可知，在多级放大器中，各级噪声系数对总噪声系数的影响是不同的，前级的影响比后级的影响要大，而且总噪声系数还与各级的功率增益有关。为了减小多级放大器的总噪声系数，必须降低前级放大器的噪声系数(尤其是第一级的 N_{F1})，并增大前级放大器的功率增益(尤其是第一级的 A_{PH1})。

【例 3.2】 某接收机包含高放、混频、中放三级电路。已知混频器的额定功率增益 $A_{PH2} = 0.2$，噪声系数 $N_{F2} = 10$ dB，中放噪声系数 $N_{F3} = 6$ dB，高放噪声系数 $N_{F1} = 3$ dB。如要求加入高放后使整个接收机总噪声系数降低为加入前的 1/10，则高放的额定功率增益 A_{PH1} 应为多少？

【解】 先将噪声系数分贝数进行转换。已知 $N_{F1} = 3$ dB，$N_{F2} = 10$ dB，$N_{F3} = 6$ dB 分别对应 $N_{F1} = 2$，$N_{F2} = 10$，$N_{F3} = 4$。

因为未加高放时接收机噪声系数为

$$N_F = N_{F2} + \frac{N_{F3} - 1}{A_{PH2}} = 10 + \frac{4 - 1}{0.2} = 25$$

所以加高放后接收机的总噪声系数为

$$N'_F = \frac{1}{10}N_{F1} = 2.5$$

又

$$N'_F = N_{F1} + \frac{N_{F2}-1}{A_{PH1}} + \frac{N_{F3}-1}{A_{PH1}A_{PH2}}$$

所以

$$A_{PH1} = \frac{(N_{F2}-1) + \dfrac{N_{F3}-1}{A_{PH2}}}{N'_F - N_{F1}} = \frac{(10-1) + \dfrac{4-1}{0.2}}{2.5-2} = 48 = 16.8 \text{ dB}$$

3.8.3　减小噪声对通信系统影响的方法

无线电通信系统的基本任务是传送包含信息的信号，进入通信系统接收端的信号，除了有用信号外，还包含各种干扰和噪声。加上通信系统内部也会产生干扰和噪声。这些干扰和噪声对系统接收、处理和传输信号的能力，特别是处理微弱信号的能力，将产生极为不利的影响。

对于通信系统的接收机来说，接收微弱信号的能力可以用接收机灵敏度这一重要指标来衡量。它表示接收机接收微弱信号的能力。能接收的信号越微弱，其灵敏度越高。

灵敏度定义为：保持接收机输出端的信号噪声比为某一特定值时，接收机输入的最小信号电压或者额定功率。

接收机输入端的最小额定信号功率 $P_{s\,min}$ 为

$$P_{s\,min} = N_F P_{ni} \frac{P_{so}}{P_{no}}\bigg|_{min} = N_F kT\Delta f_n D \tag{3.87}$$

式中，$D = \dfrac{P_{so}}{P_{no}}\bigg|_{min}$，为接收机输出端所允许的最小信噪比。信噪比小于此值，信号就不能很好地被识别，所以这一比值称为识别系数。

D 值的高低取决于接收机终端的性质，为避开各种不同性能的终端部件的复杂影响，只说明接收机本身性能，通常规定将接收机解调器输出端的信号噪声功率比作为识别系数。

当 $D=1$ 时，测得的接收机灵敏度称为"临界灵敏度"。

由式(3.87)可见，接收机的噪声系数越小，通频带越窄（但不得窄于最佳通频带）、环境温度越低，则灵敏度越高。例如，若某接收机 $N_F = 1.59$，等效噪声带宽 $\Delta f_n = 5$ MHz，工作温度 290 K，则临界灵敏度为

$$P_{s\,min} = N_F kT\Delta f_n D$$
$$= 1.38 \times 10^{-23} \times 290 \times 5 \times 10^6 \times 1.59 \times 1 = 3.2 \times 10^{-14} \text{ W}$$

工程上，灵敏度常以最小可辨功率 $P_{s\,min}$ 相对于 1 mW 的分贝数表示（即以 1 mV 为 0 dB），故有

$$P_{s\,min}(\text{dB/mW}) = 10\lg k + 10\lg T + 10\lg\Delta f_n + 10\lg 10^6 + 10\lg N_F + 10\lg 10^2$$
$$= -114 \text{ dB} + 10\lg\Delta f_n(\text{MHz}) + 10\lg N_F \tag{3.88}$$

根据式(3.88)所表示的接收机灵敏度、通频带和噪声系数三者之间的关系，只要知道其中任两个，就可求出第三个。

噪声对通信系统的影响要越小越好，故可从多方面采取措施，减少噪声对系统的影响。如选用低噪声器件和元件、正确选择晶体管放大器的直流工作点、选择合适的信号源内阻、选择合适的工作带宽、选择合适的放大电路、降低系统的工作温度、适当减少接收天线的馈线长度、屏蔽外来干扰措施等等。

本 章 小 结

1. 高频小信号放大器通常分为谐振放大器和非谐振放大器。谐振放大器由放大器件和以 LC 串、并联谐振回路或耦合回路所构成的负载组成，具有选频放大的功能。由于输入信号非常小，常工作在甲类。

2. 小信号谐振放大器的选频性能可由通频带和选择性两个质量指标来衡量。用矩形系数可以衡量实际幅频特性接近理想幅频特性的程度，矩形系数越接近于 1，则谐振放大器的选择性越好。

3. 高频小信号放大器由于信号小，可以认为它工作在晶体管放大器件的线性范围内，常采用有源线性二端口网络进行分析。y 参数等效电路和混合 Π 型等效电路是描述晶体管工作状况的重要模型。y 参数与混合 Π 型参数有对应关系，y 参数不但与静态工作点有关，而且是工作频率的函数。

4. 单级单调谐放大器是小信号放大器的基本电路，其电压增益主要取决于管子的参数、信号源和负载。为了提高电压增益，谐振回路与信号源和负载的连接常采用部分接入方式。

5. 由于晶体管内部存在反向传输导纳 y_{re}，使晶体管成为双向器件，在一定频率下使回路的总电导为零，这时放大器会产生自激。为了克服自激，常采用"中和法"和"失配法"使晶体管单向化。

6. 集成电路谐振放大器体积小、工作稳定可靠、调整方便，有通用集成电路放大器和专用集成电路放大器两类，也可和其他功能电路集成在一起。

7. 放大器内部存在的噪声会影响放大器对微弱信号的处理能力。放大器的噪声主要是由电阻和晶体管等器件的内部载流子的不规则运动所产生的。放大器的噪声用噪声系数来评价，其值越小越好。

思考题与习题

3.1 对高频小信号放大器的主要要求是什么？高频小信号放大器有哪些分类？

3.2 高频谐振放大器中，造成工作不稳定的主要因素是什么？它有哪些不良影响？为使放大器稳定工作，可以采取哪些措施？

3.3 三级单调谐中频放大器，中心频率 $f_0 = 465$ kHz，若要求总的带宽 $2\Delta f_{0.7} = 8$ kHz，求每一级回路的 3 dB 带宽和回路有载品质因数 Q_L。

3.4 某高频晶体管 3CG322A，当 $I_E = 2$ mA，$f_0 = 39$ MHz 时测得 y 参数如下：$y_{ie} =$

$(2.8+j3.5)\,\mathrm{mS}$，$y_{\mathrm{re}}=(-0.08-j0.3)\,\mathrm{mS}$，$y_{\mathrm{fe}}=(36-j27)\,\mathrm{mS}$，$y_{\mathrm{oe}}=(0.2+j2)\,\mathrm{mS}$，试求 g_{ie}、C_{ie}、g_{oe}、C_{oe}、$|y_{\mathrm{fe}}|$、φ_{fe}、$|y_{\mathrm{re}}|$、φ_{re} 的值。

　　3.5　在题图 3.1 所示的调谐放大器中，工作频率 $f_0=10.7\ \mathrm{MHz}$，$L_{1-3}=4\ \mu\mathrm{H}$，$Q_0=100$，$N_{1-3}=20$ 匝，$N_{2-3}=50$ 匝，$N_{4-5}=5$ 匝。晶体管 3DG39 在 $I_{\mathrm{E}}=2\ \mathrm{mA}$，$f_0=10.7\ \mathrm{MHz}$ 时测得：$g_{\mathrm{ie}}=2860\ \mu\mathrm{S}$，$C_{\mathrm{ie}}=18\ \mathrm{pF}$，$g_{\mathrm{oe}}=200\ \mu\mathrm{S}$，$C_{\mathrm{oe}}=7\ \mathrm{pF}$，$|y_{\mathrm{fe}}|=45\ \mathrm{mS}$，$|y_{\mathrm{re}}|=0$。画出用 y 参数表示的放大器微变等效电路，试求放大器电压增益 A_{u0} 和通频带 $2\Delta f_{0.7}$。

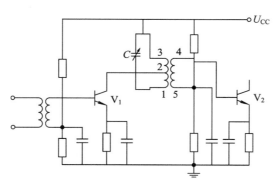

题图 3.1

　　3.6　某中频放大器线路如题图 3.2 所示，已知放大器的工作频率为 $f_0=10.7\ \mathrm{MHz}$，回路电容 $C=50\ \mathrm{pF}$，中频变压器接入系数 $p_1=N_1/N=0.35$，$p_2=N_2/N=0.03$，线圈空载品质因数 $Q_0=100$。晶体管的 y 参数（在工作频率上）如下：$g_{\mathrm{ie}}=1.0\ \mathrm{mS}$、$C_{\mathrm{ie}}=41\ \mathrm{pF}$、$g_{\mathrm{oe}}=45\ \mu\mathrm{S}$、$C_{\mathrm{oe}}=4.3\ \mathrm{pF}$、$|y_{\mathrm{re}}|\approx0$、$y_{\mathrm{fe}}=40\ \mathrm{mS}$，且后级的输入电导也为 g_{ie}，求：

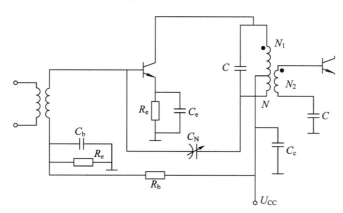

题图 3.2

　　（1）画出用 y 参数表示的单级放大器等效电路；

　　（2）回路有载 Q_{L} 值和通频带 $2\Delta f_{0.7}$；

　　（3）放大器电压增益。

　　3.6　题图 3.3 是中频放大器单级电路图。已知工作频率 $f_0=30\ \mathrm{MHz}$，回路电感 $L=1.5\ \mu\mathrm{H}$，$Q_0=100$，$N_1/N_2=4$，$C_1\sim C_4$ 均为耦合电容或旁路电容。晶体管采用 3CG322A，y 参数与题 3.4 的相同。

（1）画出 y 参数表示的放大器微变等效电路；

（2）求回路总电导 g_Σ；

（3）求回路总电容 C_Σ 的表达式；

（4）求放大器电压增益 A_{u0}；

（5）当要求该放大器通频带为 $2\Delta f_0 = 10\ \text{MHz}$ 时，应在回路两端并联多大的电阻？

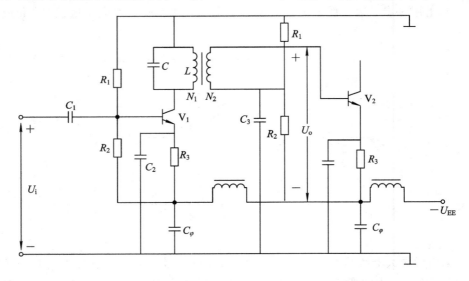

题图 3.3

3.7 某中频放大器的通频带为 6 MHz，现采用两级或三级相同的单调谐放大器，对每一级放大器的通频带要求各是多少？

3.8 在三级单调谐放大器中，工作频率为 465 kHz，每级 LC 回路的 $Q_L = 40$，试问总的通频带是多少？如果要使总的通频带为 10 kHz，则允许最大 Q_L 为多少？

3.9 电阻的热噪声有何特点？如何描述？

3.10 接收机等效噪声带宽近似为信号带宽，约 10 kHz，输出信噪比为 12 dB，要求接收机的灵敏度为 1PW，问接收机的噪声系数应为多大？

第 4 章　高频功率放大器

4.1　非线性电路的基本概念

　　非线性电路在无线电发送和接收设备中具有重要的作用，主要用来对输入信号进行处理，以便产生特定波形与频谱的输出信号。一般来说，输出信号与输入信号的波形、频谱不同。随着科学技术的发展，非线性信号也越来越多地被其他各类电子设备采用，为了对其工作原理有一个基本的概念，下面先对非线性电路的基本特性进行讨论。

4.1.1　非线性元件的分类和作用

　　常用的电路元件可分为线性和非线性元件。线性元件的元件参数值为常数，其值与通过元件的电流或元件两端的电压无关，例如常用的电阻、电容、空芯电感等可认为是线性元件；非线性元件的参数不是常数，其值与通过元件的电流或元件两端的电压有关。例如，二极管（内阻与工作点有关）、压敏电阻（阻值与端电压有关）、铁芯电感（电感量与通过的电流有关）等。

　　严格地说，一切实际的元件都是非线性的，但在一定条件下，元件的非线性特性可以忽略不计，即可将该元件近似地看成是线性元件。

　　由线性元件组成的电路称为线性电路，例如，前面已经学过的谐振电路和滤波器。低频和高频小信号放大器中应用的晶体管，在适当选择工作点且信号很小的情况下，非线性特性不占主导地位，可近似看做为线性元件。所以小信号谐振放大器仍属于线性电路。非线性电路必定含有一个或多个非线性器件（晶体管或场效应管等），而且所用的电子器件都工作在非线性状态。例如，后面将要讨论的功率放大器、振荡器和各种调制和解调器都是非线性电路。

　　由于线性电路中所有元件的参数都是常数，所以采用常系数微分方程来描述线性电路。例如图 4.1 所示的串联电路，若 R、L、C 均为常数，可列出回路的电压方程为

$$u(t) = L\,\frac{\mathrm{d}i(t)}{\mathrm{d}t} + Ri(t) + \frac{1}{C}\int i(t)\,\mathrm{d}t \qquad (4.1)$$

将上式进行微分并整理得

$$\frac{\mathrm{d}^2 i(t)}{\mathrm{d}t^2} + \frac{R}{L}\,\frac{\mathrm{d}i(t)}{\mathrm{d}t} + \frac{1}{LC}i(t) = \frac{1}{L}\,\frac{\mathrm{d}u(t)}{\mathrm{d}t} \qquad (4.2)$$

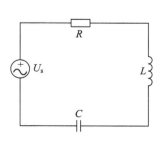

图 4.1　串联电路

其中，$i(t)$ 为回路中流过的电流，显然，式(4.2)为一个常系数微分方程。

若该电路中某一元件为非线性的，例如电感 L 与通过它的电流有关，表示为 $L(i)$，则该电路即称为非线性电路，其回路方程可用与上述类似的方法获得为

$$\frac{\mathrm{d}^2 i(t)}{\mathrm{d}t^2} + \frac{R + 2\dfrac{\mathrm{d}}{\mathrm{d}t}L(i)}{L(i)}\frac{\mathrm{d}i(t)}{\mathrm{d}t} + \left[\frac{1}{L(i)C} + \frac{\dfrac{\mathrm{d}^2 L(i)}{\mathrm{d}t^2}}{L(i)}\right] i(t) = \frac{1}{L(i)}\frac{\mathrm{d}u(t)}{\mathrm{d}t} \tag{4.3}$$

上述方程中的系数与函数本身有关，因此这是一个非线性微分方程。

从上面简单的例子可以看出，描述线性电路、非线性电路的方程分别是常系数微分方程和非线性微分方程。这两种方程的性质和解法有很大的差别，常系数线性微分方程的研究已经相当成熟，而非线性微分方程则难以求解。有的虽然已进行了研究，但是结果甚繁，不适合工程应用。还有相当一部分非线性微分方程式，对其严格求解几乎是不可能的，不得不采用近似方法求解。

在无线电工程技术中，较多的场合不用解非线性微分方程的方法来分析非线性电路，而是采用工程上适用的一些近似分析方法。这些方法大致可分为图解法和解析法两类。所谓图解法，就是根据非线性元件的特性曲线和输入波形，通过作图直接求出电路中的电流和电压波形。所谓解析法，就是借助于非线性元件特性曲线的数学表达式列出电路方程，从而解得电路中的电流和电压。非线性元件的特性曲线可用实验的方法求得。

4.1.2 非线性元件的特性

本小节以非线性电阻为例，讨论非线性元件的特性。其特点是：非线性工作特性，具有频率变换能力，不满足叠加定理。

1. 非线性元件的工作特性

通常在电子线路中大量使用的电阻元件属于线性元件，通过元件的电流 i 与元件两端的电压 u 成正比，即

$$R = \frac{u}{i} \tag{4.4}$$

这是众所周知的欧姆定律，其伏安特性为一直线，如图 4.2(a)所示，该直线的斜率的倒数就是电阻值 R，即

$$R = \frac{1}{\tan\alpha} \tag{4.5}$$

式中，α 是该直线与横坐标轴 u 之间的夹角。

与线性电阻不同，非线性电阻的伏安特性曲线不是直线。例如，半导体二极管是一个非线性电阻元件，加在其上的电压 u 和通过其中的电流 i 不成正比关系。它的伏安特性曲线如图 4.2(b)所示，其正向工作特性按指数规律变化，反向工作特性与横轴非常接近。

如果在二极管上加一个直流电压 U_0，根据图 4.2(b)所示的伏安特性曲线可以得到直流电流 I_0，二者之比称为直流电阻，用 R 表示，即

$$R = \frac{U_0}{I_0} = \frac{1}{\tan\alpha} \tag{4.6}$$

在图 4.2(b)上，R 的大小等于割线 OQ 的斜率之倒数，即 $1/\tan\alpha$，这里 α 为 OQ 与横轴之间的夹角。显然，R 值与外加直流电压 U_0 的大小有关。

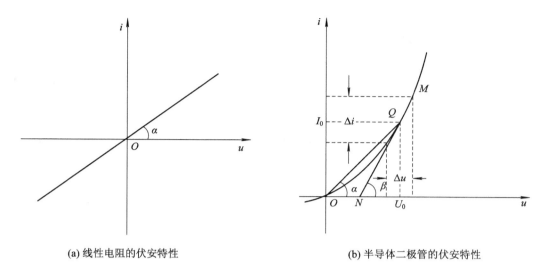

(a) 线性电阻的伏安特性　　　　　　　　　　(b) 半导体二极管的伏安特性

图 4.2　线性和非线性元件的伏安特性

　　如果在直流电压 U_0 之上再叠加一个微小的交变电压，其峰-峰值为 Δu，则它在直流电流 I_0 之上引起一个交变电流，其峰-峰值为 Δi。当 Δu 取得足够小时，我们把下列极限称为动态电阻，以 r 表示，即

$$r = \lim_{\Delta u \to 0} \frac{\Delta u}{\Delta i} = \frac{\mathrm{d}u}{\mathrm{d}i} = \frac{1}{\tan\beta} \tag{4.7}$$

　　在图 4.2(b) 上，某点的动态电阻 r 等于特性曲线在该点切线斜率之倒数，即 $1/\tan\beta$。这里 β 是切线 MN 与横轴之间的夹角。显然，r 也是与外加直流电压 U_0 的大小有关。

　　外加直流电压 U_0 所确定的点 Q 称为静态工作点。因此，无论是静态电阻还是动态电阻，都与所选的工作点有关。亦即：在伏安特性曲线上的任一点，静态电阻与动态电阻的大小不同；在伏安特性曲线上的不同点，静态电阻的大小不同，动态电阻的大小也不同。

　　图 4.3 表示隧道二极管的伏安特性曲线。隧道二极管是非线性电阻的另一个实际例子。由图可见，在特性曲线的 AB 部分，随着电压 u 的增加，电流 i 反而减小。根据式 (4.7)，当 $\Delta u > 0$ 时，$\Delta i < 0$，即动态电阻为负值，称为负电阻。负电阻的概念十分重要，我们可以把负电阻看成能够提供能量的能源。

　　从以上所举的两个非线性电阻的例子可以看出，非线性电阻有静态和动态两个电阻值，它们都与工作点有关。动态电阻可能是正的，也可能是负的。在无线电技术中，实际用到的非线性电

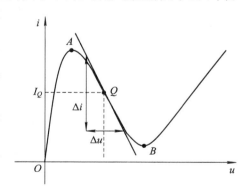

图 4.3　隧道二极管的伏安特性

阻元件除了上面所举的半导体二极管外，还有许多别的器件，如晶体管、场效应管等。在一定的工作范围内，它们均属于非线性电阻元件。

　　此外，还有非线性电抗元件，如磁芯电感线圈和介质是钛酸钡材料的电容器。前者的动态电感与通过电感线圈电流 i 的大小有关；而后者的动态电容与电容器上所加的电压 u

有关。

2. 非线性电路不满足叠加定理

叠加定理是分析线性电路的重要基础。线性电路中的许多行之有效的分析方法，如傅里叶分析法等都是以叠加原理为基础的。根据叠加原理，任何复杂的输入信号均可以首先分解为若干个基本信号，然后求出电路对每个基本信号单独作用时的响应，最后，将这些响应叠加起来，即可得到总的响应。这样使线性电路的分析大大简化。例如，设线性元件的伏安特性为 $i = au_i$，则该元件上加有两个电压 u_1 和 u_2 时，根据叠加定理可求得通过该元件的电流为

$$i = au_1 + au_2 \qquad (4.8)$$

但是，对于非线性电路来说，叠加定理就不再适用了。例如，设非线性元件的伏安特性为 $i = au_i^2$，当 $u_i = u_1 + u_2$ 时，

$$i = a(u_1 + u_2)^2 = au_1^2 + 2au_1u_2 + au_2^2 \neq au_1^2 + au_2^2 \qquad (4.9)$$

上述例子说明，非线性电路不能应用叠加定理。

3. 非线性元件的频率变换作用

如果在一个线性电阻元件上加某一频率的正弦电压，那么在电阻中会产生同一频率的正弦电流；反之，给线性电阻通入某一频率的正弦电流，则在电阻两端就会得到同一频率的正弦电压。即可用式(4.4)所示的欧姆定理计算——解析法，也可以采用图 4.4 所示的图解法表示。此时电阻上的电压和电流具有相同的波形和频率。

而对于非线性电阻来说，情况就大不相同。例如图 4.5(a)表示半导体二极管的伏安特性曲线。当某一频率的正弦电压

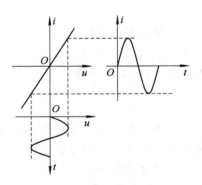

图 4.4 线性电路的输入与输出波形

$$u = U_m \sin\omega t \qquad (4.10)$$

作用于该二极管时，根据图 4.5(b)所示 $u(t)$ 的波形和二极管的伏安特性曲线，即可用作图的方法求出通过二极管的电流 $i(t)$ 的波形，如图 4.5(c)所示。显然，它已不是正弦波形。所以非线性元件上的电压和电流的波形是不相同的。

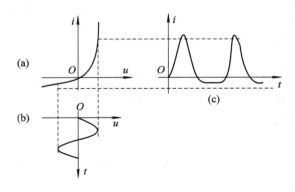

图 4.5 非线性电路的输入与输出波形

如果将电流 $i(t)$ 用傅里叶级数展开，可以发现，它的频率中除包含电压 $u(t)$ 的频率成分 ω 外，还新产生了 ω 的各次谐波及直流成分。也就是说，半导体二极管具有频率变换能力。

下面，我们定量分析非线性元件的频率变换作用。

设非线性电阻的伏安特性曲线具有抛物线形状，即

$$i = ku^2 \tag{4.11}$$

式中，k 为常数。

当该元件上加有两个正弦电压 $u_1 = U_{1m} \cos\omega_1 t$ 和 $u_2 = U_{2m} \cos\omega_2 t$ 时，即

$$u = u_1 + u_2 = U_{1m} \cos\omega_1 t + U_{2m} \cos\omega_2 t \tag{4.12}$$

将式(4.12)代入式(4.11)，即可求出通过元件的电流为

$$i = kU_{1m}^2 \cos^2\omega_1 t + kU_{2m}^2 \cos^2\omega_2 t + 2kU_{1m}U_{2m} \cos\omega_1 t \cos\omega_2 t \tag{4.13}$$

用三角恒等式将上式展开整理，得

$$
\begin{aligned}
i =\ & \frac{1}{2}kU_{1m}^2(1 + \cos2\omega_1 t) + \frac{1}{2}kU_{2m}^2(1 + \cos2\omega_2 t) \\
& + kU_{1m}U_{2m}[\cos(\omega_1 - \omega_2)t + \cos(\omega_1 + \omega_2)t] \\
=\ & \frac{1}{2}k(U_{1m}^2 + U_{2m}^2) + kU_{1m}U_{2m}[\cos(\omega_1 - \omega_2)t + \cos(\omega_1 + \omega_2)t] \\
& + \frac{1}{2}kU_{1m}^2 \cos2\omega_1 t + \frac{1}{2}kU_{2m}^2 \cos2\omega_2 t
\end{aligned}
\tag{4.14}
$$

由式(4.14)可见，输出电流中除直流成分 $\frac{1}{2}k(U_{1m}^2 + U_{2m}^2)$ 外，还产生了两个频率的二次谐波频率分量 $2\omega_1$ 和 $2\omega_2$ 以及两个频率的和、差分量。这些都是输入信号中所没有的，说明非线性器件构成的非线性电路产生了新的频率分量，具有频率变换作用。

一般来说，非线性元件的输出信号比输入信号具有更为丰富的频率成分，许多重要的无线电技术过程，正是利用非线性元件的这种频率变换作用才得以实现的。

4.1.3　非线性电路的分析方法

实际中，通常采用工程近似解析法来分析非线性电路，解析法的关键是如何写出比较好的反映非线性元器件的数学表达式。由于不同的非线性元器件特性各不相同，即使同一非线性元器件，也由于工作状态不同，它们的近似数学表达式也不同。非线性电子线路中，常采用幂级数、折线等表达方法。下面将对这两种方法作以详细介绍。

1. 幂级数分析法

常用的非线性元件的特性曲线均可用幂级数表示。例如，设非线性元件的特性用非线性函数

$$i = f(u)$$

来描述，如果 $f(u)$ 的各阶导数存在，则该函数可以展开为以下的幂级数：

$$i = a_0 + a_1 u + a_2 u^2 + a_3 u^3 + \cdots \tag{4.15}$$

该级数的各系数与函数 $i = f(u)$ 的各阶导数有关。

函数 $i = f(u)$ 在静态工作点 U_Q 附近的各阶导数都存在，也可在静态工作点 U_Q 附近展

开为幂级数。这样得到的幂级数即泰勒级数为

$$i = f(u)$$

$$= f(U_Q) + \frac{f'(U_Q)}{1!}(u - U_Q) + \frac{f''(U_Q)}{2!}(u - U_Q)^2 + \cdots + \frac{f^{(n)}(U_Q)}{n!}(u - U_Q)^n$$

$$= b_0 + b_1(u - U_Q) + b_2(u - U_Q)^2 + \cdots + b_n(u - U_Q)^n + \cdots \qquad (4.16)$$

式中,各系数为 E_Q 处的各阶导数,即

$$\begin{cases} b_0 = f(u)\big|_{u=U_Q} = I_0 \\ b_1 = \dfrac{f'(U_Q)}{1!}\bigg|_{u=U_Q} = g_d \\ \qquad \vdots \\ b_n = \dfrac{f^{(n)}(U_Q)}{n!}\bigg|_{u=U_Q} \end{cases} \qquad (4.17)$$

式中, $b_0 = I_0$,是静态工作点电流; $b_1 = g_d$,是静态工作点处的电导,即动态电阻的倒数。

由式(4.16)可见,用无穷多项幂级数可精确表示非线性元件的实际特性,但给解析带来了麻烦。实际应用时,常取若干项幂级数来近似实际特性,近似的精度取决于项数的多少和特性曲线的运用范围。例如,若输入电压小,而且只工作于特性曲线比较接近于直线的部分(如图4.6中的 BC 段),这时就只需取幂级数的前两项了。这样得到一个一次多项式

$$i = I_{01} + g(u - U_{01}) \qquad (4.18)$$

实际上,这就是通过静态工作点 Q_1 的切线 ED 的方程式。式中, I_{01} 和 U_{01} 为静态工作点 Q_1 的电流和电压, g 为切线 ED 的斜率,即 Q_1 点的电导。很明显,用切线 ED 来近似代替曲线段 BC,不会带来很大的误差。信号越小,误差也越小。这是用幂级数表示非线性元件特性的最简单的情况,实际上,这就是把非线性元件近似为线性元件来处理。

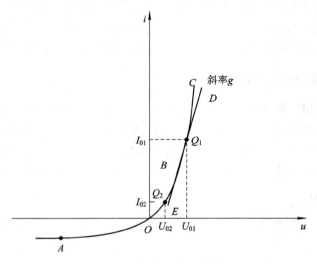

图 4.6　非线性伏安特性

如果作用于非线性元件上的信号电压只工作于特性曲线的起始弯曲部分(如图4.6的 OB 段),此时静态工作点设为 Q_2。这种情况至少取幂级数的前三项,即用下列二次多项式来近似:

$$i = b_0 + b_1(u - U_{02}) + b_2(u - U_{02})^2 \qquad (4.19)$$

式中，$b_0 = I_{02}$，是 Q_2 点的电流；U_{02} 是 Q_2 点的电压。实际上就是用通过 Q_2 点的一条抛物线来近似代替曲线段 OB。

如果加在非线性元件上的信号很大，特性曲线运用范围很宽（如图 4.6 中的 AC 段），若要用幂级数进行分析，则必须取至三次项甚至更高次项。

特性曲线的近似数学表示式确定后，还应根据具体的特性曲线确定函数式的各个系数。如果所选函数是一次多项式，系数的确定是很简单的，其常数项 b_0 等于静态工作点处的电流值 I_0，一次项系数 b_1 等于静态工作点处的电导 g。最后得到的数学表达式如式（4.18）所示。求各项系数的一般方法是：选择若干个点，分别根据曲线和所选函数式，求出在这些点上的函数值或函数的导数值。令这样求出的两组数值一一对应相等，就得到一组联立方程组。解此方程即可求出各待定系数值。

2. 折线分析法

当输入信号足够大时，若采用幂级数分析法则必须选取很多项，这将使得分析计算很复杂。这样即使求解出了结果，也很繁琐，不利于概念的理解及搞清问题的主次。在这种情况下，最好采用折线分析法。

信号较大时，所有实际的非线性元件，几乎都会进入饱和或截止状态。此时，元件的非线性特性的突出表现是截止、导通、饱和等几种不同状态之间的转换。在大信号条件下，忽略 $i_c - u_B$ 非线性特性尾部的弯曲，用由 AB、BC 两个直线段所组成的折线来近似代替实际的特性曲线，而不会造成多大的误差，如图 4.7 所示。由于折线的数学表示式比较简单，所以折线近似后可使分析大大简化。当然，如果作用于非线性元件的信号很小，并且运用范围又正处在我们所忽略了的特性曲线的弯曲部分，这时，若采用折线法进行分析，就必然产生很大的误差。所以，折线法只适用于大信号情况，例如功率放大器和大信号检波器的分析都可以采用折线法。

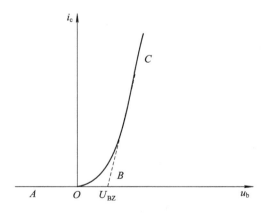

图 4.7　晶体管的转移特性曲线用折线来近似

当晶体管的转移特性曲线在其运用范围很大时，例如用于图 4.17 所示的 AOC 整个范围时，可以用 AB 和 BC 两条直线段所构成的折线来近似。折线的数学表示式为

$$\begin{cases} i_c = 0 & (u_b \leqslant U_{on}) \\ i_c = g_c(u_b - U_{BZ}) & (u_b > U_{on}) \end{cases} \tag{4.20}$$

式中，U_{on} 是晶体管的导通压降；g_c 是跨导，即直线 BC 的斜率。

4.2　高频功率放大器概述

无线电通信的任务是传送信息。为了有效地实现远距离传输，通常是用要传送的信息对较高频率的载频信号进行调频或调幅。一般情况下，产生载频信号的振荡器的输出功率较小，在实际应用中又需要达到较大功率，因此需要经过高频功率放大器进行放大，以获得足够大的高频功率。

高频功率放大器的功能是用小功率的高频输入信号去控制高频功率放大器将直流电源供给的能量转换为大功率的高频能量输出，其输出信号与输入信号的频谱相同。高频功率放大器是无线电发送设备的重要组成部分。发送设备中的缓冲级、中间放大级、推动级和输出级均属于高频功率放大器的范围。除此之外，高频加热装置、高频换能器及微波功率源等也广泛用高频功率放大器作为组成部分。

按工作频带的宽窄划分，可分为窄带高频功率放大器和宽带高频功率放大器两种。窄带高频功率放大器通常以具有选频滤波作用的选频电路作为输出回路，故又称为调谐功率放大器或谐振功率放大器；宽带高频功率放大器的输出电路则是传输线变压器或其他宽带匹配电路，故又称为非调谐功率放大器。

在"低频电子线路"课程中已知，放大器可以按照电流导通角的不同，将其分为甲、乙、丙三类工作状态。甲类放大器电流的导通角为 $180°$，适用于小信号低功率放大；乙类放大器电流的导通角等于 $90°$；丙类放大器电流的导通角则小于 $90°$。乙类和丙类都适用于大功率工作，高频功率放大器大多工作于丙类，但丙类放大器的电流波形失真太大，因而不能用于低频功率放大，只能用于采用调谐回路作为负载的谐振功率放大。由于调谐回路具有滤波能力，回路电流与电压仍然极近于正弦波形，因此失真很小。

除了以上几种按电流导通角来分类的工作状态外，又有使电子器件工作于开关状态的丁类放大器和戊类放大器。丁类放大器的效率比丙类放大器的还高，理论上可达 100%，但它的最高工作频率受到开关转换瞬间所产生的器件功耗（集电极耗散功率或阳极耗散功率）的限制。如果在电路上加以改进，使电子器件在通断转换瞬间的功耗尽量减小，则工作频率可以提高，这就是戊类放大器。

我们已经知道，在低频放大电路中为了获得足够大的低频输出功率，必须采用低频功率放大器，而且低频功率放大器也是一种将直流电源提供的能量转换为交流输出的能量转换器。高频功率放大器和低频功率放大器的共同特点都是输出功率大和效率高，但二者的工作频率和相对频带宽度却相差很大，这决定了它们之间有着本质的区别。低频功率放大器的工作频率低，但相对频带宽度却很宽，例如，自 $20\ \text{Hz} \sim 20\ \text{kHz}$，高、低频率之比达 1000 倍，因此它们都是采用无调谐负载，如电阻、变压器等。高频功率放大器的工作频率高（由几百千赫兹一直到几百、几千甚至几万兆赫兹），但相对频带很窄。例如，调幅广播电台（$535 \sim 1605\ \text{kHz}$ 的频段范围）的频带宽度为 $10\ \text{kHz}$，如中心频率取为 $1000\ \text{kHz}$，则相对频宽只相当于中心频率的 1%。中心频率越高，则相对频宽越小，因此，高频功率放大器一般都采用选频网络作为负载回路。由于这一特点，使得这两种放大器所选用的工作状态不同：低频功率放大器可工作于甲类、甲乙类或乙类（限于推挽电路）状态；高频功率放大器则一般都工作于丙类(某些特殊情况可工作于乙类)。近年来,宽频带发射机的各中间级还广泛采用一种新型的宽带高频功率放大器,它不采用选频网络作为负载回路,而是以频率响应很宽的传输线作负载。这样,它可以在很宽的范围内变换工作频率,而不必重新调谐。综上所述,高频功率放大器与低频功率放大器的共同之点是要求输出功率大,效率高;它们的不同之点则是二者的工作频率与相对频宽不同,因而负载网络和工作状态也不同。

高频功率放大器的主要技术指标有:输出功率、效率、功率增益、带宽和谐波抑制度(或信号失真度)等。这几项指标要求是互相矛盾的,在设计放大器时应根据具体要求,突出一些指标,兼顾其他一些指标。例如,实际中有些电路防止干扰是主要矛盾,对谐波抑制度要求较高,而对带宽要求可适当降低。

功率放大器的效率是一个突出的问题,其效率的高低与放大器的工作状态有直接的关系。放大器的工作状态可分为甲类、乙类和丙类等。为了提高放大器的工作效率,它通常工作在乙类、丙类,即晶体管工作延伸到非线性区域。但这些工作状态下的放大器的输出电流与输入电压间存在很严重的非线性失真。低频功率放大器因其信号的频率覆盖系数大,不能采用谐振回路作负载,因此一般工作在甲类状态;采用推挽电路时可以工作在乙类。高频功率放大器因其信号的频率覆盖系数小,可以采用谐振回路作负载,故通常工作在丙类,通过谐振回路的选频功能,可以滤除放大器集电极电流中的谐波成分,选出基波分量从而基本消除了非线性失真。所以,高频功率放大器具有比低频功率放大器更高的效率。

高频功率放大器因工作于大信号的非线性状态,不能用线性等效电路分析,工程上普遍采用解析近似分析方法——折线法来分析其工作原理和工作状态。这种分析方法的物理概念清楚,分析工作状态方便,但计算准确度较低。以上讨论的各类高频功率放大器中,窄带高频功率放大器:用于提供足够强的以载频为中心的窄带信号功率,或放大窄带已调信号或实现倍频的功能,通常工作于乙类、丙类状态。宽带高频功率放大器:用于对某些载波信号频率变化范围大得短波,超短波电台的中间各级放大级,以免对不同 f_c 的繁琐调谐,通常工作于甲类状态。

本章主要讨论丙类高频谐振功率放大器的工作原理、特性、技术指标的计算及具体电路的分析等内容,对宽带高频功率放大器和功率合成器作简要的介绍。

4.3　谐振功率放大器的工作原理

高频谐振功率放大器是指用于对高频输入信号进行功率放大的、工作在丙类状态的放大器,其负载往往是一个谐振回路。

4.3.1　电路组成

谐振功率放大器的原理电路图如图 4.8 所示,除了电源和偏置电路外,它由晶体管、谐振回路和输入回路三部分组成。高频功放中常采用平面工艺制造的 NPN 高频大功率晶体管,它能承受高电压和大电流,并具有较高的特征频率 f_T。晶体管作为一个电流控制器件,它在较小的激励信号电压作用下,形成基极电流 i_b,i_b 控制了较大的集电极电流 i_c,i_c

流过谐振回路产生高频功率输出，从而完成了把电源的直流功率转换为高频功率的任务。为了高频功放以高效率输出大功率，常选在丙类状态下工作；为了保证在丙类状态下工作，基极偏置电压 U_{BB} 应使晶体管工作在截止区，一般为负值，即静态时发射极为反偏。此时输入激励信号应为大信号，一般在 0.5 V 以上，可达 1～2 V，甚至更大。也就是说，晶体管工作在截止和导通（线性放大）两种状态下，基极电流和集电极电流均为高频脉冲信号。与低频功放不同的是，高频功放选用谐振回路作负载，既保证了输出电压相对输入电压不失真，还具有阻抗变换的作用。这是因为集电极电流是周期性的高频脉冲，其频率分量除了有用分量（基波分量）外，还有谐波分量和其他频率成分（用谐振回路选出有用分量，将其他无用分量滤除）；通过谐振回路阻抗的调节，使谐振回路呈现高频功放所要求的最佳负载阻抗值（即匹配），从而使高频功放以高效率输出大功率。

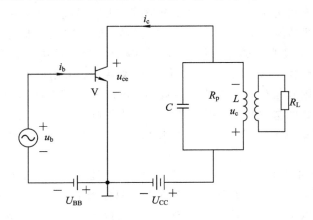

图 4.8　丙类谐振功率放大器的原理电路图

4.3.2　工作原理

高频功率放大器放大高频正弦信号或高频已调信号，为了简化，设输入的激励电压信号为

$$u_b = U_{bm}\cos\omega t \tag{4.21}$$

则加在晶体管基-射极间的瞬时电压为

$$u_{be} = u_b + U_{BB} = U_{bm}\cos\omega t + U_{BB} \tag{4.22}$$

其波形如图 4.9(a) 所示。当激励信号足够大，使得晶体管基-射极间的电压 u_{be} 大于晶体管导通压降 u_{on} 时，管子才导通，此时才产生基极瞬时电流 i_b 和集电极电流 i_c。由于晶体管只在输入激励信号的部分周期内导通，因此 i_b 和 i_c 为余弦脉冲电流，分别如图 4.9(b)、(c) 所示。我们知道，一个任意的周期性波形，可采用傅里叶级数分解为直流、基波及各次谐波，则 i_c 采用傅里叶级数分解为

$$i_c = I_{c0} + I_{cm1}\cos\omega t + I_{cm2}\cos2\omega t + \cdots + I_{cmn}\cos n\omega t + \cdots \tag{4.23}$$

式中，I_{c0} 为集电极直流分量，I_{cm1}、I_{cm2}、$\cdots$、I_{cmn} 分别为集电极电流的基波、二次谐波及高次谐波分量的幅值。

当集电极回路调谐在输入激励电压信号频率 ω 上时，即与高频输入信号的基波谐振时，谐振回路对基波电流而言等效为一纯电阻。对其他各次谐波分量电流而言，回路失谐

而呈现很小的电抗并可看成短路。直流分量只能通过回路电感线圈支路，其直流阻抗较小，对直流也可认为短路。这样，脉冲形状的集电极电流 i_c，或者说包含直流、基波和高次谐波成分的电流 i_c 流经谐振回路时，只有基波电流才产生压降，因而 LC 谐振回路两端输出不失真的高频信号电压。若回路的谐振电阻为 R_p，则

$$u_c = I_{cm1}R_p \cos\omega t = U_{cm} \cos\omega t \qquad (4.24)$$

$$U_{cm} = I_{cm1}R_p \qquad (4.25)$$

式中，U_{cm} 为谐振回路两端幅值。根据图 4.8，可得晶体管集电极与发射极之间的电压为

$$u_{ce} = U_{CC} - u_c = U_{CC} - U_{cm} \cos\omega t \qquad (4.26)$$

其波形如图 4.9(d)所示。

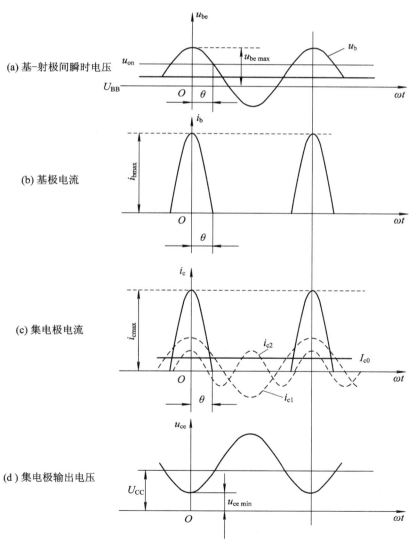

图 4.9　谐振功率放大器各电压和电流波形

　　根据上面的分析可知，虽然工作于丙类状态的谐振功率放大器集电极电流是脉冲波形，但由于谐振回路的滤波作用（回路调谐于基波频率），回路两端产生的负载电压 u_c 仍为

与输入信号 u_b 频率相同的余弦电压，输出信号基本没有失真。同时谐振回路还可以将含有电抗成分的负载变换为纯电阻 R_p。通过调节 L、C 使并联回路谐振电阻 R_p 与晶体管所需的集电极负载值相等，实现阻抗匹配。因此，在谐振功率放大器中，谐振回路除了具有滤波作用外，还起到阻抗变换的作用。

由图 4.9(c) 可见，丙类放大器在一个信号周期内，只有小于半个信号周期的时间内有集电极电流流通，形成余弦脉冲电流，$i_{c\,max}$ 为余弦脉冲电流的最大值，θ 为导通角。丙类放大器的导通角小于 90°。余弦脉冲电流靠 LC 谐振回路的选频作用滤除直流和各次谐波，输出电压仍然是不失真的余弦波。集电极高频交流输出电压 u_c 和基极输入电压 u_b 反相。当 u_{be} 为最大值 $u_{be\,max}$ 时，i_c 为最大值 $i_{c\,max}$，u_{ce} 为最小值 $u_{ce\,min}$，它们出现在同一时刻。可见，i_c 只在 u_{ce} 很低时的时间内出现，故集电极损耗很小，功率放大器的效率因而比较高，而且 i_c 的导通时间越短，效率越高。

必须指出，上述讨论是在忽略了 u_{ce} 对 i_c 的反作用以及管子结电容影响的情况下得到的。

4.4　谐振功率放大器工作状态分析

谐振功率放大器的工作状态取决于电源电压 U_{CC}、偏置电压 U_{BB}、高频激励电压幅度 U_{bm} 及负载阻抗 $R_p(U_{cm})$。当这些参量变化时，放大器将出现不同的工作状态，为说明各种工作状态的优缺点，正确选用和调整放大器的工作状态，需对高频功放的动态特性（负载特性）和外部特性（集电极 U_c、基极 U_b 调制特性、放大特性）进行讨论。

4.4.1　谐振功率放大器的折线分析法

从集电极余弦电流 i_c 中求出直流分量 I_{c0} 和基波分量的振幅 I_{cm1}，是分析和计算丙类谐振功率放大器的关键。解决这个问题的方法有图解法和解析法两种。图解法是从晶体管的实际静态特性曲线（包括输入特性曲线、转移特性曲线和输出特性曲线）入手，从图上取得若干个点，测量出直流分量 I_{c0} 和基波分量 I_{cm1}。图解法的准确度比较高，对电子管比较适用；而晶体管的特性曲线的个体差异很大，一般不能从手册上得到，只能从晶体管特性测试仪上测量出，难以进行概括性的理论分析，因此不适宜于晶体管。鉴于此，对于晶体管高频功率放大器来说，我们使用解析近似分析法，即折线分析法。

折线分析法是将电子器件的特性曲线理想化，用一组折线代替晶体管静态特性曲线后进行分析和计算的方法。只要知道这些数学解析式中晶体管的参数，就可以方便地求出直流分量 I_{c0} 和基波分量的振幅 I_{cm1}。这种方法比较简单，易于进行概括性的理论分析，虽不精确，但作为工程近似已能满足要求。

下面首先讨论晶体管特性曲线的理想化，然后依次对谐振功率放大器的动态特性、工作状态划分等问题进行讨论。

1. 晶体管特性曲线的折线化

为了对高频谐振功率放大器进行计算，通常采用折线分析法对晶体管的转移特性曲线和输出特性曲线进行处理，即将转移特性曲线和输出特性曲线用折线来近似代替，如图 4.6 所示。

1）转移特性曲线的折线化

图 4.10（a）中，虚线为折线化后的晶体管转移特性曲线。由图可见，晶体管在放大区的转移特性曲线可用一条交横轴于 u_{on} 且斜率为 g_c 的直线来表示，理想化折线方程为

$$i_c = \begin{cases} 0, & u_{be} \leqslant u_{on} \\ g_c(u_{be} - u_{on}), & u_{be} > u_{on} \end{cases} \tag{4.27}$$

式中，u_{on} 为晶体管的导通电（或起始电压），硅管为 $0.5 \sim 0.7$ V，锗管为 $0.2 \sim 0.3$ V；g_c 为晶体管的跨导，即

$$g_c = \frac{\Delta i_c}{\Delta u_{be}}$$

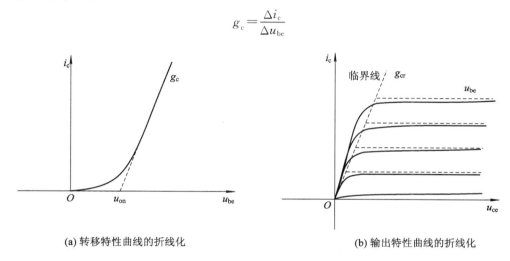

(a) 转移特性曲线的折线化　　　　　(b) 输出特性曲线的折线化

图 4.10　晶体管特性曲线的折线化

由此可见，晶体管转移特性曲线的理想化曲线包括两段：一段为对应晶体管截止的情况；另一段对应晶体管导通的情况。

2）输出特性曲线的折线化

图 4.10（b）中的虚线为折线化后的晶体管输出特性曲线。在饱和区，理想化的折线是集电极电流与管压降成正比；在线性放大区，理想化折线与管压降 u_{ce} 无关，即一簇平行于横轴的折线。其数学表达式为

$$i_c = \begin{cases} g_{cr}u_{ce}, & u_{ce} < u_{ces} \\ \beta i_b, & u_{ce} \geqslant u_{ces} \end{cases} \tag{4.28}$$

式中，u_{ces} 为晶体管饱和时的管压降；g_{cr} 为饱和区集电极电流的斜率，即

$$g_{cr} = \frac{\Delta i_c}{\Delta u_{ce}}, \qquad u_{ce} < u_{ces} \tag{4.29}$$

由此可见，晶体管输出特性曲线的理想化曲线有多条，每条包括两段：一段对应晶体管饱和导通的情况；另一段对应晶体管工作于放大区的情况，其中，$u_{ce} < u_{ces}$ 时（饱和区），对应的折线成为临界线。

2. 集电极余弦电流的分解

由前面的讨论可知，高频功放的集电极电流为余弦脉冲，将晶体管的转移特性曲线折

线化近似后，电流波形示意图如图 4.11 所示。

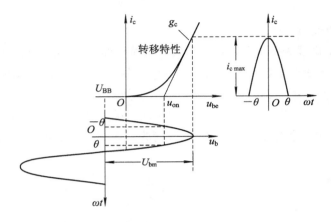

图 4.11 转移特性曲线折线化及 i_C 和 u_{BE} 的关系

1) 导通角

通常把集电极电流导通时间相对应的角度的一半称为导通角，用符号 θ_c 表示。当 $\theta_c = 180°$ 时，表明管子在整个周期全导通，放大器工作在甲类状态；当 $\theta_c = 90°$ 时，表明管子半个周期导通，放大器工作在乙类状态；当 $\theta_c < 90°$ 时，表明管子导通时间小于半个周期，放大器工作在丙类状态。

设电路的激励信号为 $u_b = U_{bm} \cos\omega t$，则加在晶体管发射极的瞬时电压为

$$u_{be} = u_b + U_{BB} = U_{bm} \cos\omega t + U_{BB} \qquad (4.30)$$

式中，U_{BB} 为反向偏压，数值小于零。

将 $u_{be} = U_{BB} + u_{bm} \cos\omega t$ 代入式(4.27)，得：

$$i_c = g_c(U_{BB} + U_{bm} \cos\omega t - u_{on}) \qquad (4.31)$$

根据导通角的定义，当 $\omega t = \theta_c$ 时，$i_c = 0$，即 $g_c(U_{BB} + U_{bm} \cos\omega t - u_{on}) = 0$，故得到导通角 θ_c 的表达式为

$$\cos\theta_c = \frac{-U_{BB} + u_{on}}{U_{bm}} \qquad (4.32)$$

导通角是谐振功率放大器的重要参数，从式(4.32)可以看出，输入激励信号越强，则 θ_c 越大；激励信号一定时，U_{BB} 数值越大(负的越多)，则 θ_c 越小。在放大器的调整过程中，通过调整 U_{BB} 就可将 θ_c 调整到所需的值。由于受到晶体管起始导通电压的影响，即使 U_{BB} 等于零，导通角 θ_c 也小于 $90°$。

由图 4.11 可知，集电极余弦脉冲电流主要由其幅度和导通角 θ_c 决定，为此需要求得余弦脉冲的最大值 $i_{c\,max}$。

2) 集电极余弦脉冲电流最大值

将式(4.32)代入式(4.31)，得

$$i_c = g_c U_{bm}(\cos\omega t - \cos\theta_c) \qquad (4.33)$$

由图 4.11 可知，当 $\omega t = 0$ 时，集电极电流达到最大，即

$$i_{c\,max} = g_c U_{bm}(1 - \cos\theta_c) \qquad (4.34)$$

3) 集电极余弦电流分解

将式(4.34)代入式(4.33)，可得集电极电流的表达式为

$$i_c = i_{c\,max}\frac{\cos\omega t - \cos\theta_c}{1 - \cos\theta_c} \tag{4.35}$$

则集电极电流的傅里叶级数展开式为

$$i_c = I_{c0} + I_{cm1}\cos\omega t + I_{cm2}\cos\omega 2t + \cdots + I_{cmn}\cos\omega nt + \cdots \tag{4.36}$$

其中各系数分别为

$$I_{c0} = \frac{1}{2\pi}\int_{-\pi}^{\pi} i_c \, \mathrm{d}(\omega t) = \frac{I_{c\,max}}{\pi} \cdot \frac{\sin\theta_c - \theta_c\cos\theta_c}{1 - \cos\theta_c} = I_{c\,max}\alpha_0(\theta_c) \tag{4.37}$$

$$I_{cm1} = \frac{1}{2\pi}\int_{-\theta_c}^{\theta_c} i_c \cos\omega t \, \mathrm{d}(\omega t) = I_{c\,max}\left(\frac{1}{\pi} \cdot \frac{\theta_c - \sin\theta_c\cos\theta_c}{1 - \cos\theta_c}\right) = I_{c\,max}\alpha_1(\theta_c) \tag{4.38}$$

$$\vdots$$

$$I_{cmn} = \frac{1}{2\pi}\int_{-\theta_c}^{\theta_c} i_c \cos\omega nt \, \mathrm{d}(\omega t) = i_{c\,max}\left[\frac{2}{\pi} \cdot \frac{\sin n\theta_c \cos\theta_c - \theta_c \cos n\theta_c \sin\theta_c}{n(n^2 - 1)(1 - \cos\theta_c)}\right)\right] = I_{c\,max}\alpha_n(\theta_c)$$

$$\tag{4.39}$$

式中，

$$\alpha_0(\theta_c) = \frac{\sin\theta_c - \theta_c\cos\theta_c}{\pi(1 - \cos\theta_c)}$$

$$\alpha_1(\theta_c) = \frac{\theta_c - \sin\theta_c\cos\theta_c}{\pi(1 - \cos\theta_c)}$$

$$\vdots$$

$$\alpha_n(\theta_c) = \frac{2(\sin n\theta_c\cos\theta_c - n\cos n\theta_c\sin\theta_c)}{\pi n(n^2 - 1)(1 - \cos\theta_c)}$$

分别称为直流分量分解系数、基波分量分解系数和 n 次谐波分量分解系数。各分解分量波形如图 4.12 所示。

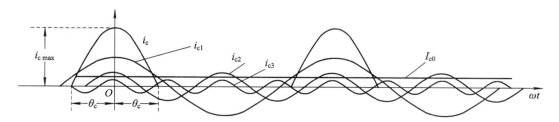

图 4.12　集电极余弦脉冲分解各分量波形

　　可将 $\alpha_0(\theta_c)$、$\alpha_1(\theta_c)$、$\alpha_2(\theta_c)$、$\alpha_n(\theta_c)$ 及 $g(\theta_c) = I_{cm1}/I_{c0} = \alpha_1/\alpha_2$ 与导通角的关系制成曲线，如图 4.13 所示，其中 $g(\theta_c)$ 叫做波形系数，余弦分解系数可查表。

　　根据以上讨论可以得出：在余弦信号激励下，只要知道电流的导通角 θ_c，就可以求得各次谐波的分解系数 α。若电流脉冲的峰值也已知，则各次谐波分量的幅值就可完全确定。

3. 谐振功率放大器的功率和效率

　　从能量转换方面看，放大器通过晶体管将直流功率转换为交流功率，通过谐振回路将脉冲功率转换为正弦功率，然后传送给负载。在能量转换和传输过程中，不可避免地产生损耗，所以放大器的效率不可能达到 100%。为了尽量减少损耗，合理地利用晶体管和电源，必须分析功率放大器的功率和效率问题。

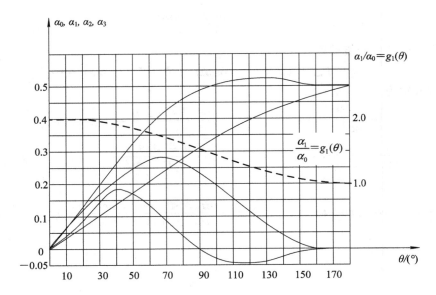

图 4.13 余弦脉冲分解系数、波形系数与 θ_c 的关系曲线

在谐振功率放大器中，直流电源电压为 U_{CC}，其提供的直流功率 P_{DC} 为

$$P_{DC} = U_{CC} I_{c0} \tag{4.40}$$

若谐振回路的等效阻抗为 R_p，则回路两端形成的电压幅值为

$$U_{cm} = I_{cm1} R_p \tag{4.41}$$

则集电极输出的交流功率（负载上得到的功率）P_o 为

$$P_o = \frac{1}{2} U_{cm} I_{cm1} = \frac{1}{2} I_{cm1}^2 \cdot R_p = \frac{U_{cm}^2}{2R_p} \tag{4.42}$$

耗散在晶体管集电结的功率 P_c 为

$$P_c = P_{DC} - P_o \tag{4.43}$$

晶体管集电极能量转换效率 η_c 为

$$\eta_c = \frac{P_o}{P_{DC}} = \frac{P_o}{P_o + P_c} = \frac{\frac{1}{2} U_{cm} I_{cm1}}{U_{CC} I_{c0}} = \frac{1}{2} \frac{U_{cm}}{U_{CC}} \frac{I_{cm1}}{I_{c0}} = \frac{1}{2} \frac{U_{cm}}{U_C} \frac{\alpha_1(\theta_c) i_{c\,max}}{\alpha_0(\theta_c) i_{c\,max}} = \frac{1}{2} \xi g_1(\theta_c)$$

$$\tag{4.44}$$

其中，$\xi = \dfrac{U_{cm}}{U_{CC}}$，称为集电极电压利用系数；$g_1(\theta_c) = I_{cm1}/I_{c0} = \alpha_1(\theta_c)/\alpha_0(\theta_c)$，称为集电极电流利用系数或波形系数。

由于 α_0、α_1 都是导通角 θ_c 的函数，故 $g_1(\theta_c)$ 也是 θ_c 的函数（如图 4.13 所示）。图 4.13 所示的曲线表明，θ_c 越小，$g_1(\theta_c)$ 越大，在极限情况下，$\theta_c = 0$，$g(\theta_c) = \alpha_1(\theta_c)/\alpha_0(\theta_c) = 2$，即基波电流幅值为直流电流的两倍。在实际工作中，$\theta_c$ 也不宜太小，因为 θ_c 较小时，虽然 $g_1(\theta_c)$ 比较大，但是 $I_{cm1} = \alpha_1(\theta_c) i_{c\,max}$ 较小，使得 $U_{cm} = I_{cm1} R_p$ 也小，会造成输出功率过小。为了兼顾输出功率和效率两个方面，通常取 $\theta_c = 40° \sim 70°$ 为宜。

集电极电压利用系数也不能任意提高，因为在管子导通的某一瞬间，集电极电压的最小值 $u_{ce\,min} = U_C - U_{cm}$，当 U_{cm} 增大到一定数值后，$u_{ce\,min}$ 减小到使管子饱和的数值，即 $1 \sim 2\ \text{V}$，晶体管进入饱和区。$\xi = U_{cm}/U_C$ 只能接近于 1。

值得一提的是，放大器工作于丙类状态，效率固然提高了，但是在管子导通的某一瞬间，集电极电流波形是余弦脉冲，失真比较严重，尽管并联谐振回路有选频、滤波性能，但它不具有理想的滤波特性，因此实际输出信号仍有失真。

4.4.2　谐振功率放大器的动态特性

谐振功率放大器的动态特性是晶体管内部特性与外部特性结合的特性（即实际的放大器的工作特性）。当谐振功率放大器加上信号源及负载阻抗时，晶体管电流（主要指 i_c）与电极电压 u_{be} 和 u_{ce} 的关系曲线，即称为谐振功放的动态特性曲线。

当放大器工作于谐振状态时，其外部电路方程的关系为

$$\begin{cases} u_{be} = U_{BB} + U_{bm}\cos\omega t \\ u_{ce} = U_{CC} + U_{cm}\cos\omega t \end{cases} \tag{4.45}$$

由上两式消除 $\cos\omega t$ 可得

$$u_{be} = U_{BB} + U_{bm}\frac{U_{CC} - u_{ce}}{U_{cm}} \tag{4.46}$$

又利用晶体管的内部特性关系式（折线方程）：

$$i_c = g_c(u_{be} - u_{on}) \tag{4.47}$$

可得

$$\begin{aligned}
i_c &= g_c\left(U_{BB} + U_{bm}\frac{U_{CC} - u_{ce}}{U_{cm}} - u_{on}\right) \\
&= -g_c\left(\frac{U_{bm}}{U_{cm}}\right)\left(u_{ce} - U_{CC} + U_{cm}\left(\frac{u_{on} + U_{BB}}{U_{bm}}\right)\right) \\
&= g_d(u_{ce} - U_o)
\end{aligned} \tag{4.48}$$

显然，i_c 和 u_{ce} 之间的关系的动态特性曲线是斜率为 $g_d = -g_c\left(\dfrac{U_{bm}}{U_{cm}}\right)$，截距为 $U_o = U_{CC} - U_{cm}\left(\dfrac{U_{BB} + U_{on}}{U_{bm}}\right) = U_{CC} - U_{cm}\cos\theta_c$ 的直线（如图 4.14 中的 AB 线所示）。图中给出动态线的斜率为负值，它的物理意义是：从负载方面来看，放大器相当于一个负电阻，亦即它相当于交流电能发生器，可以输出电能给负载。

动态特性曲线的做法是：在 u_{ce} 轴上取 B 点，使 $OB = U_o$。从 B 点做斜率为 g_d 的直线 BA，BA 即为欠压状态的动态特性。

也可以采用另外一种方法给出动态特性曲线，在静止点 Q：$\omega t = 90°$，$u_{ce} = U_{CC}$，$u_{be} = U_{BB}$，因此，可知 $i_c = I_Q = -g_c(u_{on} - U_{BB})$。注意，在丙类状态时，$I_Q$ 是实际不存在的电流，叫虚拟电流。I_Q 仅用来确定 Q 点的位置。在 A 点：$\omega t = 0°$，$u_{ce} = u_{ce\,min} = U_{CC} - U_{cm}$，$u_{be} = U_{BB} + U_{bm}$。求出 A、Q 两点，即可作出动态特性直线，其中 BQ 段表示电流截止期内的动态线，用虚线表示。

高频功率放大器有三种工作状态，即欠压、临界和过压，其动态特性曲线可以用来分析不同工作状态的特性。当高频谐振功率放大器的集电极电流都在临界线的右方时，交流输出电压比较低，称为欠压工作状态；当集电极电流的最大值穿过了临界线到达左方的饱和区时，交流输出电压比较高，称为过压工作状态；当其集电极电流的最大值正好落在临界线上时，称为临界工作状态。

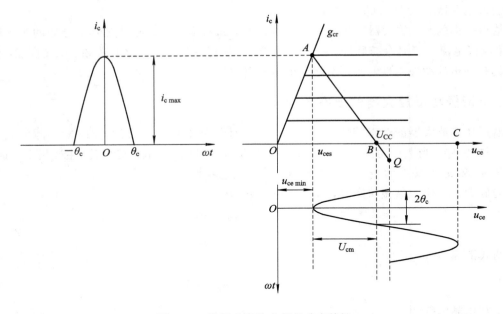

图 4.14　谐振功率放大器的动态特性

图 4.15 给出了高频谐振功率放大器的三种工作状态的电压和电流波形。

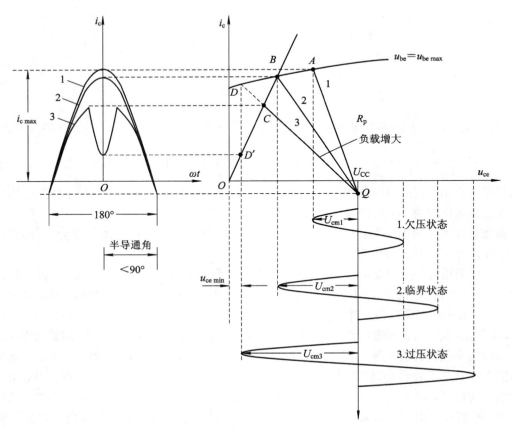

图 4.15　不同工作状态时的动态特性曲线

1）欠压状态

当 U_{cm} 较小，$U_{cm}=U_{cm1}$ 时，动态特性曲线 1 与 $u_{be\,max}$ 决定 A 点。晶体管的工作状态为欠压状态，对应的集电极电流仍为余弦脉冲；当 $U_{cm}=U_{cm1}$ 时，动态特性与 $U_{be\,max}=U_{BB}+U_{bm}$ 相交于 A 点，折线 AQ 就代表了 $U_{cm}=U_{cm1}$ 时的动态特性。由于 A 点处于放大区，对应的 U_{cm1} 较小，通常将这样的工作状态称为欠压状态，对应的集电极电流为余弦脉冲。

2）临界状态

当 U_{cm} 增大到 $U_{cm}=U_{cm2}$ 时，动态特性曲线 2 与 $u_{be\,max}$ 决定 B 点。B 在临界线上，晶体管的工作状态为临界状态，对应的集电极电流仍为余弦脉冲。

3）过压状态

当 U_{cm} 增大到 $U_{cm}=U_{cm3}$ 时，动态特性将发生较大变化。动态特性曲线 3 与 $u_{be\,max}$ 的交点为 $u_{be\,max}$ 的延长线上的 D 点。D' 对应于 $u_{ce\,min}$ 代表了 $U_{cm}=U_{cm3}$ 时的动态特性。晶体管工作已进入饱和区，这样的工作状态称为过压状态，对应的集电极电流是一个凹顶脉冲；对于欠压和临界状态，集电极电流为余弦脉冲，其直流分量和基波分量可按余弦脉冲分解系数求得；对于过压状态，由于集电极电流为凹顶脉冲，不能直接用前述的分解系数，但仍然可以分解成傅里叶级数后，用类似的方法计算。

由以上分析可以看到，通过集电极电流脉冲的幅度和形状，就可以判断功率放大器工作在哪种状态，而且对每种状态的基本特点都会有所了解。

4.4.3　丙类功率放大器的负载特性

负载特性是指谐振功率放大器在 U_{CC}、U_{BB} 和 U_{bm} 不变时，高频谐振功率放大器的工作状态、电流、电压、功率和效率随 R_p 的变化而变化关系。简单地讲，高频谐振放大器的负载特性就是在其他参数不变的情况下，负载电阻 R_p 的变化对放大器性能和工作状态的影响。

此时，θ_c、$i_{c\,max}$、$u_{be\,max}=U_{BB}+U_{bm}$ 和 I_Q 是一定的，也就是说，Q 点的坐标是一定的，而斜率 g_d 为

$$
\begin{aligned}
g_d &= -\frac{g_c U_{bm}}{U_{cm}} = -\frac{g_c U_{bm}}{I_{cm1} R_p} = -\frac{g_c U_{bm}}{i_{c\,max}\alpha_1(\theta_c)R_p} \\
&= -\frac{g_c U_{bm}}{g_c U_{bm}(1-\cos\theta_c)\alpha_1(\theta_c)R_p} \\
&= -\frac{1}{(1-\cos\theta_c)\alpha_1(\theta_c)R_p}
\end{aligned}
\tag{4.49}
$$

由式（4.49）可知，由于 θ_c 不变，随着谐振电阻 R_p 的增大，g_d 的绝对值逐渐变小（斜率 g_d 本身是一个负数）。根据图 4.15 和上面的分析不难发现，随着谐振电阻 R_p 的增大，高频谐振功率放大器的工作状态变化过程是由欠压到临界再到过压，如图 4.16 所示。在欠压和临界状态，集电极电流为尖顶脉冲，由于 θ_c、$i_{c\,max}$ 不变，所以 I_{c0}、I_{cm1} 都保持不变，$P_{DC}=U_{CC}I_{c0}$ 也不变，而 $U_{cm}=I_{cm1}R_p$ 与 R_p 成正比，$P_o=\frac{1}{2}I_{cm1}^2 R_p$ 与 R_p 成正比，$\eta_c=\dfrac{P_o}{P_{DC}}$ 与 R_p 成正比，$P_c=P_{DC}-P_o$ 随着谐振电阻 R_p 的增大而减小。在过压状态，集电极电流为凹顶脉冲，随着谐振电阻 R_p 的增大，$i_{c\,max}$ 逐渐减小，I_{c0}、I_{cm1} 相应的减小，$U_{cm}=I_{cm1}R_p$ 缓慢增大，P_{DC} 和 P_o 也减小，η_c 先增加后减小，P_c 也减小。

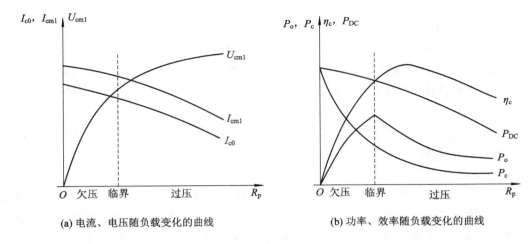

(a) 电流、电压随负载变化的曲线　　　　　(b) 功率、效率随负载变化的曲线

图 4.16　负载特性曲线

通过上述分析可以得到如下结论：

（1）欠压状态：电流 I_{cm1} 基本不随 R_p 变化，输出功率 P_o 和集电极效率 η_c 都较低，集电极损耗功率大，而且当谐振电阻 R_p 变化时，输出信号电压振幅变化较大。因此，除了特殊场合以外，很少采用这种工作状态。特别值得一提的是，当 $R_p = 0$，即负载短路时，集电极损耗功率 P_c 达最大值，有可能烧坏功率晶体管。因此，在调整谐振功率放大器的过程中必须防止负载短路。

（2）临界状态：放大器输出功率最大，效率也较高，通常称为最佳工作状态。

（3）过压状态：在弱过压状态时，输出电压基本上不随 R_p 变化，在弱过压时，效率可达最高，但输出功率有所下降，发射极的中间级、集电极的调幅级常采用这种状态。深度过压时，i_c 波形下凹严重，谐波增多，一般应用较少。

4.4.4　各级电压对工作状态的影响

1. 集电极电压变化对工作状态的影响

在负载电阻 R_p、U_{BB} 和 U_{bm} 一定时，改变集电极电压 U_c，高频功率放大器的工作状态、电流、电压、输出功率和效率会随着 U_c 的变化而变化。此时，根据式（4.3）和式（4.5）可知，θ_c、$i_{c\,max}$、$U_{be\,max} = U_{BB} + U_{bm}$、$I_Q = -g_c(u_{on} - U_{BB})$ 和 g_d 是一定的，Q 点在水平方向平移。随着 U_c 的增大，放大器的工作状态由过压到临界再到欠压，如图 4.17 所示。在欠压和临界状态，集电极电流为尖顶脉冲，由于 θ_c、$i_{c\,max}$ 不变，所以 I_{c0}、I_{cm1} 保持不变，从而 $U_{cm} = I_{cm1}R_p$ 不变，$P_o = \dfrac{1}{2}I_{cm1}^2 R_p$ 不变，而 $P_{DC} = I_{c0}U_c$ 与 U_c 成正比，集电极耗散功率随 U_c 的增大而增大。在过压状态，集电极电流为凹顶脉冲，随着 U_c 的增加，$i_{c\,max}$ 逐渐增大，I_{c0} 和 I_{cm1} 相应地增大，$U_{cm} = I_{cm1}R_p$ 增大，P_{DC} 和 P_o 增大，P_c 增大。图 4.18 绘出了 U_c 对 I_{cm1}、I_{c0}、U_{cm} 的控制曲线，即集电极调制特性。集电极调制特性是指当 R_p、U_{BB} 和 U_{bm} 保持恒定，放大器的性能随集电极电源电压 U_c 变化的特性。当 U_c 改变时，这个特性是晶体管集电极调幅的理论依据。由图可见，只有在过压状态 U_c 对 U_{cm} 才能有较大的控制作用，所以集电极调幅应工作在过压状态。

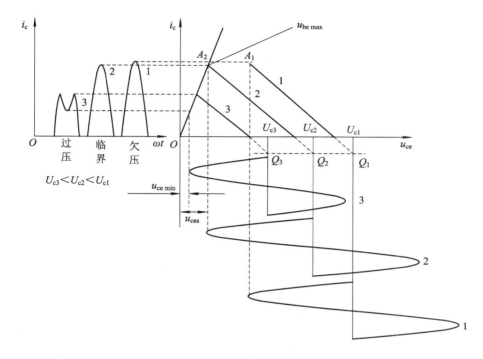

图 4.17　U_c 对高频谐振功率放大器工作状态的影响

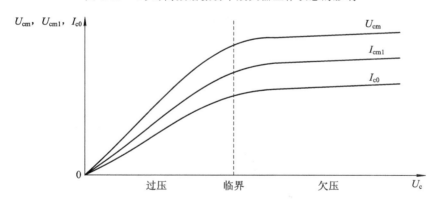

图 4.18　集电极调制特性

2. 基极电压对工作状态的影响

当 U_c、U_{bm} 和 R_p 保持恒定时，基极偏置电压 U_{BB} 的变化对放大器工作状态的影响如图 4.19 所示。因为 $u_{be\,max} = U_{BB} + U_{bm}$，当 U_{bm} 一定时，$u_{be\,max}$ 随 U_{BB} 的变化而变化，从而导致 $i_{c\,max}$ 和 θ_c 的变化。在欠压状态下，由于 $u_{be\,max}$ 较小，因此 $i_{c\,max}$ 和 θ_c 也较小，所以 I_{c0}、I_{cm1} 都较小。当 U_{BB} 增大，使 $u_{be\,max}$ 增大时，$i_{c\,max}$ 和 θ_c 也增大，从而 I_{c0}、I_{cm1} 也随之增大。在欠压状态下的 i_c 波形为尖顶余弦脉冲。当 $u_{be\,max}$ 增大到一定程度，放大器的工作状态由欠压进入过压，电流波形出现凹陷。但此时，$i_{c\,max}$ 和 θ_c 还会增大，所以 I_{c0}、I_{cm1} 随着 U_{BB} 的增大而略有增加。又由于 R_p 不变，所以 U_{cm} 的变化规律和 I_{cm1} 一样。图 4.19 给出了 I_{c0}、I_{cm1} 和 U_{cm} 随 U_{BB} 变化的特性曲线。由图可以看出，在欠压区，高频振幅 U_{cm} 基本随 U_{BB} 成线性变换，U_{BB}

对 U_{cm} 有较强的控制作用,这就是基极调幅的工作原理。

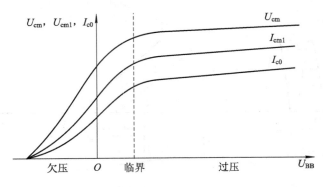

图 4.19 基极调制特性

3. U_{bm} 变化对放大器工作状态的影响——振幅特性

当 U_c、U_{BB} 和 R_p 保持恒定时,激励振幅 U_{bm} 变化对放大器工作状态的影响如图 4.20 所示。因为 $u_{be\ max} = U_{BB} + U_{bm}$,$U_{BB}$ 和 U_{bm} 决定了放大器的 $u_{be\ max}$,因此改变 U_{bm} 的情况和改变 U_b 的情况类似。由图可以看出,在欠压区,高频振幅 U_{cm} 基本随着 U_{bm} 成线性变化,所以为使输出振幅 U_{cm} 反映输入信号 U_{bm} 的变化,放大器必须在 U_{bm} 变化范围内工作在欠压状态。而当谐振功放用作限幅器,将振幅 U_{bm} 在较大范围内变化的输入信号变换为振幅恒定的输出信号时,由图 4.20 可以看出,此时放大器必须在 U_{bm} 变化范围内工作在过压状态。当 U_c、U_{BB} 和 R_p 保持恒定时,放大器的性能随激励振幅 U_{bm} 变化的特性,称为谐振功率放大器的振幅特性。

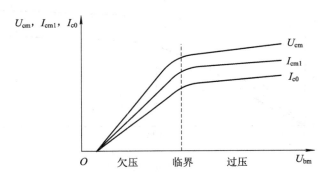

图 4.20 调谐功放的振幅特性

4.4.5 工作状态的分析与计算

我们知道,对晶体管的高频功率放大器进行精确计算是困难的,一般只能进行工程估算,下面我们结合实例介绍高频功放工作状态的计算。

【**例 4.1**】 某谐振功率放大器的转移特性如图 4.21 所示。已知该放大器采用晶体管的参数为 $f_T \geqslant 150\ \text{MHz}$,功率增益 $A_P \geqslant 13\ \text{dB}$,管子通过的最大电流 $I_{cm} = 3\ \text{A}$,最大的集电极功耗 $P_{cm} = 5\ \text{W}$,管子的 $U_{on} = 0.6\ \text{V}$,放大器的基极偏置电压 $U_{BB} = -1.4\ \text{V}$,$\theta_c = 70°$,$U_{CC} = 24\ \text{V}$,$\xi = 0.9$,试计算放大器的各参数。

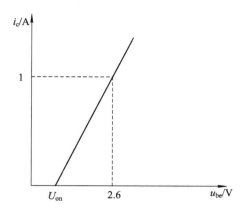

图 4.21　谐振功放的转移特性

【解】　（1）根据图 4.21 可求出转移特性的斜率为

$$g_c = \frac{1}{2.6 - 0.6} = 0.5 \text{ A/V}$$

（2）根据 $\cos\theta_c = \dfrac{U_{on} - U_{BB}}{U_{bm}}$，求得 U_{bm}。由于 $\theta_c = 70°$，$\cos\theta_c = 0.342$，所以

$$U_{bm} = \frac{0.6 - (-1.4)}{0.342} = 5.8 \text{ V}$$

（3）根据 $i_{c\,max} = g_c U_{bm}(1 - \cos\theta_c)$，可求得 $i_{c\,max}$、I_{cm1}、I_{c0}。

$$i_{c\,max} = \frac{1}{2} \times 5.8 \times (1 - 0.342) = 2 \text{ A} < I_{cm} \qquad （安全工作）$$

$$I_{cm1} = i_{c\,max} \cdot \alpha_1(70°) = 2 \times 0.436 = 0.872 \text{ A}$$

$$I_{c0} = i_{c\,max} \cdot \alpha_2(70°) = 2 \times 0.253 = 0.506 \text{ A}$$

（4）交流电压振幅为

$$U_{cm} = U_{CC}\xi = 24 \times 0.9 = 21.6 \text{ V}$$

（5）对应的功率和效率为

$$P_{DC} = U_{CC} I_{c0} = 24 \times 0.506 = 12 \text{ W}$$

$$P_o = \frac{1}{2} I_{cm1} \cdot U_{cm} = \frac{1}{2} I_{cm1} \xi U_{CC} = \frac{1}{2} \times 0.872 \times 0.9 \times 24 = 9.4 \text{ W}$$

$$P_c = P_{DC} - P_o = 2.6 \text{ W} < P_{cm} \qquad （安全工作）$$

$$\eta_c = \frac{P_o}{P_{DC}} = \frac{9.4}{12} = 78\%$$

4.5　高频功放的实用电路

　　谐振高频功率放大电路由输入回路、有源器件和输出回路组成。输入回路、输出回路的作用是为晶体管提供所需的直流偏置，实现滤波和阻抗匹配。下面分别讨论直流馈电电路和输入/输出回路。

4.5.1 直流馈电电路

谐振高频功率放大器的工作状态是由直流馈电电路确定的。谐振高频功率放大器需要工作在丙类状态，必须有相应的直流馈电电路。直流馈电电路是指把直流电源馈送到晶体管各级的电路，它包括集电极馈电和基极馈电电路两部分。集电极馈电和基极馈电可以采用串联馈电和并联馈电两种馈电方式，但无论采用哪一种馈电方式，都必须遵循以下基本原则：

（1）直流电流 I_{c0} 由 U_{CC} 经管外电路馈送到集电极，应该没有外电阻消耗能量，即外电路对 I_{c0} 应呈短路，所以管外电路对直流来说的等效电路如图 4.22(a)所示。

（2）高频基波分量 $I_{cm1}\cos\omega t$ 应该通过谐振回路，产生高频输出功率，因此高频基波只应该在谐振回路上产生压降，外电路的其他部分对基波分量应呈短路，其等效电路如图 4.22(b)所示。

（3）高频谐波不应该消耗功率，外电路对高频谐波应呈短路，其等效电路如图 4.22(c)所示。

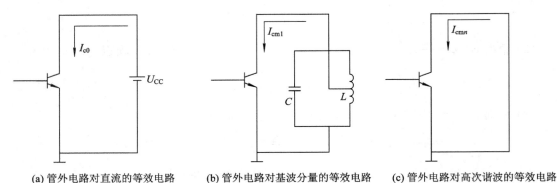

(a) 管外电路对直流的等效电路　(b) 管外电路对基波分量的等效电路　(c) 管外电路对高次谐波的等效电路

图 4.22　馈电线路组成原则

因此，组成实际电路时，必须在电路中接入一些辅助元件，以构成谐振功率放大器能正常工作的实际电路。

1. 集电极馈电电路

图 4.23 给出了集电极馈电电路。

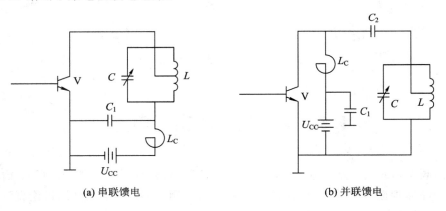

(a) 串联馈电　　　　　　　　　　　　　(b) 并联馈电

图 4.23　集电极馈电电路两种形式

　　串联馈电是指晶体管、负载回路、电源 U_{CC} 三者以串联的方式连接；并联馈电是指晶体管、电源 U_{CC}、谐振回路三者以并联方式连接。图中，L、C 组成负载回路，L_{c} 为高频扼流圈，它对直流近似为短路，而对高频则呈现很大的阻抗，近似开路。C_1 为高频旁路电容，作用是防止高频电流流过直流电源。C_2 为隔直流电容，作用是防止直流电流进入负载回路。

　　串联馈电的优点是 U_{CC}、L_{c}、C_1 处于高频"地"电位，分布电容不影响谐振回路；其缺点是谐振回路处于直流高电位上，谐振回路元件不能直接接地，谐振时外部参数影响较大。并联馈电的优点是 L_{c} 处于直流的"地"电位，L、C 元件可以接地，安装方便，实用安全性高。但 L_{c}、C_1 对地的分布电容会对回路产生不良影响，并限制了放大器在更高频段的工作。因此，串联馈电一般适用于工作频率较高的电路，而并联馈电一般适用于频率较低的电路。

　　虽然串馈和并馈电路形式不同，但是输出电压都是直流电压和交流电压的叠加，其关系式均为 $u_{\mathrm{ce}} = U_{\mathrm{CC}} - U_{\mathrm{cm}} \cos\omega t$。

2. 基极馈电电路

　　基极馈电电路也分为串联馈电电路和并联馈电电路。图 4.24(a)中，晶体管信号输入回路和直流供电电路是串联的，故称为串联馈电。图 4.24(b)中，信号输入回路和直流供电电路是并联的，故称为并联馈电。图中 L_{b} 为高频扼流圈，C_{b1} 为耦合电容，C_{b2} 为高频旁路电容。

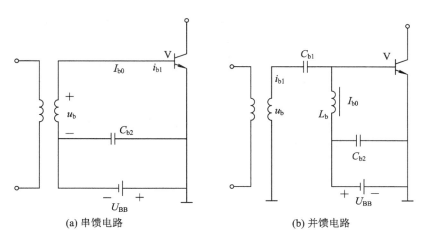

图 4.24　基极馈电电路

　　需要注意的是，在实际电路中，U_{BB} 不是用电池获得的，因为电池使用不方便，因此常采用如图 4.25 所示方法产生 U_{BB}。图 4.25(a)中，从耦合电容耦合到基极的输入是纯交流。当其振幅超过导通电压后，晶体管导通，产生余弦脉冲电流 i_{b}，其中包含直流分量 I_{b0} 从发射极经过基极偏置电阻 R_{b} 流向基极，在 R_{b} 上产生所需要的负偏置电压 U_{BB}；图 4.25(b)是利用基极电流 i_{b} 中包含的直流分量 I_{b0} 在基区体电阻 $r_{\mathrm{bb'}}$ 上产生所需要的压降 U_{BB}，其优点是线路简单、元件少，缺点是 $r_{\mathrm{bb'}}$ 数值较小且不够稳定，一般只在需要小的压降时采用；图 4.25(c)是利用发射极电流 i_{e} 的直流分量 I_{e0} 在发射极偏置电阻 R_{e} 上产生所需要的 U_{BB}，这种方法就是一般所说的发射极稳定偏置法，其实质是直流电流负反馈，电流中的高频分量经高频旁路电容 C_e 滤掉，不在 R_e 上产生压降，只有直流成分 I_{e0} 在 R_e 上产生压降。该方法的优点是可以自动维持放大器工作的稳定，当激励加大时，I_{e0} 增大，使基极负偏压 U_{BB} 减小，因而又使的 I_{e0} 减少；反之，当激励减小时，I_{e0} 减小，基极负偏压 U_B 增大，因而 I_{e0} 增大。

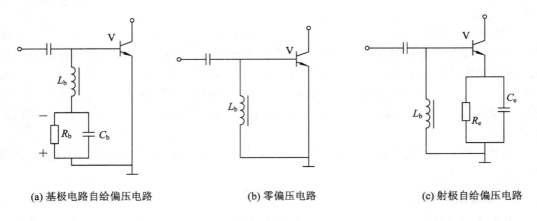

(a) 基极电路自给偏压电路   (b) 零偏压电路   (c) 射极自给偏压电路

图 4.25　实际基极馈电电路

4.5.2　输入和输出匹配网络

在谐振功率放大器中，为满足它的输出功率和效率的要求，并保证有较高的功率增益，除正确选择放大器的工作状态外，还必须正确设计输入和输出匹配网络。

输入和输出匹配网络在谐振功率放大器中的连接情况如图 4.26 所示。无论是输入匹配网络还是输出匹配网络，它们都具有传输有用信号的作用，故又称为耦合电路。对于输出匹配网络，要求它具有滤波和阻抗变换功能，即滤除各次分量，使负载上只有基波电压；将外接负载 R_L 变换成谐振功放所要求的负载电阻 R，以保证放大器输出所需的功率。因此，匹配网络也称滤波匹配网络。对于输入匹配网络，要求它把放大器的输入阻抗变换为前级信号源所需的负载阻抗，使电路能从前级信号源获得尽可能大的激励功率。可以完成这两种作用的匹配电路形式有多种，但归纳起来有两种类型，即具有并联谐振回路形式的匹配电路和滤波器型匹配电路。前者多用于前级、中间级放大器以及某些需要可调电路的输出级；后者多用于大功率、低阻抗宽带输出级。

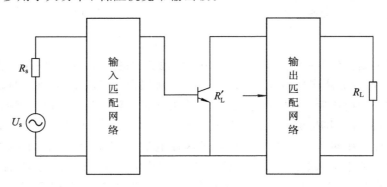

图 4.26　放大器的匹配电路

1. 并联谐振回路形式的匹配电路

并联谐振回路形式的匹配电路类型较多，这里仅介绍互感耦合输出匹配电路，其电路如图 4.27(a)所示。

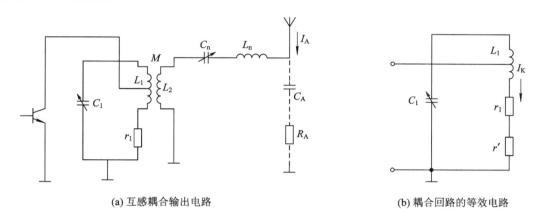

(a) 互感耦合输出电路　　　　　　　　　　(b) 耦合回路的等效电路

图 4.27　互感耦合输出匹配电路

图 4.27(a)中，$L_1 C_1$ 回路称为中介回路；R_A、C_A 分别代表天线的辐射电阻与等效电容；L_n、C_n 为天线回路的调谐元件，它们的作用是使天线处于谐振状态，进一步滤除谐波干扰，另外使天线回路的电流 I_A 达到最大值，即使天线回路的辐射功率达到最大。图 4.27(b)所示为中介回路的等效电路，r' 代表天线回路谐振时反射到中介回路的等效电阻，我们称之为反射电阻，其值可由下面的表达式求出

$$r' = \frac{(\omega M)^2}{R_A + r_2 + r_n} \tag{4.50}$$

式中，r_2 和 r_n 分别表示电感 L_2、L_n 的损耗电阻，因而等效回路的谐振电阻为

$$R'_p = \frac{L_1}{C_1(r_1 + r')} \tag{4.51}$$

放大器工作在临界状态时，输出功率最大，临界状态时的等效电阻就是阻抗匹配所需的最佳电阻，即

$$R_{pj} = p^2 R'_p \tag{4.52}$$

式中，p 为集电极接入回路的接入系数。

由式(4.50)～(4.52)可知，改变互感 M，就可以在不影响回路调谐的情况下，调整中介回路的有效等效电阻 R'_p，以达到阻抗匹配的目的。在耦合输出回路中，即使天线开路，对电子器件也不会造成严重的损害，而且它的滤波作用要比单调谐回路优良，因而得到广泛的应用。

为了使器件的输出功率大部分送到负载 R_A 上，希望反射电阻 r' 远大于电阻 r_1，r_1 为回路损耗电阻。设放大器输出功率为 P_1，中介回路送给天线回路的功率为 P'_A，我们用输出至天线回路的有效功率 P'_A 与输入到中介回路的总交流功率之比来衡量中介回路传输能力的好坏，称之为中介回路的传输效率，用 η_1 表示，即

$$\eta_1 = \frac{P'_A}{P_1} = \frac{I_K^2 r'}{I_K^2 (r_1 + r')} = \frac{r'}{r_1 + r'} \tag{4.53}$$

其中，I_K 为谐振回路的环路电流。

设无负载时的回路谐振电阻 R_p 为

$$R_p = \frac{L_1}{C_1 r_1} \tag{4.54}$$

则有负载时的回路谐振电阻 R'_p 为

$$R'_p = \frac{L_1}{C_1(r_1 + r')} \tag{4.55}$$

回路空载品质因数 Q_0 为

$$Q_0 = \frac{\omega L_1}{r_1} \tag{4.56}$$

回路有载品质因数 Q_L 为

$$Q_L = \frac{\omega L_1}{r_1 + r'} \tag{4.57}$$

代入式(4.53)，得

$$\eta_1 = \frac{r_1}{r_1 + r'} = 1 - \frac{r_1}{r_1 + r'} = 1 - \frac{R'_p}{R_p} = 1 - \frac{Q_L}{Q_0} \tag{4.58}$$

可见，要使 η_1 较高，则 Q_L 应越小越好，即中介回路的损耗应尽可能小，但从要求回路滤波性能良好方面来考虑，Q_L 又应该足够大。因此，Q_L 的选择应两者兼顾。

由于天线回路中电感 L_2、L_n 存在损耗，真正送到天线上的功率 P_A 将小于 P'_A。若天线回路的传输效率用 η_2 表示，则有

$$\eta_2 = \frac{P_A}{P'_A} = \frac{R_A}{R_A + r_2 + r_n} \tag{4.59}$$

可见，要提高天线回路的效率 η_2，则应使损耗电阻 r_2、r_n 尽量小。

天线功率与功率放大器输出功率之间的关系为

$$P_A = \eta_1 \eta_2 P_1 \tag{4.60}$$

即若要提高天线功率 P_A，必须提高中介回路和天线回路的传输效率 η_1、η_2，也即减小中介回路和天线回路的损耗。

值得注意的是，在提高中介回路效率 η_1 时，式(4.58)中 Q_L 要选择合理。另外，应该在阻抗匹配使放大器输出功率 P_1 最大的前提下，尽量提高中介回路和天线回路的传输效率 η_1、η_2。

为了使调谐功率放大器能够工作在大功率和高效率状态，必须对放大器进行调整，即调整 R_p，使其近似等于 R_{pj}。而改变 R_p 的大小主要依靠改变中介回路与天线回路的耦合来实现。为了使回路调谐明显，一般应使两个回路的耦合松一些，因为这样天线回路在中介回路的反射电阻小，中介回路的有载品质因数 Q_L 高，中介回路的并联谐振阻抗高，放大器可进入过压状态，回路阻抗的变化使集电极电流变化大，显示明显，然后再逐渐增大耦合度，使放大器进入临界或弱过压状态，以达到调整的目的。

2. 滤波器型匹配电路

除了上述的并联谐振回路匹配电路外，输入输出匹配网络还可以采用滤波器型匹配网络。在甚高频或大功率输出级中，广泛采用 LC 变换网络来实现调谐和阻抗匹配。这种匹配网络有三种类型，即 L 型、T 型和 Π 型网络，各类型网络的基本电路如图 4.28 所示。

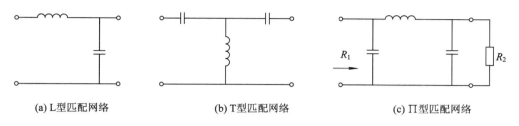

(a) L型匹配网络　　　　　　　(b) T型匹配网络　　　　　　　(c) Π型匹配网络

图 4.28　基本匹配网络结构

对匹配网络的主要参数计算可参看本书第 2.3 节，在此不再重复介绍。

3. 实际电路举例

采用不同的馈电电路和匹配网络，可以构成谐振功率放大器的各种实际电路。

图 4.29 所示是工作频率为 50 MHz 的谐振功放电路，它可向 50 Ω 负载提供 25 W 的输出功率，功率增益为 7 dB。该放大器的特点是基极馈电方式为并馈，利用高频扼流圈 L' 的直流电阻产生很小的负偏压（基极自偏压）。集电极的馈电方式为并馈，C' 为旁路电容。在放大器输入端采用了由 C_1、C_2、L_1 组成的 T 型网络，调节 C_1 和 C_2，便可在工作频率上把功率管的输入阻抗变换为前级方法起所要求的 50 Ω 电阻，即实现输入端匹配。放大器的输出端采用了由 L_2、L_3、C_3、C_4 组成的 Π 型匹配网络，以便达到输出端匹配。

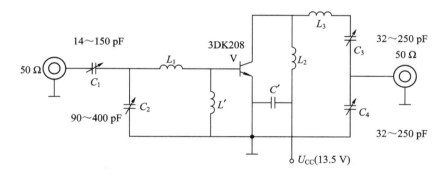

图 4.29　50 MHz 的谐振功放电路

4. 例题

【例 4.2】　改正图 4.30(a) 电路中的错误，不得改变馈电方式，并重新画出正确的电路。

【解】　这是一个两级功放。

第一级放大器的基极回路：输入的交流信号将流过直流电源而被短路，应加扼流圈 L_1、耦合电容 C_1 及高频旁路电容 C_2；直流电源被输入互感耦合回路的电感短路，应加隔直电容 C_1。第一级放大器的集电极回路：输出的交流信号将流过直流电源，应加扼流圈 L_2；加上扼流圈后，交流没有通路，故还应加一高频旁路电容 C_3。

第二级放大器的基极回路：没有直流通路，应加一扼流圈 L_3。第二级放大器的集电极回路：输出的交流信号将流过直流电源，应加扼流圈 L_4 及滤波电容 C_4；此时，直流电源将被输出回路的电感短路，加隔直电容 C_5。正确电路如图 4.30(b) 所示。

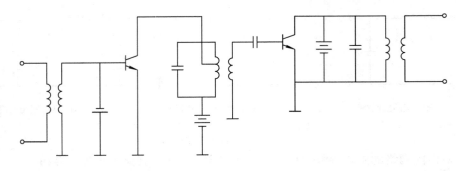

(a) 存在错误的两级功放电路

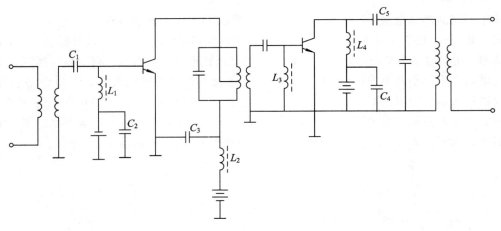

(b) 修改后的两级功放电路

图 4.30　例 4.2 用图

4.6　其他类型高频功率放大器

从前面的分析我们不难看出：丙类高频功率放大器是通过减小功率管的导通时间来提高集电极效率的。但是，导通角 θ_c 的减小是有限的。这是因为 θ_c 减小的同时，集电极电流的基波振幅同时也在减小，使输出的功率减小。影响高频功率放大器集电极电流效率的根本原因是功率管的管耗，功率消耗在管子上的原因是集电极电流 i_c 流过功率管时，功率管集电极与发射极之间的电压 u_{ce} 不为零。

功率管的管耗 P_c 为

$$P_c = \frac{1}{2\pi} \int_{-\pi}^{\pi} u_{ce} i_c \mathrm{d}(\omega t) \tag{4.61}$$

由式(4.61)可知，当功率管导通时，$i_c \neq 0$，但若 $u_{ce} = 0$，那么，$P_c = 0$。同样，在功率管截止期间，$u_{ce} \neq 0$，但若 $i_c = 0$，同样有 $P_c = 0$。当管耗为零时，集电极效率就可以达到 100%。

所以要提高功率放大器的效率，除了减小导通角外，还可以采用其他方法。

4.6.1　丁类功率放大器

丁类高频功率放大器的设计基于以下思想：功率管导通时，饱和管压降为零；截止时，流过功率管的电流为零。也就是说，功率管处于开关状态。

丁类高频放大器可分为电流型和电压型两类。电流型丁类高频功率放大器的集电极电流为矩形波，电压型丁类高频功率放大器的集电极电压为矩形波。

1. 电流开关型丁类放大器

图 4.31 是电流开关型丁类放大器的原理电路图。晶体管在开关信号作用下，交替工作在开关状态，因而功耗很小。而两个晶体管交替导通时，电流分别流经两个晶体管和电感线圈 L，因为线圈 L 的电感值很大，所以电流的大小主要由 L 决定，且比较恒定。因此，这种放大器称做电流开关型丁类放大器。

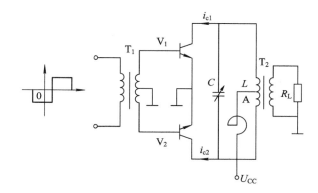

图 4.31　电流开关型丁类放大器的原理电路

图 4.32 是电流开关型丁类放大器的波形图。

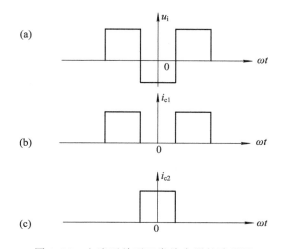

图 4.32　电流开关型丁类放大器的波形图

输入电路输入的方波信号如图 4.32(a) 所示，通过高频变压器 T_1，使晶体管 V_1、V_2 获得反向的方波激励电压信号，因而晶体管 V_1 与 V_2 交替导通。

图 4.31 中，由于晶体管工作于开关状态，所以晶体管两端的电压和流过晶体管的电流

取决于外电路。而外电路由线性电路构成，由于 L 的作用，流入 A 点的电流可看做是直流，设为 I_{c0}。由于 V_1 和 V_2 交替导通，所以在理想情况下，流过两个晶体管的电流 i_{c1} 和 i_{c2} 是振幅等于 I_{c0} 的矩形方波脉冲，其波形如如图 4.32(b)、(c)所示。

通过高频变压器 T_2，电流 i_{c1} 和 i_{c2} 流向相反，作用等效于输入方波信号，由 LC 组成高 Q 值并联电路选出基波分量，形成基波分量电压输出。

1）A 点的基波电压分量

设 A 点基波分量电压为

$$u_A = U_{Am} \cos\omega t \tag{4.62}$$

在 A 点基波分量电压对应的脉冲电压的平均值等于 $U_{CC} - U_{ces}$，则

$$\frac{1}{\pi} \int_{-\frac{\pi}{2}}^{\frac{\pi}{2}} U_{Am} \cos\omega t \ d(\omega t) = \frac{2}{\pi} U_{Am} = U_{CC} - U_{ces} \tag{4.63}$$

A 点脉冲电压的峰值为

$$U_{Am} = \frac{\pi}{2}(U_{CC} - U_{ces}) \tag{4.64}$$

2）A 点的基波电流分量

由于 L 的作用，V_1 和 V_2 的集电极电流为振幅等于 I_{c0} 的矩形，它的基频分量振幅都等于

$$I_{cm1} = \frac{2}{\pi} I_{c0} \tag{4.65}$$

流过 V_1 和 V_2 的电流 i_{c1} 和 i_{c2} 中的基频分量电流在高频变压器 T_2 叠加，合电流的峰值为

$$I_{Am} = 2I_{cm1} = \frac{4}{\pi} I_{c0} \tag{4.66}$$

3）电流开关型 D 类功率放大器的效率

从 A 点看直流电源提供的功率为

$$P_{DC} = U_{CC} I_{c0} \tag{4.67}$$

从 A 点看基频分量的输出功率为

$$P_o = \frac{1}{2} U_{Am} I_{Am} = \frac{1}{2} \frac{\pi}{2}(U_{CC} - U_{ces}) \frac{4}{\pi} I_{c0}$$

$$= (U_{CC} - U_{ces}) I_{c0} \tag{4.68}$$

所以集电极效率为

$$\eta_c = \frac{P_o}{P_{DC}} = \frac{U_{CC} - U_{ces}}{U_{CC}} \tag{4.69}$$

而

$$P_c = U_{ces} I_{c0} \tag{4.70}$$

以上反映了晶体管的损耗，因为 U_{ces} 很小，所以集电极效率很高。若忽略 U_{ces} 的影响，则 $\eta_c = 100\%$。

2. 电压开关型丁类放大器

图 4.33 为一互补电压开关型丁类功放的原理电路图。其中，两个同型（NPN）管串联，集电极加有恒定的直流电压 U_{CC}。

输入电路通过高频变压器 T_1，使晶体管 V_1 和 V_2 获得反向的方波激励电压。由于加在两个串联的同型（NPN）晶体管输入端的电压足够大且相位相反，所以两管处于开关状态且交替导通。电压开关型丁类放大器的工作原理如图 4.34 所示。

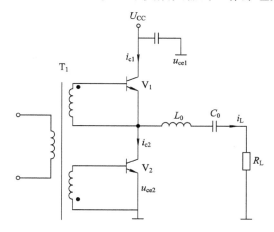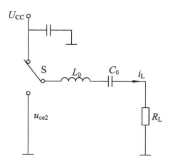

图 4.33　电压开关型丁类功放的电路　　　图 4.34　电压开关型丁类放大器电路原理

图 4.34 中，L_0、C_0 组成高 Q 值串联电路，回路两端的电压为方波，大小等于直流电源电压 U_{CC}。因此这种放大电路称做电压开关型丁类放大器电路。

回路选出基波成分，所以流过互补电压开关型丁类功放晶体管 V_1 和 V_2 的电流 i_{c1} 和 i_{c2} 应是半波余弦脉冲（$\theta=90°$），合成余弦基波电流 i_L，如图 4.35 所示。

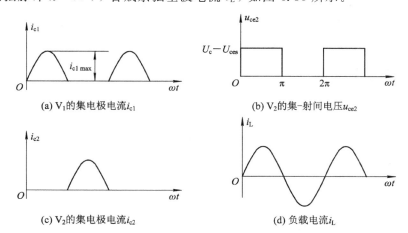

(a) V_1 的集电极电流 i_{c1}　　　　　　　(b) V_2 的集-射间电压 u_{ce2}

(c) V_2 的集电极电流 i_{c2}　　　　　　　(d) 负载电流 i_L

图 4.35　i_{c1}、i_{c2} 都是半波余弦脉冲（$\theta=90°$）

流过两管的电流之和为正弦电流，即

$$i_L = i_{c1} + i_{c2} = i_{c\,max}\sin\omega t \tag{4.71}$$

若两管电流的最大值为 $i_{c\,max}$，则流过每只管子电流的平均值为

$$\bar{i}_{c1} = \bar{i}_{c2} = \frac{1}{\pi}i_{c\,max} \tag{4.72}$$

（1）直流电源的输入功率为

$$P_{DC} = U_{CC}\bar{i}_{c1} = \frac{1}{\pi}U_c i_{c\,max} \tag{4.73}$$

（2）负载上得到的功率。负载上的基波电压 U_{Lm} 等于 u_{ce2} 方波脉冲中的基波电压分量。对 u_{ce2} 分解可得

$$U_{\text{Lm}} = \frac{1}{\pi} \int_0^{\pi} (U_{\text{CC}} - U_{\text{ces}}) \sin\omega t \, \mathrm{d}(\omega t) = \frac{2}{\pi}(U_{\text{CC}} - U_{\text{ces}}) \tag{4.74}$$

负载上得到的功率为

$$P_{\text{o}} = P_{\text{L}} = \frac{1}{2}U_{\text{Lm}}I_{\text{Lm}} = \frac{1}{\pi}(U_{\text{CC}} - U_{\text{ces}})i_{\text{c max}} \tag{4.75}$$

其中，I_{Lm} 为余弦合成基波电流 i_{L} 的幅值。

丁类高频功率放大器的效率为

$$\eta_{\text{c}} = \frac{P_{\text{o}}}{P_{\text{DC}}} = \frac{U_{\text{CC}} - U_{\text{ces}}}{U_{\text{CC}}} \tag{4.76}$$

此时匹配的负载电阻为

$$R_{\text{L}} = \frac{U_{\text{Lm}}}{I_{\text{Lm}}} = \frac{2}{\pi} \cdot \frac{U_{\text{CC}} - U_{\text{ces}}}{i_{\text{c max}}} \tag{4.77}$$

设晶体管饱和导通时的电阻为 R_{s}，则

$$\eta_{\text{c}} = \frac{P_{\text{o}}}{P_{\text{DC}}} = \frac{R_{\text{L}}}{R_{\text{s}} + R_{\text{L}}} \tag{4.78}$$

忽略晶体管上的饱和压降，即忽略晶体管饱和导通时的电阻 R_{s} 上的功耗，直流电源的输入功率和负载上得到的功率相等，$\eta_{\text{c}} = 100\%$。

丁类高频功率放大器的晶体管工作在开关状态，功耗很小，所以效率很高。但由于丁类放大器输出级有两个高频晶体管并联工作，电源上下串联，交替导通，会发生一只晶体管尚未截止，另一只晶体管已经导通，形成瞬时同时导通的情况，因而功耗增大。工作频率越高，此种情况越严重，最终会造成晶体管烧毁的结局。

4.6.2　戊类功率放大器

为了改善丁类功率放大器的缺点，开发出了单管工作的戊类功率放大器，其原理电路如图 4.36 所示。戊类功率放大器采用一只功率管，和丁类功率放大器一样，晶体管起开关的作用，在晶体管的输出端和负载之间仍然采用调谐回路。丁类功率放大器相比戊类功率放大器，其区别在于：调谐回路的设计要能够获得规定的集电极电压和电流的波形，使功率管在导通到截止或截止到导通的开关期间，功率管的功耗最小。因此，输出调谐回路的设计要使

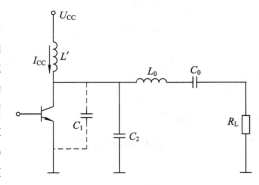

图 4.36　戊类功率放大器原理电路

得：① 功率管截止时，集电极电压 u_{ce} 的上升沿延迟到功率管关断，即 $i_{\text{c}} = 0$ 以后再开始；② 功率管导通时，使 $u_{\text{ce}} = 0$ 以后才开始出现集电极电流 i_{c}。

4.6.3　宽带高频功率放大器

以 LC 谐振回路为输出电路的功率放大器，因其相对通频带只有百分之几甚至千分之

几，因此又称为窄带高频功率放大器。这种放大器比较适用于固定频率或频率变换范围较小的高频设备，如专用的通信机、微波激励源等。除了 LC 谐振回路以外，常用于高频功放电路负载还有普通变压器和传输线变压器两类。这种以非谐振网络构成的放大器能够在很宽的波段内工作且不需调谐，称之为宽带高频功率放大器。

以高频变压器作为负载的功率放大器最高工作频率可达几百千赫兹至十几兆赫兹，但当工作频率更高时，由于线圈漏感和匝间分布电容的作用，其输出功率将急剧下降，这不符合高频电路的要求，因此很少使用。以传输线变压器作为负载的功率放大器，上限频率可以达到几百兆赫兹乃至上千兆赫兹，特别适合要求频率相对变化范围较大和要求迅速更换频率的发射机，而且改变工作频率时不需要对功放电路重新调谐。本节重点分析传输线变压器的工作原理，并介绍其主要应用。

1. 传输线变压器

1）传输线变压器的结构及工作原理

传输线变压器是将传输线（双绞线、带状线、或同轴线）绕在高导磁率铁氧体的磁环上构成的。图 4.37(a) 为 1∶1 传输线变压器的结构示意图。

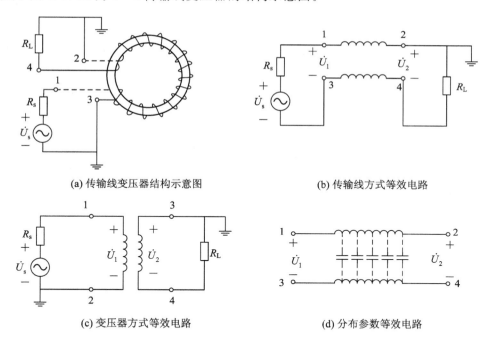

(a) 传输线变压器结构示意图　　　　　　　(b) 传输线方式等效电路

(c) 变压器方式等效电路　　　　　　　(d) 分布参数等效电路

图 4.37　1∶1 传输线变压器的结构示意图及等效电路

传输线变压器是基于传输线原理和变压器原理二者相结合而产生的一种耦合元件，它是以传输线方式和变压器方式同时进行能量传输的。对输入信号的高频频率分量是以传输线方式为主进行能量传输的；对输入信号的低频频率分量是以变压器方式为主，频率愈低，变压器方式愈突出。

图 4.37(b) 为传输线方式的工作原理图，图中，信号电压从 1、3 端输入，经传输线变压器的传输，在 2、4 端将能量传到负载 R_L 上。在以变压器方式工作时，信号电压从 1、2端输入，3、4 端输出。如图 4.35(c) 所示为变压器方式的工作原理图。由于输入、输出线圈

长度相同，由图 4.37(c)可知，这是一个 1∶1 的倒相变压器。如果信号的波长与传输线的长度可以比拟，两根导线固有的分布电感和相互间的分布电容就构成了传输线的分布参数等效电路，如图 4.37(d)所示。若认为分布参数为理想参数，信号源的功率全部被负载所吸收，那么信号的上限频率将不受漏感、分布电容及高导磁率磁芯的限制，可以达到很高。

由以上分析可见，传输线变压器具有良好的宽频带特性。

2) 传输线变压器的应用

上面我们对传输线变压器的结构及工作原理做了分析和讨论，下面介绍几种常用的传输线变压器。按照变压器的工作方式，传输线变压器常用作极性变换、平衡-不平衡变换和阻抗变换等。

（1）极性变换。传输线变压器作极性变换电路就是前面提到的 1∶1 的倒相传输线变压器，如图 4.37(c)所示。在信号源的作用下，初级绕组 1、2 端有电压 U_1，其极性 1 端为正，2 端为负；在 U_1 的作用下，通过电磁感应，在变压器次级 3、4 端产生电压 U_2，且 $U_1 = U_2$，极性为 3 端为正，4 端为负。由于 3 端接地，所以负载电阻 R_L 上的电压与 3、4 端电压 U_2 的极性相反，即实现了倒相作用。

（2）平衡—不平衡变换。图 4.38 是传输线变压器用作平衡—不平衡变换电路。图 4.38(a)是平衡输入变换为不平衡输出电路。输入端两个信号源的电压和内阻均相等，分别接在地线的两旁，称这种接法为平衡。输出端负载只是单端接地，称为不平衡。图 4.38(b)是不平衡输入变换为平衡输出电路。

（3）阻抗变换。为了使放大器阻抗匹配，传输线变压器必须具有阻抗变换作用。由于传输线变压器结构的特殊性，它不能像普通变压器那样依靠改变初、次级绕组的匝数比来实现任何阻抗比的变换，而只能完成某些特定阻抗比的变换，如 4∶1、9∶1、16∶1 或 1∶4、1∶9、1∶16 等。所谓 4∶1，是指传输线变压器的输入电阻 R_i 是负载电阻 R_L 的四倍，即 $R_i = 4R_L$；而 $R_i = R_L/4$，则称为 1∶4 的阻抗变换。图 4.38(a)、(b)分别为 4∶1 和 1∶4 的传输线变压器的阻抗变换电路，图 4.39(c)、(d)分别为与其相应的普通变压器形式的等效电路。

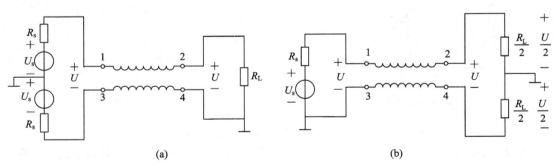

(a)   (b)

图 4.38 平衡-不平衡变换电路

下面简要分析 4∶1 阻抗变换原理。

由图 4.39(a)、(c)可知，若负载电阻上的电压为 U，流过的电流为 $2I$；则信号源的端电压为 $2U$，流出的电流为 I，信号源两端的输入阻抗 Z_i 以及传输线变压器的特性阻抗 Z_c 分别为

$$Z_i = \frac{2U}{I} = 4 \frac{U}{2I} = 4R_L \qquad (4.79)$$

$$Z_C = \frac{U}{I} = 2 \frac{U}{2I} = 2R_L \qquad (4.80)$$

可见，输入阻抗为负载的 4 倍，即实现了 4：1 阻抗变换。

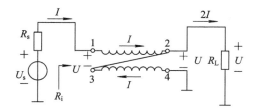

(a) 4：1传输线变压器阻抗变换电路　　　　　　(b) 1：4传输线变压器阻抗变换电路

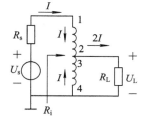

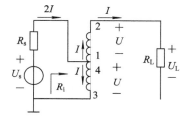

(c) 4：1普通变压器等效电路　　　　　　(d) 1：4普通变压器等效电路

图 4.39　4：1 和 1：4 传输线变压器变换电路

2. 宽带功率放大器

由传输线变压器与晶体管构成的宽频带高频功率放大器，利用传输线变压器在宽频带范围内传送高频能量和实现放大器与放大器的阻抗匹配或实现放大器与负载之间的阻抗匹配。图 4.40 是这种功率放大器的典型电路。

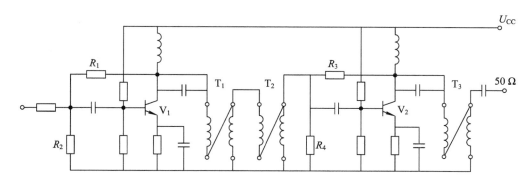

图 4.40　两级宽带高频功率放大器电路

图 4.40 给出了一个两级宽带高频功率放大器电路。其中 T_1、T_2 和 T_3 均为 4：1 阻抗变换传输线变压器，T_1 和 T_2 串联后作为第一级功放的输出匹配网络，总阻抗比为 16：1；实现第一级功放的高输出阻抗与第二级低输入阻抗之间匹配；第二级功放输出与负载天线（50 Ω）采用 4：1 阻抗变换传输线变压器，实现第二级功放输出与负载天线之间的匹配。

4.7 功率合成器

目前,由于技术上的原因,单个高频晶体管的输出功率一般只限于几十瓦至几百瓦。当需要更大的输出功率时,目前广泛应用的方法就是采用功率合成电路。

4.7.1 功率合成(分配)原理

所谓功率合成电路,就是利用多个高频晶体管同时对输入信号进行放大,然后将各功放输出的功率在一个公共负载上相加。图 4.41 所示为常用的一种功率合成电路组成方框图。图中 A 为 10 W 单元放大器,H 为功率合成器与分配网络,R 为平衡电阻。由图可见,功率为 5 W 的信号 P_i 经过 A_1 放大后,输出 10 W 功率,经分配网络 H_1 分成两路,每路各输出 5 W 功率。上面一路经 A_2 放大、H_2 网络分配,又分别向 A_3、A_4 输出 5 W 功率,然后经过 A_3、A_4 放大及 H_3 网络合成,得到 20 W 功率输出。下面一路也经放大器的放大、H 网络的分配与合成,得到 20 W 的功率输出。上、下两路输出 20W 功率经过 H_4 合成,向总的负载输出 40 W 功率。不过,考虑网络可能匹配不理想及电路元件的损耗,实际输出功率小于 40 W。以图 4.41 为基础,以此类推,可以构想更加复杂的功率合成器,输出更大的功率。

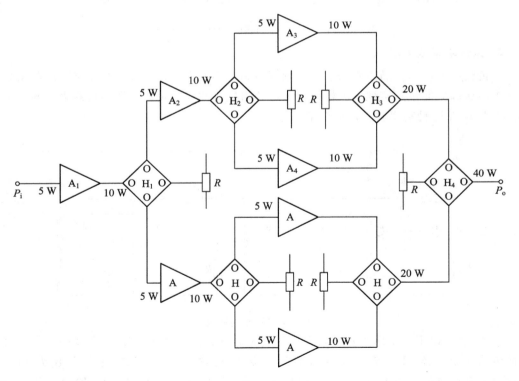

图 4.41 功率合成器的原理图

　　功率分配则是功率合成的反过程，其作用是某高频信号的功率均匀地、互不影响地同时分配给各个独立的负载。使每个负载获得功率相等、相位相同（或相反）的分信号。在任一功率合成其中，实际上也包含了一定数量的功率分配器，如图 4.41 中的 H_1、H_2 等网络。

　　功率合成网络和分配网络多以传输变压器为基础构成，两者的区别仅在于端口的连接方式不同。因此，通常又把这类网络统称为"混合网络"。

　　一个理想的功率合成器除了有无损失的合成各功率放大器的输出功率外，还应具有良好的隔离作用，即其中任一放大器的工作状态发生变化或遭到破坏时，不会引起其他放大器的工作状态变化及不影响它们各自输出的功率。

4.7.2　功率合成（分配）网络

　　在功率合成和分配网络中，广泛使用 1：4 的传输线变压器，如图 4.42 所示。

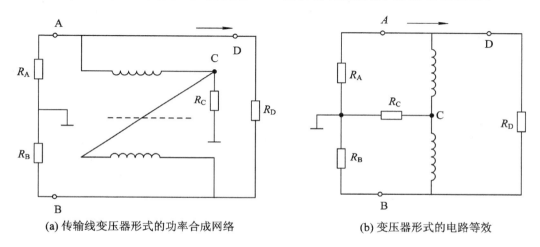

(a) 传输线变压器形式的功率合成网络　　　　(b) 变压器形式的电路等效

图 4.42　传输线变压器组成的混合网络

为了满足功率合成（或分配）网络的条件，通常设

$$R_A = R_B = Z_C = R \tag{4.81}$$

$$R_C = \frac{Z_C}{2} = \frac{R}{2} \tag{4.82}$$

$$R_D = 2Z_C = 2R \tag{4.83}$$

　　这里，$Z_C = R$，是传输线变压器的特性阻抗。首先，我们来证明这个网络的独立性，即 C 端和 D 端是相互隔离的，A 端和 B 端是相互隔离的。

　　在分析时，我们要注意：根据传输线原理，它的两个线圈中对应点所通过的电流大小相等、方向相反；在满足匹配条件下，不考虑传输线的损耗，变压器输入端与输出端的电压幅度相等。

　　如果从 C 端输入信号，如图 4.43(a) 所示，则 A、B 两端的电位大小相等、相位相同，所以 D 端无输出。反之，信号从 D 端输入，如图 4.43(b) 所示，由网络的对称性可知 $\dot{I}_1 = \dot{I}_2$，$\dot{I} = 0$，所以，C 端无输出，则 A、B 两端得到大小相等、相位相反的信号。

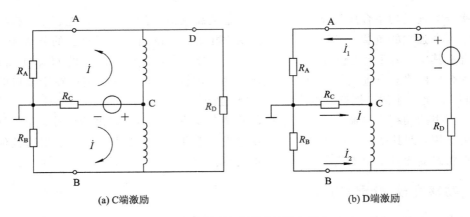

(a) C端激励   (b) D端激励

图 4.43   C、D 端激励时的混合网络

从上面的分析可知：C、D 两端互不影响，它们相互隔离。当从 C 端馈入信号时，在 R_A、R_B 上可获得同相功率信号，即为同相功率分配网络；当从 D 端馈入信号时，在 R_A、R_B 上可获得反相功率信号，即为反相功率分配网络。

同样的道理，若式(4.81)、(4.82)和式(4.83)的条件都满足，则从 A、B 两端加入信号时，同样满足功率合成（或分解）条件。

以上的讨论可总结如下：

(1) 若从 A、B 两端加入反相激励信号，则 D 端得到合成功率，C 端无输出；若从 A、B 两端加入同相激励信号，则 C 端得到合成功率，D 端无输出，即 C 端为和端，D 端为差端。这就是功率合成网络。

(2) 若从 C 端加入激励信号，则功率由 A、B 两端均分，且相位相同，D 端无输出；若从 D 端加入激励信号，则功率由 A、B 两端均分，但相位相反，C 端无输出。这是功率分配网络。

(3) 功率合成和功率分配网络统称为功率合成网络。

将以上基本网络与适当的放大电路结合，就可以构成反相功率合成器和同相功率合成器。

4.7.3   功率合成电路应用电路

图 4.44 为功率合成电路基本单元的一种线路，称为同相合成器。

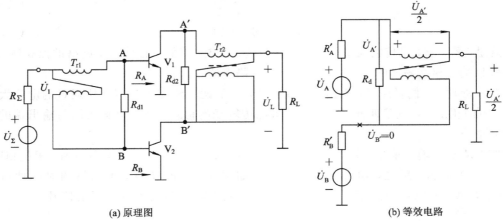

(a) 原理图   (b) 等效电路

图 4.44   同相功率合成电路

图 4.44 中，T_{r1} 是功率分配网络，它的作用是将信号源输入的功率平均分配，供给 A、B 端同相激励功率；T_{r2} 是功率合成网络，它的作用是将晶体管输出至 A′、B′两端同相功率合成供给负载。

当 V_1、V_2 两晶体管输入电阻相等时，有

$$U_A = U_B = U_1$$

而

$$R_{d1} = 2R_A = 2R_B = 4R_s$$

正常工作时，两管输出电压相同，且等于负载电压，即

$$U_A = U_B = U_L$$

由于负载上的电流加倍，故负载上的功率是两管输出功率之和，即

$$P_L = \frac{1}{2}U_{A'} \times (2I_{c1}) = 2P$$

此时平衡电阻上无损耗功率。

当两个晶体管因各种因素造成输出电压变化而不平衡时，相当于图 4.44(b)等效电路中的 U_B 和 $R_{B'}$ 发生变化。根据传输线变压器原理，$U_{A'}$ 由 U_A 产生，$U_{B'}$ 由 U_B 产生，$U_{B'}$ 变化不会引起 $U_{A'}$ 的变化。当 $U_{B'}=0$ 时，负载电流减半，功率则减小为原来的 1/4，V_1 管输出的另一半功率消耗在平衡电阻 R_d 上。这样，即使一管损坏，负载功率下降为原来的 1/4，但另一管仍能正常工作，这时晶体管并联工作无法实现的。

图 4.45 所示为反向功率合成电路原理图。图中，T_{r1} 为功率分配网络，T_{r2} 为功率合成网络。反向功率合成电路的工作原理与推挽功率放大器类似，其工作原理留给读者自己分析。

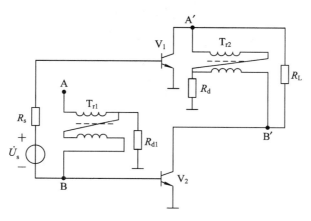

图 4.45　反向功率合成电路

4.8　高频功率放大器应用实例

在 VHF 和 UFH 频段，已经出现了一些集成高频功率放大器件。这些器件体积小，可靠性高，外接元件少，输出功率一般在几瓦至十几瓦之间。美国 Mortorola 公司的 MHW 系列，日本三菱公司的 M57704 系列便是其中的代表产品。

表 4.1 列出了 Mortorola 公司集成高频功率放大器 MHW 系列中部分型号的电特性参数。图 4.46 给出了其中一种型号的外形图。

表 4.1　Mortorola 公司 MHW 系列部分功放器件电特性（$T=25℃$）

型　　号	电频电压典型值/V	输出功率/W	最小功率增益/dB	效率/（％）	最大控制电压/V	频率范围/MHz	内部放大器级数	输入/输出阻抗/Ω
MHW105	7.5	5.0	37	40	7.0	68～88	3	50
MHW607－1	7.5	7.0	38.5	40	7.0	136～150	3	50
MHW704	6.0	3.0	34.8	38	8.0	440～470	4	50
MHW707－1	7.5	7.0	38.5	40	7.0	403～440	4	50
MHW803－1	7.5	2.0	33	37	4.0	820～850	4	50
MHW804－1	7.5	4.0	36	32	3.75	800～870	5	60
MHW903	7.2	3.5	35.4	40	3	890～915	4	50
MHW914	12.5	14	41.5	35	3	890～915	5	50

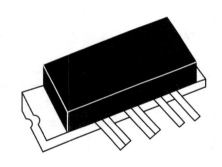

图 4.46　MHW05 外形图

　　MHW 系列中有些型号是专为便携式射频应用设计的，可用于移动通信系统中的功率放大，也可用于便携式射频仪器。使用前，需调整控制电压，使输出功率达到规定值。使用时，需在外电路中加入功率自动控制电路，使输出功率保持恒定，同时也可保证集成电路安全工作，避免损坏，并且控制电压与效率、工作频率也有一定的关系。

　　三菱公司的 M57704 系列高频功放是一种厚膜混合集成电路，同样也包含多个型号，频率范围为 335～512 MHz，可用于频率调制移动通信系统。它的电特性参数为：当 $U_{cc}=12.5$ V，$P_1=0.2$ W，$Z_0=Z_L=50$ Ω 时，输出功率 $P_o=13$ W，功率增益 $A_P=18.1$ dB，效率为 35％～40％。

　　图 4.47 为 M57704 系列功放的等效电路图。由图可见，它有三级放大电路，匹配网络由微带线和 LC 元件混合而成。

　　图 4.48 是 TW－42 超短波电台中发信机高频功放部分电路图。此电路采用了日本三菱公司的高频集成功放电路 M57704H。

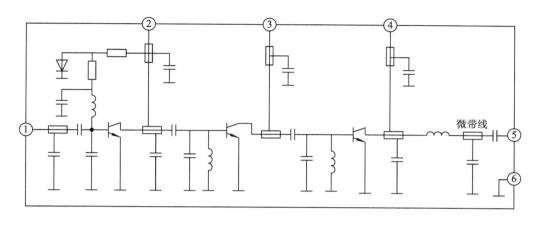

图 4.47　M57704 系列功放的等效电路图

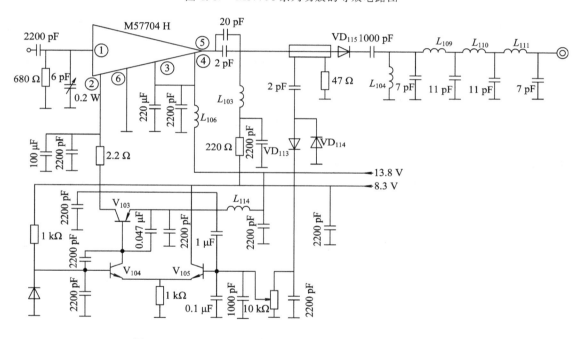

图 4.48　TW—42 超短波电台中发信机高频功放部分电路图

TW—42 电台采用频率调制，工作频率为 457.7～458 MHz，发射功率为 5 W。由图 4.48 可见，输入等幅调频信号经 M57704H 功率放大后，一路经微带线匹配滤波后，在经过 VD_{115} 送多节 LC Ⅱ 型网络，然后经天线发射出去；另一路作为自动功率控制信号去控制 M57704H 的第一级功放的增益。自动功率控制电路由三部分组成：VD_{113}、10 kΩ 可调电阻和 2200 pF 电容组成的二极管检波器；V_{104}、V_{105} 组成的差分放大器及调整管 V_{103}。二极管检波器的原理将在后续课程中介绍。在这里，检波器的作用是取出与 M57704 输出平均功率大小成正比的低频电压分量。正常工作时，若 M57704H 的输出功率突然增大，则检波器取出的低频电压分量也相应增大，V_{105} 基极电位升高，V_{104} 的集电极电位(即 V_{103} 的基极电位)也升高。由于 V_{103} 的发射极电压恒定为 13.8 V，故 V_{103} 的集电极电流减少，u_{ce} 增大，集电极电位下降。由集电极调制特性可知，这将使功放从欠压区逐渐进入过压区，从而使输出电压减少，若负载不变，则输出功率减少。又由图 4.48 可知，V_{103} 集电极电位就是 M57704H 中第一级功放的集电极电源电压，所以第一级功放增益下降，M57704H 的输出功率减少，从而稳定了输出功率。第二、第三级功放的集电极电源是固定的 13.8 V。

本 章 小 结

调谐、选频、滤波、匹配，以获得高输出功率和效率是本章的几个核心问题。

1. 高频调谐功率放大器可以工作在甲类、乙类或丙类状态。丙类工作状态时，输出功率虽不及甲类和乙类的大，但效率高，节约能源，所以是高频功放中经常选用的一种电路形式。

2. 丙类调谐功放效率高的原因是晶体管导通时间短，集电极的功耗减小。但导通角越小，输出功率也越小。因此，选择合适的导通角是丙类调谐功率放大器在兼顾输出功率和效率时应着重考虑的一个问题。

3. 由于是丙类工作状态，集电极电流 i_c 是余弦脉冲，但由于 LC 回路的选频作用，仍能得到正弦波形的输出。

4. 折线分析法是工程上常用的一种近似方法。利用折线分析法可以对丙类谐振功放进行性能分析，得出它的负载特性、放大特性和调制特性。若丙类谐振功放用来放大等幅信号（如调频信号）时，应该工作在临界状态；若丙类谐振功放用来放大等幅信号（如调频信号）时，应该工作在临界状态；若用来放大非等幅信号（如调幅信号）时，应该工作在欠压状态；若用来进行基极调幅，应该工作在欠压状态；若用来进行集电极调幅，应该工作在过压状态。折线化的动态线在性能分析中起了非常重要的作用。

5. 丙类谐振功放的输入回路常采用自给负偏压方式，输出回路有串馈和并馈两种直流馈电方式。为了实现和前后级电路的阻抗匹配，可以采用 LC 分立元件、微带线或传输线变压器几种不同形式的匹配网络，分别适用于不同频段和不同工作状态。

6. 调谐功放属于窄带功放。宽带功放采用非调谐方式，工作在甲类状态，采用具有宽频带特性的传输线变压器进行阻抗匹配，并利用功率合成技术增大输出功率。

思考题与习题

4.1 什么叫做高频功率放大器？它的功能是什么？应对它提出哪些主要要求？为什么高频功放一般在丙类状态下工作？为什么通常采用谐振回路作负载？

4.2 高频功放的欠压、临界、过压状态是如何区分的？各有什么特点？当 U_{CC}、U_{BB}、U_{bm}、R_L 四个外界因素只变化其中的一个时，高频功放的工作状态如何变化？

4.3 已知高频功放工作在过压状态，现欲将它调整到临界状态，可以通过改变哪些外界因素来实现，变化方向如何？在此过程中集电极输出功率如何变化？

4.4 设一理想化的晶体管静特性如题图 4.1 所示，已知 $U_{CC} = 24$ V，$U_{cm} = 21$ V，基极偏压为零偏，$U_{bm} = 3$ V，试作出它的动态特性曲线。此功放工作在什么状态？并计算此

功放的 θ_c、P_{DC}、P_o、η_c 及负载阻抗的大小。画出满足要求的基极回路。

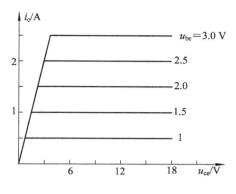

题图 4.1

4.5　已知谐振功率放大器的 $U_{CC}=24$ V，$I_{c0}=250$ mA，$P_o=5$ W，$U_{cm}=0.9U_{CC}$，试求该放大器的 P_{DC}、P_c、η_c、I_{cm1}、$i_{c\,max}$ 及 θ_c。

4.6　某高频功放工作在临界状态，通角 $\theta=75°$，输出功率为 30 W，$U_{CC}=24$ V，所用高频功率管的 $g_c=1.67$ V，管子能安全工作。

（1）计算此时的集电极效率和临界负载电阻；

（2）若负载电阻、电源电压不变，要使输出功率不变而提高工作效率，问应如何调整？

（3）输入信号的频率提高一倍，而保持其他条件不变，问功放的工作状态如何变化，功放的输出功率大约是多少？

4.7　试回答下列问题：

（1）利用功放进行振幅调制时，当调制的音频信号加在基极或集电极时、应如何选择功放的工作状态？

（2）利用功放放大振幅调制信号时，应如何选择功放的工作状态？

（3）利用功放放大等幅度的信号时，应如何选择功放的工作状态？

4.8　改正题图 4.2 所示线路中的错误，不得改变馈电形式，重新画出正确的线路。

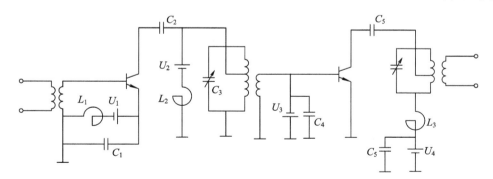

题图 4.2

4.9　已知实际负载 $R_L=50$ Ω，谐振功率放大器要求的最佳负载电阻 $R_e=121$ Ω，工作频率 $f=30$ MHz，试计算题图 4.3(a) 所示 Ⅱ 型输出滤波匹配网络的元件值，取中间变换阻抗 $R_L'=2$ Ω。

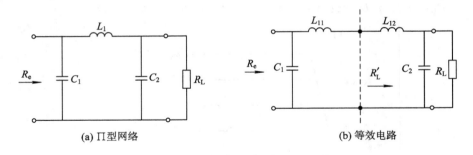

(a) Ⅱ型网络　　　　　　(b) 等效电路

题图 4.3

4.10 一谐振功率放大器，要求工作在临界状态。已知 $U_{CC}=20$ V，$P_o=0.5$ W，$R_L=50$ Ω，集电极电压利用系数为 0.95，工作频率为 10 MHz。用 L 型网络作为输出滤波匹配网络，试计算该网络的元件值。

第 5 章　振　荡　器

5.1　概　　述

　　振荡器是一种能够自动地将直流电能转换为一定波形的交变振荡信号能量的电路，它与放大器的区别在于无需外加激励信号，就能产生具有一定频率、一定波形和一定振幅的交流信号。各种各样的振荡器广泛应用于电子技术领域。在发送设备中，利用振荡器作为载波产生电路，然后进行电压放大、调制和功率放大等处理，把已调波发射出去。在超外差式接收机中，利用振荡器产生本地振荡信号，通过混频器得到中频信号。在教学实验和电子测量仪器中，正弦波振荡器是必不可少的基准信号源；在自动控制中，振荡电路用来完成监控、报警、无触点开关控制以及定时控制；在医学领域，振荡电路可以产生脉冲电压，用于消除疼痛和疏通经络；在机械加工中，振荡电路产生的超声波用于材料探伤。随着电子技术的不断发展，振荡电路已成为一个实用功能电路而被应用到各种各样的仪器设备中，从而进入社会的各个领域。

　　振荡器的种类很多。根据所产生的波形不同，可将振荡器分为正弦波振荡器和非正弦波振荡器两大类。前者能够产生正弦波，后者能够产生矩形波、三角波和锯齿波等。根据振荡原理不同，振荡器可以分为反馈式和负阻型。前者是由有源器件和选频网络组成的、基于正反馈原理的振荡电路，而后者是由一个呈现负阻特性的元器件和选频网络组成的振荡电路。常用的正弦波振荡器主要由决定振荡频率的选频网络和维持振荡的正反馈放大器组成。按照选频网络所采用元件的不同，正弦波振荡器可分为 LC 振荡器、RC 振荡器和晶体振荡器等类型。其中，LC 振荡器和晶体振荡器用于产生高频正弦波、RC 振荡器用于产生低频正弦波。正反馈放大器既可以由晶体管、场效应管等分立器件组成，也可以由集成电路组成，但前者的性能可以比后者做得好些，且工作频率可以做得更高。

　　本章主要介绍分立器件构成的高频正弦波振荡器。正弦波振荡器的主要性能指标是振荡频率、频率稳定度、振荡幅度和振荡波形等。

5.2　反馈振荡器的原理

5.2.1　反馈振荡器的原理分析

1. 反馈振荡器的组成

　　反馈 LC 正弦波振荡器是一种应用比较普遍的振荡器。正弦波振荡器的任务是在没有外加激励的条件下，产生某一频率的、等幅度的正弦波信号。要产生某频率的正弦波信号，必须具有决定振荡频率的选频网络。振荡器没有外加激励，电路本身也要消耗能量。因此，要从无到有输出并维持一定幅度的正弦波电压信号，必须有一个向电路提供能量的能源和一个放大器。如果补充的能量超过了消耗的能量，输出信号的振幅会增加；反过来，如果补充的能量低于消耗的能量，输出信号的振幅就会衰减。输出信号的稳定，意味着补充的能量与消耗的能量相等，因而形成了一个动态的平衡。另外，能量的补充必须适时的进行，既不能提前，也不能滞后，因为提前或滞后都会使振荡频率发生变化。也就是说，振荡器中必须有一种能够自动调节补充能量多少和控制补充时间迟早的机构，前一项任务由放大器来完成，后一项任务由选频网络和正反馈网络来实现。

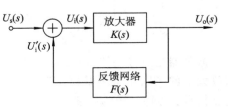

因此，反馈振荡器由放大器和反馈网络两大部分组成，其原理框图如图 5.1 所示。由图可见，反馈型振荡器是由放大器和反馈网络组成的一个闭合环，放大器通常是以某种选频网络(如振荡回路)作负载的调谐放大器，反馈网络一般是由无源器件组成的线性网络。

图 5.1　反馈型振荡器原理框图

2. 自激振荡的条件分析

能产生自激振荡的一个基本条件是必须构成正反馈回路，即反馈到输入端的信号和放大器输入端信号相位相同。如果设放大器的电压增益为 $K(s)$，反馈网络的电压反馈系数为 $F(s)$，则闭环电压放大倍数 $K_u(s)$ 为

$$K_u(s) = \frac{U_o(s)}{U_s(s)} \tag{5.1}$$

开环电压放大倍数 $K(s)$ 为

$$K(s) = \frac{U_o(s)}{U_i(s)} \tag{5.2}$$

电压反馈系数 $F(s)$ 为

$$F(s) = \frac{U_i'(s)}{U_o(s)} \tag{5.3}$$

由 $U_i(s) = U_s(s) + U_i'(s)$ 得

$$K_u(s) = \frac{K(s)}{1 - K(s)F(s)} = \frac{K(s)}{1 - T(s)} \tag{5.4}$$

其中，$T(s)$ 称为环路增益，即

$$T(s) = K(s)F(s) = \frac{U_i'(s)}{U_i(s)} \tag{5.5}$$

自激振荡的条件就是环路增益为 1，并令 $s = j\omega$，则

$$T(j\omega) = K(j\omega)F(j\omega) = 1 \tag{5.6}$$

通常又称为振荡器的平衡条件。

由式(5.4)还可知：① 当 $|T(s)| > 1$，$|U_i'(s)| > |U_i(s)|$ 时，形成增幅振荡；② 当 $|T(s)| < 1$，$|U_i'(s)| < |U_i(s)|$ 时，形成减幅振荡。

5.2.2　平衡条件

所谓平衡条件，是指振荡已经建立，为了维持自激振荡所必须满足的幅度与相位关系。根据前面的分析可知，振荡器的平衡条件即式(5.6)，它也可以表示为

$$|T(\mathrm{j}\omega)| = K(\mathrm{j}\omega)F(\mathrm{j}\omega) = 1 \tag{5.7}$$

$$\varphi_\mathrm{T} = \varphi_\mathrm{K} + \varphi_\mathrm{F} = 2n\pi \quad (n = 0, 1, 2, \cdots) \tag{5.8}$$

式(5.7)和(5.8)分别称为振幅平衡条件和相位平衡条件。求解这两个条件即可确定平衡条件下的振荡电压振幅和振荡频率。

在平衡条件下，反馈到放大管的输入信号电压正好等于放大管维持振荡所需要的输入电压，从而保持反馈环路各点电压的平衡。实际上，满足平衡条件仅仅说明反馈放大器能够成为反馈振荡器，并不能说明振荡器必定产生稳定的持续振荡，因此平衡条件只是振荡的必要条件，而不是它的充分条件。要保证振荡器产生稳定的持续振荡，还必须同时满足起振条件和稳定条件。

5.2.3　起振条件

上面讲的平衡条件是假定振荡已经产生。为了维持振荡平衡所需的要求，起振电压总是从无到有地建立起来的，那么在振荡器刚接通电源时，原始的输入电压从哪里来呢？又如何能够建立平衡值？

实际上，刚接通电源时，振荡电路各部分必定存在着各种电扰动，如晶体管电流的突然增加、电路的热噪声等，这些扰动是振荡器起振的初始激励，它们都包含有各种频率分量。当这种微小的扰动作用于基本放大器的输入端时，由于谐振回路的选频作用，只有频率接近于回路谐振频率的分量，才能由放大器进行放大，而后通过反馈又加到主网络的输入端，如果该电压与主网络原先的输入电压同相，且具有更大的振幅，则经过放大和反馈的反复循环，该频率分量的电压振幅将不断增长，于是从小到大地建立起振荡。

通过以上的分析可以看到，振荡器的起振必须具备两方面：一方面要求必须有正反馈，另一方面要求输出信号的幅度得从零上升到一定大小。由此可得，起振条件是反馈电压 $U_\mathrm{i}'(s)$ 必须大于输入电压 $U_\mathrm{i}(s)$，也就是

$$T(\mathrm{j}\omega) = \frac{U_\mathrm{i}'(\mathrm{j}\omega)}{U_\mathrm{i}(\mathrm{j}\omega)} = K(\mathrm{j}\omega)F(\mathrm{j}\omega) > 1 \tag{5.9}$$

又可以表示为

振幅起振条件

$$|T(\mathrm{j}\omega)| > 1 \tag{5.10a}$$

相位起振条件

$$\varphi_\mathrm{T} = \varphi_\mathrm{K} + \varphi_\mathrm{F} = 2n\pi \quad (n = 0, 1, 2, \cdots) \tag{5.10b}$$

只要满足了起振条件，振荡就建立起来了，振荡电压幅度也会越来越大，但振荡幅度是不会无限制增长的。可从两方面分析其原因：一方面从能量观点分析，直流电源供给的能量总是有限的，因此它们能够转换为特定频率的交流信号，并且电压也不可能无限大；另一方面，振荡时，放大器工作在放大状态，电压增益 $K(\mathrm{j}\omega)$ 最大，随着反馈电压增大，晶体管逐渐进入非线性区，致使放大器输出电压 $u_\mathrm{o}(t)$ 的增大趋于缓慢，电压增益降低，从而

也限制了反馈电压的增长,最后在 $u_i(t) = u_i'(t)$ 时达到平衡状态,振荡的振幅也就稳定下来。

由此可见,一个反馈振荡器要产生振荡,必须既满足起振条件又满足平衡条件。若只满足平衡条件,振荡就不会由小到大地建立到平衡值;反之,如果只满足起振条件,振荡就会无限制地增长下去。

图 5.2 可以很好地说明振荡器的起振条件和平衡条件(假定相位条件已经满足)。反馈系数 F 不随 U_i 变化,$1/F$ 为一条平行于横轴的直线。起振时,$K > 1/F$,即 $KF > 1$,满足振幅起振条件,振荡器产生增幅振荡。随着振荡电压幅度的增加,放大倍数将下降,KF 也随之下降,当 $KF = 1$ 时(A 点),振荡达到平衡,$U_i = U_{iA}$,振荡器振荡电压不再增加,在这个平衡振幅值上维持等幅振荡。

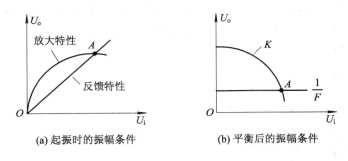

(a) 起振时的振幅条件　　　(b) 平衡后的振幅条件

图 5.2　振幅条件的图解表示

5.2.4　稳定条件

前面已指出,在实际振荡电路中,不可避免地存在着各种电扰动,这些扰动虽然是振荡器起振的原始输入信号,但当达到平衡状态后,它将叠加在平衡值上,引起振荡振幅和相位的波动。此外,电源电压、温度等外界因素的变化会引起管子和回路参数的变化,从而也会引起振荡振幅和相位的变化。因此当振荡器达到平衡状态后,上述原因均可能破坏平衡条件,从而使振荡器离开原来的平衡状态。

振荡器的稳定条件包括两方面:振幅稳定条件和相位稳定条件。一方面,当电路中的扰动暂时破坏了振幅平衡条件,振幅稳定条件研究的就是当扰动离去后,振幅能否稳定在原来的平衡点;另一方面,当电路中的扰动也暂时破坏了相位平衡条件,使振荡频率发生变化,相位稳定条件研究的就是当扰动离去后,振荡频率是否稳定在原有的频率上。

1. 振幅稳定条件

假设振荡器原先在 $U_i = U_{iA}$ 时,满足振幅平衡条件,即 $T(\omega) = 1$。现若某种原因使反馈电压小于 U_{iA},即 $T(\omega) > 1$,通过每次放大和反馈后的电压降大于放大器原先的输入电压,结果使 U_i 迅速增大;反之,若因某种原因使反馈电压大于 U_{iA},则 $T(\omega) < 1$,通过每次放大和反馈后的电压将小于放大器原先的输入电压,结果使 U_i 迅速减小。

实际上,$T(\omega)$ 总是随 U_i 的变化而变化的,这种变化必将引起振幅的变化。假如,$T(\omega)$ 随着 U_i 的增大而减小,U_i 的变化就会受到阻止;反之,假如 $T(\omega)$ 随着 U_i 的增大而增大,U_i 的变化就会受到加速,结果无法实现新的平衡。

通过上述讨论可知,只有当 $T(\omega)$ 具有随着 U_i 的增大而减小的特性时,振荡器所处的

平衡状态才是稳定的，在数学上这个要求可表示为

$$\left.\frac{\partial T(\omega)}{\partial U_i}\right|_{U_i=U_{iA}} < 0 \tag{5.11}$$

上式就是振荡器的振幅稳定条件。显然，这个条件与同时满足起振和平衡条件所需要的 $T(\omega)$ 随 U_i 的变化规律（见图 5.2）是一致的。

2. 相位稳定条件

相位平衡条件就是研究由于电路中的扰动暂时破坏了相位条件使振荡频率发生变化，当扰动离去后，振荡能否自动稳定在原有频率上。

必须指出，相位稳定条件和频率稳定条件实质上是一回事。因为振荡的角频率就是相位的变化率（$\omega = \mathrm{d}\varphi/\mathrm{d}t$），所以当振荡器的相位变化时，频率也发生了变化。

假设由于某种扰动引入了相位增量 $\Delta\varphi$，那么 $\Delta\varphi$ 将会对频率有什么影响呢？此 $\Delta\varphi$ 意味着在环绕线路正反馈一周以后，反馈电压的相位超前了原有电压相位 $\Delta\varphi$。相位超前就意味着周期缩短。如果振荡电压不断地放大、反馈、再放大，如此循环下去，反馈到基极上电压的相位将一次比一次超前，周期不断地缩短，相当于每秒钟内循环的次数在增加，也即振荡频率不断地提高。反之，若 $\Delta\varphi$ 为一递减量，那么循环一周，相位会落后，表示频率要降低。但事实上，振荡器的频率并不会因为 $\Delta\varphi$ 的出现而不断地升高或降低。这是什么原因呢？这就需要分析谐振回路本身对相应增量 $\Delta\varphi$ 的反应。

为了说明这个问题，可参看图 5.3。设平衡状态的振荡频率等于 LC 回路的谐振频率，LC 回路是一个纯电阻，相位为零。当外界干扰引入 $+\Delta\varphi$ 时，工作频率从 ω_0 增加到 ω_0'，则 LC 回路失谐，呈容性阻抗，这时回路引入相移为 $-\Delta\varphi$，LC 回路相位的减少补偿了原来相位的增加，振荡速度就慢下来，工作频率的变动被控制。反之也是如此。所以，LC 谐振回路有补偿相位变化的作用。

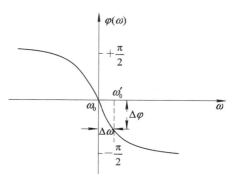

对比上述两种变动规律，可总结为：外界干扰 $\Delta\varphi$ 引起的频率变动 $\Delta\omega$ 是同符号的，即 $\dfrac{\Delta\varphi}{\Delta\omega} > 0$；

图 5.3　谐振回路的相位稳定条件

而谐振回路变动 $\Delta\omega$ 所引起相位变化 $\Delta\varphi$ 是异符号的，$\dfrac{\Delta\varphi}{\Delta\omega} < 0$，所以可以保持平衡。

由此可知，振荡器的相位稳定条件是：相位特性曲线在工作频率附近的斜率是负的，即

$$\left.\frac{\partial\varphi}{\partial\omega}\right|_{\omega=\omega_0} < 0 \tag{5.12}$$

5.3　LC 振荡器

通常将采用 LC 谐振回路作为移相网络的内稳幅反馈振荡器统称为 LC 振荡器。根据反馈形式的不同，这种振荡器可分为三端式 LC 振荡器和变压器耦合振荡器。前者采用电

感分压电路或电容分压电路作为反馈网络，后者采用变压器耦合电路作为反馈网络。

下面首先介绍 LC 三端式振荡器的组成原则，然后介绍三端式振荡器、互感耦合振荡器及其他形式的振荡器电路。

5.3.1　振荡器的组成原则

在图 5.4 所示的高频等效电路中，振荡回路的三个端子分别与晶体管的三个电极相连，所以称为三端式 LC 振荡器。三端式 LC 振荡器是 LC 振荡器中最基本的电路形式。

由于振荡回路是由电抗元件组成的，为了简化起见，忽略了回路的损耗，图中只用三个纯电抗 X_1、X_2、X_3 来表示。因振荡器工作时振荡频率 $\omega_g = \omega_0$，所以振荡回路近似处于谐振状态，即回路的电抗之和为零，故有

$$X_1 + X_2 + X_3 = 0 \qquad (5.13)$$

所以，X_1、X_2、X_3 不能全为感抗或容抗，而是由两种异性的电抗组成的。

构成振荡器电路的一个重要原则，就是它应保证是正反馈，即应保证反馈电压 U_b' 与初始激励电压 U_b 同相，或者说，电抗 X_1、X_2、X_3 性质的确定，应满足相位平衡条件，即

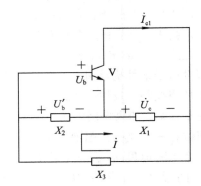

图 5.4　三端式振荡器电路组成

$$\varphi_K + \varphi_F = 0 \qquad (5.14)$$

由第 4 章可知，谐振功率放大器负载电压 U_{cc} 与其激励电压 U_b' 同相，即 $\varphi_K = 0$。因此，要满足相位平衡条件，应使 $\varphi_F = 0$，即要求 U_b' 与 U_{cc} 同相。

由图 5.4 可知，在初始激励电压 U_b 的作用下，在集电极产生一个基波电流 i_{c1}，则在由 X_1、X_2、X_3 组成的谐振回路中引起一环流 $\dot{I}$，如图 5.4 所示，它在 X_1、X_2、X_3 中的瞬时方向和大小是相同的(因为 $|\dot{I}| \gg |\dot{I}_{c1}|$，所以容性支路电流与感性支路电流的大小近似相等，两者方向相反，在回路中构成了连续的环流 $\dot{I}$)。

由图 5.4 可得

$$\dot{U}_c = jX_1 \dot{I}$$

$$\dot{U}_b' = jX_2 \dot{I}$$

由上式可见，要满足 U_b' 与 U_c 同相($\varphi_F = 0$)，X_1、X_2 必须为同性质的电抗，即同为感抗或同为容抗。考虑到 $X_1 + X_2 + X_3 = 0$，则 X_3 应与 X_1、X_2 异号。

为了便于记忆，可以将此原则具体化，即凡是与晶体管发射极相连的电抗必须是同性的，而不与发射极相连的另一元件是与之性质相反的电抗(即射同余异)，这种电路才有可能振荡(因为还需要满足振幅条件)。同样，在电子管电路中也有类似的情况。

5.3.2　电容反馈振荡器

图 5.5 示出了电容三端式振荡器，也叫考毕兹振荡电路。其中，图(a)为原理电路，图(b)为交流等效电路。图中，L、C_1 和 C_2 组成振荡器回路，作为晶体管放大器的负载阻抗，反馈信号从 C_2 两端取得，送回放大器输入端。扼流圈 L_c 的作用是为了避免高频信号被旁

路,而且为晶体管集电极构成直流通路。也可用 R_c 代替 L_c,但是 R_c 将引入损耗,使回路有载 Q 值下降,所以 R_c 值不能过小。

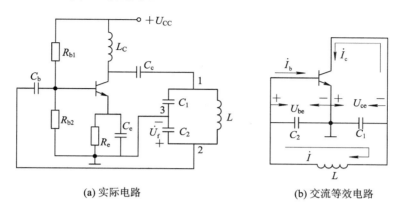

(a) 实际电路　　　　　　　　(b) 交流等效电路

图 5.5　电容三端式振荡器

电容三端式振荡电路是否能够满足自激振荡的相位平衡条件呢?我们从放大器输入信号 $\dot{U}_{be}$ 开始,经过放大和反馈,看返回输入端的高频电压是否和起始电压同相。为了简化分析,假定振荡回路没有损耗,在这种情况下,如果反馈信号 $\dot{U}_f$ 和 $\dot{U}_{be}$ 同相,总相 $\sum \varphi = 2\pi$,就可以满足振荡的相位平衡条件。否则,如果反馈信号 $\dot{U}_f$ 和 $\dot{U}_{be}$ 反相,就不满足。

现在我们用矢量图来判断,如图 5.6 所示。假定在晶体管的基极和发射极间有一输入信号 $\dot{U}_{be}$,当振荡频率等于 LC 回路谐振频率时,$\dot{U}_{ce}$ 和 $\dot{U}_{be}$ 反相,电流 $\dot{I}$ 滞后 $\dot{U}_{ce}$ 90°。C_2 上的反馈电压 $\dot{U}_f$ 滞后电流 $\dot{I}$ 90°,故 $\dot{U}_f$ 和 $\dot{U}_{be}$ 同相,满足相位平衡条件。

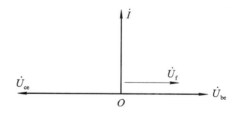

图 5.6　电容三端式振荡器矢量图

下面来分析起振条件,也即求出 $T(j\omega)$,看它是否大于 1。为了分析方便,把图 5.5(b) 再改画成图 5.7 所示的 y 参数等效电路,同时忽略了晶体管内部反馈的影响,即 $y_{re} = 0$;忽略了晶体管的输入/输出电容的影响;忽略了晶体管集电极电流对输入信号的相移,将 y_{fe} 用跨导 g_m 表示。图中,g_{ie} 为晶体管输入电导;g_{oe} 为晶体管输出电导;$g'_L = g_L + g_0$,为谐振回路负载等效到 c、e 端的等效负载,g'_L 为负载等效到 ce 两端的等效电导。

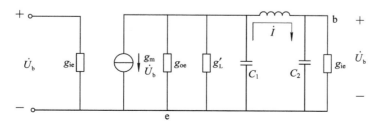

图 5.7　电容三端式振荡器 y 参数等效电路

由图 5.7 可得：

$$\begin{cases} \dot{U}_b = \dfrac{\dot{I}}{\mathrm{j}\omega C_2 + g_{ie}} \\[3mm] \dot{U}_b + \mathrm{j}\omega L\dot{I} = -\dfrac{\dot{I} + g_m \dot{U}_b}{g_{oe} + \mathrm{j}\omega C_1 + g_L'} \end{cases} \tag{5.15}$$

联立求解 $\dot{I}$ 的表达式，令其虚部为零，可得振荡频率为

$$\omega_1 = \sqrt{\frac{1}{LC} + \frac{g_{ie}(g_{oe} + g_L')}{C_1 C_2}} \tag{5.16}$$

其中，C 为回路的总电容

$$C = \frac{C_1 C_2}{C_1 + C_2}$$

$$\omega_1 \approx \omega_0 = \sqrt{\frac{1}{LC}} \tag{5.17}$$

其次分析其是否满足起振条件，由图 5.7 可知，当不考虑 g_{ie} 的影响时，反馈系数 $F(\mathrm{j}\omega)$ 的大小为

$$F = \mid F(\mathrm{j}\omega) \mid = \frac{U_b}{U_c} = \frac{\dfrac{1}{\omega C_2}}{\dfrac{1}{\omega C_1}} = \frac{C_1}{C_2} \tag{5.18}$$

将 g_{ie} 折算到放大器输出端，有

$$g_{ie}' = \left(\frac{U_b}{U_c}\right)^2 g_{ie} = F^2 g_{ie} \tag{5.19}$$

因此，放大器总的负载电导 $g_{总}$ 为

$$g_{总} = F^2 g_{ie} + g_{oe} + g_L' \tag{5.20}$$

则由振荡器的振幅起振条件 $Y_f R_L F' > 1$ 可以得到

$$\frac{g_m F}{F^2 g_{ie} + g_{oe} + g_L'} \geqslant 1 \tag{5.21}$$

故有起振条件为

$$g_m \geqslant (g_{oe} + g_L')\frac{1}{F} + g_{ie}F \tag{5.22}$$

5.3.3　电感反馈振荡器

图 5.8 是一电感反馈振荡器的实际电路和交流等效电路。

1. 振荡频率

与电容反馈振荡器的分析一样，振荡器的振荡频率可以用回路的谐振频率近似表示，即

$$\omega_1 \approx \omega_0 = \sqrt{\frac{1}{LC}} \tag{5.23}$$

式中，L 为回路的总电感。由图 5.8 知

$$L = L_1 + L_2 + 2M \tag{5.24}$$

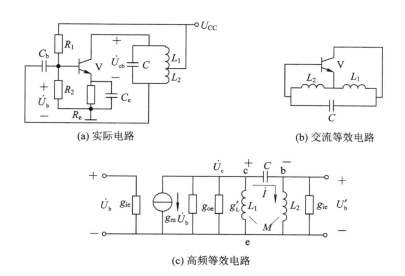

(a) 实际电路　　　　　　(b) 交流等效电路

(c) 高频等效电路

图 5.8　电感反馈振荡器电路

实际上，由相位平衡条件分析，振荡器的振荡频率表达式为

$$\omega_1 = \sqrt{\dfrac{1}{LC + g_{ie}(g_{oe} + g_{L}')(L_1 L_2 - M^2)}} \tag{5.25}$$

2. 起振条件

工程上，计算反馈系数时不考虑 g_{ie} 的影响，则反馈系数的大小为

$$F = \left| F(\mathrm{j}\omega) \right| \approx \dfrac{L_2 + M}{L_1 + M} \tag{5.26}$$

由起振条件分析，同样可得起振时的 g_m 应满足：

$$g_m \geqslant (g_{oe} + g_{L}')\dfrac{1}{F} + g_{ie}F \tag{5.27}$$

下面对两种三端式振荡电路进行比较：

（1）电容三端式振荡器反馈电压取自反馈电容 C_2，而电容对高次谐波呈低阻抗，滤除谐波电流能力强，振荡波形更接近正弦波。另外，晶体管的输入、输出电容与回路电容并联，为了减小它们对谐振电路的影响，可以适当增加回路的电容值，以提高频率的稳定度。在振荡频率较高时，有时可以不用回路电容，直接利用晶体管输入、输出电容构成振荡电容，因此它的振荡频率较高，一般可达几百兆赫兹。在超高频晶体管振荡器中，常采用这种电路。它的缺点是由于用了两个电容（C_1 和 C_2），若要利用可变电容调频率就不方便了。

（2）电感三点式振荡器反馈电压取自反馈电感 L_2，对高次谐波呈现高阻抗，不易滤除高次谐波，输出电压波形不好，振荡频率不是很高，一般只达几十兆赫兹。它的优点是只用一只可变电容就可以容易地调节频率。在一些仪器中，如高频信号发生器，常用此电路制作频率可调的振荡器。

【**例 5.1**】　图 5.9 所示为三谐振回路振荡器的交流通路，设电路参数之间有以下四种关系：

（1）$L_1 C_1 > L_2 C_2 > L_3 C_3$；

（2）$L_1 C_1 < L_2 C_2 < L_3 C_3$；

（3）$L_1C_1=L_2C_2>L_3C_3$；

（4）$L_1C_1<L_2C_2=L_3C_3$。

试分析上述四种情况是否都能振荡，振荡频率 f 与各回路的固有谐振频率有何关系？

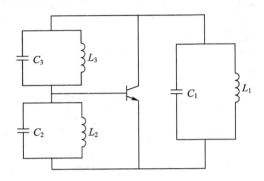

图 5.9　三谐振回路振荡器的交流通路

【解】　令 $f_{01}=\dfrac{1}{2\pi\sqrt{L_1C_1}}$，$f_{02}=\dfrac{1}{2\pi\sqrt{L_2C_2}}$，$f_{03}=\dfrac{1}{2\pi\sqrt{L_3C_3}}$。由图可见，该电路属于三点式电路，因此只要满足"射同余异"的原则，即可振荡。即要让 L_1C_1 回路与 L_2C_2 回路在振荡时呈现相同的电抗性质，而 L_3C_3 回路在振荡时呈现不同的电抗性质。由此可知，该电路要能够振荡，三个并联回路的谐振频率必须满足 $f_{03}>f_{01}$，且 $f_{03}>f_{02}$ 或满足 $f_{03}<f_{01}$，且 $f_{03}<f_{02}$。所以

（1）$L_1C_1>L_2C_2>L_3C_3$ 即 $f_{01}<f_{02}<f_{03}$。

① 当 $f<f_{01}$ 时，X_1、X_2、X_3 均呈感性，不能振荡；

② 当 $f_{01}<f<f_{02}$ 时，X_1 呈容性，X_2、X_3 呈感性，不能振荡；

③ 当 $f_{02}<f<f_{03}$ 时，X_1、X_2 呈容性，X_3 呈感性，构成电容三点式振荡电路。

（2）$L_1C_1<L_2C_2<L_3C_3$ 即 $f_{01}>f_{02}>f_{03}$。

① 当 $f<f_{03}$ 时，X_1、X_2、X_3 呈感性，不能振荡；

② 当 $f_{03}<f<f_{02}$ 时，X_3 呈容性，X_1、X_2 呈感性，构成电感三点式振荡电路；

③ 当 $f_{02}<f<f_{01}$ 时，X_2、X_3 呈容性，X_1 呈感性，不能振荡；

④ 当 $f>f_{01}$ 时，X_1、X_2、X_3 均呈容性，不能振荡。

（3）$L_1C_1=L_2C_2>L_3C_3$ 即 $f_{01}=f_{02}<f_{03}$。

① 当 $f<f_{01}(f_{02})$ 时，X_1、X_2、X_3 均呈感性，不能振荡；

② 当 $f_{01}(f_{02})<f<f_{03}$ 时，X_1、X_2 呈容性，X_3 呈感性，构成电容三点式振荡电路；

③ 当 $f>f_{03}$ 时，X_1、X_2、X_3 均呈容性，不振荡。

（4）$L_1C_1<L_2C_2=L_3C_3$ 即 $f_{01}>f_{02}=f_{03}$。

① 当 $f<f_{02}(f_{03})$ 时，X_1、X_2、X_3 均呈感性；$f_{02}(f_{03})<f<f_{01}$ 时，X_2、X_3 呈容性，X_1 呈感性；

② 当 $f>f_{01}$ 时，X_1、X_2、X_3 均呈容性，故此种情况下，电路不可能产生振荡。

5.3.4　互感耦合振荡器

互感耦合振荡器又称为变压器反馈式振荡器，它是依靠线圈之间的互感耦合实现正反

馈的。耦合线圈同名端的位置及互感耦合量 M，对振幅起振很重要。

互感耦合振荡器有三种形式：调基电路、调集电路和调发电路，这是根据振荡回路是在集电极电路、基极电路和发射极电路来区分的。其典型电路如图 5.10 所示。图 5.10（a）所示是共射调集型，图 5.10（b）所示是共射调基型，图 5.10（c）所示是共基调射型。在图 5.10（b）和（c）中，基极和发射极之间的输入阻抗比较低，为了不把选频回路的品质因数降低太多而影响起振，三极管与选频回路之间采用部分接入。这些振荡电路能否满足起振条件和相位平衡条件，取决于变压器同名端如何连接。按照图 5.9 所示的同名端的连接方式，实现了正反馈，就能满足相位起振条件和相位平衡条件。所谓"共射调集"，是指交流通路中发射极是接地的，集电极接并联谐振回路，调整该回路的参数就可以改变振荡器输出信号的频率。"共射调基"和"共基调射"的意义与"共射调集"类似。

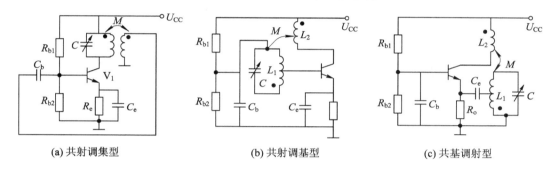

(a) 共射调集型　　　　**(b) 共射调基型**　　　　**(c) 共基调射型**

图 5.10　变压器耦合振荡器原理电路

采用瞬时极性法不难判断图 5.10 中的三个电路都有正反馈网络，是可能起振的。振荡频率主要由选频网络决定，所以可以估算出这三个电路的振荡频率都是

$$f_0 \approx \frac{1}{2\pi \sqrt{L_1 C}} \tag{5.28}$$

这三种电路相比，"共射调集型"电路在振荡频率比较高时，其输出比其他两种电路稳定，而且输出幅度比较大，谐波成分比较小。"共射调基型"电路在输出频率改变比较宽的范围内，其输出信号的幅度比较稳定。

变压器反馈式振荡器具有结构简单、易起振、输出幅度较大、调节频率方便、调节频率时输出幅度变化不大和调整反馈时基本上不影响振荡频率等优点。频率较高时，由于分布电容较大，频率稳定性差。因此，这种电路适用于振荡频率不太高的场合，一般为中短波段。

【**例 5.2**】　判断图 5.11 所示各反馈振荡电路能否正常工作。

【**解**】　图 5.11（a）中，电路由两级共发射极反馈电路组成，其瞬时极性如图中所标注，所以是正反馈。LC 并联回路同时担当选频和反馈作用，且在谐振频率点上反馈电压最强。在讨论选频网络的相频特性时，一定要注意应采用其阻抗特性还是导纳特性。对于图（a），LC 并联回路输入的是 V_2 的集电极电流 i_{c2}，输出的是反馈到 V_1 发射极的电压 u_{be1}，所以应采用其阻抗特性。根据图 2.5 可知，并联回路的阻抗相频特性在谐振频率点上具有负斜率。综上所述，图（a）所示电路满足相位条件及其相位稳定条件，因此能够正常工作。

图 5.11（b）中，根据瞬时极性判断法，如把 LC 并联回路作为一个电阻看待，则为正反

馈。但 LC 并联回路在谐振频率点的阻抗趋于无穷大，正反馈最弱。同时对于 LC 并联回路来说，其输入是电阻 R_{e2} 上的电压，输出是电流，所以应采用其导纳特性。由于并联回路导纳的相频特性在谐振频率点上是正斜率，所以不满足相位稳定条件。综上所述，图(b)电路不能正常工作。

图(c)与图(b)的不同之处在于用串联回路置换了并联回路。由于 LC 串联回路在谐振频率点的阻抗趋于零，则 V_1 输入端的正反馈最强，且其导纳的相频特性在谐振频率点上是负斜率，满足相位稳定条件，所以图(c)所示电路能正常工作。另外，图(c)电路在 V_2 的发射极与 V_1 的基极之间增加了一条负反馈支路，用以稳定电路的输出波形。

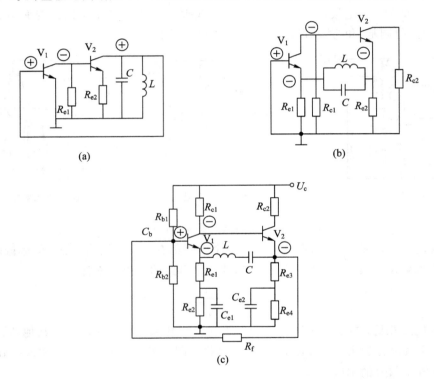

图 5.11　反馈振荡电路

5.3.5　两种改进的电容三端式振荡

前面讨论的三端式振荡器的振荡频率不仅与谐振回路的 LC 元件数值有关，还与晶体管的输入电容 C_i 和输出电容 C_o 有关。当工作环境改变或更换管子时，振荡频率及其稳定性就要受到影响。例如，对于电容三端式振荡电路，晶体管的电容 C_i 和 C_o 分别与回路的电容 C_1 和 C_2 并联，图 5.12 所示的振荡频率可以近似为

$$f_0 = \cfrac{1}{2\pi\sqrt{L\cfrac{(C_1 + C_o)(C_2 + C_i)}{C_1 + C_2 + C_i + C_o}}}$$

如何减小 C_i 和 C_o 的影响，以提高频率稳定度呢？表面看来，加大回路电容 C_1 和 C_2 的电容量，可以减弱由于 C_i 和 C_o 的变化对振荡频率的影响。但是这只适合于频率不太高、C_1 和 C_2 较大的情况。当频率较高时，过分增大 C_1 和 C_2，必然减小 L 的值（维持振荡频率

不变)。实际制作电感线圈时，电感量过小，线圈的品质因数就不易做高，这就导致回路的 Q 值下降，振荡幅度下降，甚至会使振荡器停振。为了减小管子的不稳定极间电容对振荡频率的影响，只能采用电容三端式振荡器的改进电路，即所谓的克拉泼(Clapp)振荡器和西勒(Siler)振荡器。

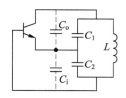

图 5.12 计入极间电容的三端式振荡器的交流等效电路

1. 克拉泼振荡器

克拉泼振荡器的电路图如图 5.13 所示，其特点是在振荡回路中加入一个与电感 L 串联的小电容 C_3，并且满足 $C_3 \ll C_1$、$C_3 \ll C_2$。设回路总电容为 C，则

$$\frac{1}{C} = \frac{1}{C_1 + C_o} + \frac{1}{C_2 + C_i} + \frac{1}{C_3} \approx \frac{1}{C_3} \Rightarrow C \approx C_3 \tag{5.29}$$

$$f_0 \approx \frac{1}{2\pi \sqrt{LC_3}} \tag{5.30}$$

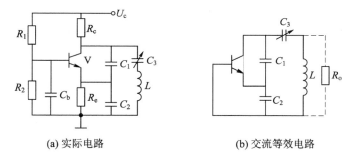

(a) 实际电路   (b) 交流等效电路

图 5.13 克拉泼振荡器电路

可见，克拉泼振荡器的振荡频率与极间电容无关，这些不稳定电容的变动不会影响到振荡频率，从而提高了频率稳定度。

使式(5.29)成立的条件是 C_1 和 C_2 选得比较大。但是不是 C_1 和 C_2 越大越好呢？为了说明这个问题，我们从分析回路谐振电阻入手。回路谐振电阻 R_0 表示在图 5.14 中，折合到晶体管 c、e 端的电阻是

$$R_L = p^2 R_0 \tag{5.31}$$

式中，p 为接入系数，即

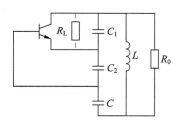

图 5.14 谐振电阻折合到晶体管输出端

$$p = \frac{C}{C_1} \approx \frac{C_3}{C_1} \tag{5.32}$$

代入式(5.32)，得

$$R_L = p^2 R_0 \approx \left(\frac{C_3}{C_1}\right)^2 R_0 \tag{5.33}$$

谐振电阻 R_0 可表示为

$$R_0 = Q_0 \omega_0 L \tag{5.34}$$

又因为 $C_1 \gg C$，利用式(5.31)，分压比可近似为 $p = \frac{C}{C_1} \approx \frac{1}{\omega_0^2 L C_1}$。

将 R_0 和 p 的表达式代入式(5.33)，得

$$R_L = p^2 R_0 \approx \frac{\omega_0 L Q_0}{\omega_0^4 L^2 C_1^2} = \frac{1}{\omega_0^3} \frac{Q_0}{L C_1^2} \tag{5.35}$$

由式(5.35)看出，C_1 和 C_2 过大时，R_L 变得很小，放大器电压增益降低，振幅下降。还可以看出，R_L 与振荡器 ω_0 的三次方成反比，当减小 C 以提高频率 ω_0 时，R_L 的值急剧下降，振荡幅度显著下降，甚至停振。另外，R_L 与 Q_0 成正比，提高 Q_0 有利于起振和稳定振荡幅度。

综上所述，克拉泼振荡器虽然可以提高频率稳定度，但存在以下缺点：

(1) 若 C_1 和 C_2 过大，则振荡幅度太低；

(2) 当减小 C_3 来提高振荡器频率时，振荡幅度显著下降；当 C_3 减到一定程度时，可能停振。因此限制了 f_0 的提高。

(3) 用作频率可调的振荡器时，振荡幅度随频率的增加而下降，在波段范围内幅度不平稳，因此，频率覆盖系数(在频率可调的振荡器中，高端频率和低端频率之比称为频率覆盖系数)不大，约为 1.2～1.3。

2. 西勒振荡器

为了克服克拉泼电路的缺点，在电感线圈 L 上并联一可变电容 C_4，其实际电路及等效电路分别如图 5.15(a)、(b)所示。其中，C_4 用来改变振荡器的工作波段，C_3 起频率微调作用，所以该电路称为西勒电路。

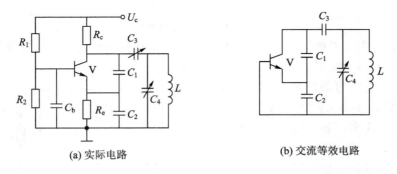

(a) 实际电路　　　　　　　　　　(b) 交流等效电路

图 5.15　西勒振荡器电路

下面对该电路的有关参数进行分析。

回路的谐振频率 f_0 为

$$f_0 = \frac{1}{2\pi}\sqrt{\frac{1}{LC}} \approx \frac{1}{2\pi}\sqrt{\frac{1}{L(C_3 + C_4)}}$$

其中，回路总电容为

$$C = \frac{1}{\dfrac{1}{C_1} + \dfrac{1}{C_2} + \dfrac{1}{C_3}} + C_4 \approx C_3 + C_4 \tag{5.36}$$

同样，$C_3 \ll C_1$，$C_3 \ll C_2$，调节 C_4 则可改变振荡频率。

类似地，折合到晶体管输出端的谐振电阻 R_L 为

$$R_L = p^2 R_0 \tag{5.37}$$

其中，接入系数 p 为

$$p = \frac{C'}{C_1} \approx \frac{C_3}{C_1}$$

其中

$$C' = \frac{1}{\dfrac{1}{C_1} + \dfrac{1}{C_2} + \dfrac{1}{C_3}} \approx C_3$$

可见，当调节 C_4 来改变振荡频率时，接入系数 p 不变。

如果将 R_0 折合到 c、e 两端，R_L 的表达式仍为

$$R_L = p^2 R_0 \approx \left(\frac{C_3}{C_1}\right)^2 R_0 = p^2 Q \omega_0 L \tag{5.38}$$

当改变 C_4 时，因 p、L、Q 都是常数，所以 R_L 仅随 ω_0 的一次方增长，易于起振，振荡幅度增加，使波段范围内输出信号的幅度比较平稳，频率覆盖率较大，可达 1.6～1.8。另外，西勒电路频率稳定度好，振荡频率可以比较高。因此在短波、超短波通信及电视机等高频设备中得到广泛的应用。

在本电路中，C_3 的大小对电路的性能有很大的影响。因为频率是靠调节 C_4 来改变的，所以 C_3 不能选得太大，否则振荡频率主要由 C_3 和 L 决定，这将限制频率调节的范围。此外 C_3 过大不利于消除 C_i 和 C_o 对频率稳定的影响；反之，C_3 选择过小，接入系数 p 会降低，振荡幅度就比较小了。在一些短波通信机中，常选可变电容 C_4 在 20～360 pF 左右，而 C_3 约为一二百皮法。

5.3.6 其他形式的 *LC* 振荡器

LC 振荡器除可用三极管来实现外，还可以采用场效应管、差分对管来实现。本节对这几种 *LC* 振荡器电路作一简单介绍。

1. 场效应管振荡电路

前面所讨论的振荡电路都可以采用场效应管来作为有源器件。场效应管具有输入阻抗高、噪声系数小的特点，场效应管振荡电路的应用也是比较广泛的。下面以结型场效应管西勒振荡电路为例，简要介绍其振荡原理。

图 5.16 为场效应管电容三点式振荡电路的原理电路图，电路要求满足 $C_3 \ll C_1$，$C_3 \ll C_2$。其中，C_g 为高频耦合电容，L_c 为高频扼流圈，电容 C_1 和 C_2 组成反馈网络，电阻 R_g 组成偏置电路。在这个电路中，漏极负载是一个 *LC* 谐振回路，利用电容 C_2 将反馈电压输入到栅极。

回路的总电容为

$$C_\Sigma = \frac{1}{\dfrac{1}{C_1} + \dfrac{1}{C_2} + \dfrac{1}{C_3}} + C_4 \approx C_3 + C_4$$

因此，振荡频率为

$$f_0 \approx \frac{1}{2\pi\sqrt{LC_\Sigma}} \approx \frac{1}{2\pi\sqrt{L(C_3+C_4)}} \tag{5.39}$$

这个结型场效应管西勒振荡电路除了有源器件具有结型场效应管的特点外，其他特性与晶体管西勒振荡电路是一样的，这里不再赘述。

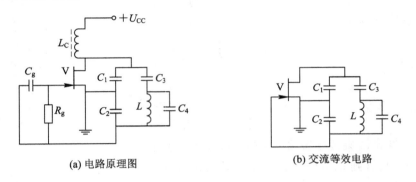

(a) 电路原理图　　　　　　(b) 交流等效电路

图 5.16　场效应管电容三点式振荡电路原理图

2. 差分对管振荡器

差分对管 LC 振荡器在集成电路中被广泛采用。图 5.17 所示为带恒流源 I_o 的差分对管 LC 振荡器，其中 V_1、V_2 为差分对管，L_1 和 C_1 组成振荡回路，R_{eo} 是 L_1C_1 并联谐振电阻，R_b 用来构成基极电流回路，C_b 为旁路电容。

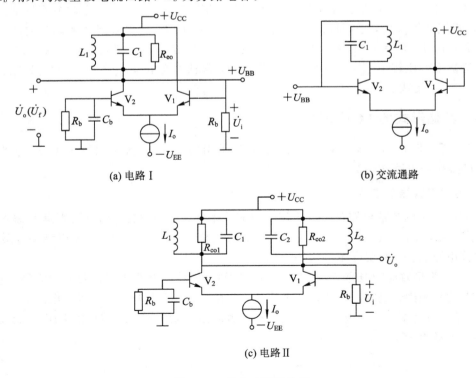

(a) 电路 I　　　　　　　　(b) 交流通路

(c) 电路 II

图 5.17　差分对管振荡器

　　1）判断电路是否满足相位平衡条件

　　如图 5.17(a)所示，取高频地为参考相位，设 V_1 的基极信号为 $\dot{U}_i$，V_2 的集电极信号为 $\dot{U}_o$ 且与 $\dot{U}_i$ 同极性，$\dot{U}_f$ 为负反馈电压且与 $\dot{U}_o$ 同极性，可见 $\dot{U}_f$ 与 $\dot{U}_i$ 同极性，因而为正反馈，满足相位平衡。

　　2）起 振 条 件

　　差分放大器的差模传输特性呈双曲正切形状，由此可知，当差模信号电压为零时，差分对管的跨导最大，这时该振荡器最容易起振。随着振荡建立，差模信号幅度逐渐增大，晶体管部分进入截止，使放大倍数逐渐减小。可见，差分对管振荡器是依靠晶体管截止限幅来获得内稳幅的，而不是靠饱和限幅。当晶体管截止时，呈现高阻抗，不会影响 L_1C_1 振荡回路 Q 值，从而该振荡器频率稳定性变高，输出波形好。除此之外，随着振荡的建立，两管轮流截止。因为两管对称，抵消了集电极电流中的偶次谐波，因此两管集电极电流波形为对称的近似方波。由于 L_1C_1 电路具有选择性，尽管 i_{C_1} 为近似方波，电压 u_o 仍为正弦波，因此可以从 L_1C_1 回路两端输出。但这可能因负载接入而降低 L_1C_1 回路 Q 值，影响振荡稳定。更好的接法应从 V_1 的集电极取出，为此可在 V_2 的集电极支路上串入另一个 L_2C_2 并联谐振回路，两个回路彼此隔离，负载对振荡回路不产生影响，如图 5.17(c)所示。只要使 $\dfrac{1}{\sqrt{L_2C_2}}=\dfrac{1}{\sqrt{L_1C_1}}=\omega_0$，即可在 V_2 的集电极上输出正弦波，欲在 V_2 的集电极得到方波，只要在 V_2 的集电极上串入一个电阻即可。

　　根据上述分析，可进一步求振幅起振条件。差模输入单端输出电流为

$$i_{C_1}=\frac{I_o}{2}+\frac{I_o}{2}\operatorname{th}\frac{u_{id}}{2U_T} \tag{5.40}$$

单端输出时跨导在零差模输入点，跨导 g_{m1} 为

$$g_{m1}=\left.\frac{\mathrm{d}i_{C_1}}{\mathrm{d}u_{id}}\right|_{u_{id}=0}=\frac{I_o}{4U_T} \tag{5.41}$$

式中，晶体管热电压 U_T 在常温下为 26 mV，可以得到图 5.17(a)所示振荡器中放大器的电压增益为

$$\dot{A}_{uo}=\frac{\dot{U}_o}{\dot{U}_i}=g_mR_L \tag{5.42}$$

式中，$R_L=(R_{eo}\ /\!/\ R_B\ /\!/\ 2r_{be})$ 为等效负载，R_{eo} 为 L_1C_1 并联谐振回路的谐振电阻，$2r_{be}$ 为差模输入电阻。

　　因为 $\dot{k}_f=\dfrac{\dot{U}_f}{\dot{U}_o}=1$，所以起振时，

$$\dot{T}_o=\dot{A}_{uo}\dot{k}_f=\frac{\dot{I}_oR_L}{4U_T} \tag{5.43}$$

为了满足振幅起振条件 $\dot{T}_o>1$，有

$$I_o>\frac{4U_T}{R_L} \tag{5.44}$$

这说明当 R_L 一定时，选取合适的 I_o 便可满足振幅起振条件。

　　3. 集成正弦波振荡器

　　现以常用电路 E1648 为例介绍集成电路振荡器的组成。单片集成振荡器 E1648 是

ECL 中规模集成电路，其内部电路图如图 5.18(a)所示。

E1648 采用典型的差分对管振荡电路，该电路由三部分组成：差分对管振荡电路、放大电路和偏置电路。V_7、V_8、V_9 管与 10 脚、12 脚之间外接 LC 回路组成差分对管振荡器电路，其中 V_9 管为可控恒流源。振荡信号由 V_7 管基极取出，经两级放大电路和一级射随后，从 3 脚输出。第一级放大电路由 V_5 和 V_4 管组成共射-共基级联放大器，第二级由 V_3 和 V_2 组成单端输入、单端输出的差分放大器，V_1 作射随器。偏置电路由 $V_{10} \sim V_{14}$ 管组成，其中 V_{11} 与 V_{10} 管分别为两级放大电路提供偏置电压，$V_{12} \sim V_{14}$ 管为差分对管振荡电路提供偏置电压。V_{12} 与 V_{13} 管组成互补稳定电路，稳定 V_8 基极电位。若 V_8 基极电位受到干扰而升高，则有 $u_{b8}(u_{b13}) \uparrow \rightarrow u_{c13}(u_{b12}) \downarrow \rightarrow u_{e12}(u_{b8}) \downarrow$，这一负反馈作用使 V_8 基极电位保持恒定。

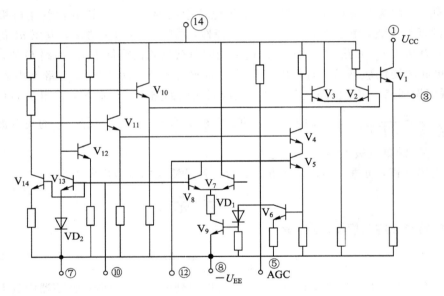

(a) 单片集成振荡器E1648内部原理图

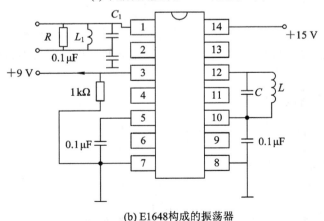

(b) E1648构成的振荡器

图 5.18　单片集成振荡器 E1648 内部原理图及构成的振荡器

图 5.18(b)为集成电路 E1648 加上少量外围元件构成的正弦波振荡器。E1648 可以产生正弦波，也可以产生方波。

E1648 输出正弦电压时的典型参数为：最高振荡频率 225 MHz，电源电压 5 V，功耗 150 mW，振荡回路输出峰峰值电压 500 mV。

E1648 单片集成振荡器的频率由 10 脚和 12 脚之间外接振荡回路的 L、C 值决定，并与两脚之间的输入电容 C_i 有关，其表达式为

$$f = \frac{1}{2\pi \sqrt{L(C + C_i)}} \tag{5.45}$$

改变外接回路元件的参数，可以改变 E1648 单片集成振荡器的工作频率。在 5 脚外加一正电压时，可以获得方波输出。

5.4　振荡器频率稳定度

振荡器的频率稳定是一个十分重要的问题。频率不稳定会带来很多问题，例如通信系统的频率不稳，就会漏失信号而联系不上；测量仪器的频率不稳，就会引起很大的测量误差；在载波电话中，若载波频率不稳，将会引起话音失真。

1. 振荡器的频率稳定度

在规定的时间内，振荡器的频率由于受到外界因素(温度、湿度、大气压、电源电压)的变化，使得振荡器实际工作频率偏离了规定的振荡频率的程度称为频率稳定度，又简称频稳度。它是振荡器的重要指标之一，振荡频率不稳定就会使设备和系统的性能恶化，如发射极的载频不稳定，将可能致使接收的信号部分甚至全部接收不到，此外还能干扰临近频道的正常工作。所以提高频率稳定度，对电子设备来说是至关重要的。

频率稳定度分为长期频稳度、短期频稳度和瞬时频稳度。长期频稳度是指在一天以上乃至几个月因元器件老化引起振荡频率的相对变化量；短时频稳度是指一天以内因电源电压、温度等外界因素变化引起振荡频率的相对变化量；瞬时频稳度是指电路内部噪声引起振荡频率的相对变化量。这种频率变化一般为秒或毫秒量级，具有随机性。通常频稳度是指短期频率稳定度，常用均方根值方法定义为

$$\frac{\Delta f}{f} = \lim_{n \to \infty} \sqrt{\frac{1}{n} \sum_{i=1}^{n} \left[\frac{(\Delta f)_i}{f} - \overline{\frac{\Delta f}{f}}\right]^2} \tag{5.46}$$

式中，n 为在规定时间内等间隔测量次数；$(\Delta f)_i$ 为第 i 时间间隔内测得的绝对频差；Δf 为第 n 个测量数据的平均值，即

$$\overline{\Delta f} = \lim_{n \to \infty} \frac{1}{n} \sum_{i=1}^{n} \left[(\Delta f)_i - f\right] \tag{5.47}$$

该值也称为绝对频率准确度，其值越小，频率准确度就越高。

频稳度对不同设备的要求也不一样。中波广播发射机为 10^{-5} 数量级，电视发射机为 10^{-7} 数量级，普通信号发生器为 $10^{-4} \sim 10^{-5}$ 数量级，高精度的信号发生器为 $10^{-7} \sim 10^{-9}$ 数量级。

2. 频率稳定性分析

由前述可知，振荡器的频率主要取决于回路参数，但也和晶体管的参数有关。这些参数不可能固定不变，所以振荡频率也不会绝对不变。要研究振荡器的稳频原理，首先研究造成振荡器频率不稳定的原因。

从前面讨论的关于振荡器的工作原理中可知，振荡器的频率稳定度是由振荡器的相位平衡条件决定的，因此下面就从相位平衡条件入手进行分析。

振荡器的相位平衡条件为

$$\varphi_{\mathrm{T}}(\omega_1) = \varphi_{\mathrm{K}} + \varphi_{\mathrm{F}} = \varphi_{\mathrm{f}} + \varphi_{\mathrm{L}} + \varphi_{\mathrm{F}} = 0 \tag{5.48}$$

相位平衡条件又可表达为

$$\varphi_{\mathrm{L}} = -(\varphi_{\mathrm{f}} + \varphi_{\mathrm{F}}) \tag{5.49}$$

其中，φ_{f} 表示晶体管放大器正向反馈导纳 y_{fe} 的幅角；φ_{L} 为 LC 网络的幅角；φ_{F} 为反馈系数的幅角。满足相位平衡条件的 ω 就是振荡器的振荡频率 ω_1。因此凡是能引起 φ_{f}、φ_{L} 及 φ_{F} 变化的因素都会引起 ω_1 的变化。上述因素对频率的影响可以从相位平衡条件的图解中看出。图5.19(a)表示了 $\varphi_{\mathrm{L}} = -(\varphi_{\mathrm{f}} + \varphi_{\mathrm{F}})$ 这一关系，图 5.19(b)、(c)分别表示 ω_0（通过 φ_{L} 变化）及 $\varphi_{\mathrm{f}} + \varphi_{\mathrm{F}}$ 的变化使振荡频率 ω_1 也发生变化。

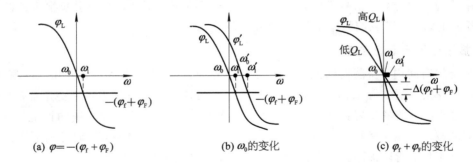

(a) $\varphi = -(\varphi_{\mathrm{f}} + \varphi_{\mathrm{F}})$ 　　　　(b) ω_0 的变化 　　　　(c) $\varphi_{\mathrm{f}} + \varphi_{\mathrm{F}}$ 的变化

图 5.19　从相位平衡条件看振荡频率的变化

下面我们从频率稳定度表达式方面作一分析。

设回路 Q 值较高，根据第 2 章的讨论可知，振荡回路在 ω_0 附近的幅角 φ_{L} 可以近似表示为

$$\tan\varphi_{\mathrm{L}} = -\frac{2Q_{\mathrm{L}}(\omega - \omega_0)}{\omega_0} \tag{5.50}$$

因此相位平衡条件可以表示为

$$-\frac{2Q_{\mathrm{L}}(\omega_1 - \omega_0)}{\omega_0} = \tan[-(\varphi_{\mathrm{f}} + \varphi_{\mathrm{F}})] \tag{5.51}$$

其中，ω_1 为振荡频率。根据上式可有

$$\omega_1 = \omega_0 + \frac{\omega_0}{2Q_{\mathrm{L}}}\tan(\varphi_{\mathrm{f}} + \varphi_{\mathrm{F}}) \tag{5.52}$$

由此可见，振荡频率是 ω_0、Q_{L} 和 $(\varphi_{\mathrm{f}} + \varphi_{\mathrm{F}})$ 的函数，它们的不稳定都会引起振荡频率的不稳定。振荡频率的绝对偏差为

$$\Delta\omega_1 = \frac{\partial\omega_1}{\partial\omega_0}\Delta\omega_0 + \frac{\partial\omega_1}{\partial Q_{\mathrm{L}}}\Delta Q_{\mathrm{L}} + \frac{\partial\omega_1}{\partial(\varphi_{\mathrm{f}} + \varphi_{\mathrm{F}})}\Delta(\varphi_{\mathrm{f}} + \varphi_{\mathrm{F}}) \tag{5.53}$$

考虑到 Q_L 值较高，即 $\omega_1/\omega_0 \approx 1$，有

$$\Delta\omega_1 \approx \Delta\omega_0 + \frac{\omega_0}{2Q_L\cos^2(\varphi_f + \varphi_F)}\Delta(\varphi_f + \varphi_F) - \frac{\omega_0}{2Q_L^2}\tan(\varphi_f + \varphi_F)\Delta Q_L \quad (5.54)$$

这就是绝对频差的表达式。根据这个表达式可以得到如下的相对频差表达式：

$$\frac{\Delta\omega_1}{\omega_0} \approx \frac{\Delta\omega_0}{\omega_0} + \frac{1}{2Q_L\cos^2(\varphi_f + \varphi_F)}\Delta(\varphi_f + \varphi_F) - \frac{1}{2Q_L^2}\tan(\varphi_f + \varphi_F)\Delta Q_L \quad (5.55)$$

考虑到 $\omega_1 \approx \omega_0$，振荡器的相对频差为

$$\frac{\Delta\omega_1}{\omega_1} \approx \frac{\Delta\omega_1}{\omega_0} \approx \frac{\Delta\omega_0}{\omega_0} + \frac{1}{2Q_L\cos^2(\varphi_f + \varphi_F)}\Delta(\varphi_f + \varphi_F) - \frac{1}{2Q_L^2}\tan(\varphi_f + \varphi_F)\Delta Q_L$$

$$(5.56)$$

上式即为 LC 振荡器频率稳定度的一般表达式。该式说明，振荡频率的相对频差主要与回路品质因数 Q_L 及其偏差 ΔQ_L、放大器相移 $\varphi_f + \varphi_F$ 及其偏差 $\Delta(\varphi_f + \varphi_F)$、回路固有频率 ω_0 及其偏差 $\Delta\omega_0$ 有关。同时可以看到，增大回路品质因数和减小放大器相移以及提高电路元件的稳定性，可以降低振荡频率的相对频差。

3. 提高频率稳定度的措施

由前面分析可知，凡是影响固有频率 ω_0、回路品质因数 Q_L 和放大器相移 $\varphi_f + \varphi_F$ 的因素，都是振荡器频率不稳定的原因。这些因素包括温度变化、电源波动、负载变化、机械振动、湿度变化以及外界电磁波的变化等，因此主要的稳频措施介绍如下：

（1）提高振荡回路的标准性。振荡回路的标准性是指回路元件和电容的标准性。温度是影响的主要因素，温度的改变，导致电感线圈和电容器极板的几何尺寸将发生变化，而且电容器介质材料的介电系数及磁性材料的导磁率也将变化，从而使电感、电容值改变。

（2）减少晶体管的影响。在上节分析反馈型振荡器原理时已提到，极间电容将影响频率稳定度，在设计电路时应尽可能减少晶体管和回路之间的耦合。另外，应选择 f_T 较高的晶体管，因 f_T 越高，高频性能越好，可以保证在工作频率范围内均有较高的跨导，电路易于起振；而且 f_T 越高，晶体管内部相移越小。

（3）提高回路的品质因数。我们先回顾一下相位稳定条件，要使相位稳定，回路的相频特性应有负的斜率，斜率越大，相位越稳定。根据 LC 回路的特性，回路的 Q 值越大，回路的相频特性斜率就越大，即回路的 Q 值越大，相位越稳定。从相位与频率的关系可得，此时的频率也越稳定。

（4）减少电源、负载等的影响。电源电压的波动，使晶体管的工作点、电流发生变化，从而改变晶体管的参数，降低了频率稳定度。为了减小其影响，振荡器电源应采取必要的稳压措施。负载电阻并联在回路的两端，这会降低回路的品质因数，从而使振荡器的频率稳定度下降。

5.5　石英晶体振荡器

在 LC 振荡器中，尽管采用了各种稳频措施，但理论分析和时间都表明，它的频率稳定度很难突破 10^{-5} 数量级。其根本原因在于 LC 谐振回路的参数性能不理想，例如 Q 值不

能做得很高。利用石英谐振器代替一般的 LC 谐振回路，可把振荡频率稳定度提高好几个数量级。这种振荡器叫做"晶体振荡器"，它的频率稳定度很容易做到 10^{-5}，采取一些措施指标还可提高，最好可达 $10^{-10} \sim 10^{-11}$ 数量级，所以得到了极为广泛的应用。下面先介绍石英晶体的基本特性。

5.5.1 石英晶体振荡器的特性

1. 石英晶体的压电效应及等效电路

石英晶体是硅石的一种，它的化学成分是二氧化硅（SiO_2），在石英晶体上按一定方位角切下薄片，然后在晶片的两个对应表面上用喷涂金属的方法装上一对金属极板，就构成了石英晶体振荡元件——石英晶体谐振器。它的符号及等效电路分别如图 5.20(a)、(b) 所示。

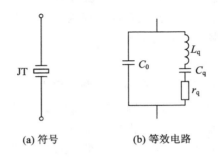

(a) 符号   (b) 等效电路

图 5.20　石英谐振器的符号及等效电路

石英晶体片之所以能做成谐振器，是因为它具有正、反压电效应。当机械力作用于晶片时，晶片相对两侧将产生异号的电荷；反之，当在晶片两面加不同极性的电压时，晶体的几何尺寸或形状将发生改变。

晶体的集合尺寸和结构一定时，它本身就具有一个固有的机械振动频率。当高频交流电压加于晶片两端时，晶片将随交变信号电压的变化而产生机械振动，当其振荡频率与晶片固有频率相等时，将产生谐振，这时机械振动最强。

为了求出石英谐振器的等效电路，可以将石英晶片的机械系统类比于电系统，即晶片的质量类比于电感，弹性类比于电容，机械摩擦损耗类比于电阻，石英晶片的质量越大，相当于电路的电感量越大；石英晶片的弹性越大，相当于电路的电容越大；摩擦损耗越大，相当于电路中的电阻越大。晶片可用一个串联 LC 回路表示，L_q 为动态电感，C_q 为动态电容，r_q 为动态电阻，此外还有切片与金属极板构成的静电电容 C_0。

石英谐振器的最大特点是：它的等效电感 L_q 非常大，而 C_q 和 r_q 都非常小，所以石英谐振器的 Q 值非常高（$Q = \dfrac{1}{r_q}\sqrt{\dfrac{L_q}{C_q}}$），可以达到几万到几百万，所以石英晶体谐振器的振荡频率稳定度非常高。

2. 石英晶体的阻抗特性

在石英晶体谐振器的等效电路中，L_q、C_q 组成串联谐振电路，串联谐振频率为

$$f_q = \frac{1}{2\pi \sqrt{L_q C_q}} \tag{5.57}$$

由 L_q、C_q、C_0 组成的并联谐振电路的谐振频率为

$$f_p = \frac{1}{2\pi \sqrt{L_q \dfrac{C_0 C_q}{C_0 + C_q}}} \tag{5.58}$$

由于 $C_0 \gg C_q$,因此 f_q 和 f_p 相隔很近。由式(5.58)有

$$f_p = \frac{1}{2\pi \sqrt{L_q C_q}} \sqrt{\frac{C_0 + C_q}{C_0 C_q}} = f_q \sqrt{1 + \frac{C_q}{C_0}} \tag{5.59}$$

当 $(C_0/C_q) \ll 1$ 时,利用近似式 $\sqrt{1+x} = 1 + \dfrac{1}{2}x \, (x \ll 1)$,有

$$f_p \approx f_q \left(1 + \frac{C_q}{2C_0}\right) \tag{5.60}$$

石英晶体谐振器的等效电抗曲线如图 5.21 所示。可见,当 $f = f_q$ 时,L_q、C_q 支路产生串联谐振;当 $f = f_p$ 时,产生并联谐振。当 $f < f_q$ 或 $f > f_p$ 时,电抗呈容性;当 $f_q < f < f_p$ 时,电抗呈感性。

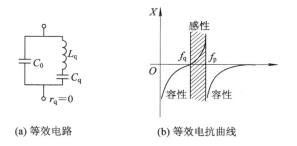

(a) 等效电路   (b) 等效电抗曲线

图 5.21　石英晶体谐振器的等效电路及电抗特性曲线

由于两个谐振频率之差很小,因此呈感性的阻抗曲线非常陡峭。实用中,晶体谐振器工作在频率范围很窄的感性区(可以把它看成一个电感),只有在电感区曲线才有非常大的斜率(对稳定频率有利),而在电容区石英谐振器是不宜使用的。

3. 石英谐振器的频率-温度特性

虽然石英谐振器的等效回路具有高 Q 值的优点,但是如果它的电参数不稳定,仍然不能保证频率稳定度的提高。频率稳定度还受到温度变化的影响。

在一定温度范围内,石英晶体的各电参量具有较小的温度系数,具体情况与晶体切割类型有关。在室温附近,它们的稳定度是比较令人满意的,其中以 AT 切型最好。但是当温度变化较大时,频率稳定度就明显变差,因此要得到更高的频率稳定度,应对石英晶体采用恒温设备。

4. 石英谐振器频率稳定度高的原因

石英晶体的频率稳定度之所以高,主要有以下几方面原因:

(1) 它的频率温度系数小,用恒温设备后,更可保证频率的稳定度。

(2) 它的 Q 值非常高。

(3) 石英谐振器的 $C_q \ll C_0$,振荡频率基本上由 L_q、C_q 决定,外电路对振荡频率的影响很小,只要它本身的参数 L_q、C_q 稳定,就可以有很高的频率稳定度。

5.5.2 石英晶体振荡器电路

由石英谐振器构成的振荡电路通常称为石英晶体振荡电路。从晶体在电路中的作用来看，晶体振荡器可分为并联型晶体振荡器和串联型晶体振荡器两种类型的电路：一种是将晶体作为三端式电路中的回路电感使用，而整个振荡回路处于并联谐振状态，故称其为并联型电路；另一种是工作在晶体的串联谐振频率上，将晶体作为一个高选择性的回路元件，串联在反馈支路中，用以控制反馈系数，故称为串联型电路。在电子设备中，广泛采用并联型振荡电路。

1. 并联型晶体振荡器

并联型晶体振荡器由晶体与外接电容器或电感线圈构成并联谐振回路，按三端式振荡器连接原则组成振荡器，晶体等效为电感。振荡器的振荡频率只能在 $f_q < f < f_p$ 的范围内。

在三端式振荡器电路中，晶体有两种接入回路的方式。

一种是将晶体接在三极管集电极与基极之间，如图 5.22(a)所示，称为皮尔斯(Pierce)电路。图中，L_c 为高频扼流圈，C_b 为旁路电容，JT 相当于电感。图 5.22(b)为谐振回路等效电路。所以皮尔斯电路相当于电容三端式振荡器。

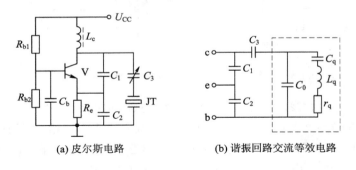

(a) 皮尔斯电路   (b) 谐振回路交流等效电路

图 5.22 并联晶体振荡器

另外一种是将晶体接在基极和发射极之间，如图 5.23(a)所示，称为密勒(Miller)电路。图 5.23(b)为其交流等效电路。图 5.23(c)中，L_{e1} 为 LC_1 回路呈现的等效电感（LC_1 回路的谐振频率应高于振荡频率），L_{e2} 为晶体呈现的等效电感。所以密勒电路相当于电感三

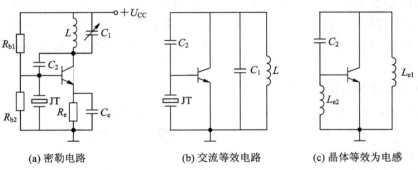

(a) 密勒电路   (b) 交流等效电路   (c) 晶体等效为电感

图 5.23 密勒晶体振荡器

端式振荡器。在密勒电路中，晶体是接在正向偏置的发射结上，因此输入阻抗对晶体 Q 值的影响大；在皮尔斯电路中，晶体接在反向偏置的 c、b 间，影响较小。所以，从提高频率稳定度方面着眼，应选用皮尔斯电路。

2. 串联型晶体振荡器

串联型晶体振荡器的特点是晶体工作在串联谐振频率上，并作为交流短路元件串联在反馈支路中，如图 5.24 所示。其中，C_b 是高频旁路电容，它对交流信号来说，相当于短路；L 是谐振回路线圈；石英晶体 JT、电容 C_1 和 C_2 组成反馈网络；电阻 R_{b1} 和 R_{b2} 组成分压式偏置电路，电阻 R_e 构成自给偏置电路。与一般的电容三点式振荡电路的等效电路相比，串联型晶体振荡电路的等效电路在选频网络和晶体管发射极之间多了一个石英晶体 JT。

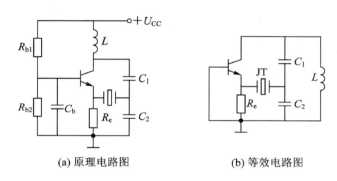

(a) 原理电路图   (b) 等效电路图

图 5.24 串联晶体振荡器电路图

显然，只有振荡频率等于晶体的串联谐振频率 f_q，才能形成强烈的正反馈，所以这种振荡器的输出信号的频率 f_o 的估算值就是 f_q，即

$$f_o \approx f_q \qquad (5.61)$$

当然，也不能说 C_1、C_2 和 L 的参数可以为任何值。实际上，如果 $\dfrac{1}{2\pi\sqrt{L\dfrac{C_1 C_2}{C_1 + C_2}}}$ 与 f_o

之间的偏差太大，则这个振荡器将不能起振。所以，应该合理选择 C_1、C_2 和 L 的值，尽量使 $\dfrac{1}{2\pi\sqrt{L\dfrac{C_1 C_2}{C_1 + C_2}}}$ 和 f_q 相等。

串联型晶体振荡电路的谐振频率由石英晶体的串联谐振频率 f_q 决定，其频率稳定度也由石英晶体来决定，而不是由选频网络来决定。

3. 泛音晶体振荡器

石英晶体的基频越高，晶片的厚度越薄，加工越困难，且易碎。因此在要求更高频率工作时，可以令晶体工作于它的泛音频率上，构成泛音晶体振荡器。

所谓泛音，是指石英片振动的机械谐波。它与电气谐波的主要区别是：电气谐波与基波是整数倍的关系，且谐波与基波同时并存；泛音则与基频不成整数倍关系，只是在基频奇数倍附近，且两者不能同时存在。由于晶体片实际是一个具有分布参数的三维系统，它的固定频率从理论上来说有无限多个，那么泛音晶体谐振器在应用时，怎样才能使其工作在所指定的泛音频率上呢？这就要设计一种具有抑制非工作谐波的泛音振荡电路。

在泛音晶振电路中，为了保证振荡器能准确地振荡在所需要的奇次泛音上，不但必须有效地抑制基频和低次泛音上的寄生振荡，而且必须正确调节电路的环路增益，使其在工作泛音频率上略大于1，满足起振条件，而在更高的泛音频率上都小于1，不满足起振条件。

在实际应用时，可在三点式振荡电路中，用一选频回路代替某一支路上的电抗元件，使这一支路在基频和低次泛音上呈现的电抗性质恰好满足组成法则，能够起振。

图5.25(a)给出了一种并联型泛音晶体振荡电路。它与皮尔斯振荡器不同之处是用 LC_1 谐振回路代替电容 C_1，而根据三点式振荡器的组成原则，该谐振回路应呈现容性阻抗。假设泛音晶振为五次泛音，标称频率为 5 MHz，基频为 1 MHz，则 LC_1 回路必须调谐在三次和五次泛音频率之间。这样，在 5 MHz 频率上，LC_1 回路呈容性，振荡电路满足组成法则。对于 t 次及 t 次以上泛音频率来说，LC_1 虽然呈现容性，但等效容抗减小，从而使电路的电压放大倍数减小，环路增益小于1，不满足振幅起振条件。LC_1 回路的电抗特性如图5.25(b)所示。

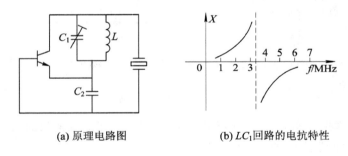

(a) 原理电路图　　　　　　　　(b) LC_1 回路的电抗特性

图 5.25　并联型泛音晶体振荡电路

【例 5.3】　图5.26(a)为一并联型泛音晶体振荡器的实际电路。已知石英晶体的基频为 20 MHz，要求振荡器输出振荡频率为 100 MHz，即石英晶体工作于五次泛音。试求电感 L 的取值范围。

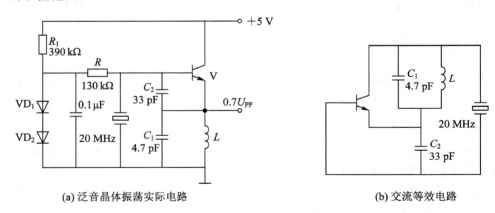

(a) 泛音晶体振荡实际电路　　　　　　　　(b) 交流等效电路

图 5.26　并联型泛音晶体振荡器

【解】　图 5.26(a)的交流等效电路如图 5.26(b)所示。由并联型泛音晶体振荡器的组成原则可知,为了使石英晶体工作于五次泛音的感性电抗区,必须使由 L 和 C_1 组成的谐振回路在振荡频率 100 MHz 处呈容性电抗,而在三次泛音和基波频率处呈感性电抗。L 和 C_1 组成的谐振回路的谐振频率高于三次泛音频率(60 MHz),却要低于五次泛音频率(100 MHz),即可实现上述要求。这样,就可求出电感 L 的取值范围。因为

$$L = \frac{1}{4\pi^2 f_0^2 C_1}$$

所以当 $f_0 = f_{max} = 100$ MHz 时,有

$$L_{min} = \frac{1}{4\pi^2 \times 100^2 \times 10^{12} \times 4.7 \times 10^{-12}} = 0.54 \ \mu H$$

当 $f_0 = f_{min} = 60$ MHz 时,有

$$L_{max} = \frac{1}{4\pi^2 \times 60^2 \times 10^{12} \times 4.7 \times 10^{-12}} = 1.5 \ \mu H$$

故 L 的取值范围为 $0.54 \sim 1.5 \ \mu H$。若取 $L = 1.1 \ \mu H$,则 L 和 C_1 谐振于 70 MHz。进一步分析可知,此时回路对基波及三次泛音呈感性,不满足自激所需相位条件。

5.5.3　高稳定晶体振荡器

一般石英晶体振荡器在常温情况下,短期频率稳定度通常只能达到 10^{-5} 数量级。若要得到 $10^{-8} \sim 10^{-7}$ 甚至更高频率稳定度的石英晶体振荡器,可以采用两个措施。一是将晶体或整个振荡器置于恒温槽内,恒温槽的温度控制在晶体的拐点温度附近,这样,既消除了温度对振荡频率的影响,又可使晶体工作在零温度系数的最佳状态,采用这种措施的振荡器,它的频率稳定度可达到 10^{-10} 的数量级;二是采用变容管温度补偿电路。

1. 恒温控制高稳定度石英晶体振荡器

提高稳定度的措施是将石英谐振器及其对频率有影响的一些电路元件放置在受控的恒温槽内。恒温槽的温度应高于最高环境温度。通常恒温槽的温度精确地控制在所用谐振器频率——温度特性曲线的拐点,因为在拐点处频率温度系数最小。由于恒温控制增加了电路的复杂性和功率消耗,所以这种恒温控制高稳定度石英晶体振荡器,主要用在大型高精密度的固定式设备中。

图 5.27 是具有双层恒温控制装置的高稳定度晶体振荡器原理电路。主振级为共发射极组态的皮尔斯电路,其振荡频率为 2.5 MHz。V_2 为缓冲级,它将主振级与第三级隔离开,以减弱负载对主振级的影响。V_2 的集电极回路对振荡频率处于失谐状态,使该级增益很低,并且将信号经变压器 T_1 耦合到次级,再经过 R_7 衰减后加入 V_3 的基极。第三级是具有较大功率增益的谐振放大器,它将一部分信号经变压器 T_2 加于其后的两级放大器 V_4、V_5 进一步放大,将另一部分信号经过电容 C_{11} 耦合送入由两只二极管(2CK17)、R_{10} 和 C_7 组成的自动增益控制倍压检波电路,以便获得一个反映输出振幅大小的直流负电压,反馈到 V_1 的基极,达到稳定振幅的目的。这种稳幅过程,比前述利用晶体管非线性工作特性来稳幅要好。因为这时 V_1 可以以小信号工作于线性放大区,从而具有良好的输出波形,这就进一步提高了振荡器的频率稳定度。

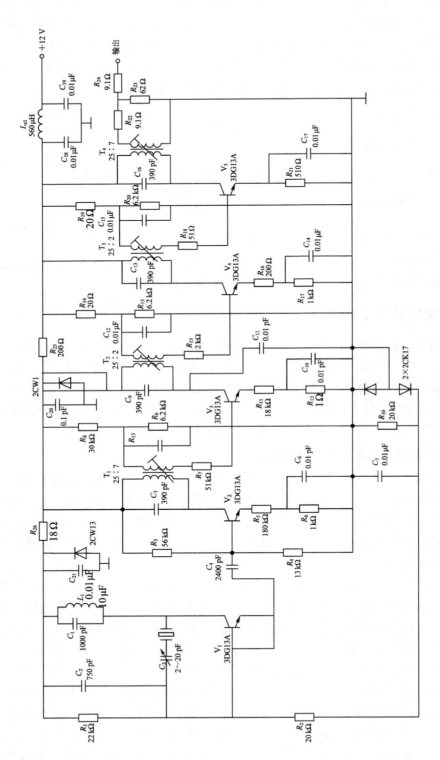

图5.27　2.5 MHz高稳定度晶体振荡器原理电路

2. 温度补偿石英晶体振荡器

上述恒温控制的晶体振荡器，其频率稳定度虽然可以做得很高，但是存在着电路复杂、功率消耗大、设备庞大笨重以及工作前需要较长时间的预热等缺点，所以应用受到一定的限制。而温度补偿石英晶体振荡器，由于没有恒温槽装置，所以它具有体积小、重量轻、功耗小、可靠性高，特别是开机后能立即工作等优点，近年来广泛应用于单边带通信电台、中小型战术电台和各种测量仪器中。

采用温度补偿法，一般可以使晶体振荡器的频率稳定度提高 1~2 个数量级。即在 -40~70℃ 的环境温度中，可以使晶体振荡器的频稳度达到 $\pm 5 \times 10^{-7}$ 数量级。实现温度补偿的方法很多，下面以最常见的热敏电阻网络和变容二极管所组成的补偿电路，来说明温度补偿石英晶体振荡器的工作原理，如图 5.28 所示。

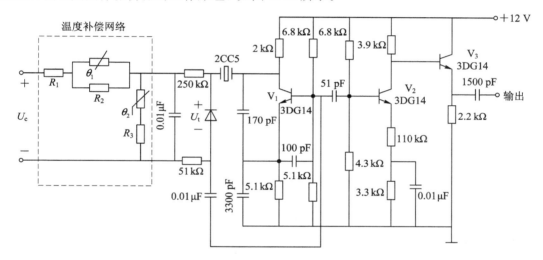

图 5.28　温度补偿式晶体振荡器实用电路

图 5.28 中，V_1 接成皮尔斯晶体振荡器，V_2 为共射极放大器，V_3 为射随极跟随器。虚线框为温度补偿电路，它是由 R_1、R_2、θ_1 和 θ_2、R_3 构成电阻分压器。其中，θ_1 和 θ_2 为阻值随周围环境温度变化的热敏电阻，该电路的作用是使 θ_2 和 R_3 上的分压值 U_t 反映周围温度变化。将 U_t 加到与晶体相串联的变容二极管上，可控制变容二极管的电容量变化。由于当环境温度改变时，石英晶体的标称频率随温度改变而略有变化，因此振荡器的频率也就有所变化。如果 U_t 的温度特性与晶体的温度特性相匹配，当变容二极管的电容随 U_t 改变时，可补偿因温度变化而引起的晶体频率的变化，则整个振荡器频率受温度变化的影响便大大减小，从而得到比较高的频率稳定度，振荡器的频率稳定度可提高 1~2 个数量级。

5.6　实用振荡器电路分析

各种集成放大电路都可以组成集成正弦波振荡器，确定该振荡器振荡频率的 LC 元件需外接。为了满足振幅起振条件，集成放大电路的单位增益带宽 B_G 至少应比振荡频率 f_0

大 1～2 倍。为了保证振荡器有足够高的频率稳定度，一般宜取 $B_G \geq f_0$ 或 $B_G >$ $(3\sim10)f_0$，集成放大电路的最大输出电压幅度和负载特性也满足要求。利用晶振可以提高集成正弦波振荡器的频率稳定度。采用单片集成振荡电路如 E1648 等组成正弦波振荡器更加方便，在 5.3.6 节中已有介绍。

用集成宽带放大电路 LM733 和 LC 网络可以组成频率在 120 MHz 以内的高频正弦波振荡器，典型接法如图 5.29 所示。如在①脚与回路之间接入晶振（如图中虚线表示），则可组成晶体振荡器。

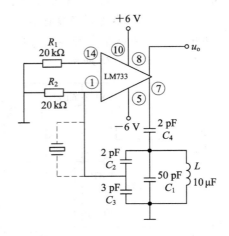

图 5.29　集成正弦波振荡器

用集成宽带（或射频）放大电路组成正弦波振荡器时，LC 选频回路应正确接入反馈支路，其电路组成原则与运放振荡器的组成原则相似。

图 5.30 是松下 TC－483D 型彩色电视机甚高频点调谐高频头中的本机振荡器电路，该电路由分立元件组成。

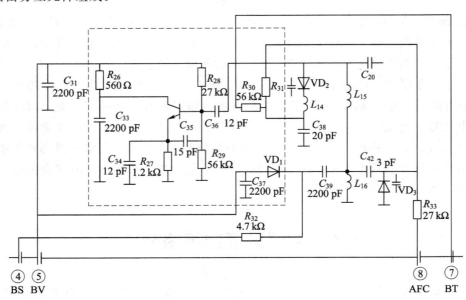

图 5.30　高频头中的本振电路

　　在高频头中，本振的作用是产生一个与输入电视图像载频相差一个中频（38 MHz）的高频正弦波信号。其高频电视频道范围为 1～12 频道，其中 1～5 频道（L 频段）图像载频范围为 49.75～85.25 MHz，6～12 频道（H 频段）图像载频范围为 168.25～216.25 MHz。

　　图中开关二极管 VD_1 受频段选择的控制。L 频段时，BS＝30V，BV＝12V，VD_1 反偏截止，交流等效电路如图 5.31(a)所示。H 频段时，BS＝0 V，BV＝12 V，VD_1 导通，L_{16} 被短路（因 2200 pF 电容对高频信号短路），交流等效电路如图 5.31(b)所示。VD_2 是变容二极管，其电容量受调谐电压 BT 控制。改变 VD_2 的电容量，便可改变本振频率。

　　⑧脚输入的 AFC 信号通过对 VD_2 和 VD_3 电容量的微调，达到对本振频率的微调，从而保证本征频率能够跟踪输入电视图像载频，使其差值恒定为 38 MHz。有关 AFC 电路的详细介绍在第 7 章中进行介绍。

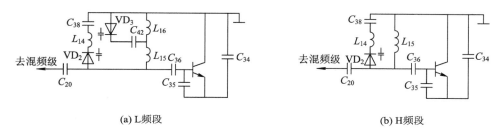

图 5.31　本振交流等效电路

　　由图可知，这是一个压控西勒电路。整个甚高频波段覆盖系数为 4.3，数值较大，分成 L 和 H 两个频段后，波段覆盖系数分别下降为 1.7 和 1.3，正好在西勒电路的调节范围之内。

本 章 小 结

　　1. 反馈振荡器是由放大器和反馈网络组成的具有选频能力的正反馈系统。反馈振荡器必须满足起振、平衡、稳幅三条件。

　　2. 三点式振荡器是 LC 正弦波振荡器的主要形式，要求掌握三点式振荡器的组成原则，电容三点式和电感三点式振荡器的常用电路、交流等效电路和优缺点等。

　　3. 频率稳定度是振荡器的一个重要技术指标，提高频稳度的措施包括减小外界因素变化的影响和提高电路本身抗外界因素变化影响能力两个方面。

　　4. 为了提高频率稳定度，首先从减小寄生电容对回路的影响入手，提出了改善普通三点式振荡电路频率稳定性的两种改进电路：克拉波和西勒电路。然后从提高回路有载 Q 值出发，设计出高稳定度的石英晶体振荡器。

　　5. 晶体振荡器的频率稳定度高，但振荡频率的可调范围窄。晶体振荡电路可分为并联型和串联型两类。前一类，晶体起等效电感的作用；而后一类，晶体起高选择性短路元件的作用。泛音晶体振荡器是利用石英谐振器的泛音振动特性对频率实行控制的振荡器，它常用作产生较高频率的振荡器，但需采取措施抑制低次谐波的产生。

思考题与习题

5.1 什么是振荡器的起振条件、平衡条件和稳定条件？振荡器输出信号的振幅和频率分别是由什么条件决定的？

5.2 如题图5.1所示，试从相位条件出发，判断图示交流等效电路中哪些可能振荡？哪些不可能振荡？能振荡的属于哪种类型振荡器？

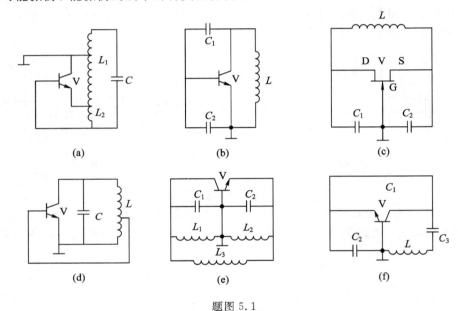

题图 5.1

5.3 题图5.2所示的是一个三回路振荡器的等效电路，设有下列四种情况：

(1) $L_1C_1 > L_2C_2 > L_3C_3$ ；

(2) $L_1C_1 < L_2C_2 < L_3C_3$ ；

(3) $L_1C_1 = L_2C_2 > L_3C_3$ ；

(4) $L_1C_1 < L_2C_2 = L_3C_3$ 。

试分析上述四种情况是否都能振荡？振荡频率 f_1 与回路谐振频率有何关系？

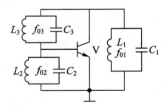

题图 5.2

5.4 题图5.3所示的振荡器线路有哪些错误？试加以改正。

5.5 将题图5.4所示的几个互感耦合振荡器交流通路改画为实际线路，并注明互感的同名端。

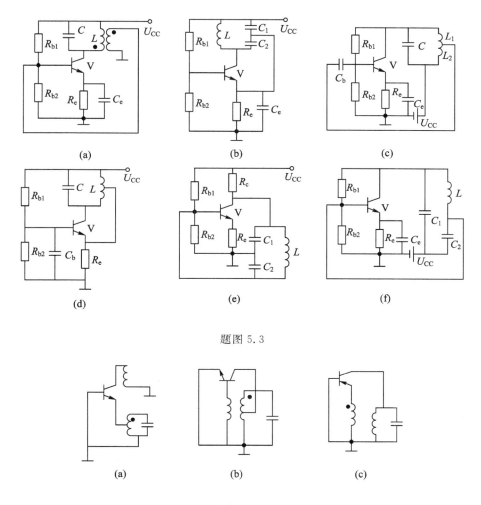

题图 5.3

题图 5.4

5.6　振荡器交流等效电路如题图 5.5 所示，工作频率为 10 MHz，试：

（1）计算 C_1、C_2 的取值范围；

（2）画出实际电路。

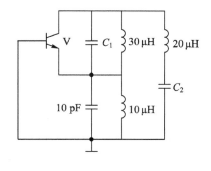

题图 5.5

5.7 在题图 5.6 所示的电容三端式电路中，试求电路振荡频率和维持振荡所必需的最小电压增益。

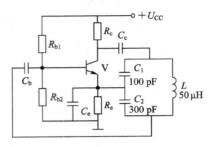

题图 5.6

5.8 对于题图 5.7 所示的各振荡电路，试：

（1）画出交流等效电路，说明振荡器类型；

（2）估算振荡频率和反馈系数。

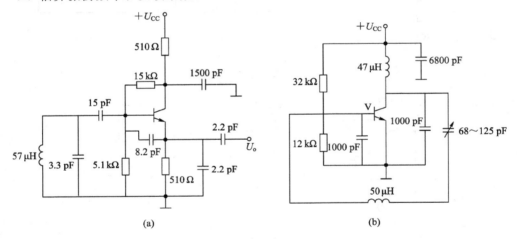

题图 5.7

5.9 克拉泼和西勒振荡电路是怎样改进电容反馈振荡器性能的？

5.10 振荡器如题图 5.8 所示，它们是什么类型振荡器？有何优点？计算各电路的振荡频率。

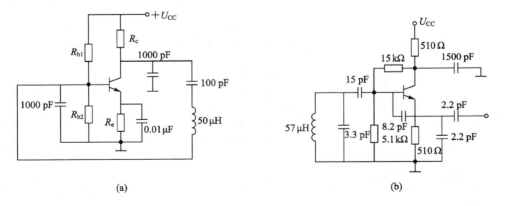

题图 5.8

5.11 分析题图5.9所示各振荡电路，画出交流通路，说明电路的特点，并计算振荡频率。

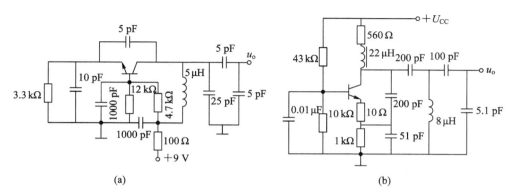

题图 5.9

5.12 振荡器的频率稳定度用什么来衡量？什么是长期、短期和瞬时稳定度？引起振荡器频率变化的外界因素有哪些？

5.13 题图5.10是两个实用晶体振荡器电路，试画出它们的交流等效电路，并指出是哪一种振荡器？晶体在电路中的作用分别是什么？

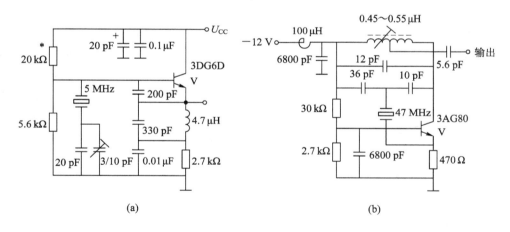

题图 5.10

5.14 在高稳定晶体振荡器中，采用了哪些措施来提高频率稳定度？

第6章 振幅调制、解调及混频

在通信和广播、电视发送系统中，为了有效地实现信息传输和信号处理，广泛地采用了各种频谱变换电路(或称频率变换电路和频谱搬移电路)。此类电路具备将输入信号频谱进行变换，以获取具有所需频谱的输出信号的功能，是通信系统最基本的单元电路。根据频谱变换的不同特点，频谱变换电路分为频谱线性变换电路和频谱非线性变换电路。频谱线性变换电路的特点是输出信号与输入信号的频谱具有简单线性关系；从频域看，在频谱搬移的过程中，输入信号的频谱结构不发生变化，即搬移前后各频率分量的比例关系不发生变化，只是将输入信号频谱沿频率轴进行不失真的线性搬移。振幅调制与解调、混频电路就是典型的频谱线性搬移电路。频谱非线性变换电路的特点是输出信号和输入信号的频谱不再是简单的线性关系，也不是频谱的简单搬移，而是在搬移过程中将输入信号频谱进行特定的非线性变换，变换前后谱结构不同，如调频与鉴频电路，调相与鉴相电路都属于这种类型的电路。

对于频谱变换电路而言，不论频谱如何搬移，输出信号的频率分量总与输入信号的频率分量不尽相同，即有新的频率分量产生，所以频谱搬移过程必须利用非线性器件才能实现。可见，频谱变换电路属于非线性电路。常见的进行频率变换的非线性器件有二极管、三极管、场效应管以及模拟相乘器。它们都是具有相乘特性的非线性器件，可作为乘法器使用，因此可把频率变换归结为两个信号相乘的结果。通常频谱变换电路分类见图 6.1。

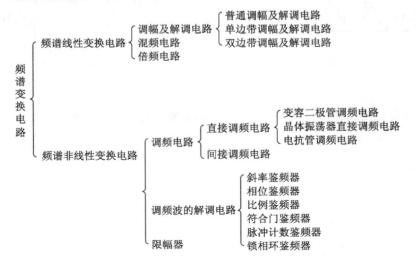

图 6.1 频谱变换电路分类

本章讨论的是频谱线性变换电路中的振幅调制与解调和混频电路。

6.1　概　　述

6.1.1　调制、解调原理

通信的主要任务就是将各种信息(包括语言、文字、图像和数据等)由发送者传递给接收者,以达到无失真传送信息的目的。对于无线通信方式而言,根据电磁场理论可知,只有天线长度与电信号的波长相比拟时($L \approx \lambda/4$),电信号才能以电磁波形式有效地通过天线向外辐射,这就要求被发送的电信号必须有足够高的频率或采用尺寸足够大的天线。由于要传送的信号多为基带信号,其信号的频率较低,最高也只有几千赫兹。对于这种电信号通过增加天线的长度来进行有效地发送是难以想象的。即使那么长的天线能够制造出来,但由于各电台都用几乎同样的频率发射,在空间会形成干扰,接收端也无法收到需要的信号。

为了解决这些问题,就需要将低频信号搬移到不同的高频段,以实现频分复用。这样可以利用频率较高的载波将待发送的低频信号"携带"到空间中去,并且不同的电台采用不同频率的高频载波,使得在同一信道中传送的大量电磁波由于频分复用而不会相互干扰。接收者通过选择从空间接收到所需高频电磁波后,再将低频信号从接收信号中提取出来,并变换成原始低频信号。这样的过程就实现了信号的调制与解调。有线通信虽然可以传输语音类的低频信号,但一条信道只允许传输一路信号,信道利用率很低,所以有线通信中也需要将各路语音信号搬移到不同的频段,采用频分复用的"多路通信"技术可实现多路信号经一根导线传输而又互不干扰。因此,无论是无线通信还是有线通信都要使用频分复用技术,也就是都要进行调制,进而在接收端都需要解调。

调制过程是将包含信息的基带信号转换成适合信道传输的频带信号的过程,也就是在发射端将要传送的低频信号"加载"到高频信号上,从而实现远距离传播的过程。此方式便于天线发送或实现不同信号源、不同系统的频分复用。通常将未调制的高频信号称为载波信号,将低频或视频信号(基带信号)称为调制信号,将调制后的高频信号称为已调信号。

一般来说,高频载波电压(电流)可用简谐波来表示,其数学表示式为

$$a(t) = A \cos\varphi(t) = A \cos(\omega t + \varphi_0) \qquad (6.1)$$

式中,A 是正弦波的振幅,ω 是角频率,$\varphi(t)$ 是瞬时相位,φ_0 是初相角。任何一个正弦波都有三个基本参数:幅度、频率和初相位,它们都是常数,本身不包含要传输的任何信息。因此,调制实际上就是用待传输的调制信号去控制一个等幅的载波信号的某个参数,使该参数按调制信号的规律变化(该参数的变化规律与调制信号成线性关系)。这样,已调波就是一个带有调制信号特征或者包含调制信号信息的高频振荡信号。

解调是在接收端将已调信号从高频段变换到低频段,恢复原调制信号的过程。它是调制的逆过程。幅度调制的解调简称检波,实现解调的装置叫解调器或检波器。

从频谱变换的角度来看,不论是调制还是解调,其实质都是在功能实现的过程中发生了频率变换,产生了新的频率分量。本章讨论的调幅、检波和混频电路在频谱线性搬移的过程中,变换前后信号的频谱结构没有发生变化(即各分量的频率间隔和相对幅度保持不变),只是频率位置发生改变,这说明变换前后信号所包含的有用信息不变。由于调幅和检

波都可以归结为两个信号相乘的结果，所以只要两个信号共同作用于具有相乘特性的非线性器件上，将产生无数个新的频率分量，经过特定的选频网络选频，就可实现调幅与检波。这就是调幅与检波的基本工作原理。实际上，这一原理也适用于混频。

6.1.2　调制的分类

调制方式有很多种类型，常见的调制方式分类如下：

1. 模拟调制

模拟调制是指调制信号为连续变化的模拟信号时的调制方式，又根据载波是连续的正弦信号，还是离散的矩形脉冲序列，分正弦波调制和脉冲调制两大类。

1）正弦波调制

正弦波调制也称连续波调制，是以高频正弦波为载波，用低频调制信号分别去控制正弦波的振幅、频率或相位三个参量，分别得到调幅（AM）、调频（FM）和调相（PM）。

（1）振幅调制：由调制信号去控制载波振幅，使已调信号的振幅随调制信号线性变化，也称幅度调制，简称调幅。调幅方式又可分为普通调幅（AM）、抑制载波的双边带调幅（DSB）、单边带调幅（SSB）、残留边带调幅（VSB），其解调过程叫检波，或幅度解调。

（2）频率调制：由调制信号去控制载波频率，使已调波的频率随调制信号线性变化，而维持载波振幅不变，简称调频（FM），其解调过程叫鉴频，频率检波或频率解调。

（3）相位调制：由调制信号去控制载波相位，使已调波的相位随调制信号线性变化，而维持载波振幅不变，简称调相（PM），其解调过程叫鉴相，相位检波或相位解调。

通常，调频和调相统称为调角制或角度调制。

2）脉冲调制

脉冲调制以脉冲信号作为载波对连续的调制信号进行采样，得到一个时间上离散的调制信号，之后用各离散时刻调制信号的采样值去控制脉冲的幅度、脉冲宽度或脉冲位置等参量，使之随调制信号变化。常用的脉冲调制有以下几种：

（1）脉冲幅度调制（PAM）：用调制信号控制脉冲序列的幅度，使脉冲幅度在其平均值上下随调制信号的瞬时值变化。它是脉冲调制中最简单的一种，简称脉幅调制。

（2）脉冲宽度调制（PWM）：又称脉冲持续时间调制（PDM）。用调制信号控制脉冲的宽度，使每个脉冲的持续时间与瞬时调制信号成比例，其脉冲幅度不变，简称脉宽调制。

（3）脉冲相位调制（PPM）：用调制信号控制脉冲序列中各脉冲的相对位置（即相位），使各脉冲的相位随调制信号变化，其脉冲幅度和宽度均保持不变，简称脉位调制。

（4）脉冲编码调制（PCM）：简称脉码调制，是一种对模拟信号数字化的取样技术，将模拟语音信号变换为数字信号的编码方式。它有三个过程：采样、量化和编码。脉码调制的本质不是调制，而是数字编码，由编码得到的数字信号可根据需要对载波进行调制。

2. 数字调制

数字调制是指调制信号为离散的数字信号时对载波进行调制的过程。主要有：振幅键控（ASK）、频率键控（FSK）、相位键控（PSK）。

（1）振幅键控：又称幅移键控。这种调制是根据信号的不同，调节正弦波的幅度。载波幅度是随着调制信号而变化的。最简单的形式是用数字调制信号控制载波的通断。

（2）频率键控：又称频移键控，是利用基带数字信号离散取值特点去键控载波频率以传递信息的一种数字调制技术，即用数字调制信号的正负控制载波的频率。

（3）相位键控：又称相移键控，是用数字调制信号的正负控制载波相位的一种调制方法。当数字信号为正时，载波起始相位取 0；当数字信号为负时，载波起始相位取 180°。

6.2　振　幅　调　制

从频谱搬移的角度看，凡是能实现将调制信号频谱搬移到载波一侧或两侧的过程，称为振幅调制。经过振幅调制的载波称为调幅波或已调幅波。通常讨论普通调幅（AM）、双边带调幅(DSB)和单边带调幅(SSB)三种方式。其中，普通调幅是最基本的，因此又称标准调幅。三种方式的主要区别在于产生的方法不同、频谱结构不同。

6.2.1　振幅调制信号分析

为了分析各种调幅电路，首先要了解各种调幅波的性质，下面对三种调幅方式逐个讨论。

1. 普通调幅波的分析

1）普通调幅波的数学表达式和波形

设载波信号为 $u_c(t) = U_{cm}\cos\omega_c t = U_{cm}\cos 2\pi f_c t$；调制信号为 $u_\Omega(t)$。根据调幅定义，已调幅波的幅度变化量应和调制信号成正比，其包络函数（即瞬时振幅）$U(t)$ 可表示为

$$U(t) = U_{cm} + \Delta U(t) = U_{cm} + k_a u_\Omega(t) \tag{6.2}$$

式中，$\Delta U(t)$ 与调制电压 $u_\Omega(t)$ 成正比，代表已调波振幅的变化量；包络函数所对应的曲线是由调幅波各高频周期峰值所连成的曲线，称为调幅波的包络。可见，包络与调制信号的变化规律完全一致。它包含调制信号的有用信息。

由于实现振幅调制后载波频率保持不变，则普通调幅波信号的表达式为

$$u_{AM}(t) = U(t)\cos\omega_c t = [U_{cm} + k_a u_\Omega(t)]\cos\omega_c t \tag{6.3}$$

式(6.2)和(6.3)中，ω_c 为载波角频率，U_{cm} 为载波振幅。k_a 是由调幅电路确定的比例常数，又称调制灵敏度，表示单位调制信号电压所引起的高频振荡幅度的变化。

假设调制信号为单频余弦信号，即

$$u_\Omega(t) = U_{\Omega m}\cos\Omega t = U_{\Omega m}\cos 2\pi F t$$

一般定义 Ω 为调制信号的角频率，F 为调制信号的频率，$U_{\Omega m}$ 为调制信号的振幅，通常载波频率与调制信号频率之间满足 $\omega_c \gg \Omega$ 或 $f_c \gg F$ 关系，f_c 为载波频率。这时，根据式(6.3)可写出单频调制时的普通调幅波表达式为

$$\begin{aligned}
u_{AM}(t) &= (U_{cm} + k_a U_{\Omega m}\cos\Omega t)\cos\omega_c t = U_{cm}\left(1 + \frac{k_a U_{\Omega m}}{U_{cm}}\cos\Omega t\right)\cos\omega_c t \\
&= U_{cm}(1 + m_a\cos\Omega t)\cos\omega_c t
\end{aligned} \tag{6.4}$$

式中，已调波振幅变化量 $k_a U_{\Omega m}$ 与载波振幅之比称为调幅系数或调幅指数即调幅度，是调幅波的主要参数之一。它表示载波振幅受调制信号控制的程度，用 m_a 表示如下：

$$m_a = \frac{k_a U_{\Omega m}}{U_{cm}} \tag{6.5}$$

　　根据以上讨论可知，调幅波也是一个高频振荡，它的振幅变化规律与调制信号完全一致，因此调幅波携带着原调制信号的信息。当调制信号为单频余弦波时，普通调幅过程中的各信号波形如图 6.2 所示，其中，(a)是调制信号波形，(b)是载波信号波形，(c)是已调波信号波形。由于 m_a 与 $U_{\Omega m}$ 成正比，所以 $U_{\Omega m}$ 越大，m_a 越大，调幅波的幅度变化也就越大。为了避免产生包络失真，调制系数应当满足 $0 \leqslant m_a \leqslant 1$ 的条件，以便调幅波的包络能正确地表现出调制信号的变化。

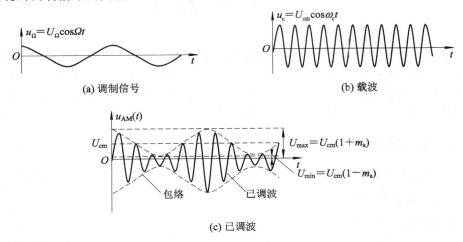

(a) 调制信号　　　　　　　　　　　　　(b) 载波

(c) 已调波

图 6.2　普通调幅过程中的各信号波形

　　图 6.2(c)中用虚线表示的曲线是调幅波的包络，可以看到包络与调制信号的变化规律完全一致。包络中填充的是频率为载频、幅度按调制信号规律变化的高频振荡，也就是高频调幅波。另外，从图 6.2(c)中可以看出已调波幅度的最大值为 $U_{max}=U_{cm}(1+m_a)$；已调波幅度的最小值为 $U_{min}=U_{cm}(1-m_a)$。因此，我们可以得到调幅指数的常用计算式为

$$m_a = \frac{U_{max}-U_{min}}{2U_{cm}} = \frac{U_{max}-U_{cm}}{U_{cm}} = \frac{U_{cm}-U_{min}}{U_{cm}} = \frac{U_{max}-U_{min}}{U_{max}+U_{min}} \tag{6.6}$$

　　从上式可以得出：当 $m_a=0$ 时，$U_{max}=U_{min}=U_{cm}$，其输出为等幅波，称之为非调制状态；当 $m_a<1$ 时，调幅波的波形如图 6.2(c)所示；当 $m_a=1$ 时，$U_{max}=2U_{cm}$，$U_{min}=0$，此时调幅达到最大值，称之为 100% 调制，又称最大调制状态，其波形如图 6.3 所示；当 $m_a>1$ 时，$U_{max}>2U_{cm}$，$U_{min}<0$，称之为过调制状态，其波形如图 6.4 所示。图 6.4 中两种情况下的包络均产生了严重的失真，与调制信号不再相同，甚至会出现一段时间振幅为零的现象，我们称这两种情况为过调幅，这样的已调波解调后，将无法还原调制信号。在实际应用时应避免过调幅情况出现。由此可以得出结论：调幅系数的取值范围是 $0 \leqslant m_a \leqslant 1$。

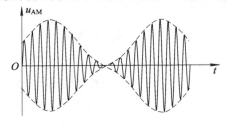

图 6.3　最大调制波形

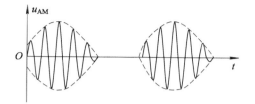

(a) 调制信号过大引起$m_a > 1$时的过调幅波形

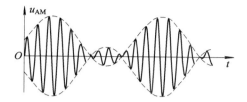

(b) 已调波通过传输系统失真引起$m_a > 1$时的过调幅波形

图 6.4　过调幅波形

图 6.4(a)中，$m_a > 1$是因为调制信号过大造成的，这时调幅器中的非线性器件在一段时间内保持截止状态，使得输出信号已不能用$m_a > 1$的已调波的数学表达式代表，因此波形出现中断现象，即一段时间振幅为零。当已调幅波通过线性电路时，若其边频获得的增益大于载频增益，则可能使边频幅度大于载频幅度的一半，调幅指数就由小于 1 变成大于 1，这时输出信号可以用$m_a > 1$的已调波的数学表达式代表，故不会出现中断现象，如图 6.4(b)所示。

2) 调幅波的频谱

在单频正弦信号的调制情况下，将普通调幅波的表达式用三角函数公式展开，就可以得到普通调幅波中包含的各个频谱分量。由式(6.4)可展开为

$$
\begin{aligned}
u_{AM}(t) &= U_{cm}(1 + m_a \cos\Omega t)\cos\omega_c t \\
&= U_{cm}\cos\omega_c t + \frac{1}{2}m_a U_{cm}\cos(\omega_c + \Omega)t + \frac{1}{2}m_a U_{cm}\cos(\omega_c - \Omega)t
\end{aligned}
\tag{6.7}
$$

可见，普通调幅波包含三个频率分量：载频ω_c、上边频$\omega_c + \Omega$和下边频$\omega_c - \Omega$。单频调制的调幅波的频谱图如图 6.5 所示。

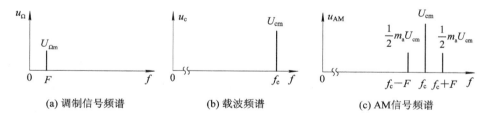

(a) 调制信号频谱　　　　　　　(b) 载波频谱　　　　　　　(c) AM信号频谱

图 6.5　单频调制时调幅波的频谱

图 6.5(c)中，载频f_c为中心频率，它与调制信号无关，不包含要传输的信息，其振幅为U_{cm}；上边频$f_c + F$和下边频$f_c - F$是调制过程中产生的新频率分量，这两个边频实质是相乘器对$u_\Omega(t)$和$u_c(t)$相乘的产物，它们以载频为中心对称分布，反映调制信号频率F的值。两者都包含待传输的调制信号信息，且幅度相等并与调制信号幅度成正比，可以反映$U_{\Omega m}$的大小，振幅均为$\frac{1}{2}m_a U_{cm}$。因为m_a的最大值等于 1，所以其边频振幅的最大值不能超过载频振幅的一半。

由调幅波的频谱可得，单频调制的调幅波的频带宽度为上下边频之间的宽度，即调制信号频率的二倍，表示为$B = (f_c + F) - (f_c - F) = 2F$或$B = 2\Omega$。

通常调制信号不是单一频率的正弦波,在多频调制的情况下,调制信号是复杂的非正弦周期函数,但可用傅里叶级数分解为若干正弦信号之和,即含有许多频率成分。因此,由各个低频频率分量所引起的边频对组成了已调波的上下两个边带。假设调制信号为

$$u_{\Omega}(t) = U_{\Omega m1} \cos\Omega_1 t + U_{\Omega m2} \cos\Omega_2 t + U_{\Omega m3} \cos\Omega_3 t + \cdots \tag{6.8}$$

则相应调幅波的数学表达式为

$$u_{AM}(t) = U_{cm}(1 + m_{a1} \cos\Omega_1 t + m_{a2} \cos\Omega_2 t + m_{a3} \cos\Omega_3 t + \cdots)\cos\omega_c t$$

$$= U_{cm} \cos\omega_c t + \frac{m_{a1}}{2}U_{cm} \cos(\omega_c + \Omega_1)t + \frac{m_{a1}}{2}U_{cm} \cos(\omega_c - \Omega_1)t$$

$$+ \frac{m_{a2}}{2}U_{cm} \cos(\omega_c + \Omega_2)t + \frac{m_{a2}}{2}U_{cm} \cos(\omega_c - \Omega_2)t$$

$$+ \frac{m_{a3}}{2}U_{cm} \cos(\omega_c + \Omega_3)t + \frac{m_{a3}}{2}U_{cm} \cos(\omega_c - \Omega_3)t + \cdots$$

$$= U_{cm}\left[\cos\omega_c t + \sum_{n=1}^{n_{max}} \frac{m_{an}}{2} \cos(\omega_c + \Omega_n)t + \sum_{n=1}^{n_{max}} \frac{m_{an}}{2} \cos(\omega_c - \Omega_n)t\right] \tag{6.9}$$

式(6.9)中所含频率成分 $\omega_c + \Omega_1 \sim \omega_c + \Omega_n$ 组成的边带称上边带;频率 $\omega_c - \Omega_1 \sim \omega_c - \Omega_n$ 组成的边带称下边带。多频调制时调幅波的频谱如图 6.6 所示。

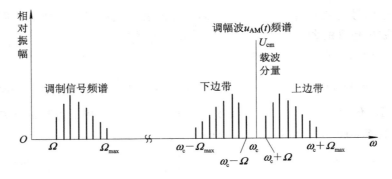

图 6.6　多频调制时调幅波的频谱

由图 6.6 可见,$u_{AM}(t)$ 的频谱结构中,除载波分量 ω_c 外,还有新产生的上、下边频分量 $\omega_c \pm \Omega_1$、$\omega_c \pm \Omega_2$、$\cdots$、$\omega_c \pm \Omega_{max}$,这些边频分量都是成对出现的,其幅度与调制信号中相应频率分量的幅度成正比;上、下边带中各频率分量的相对大小及间距均与原调制信号相同,仅下边带频谱倒置而已。可见,无论是单音频调制信号还是复杂的调制信号,其调幅过程均为在频谱上将低频调制信号不失真地搬移到高频载波分量两侧的过程,即频谱线性搬移的过程。所以,调幅为线性调制,而调幅电路则属于频谱的线性搬移电路。

调幅信号的频谱宽度为调制信号频谱宽度的两倍。所以,多音调制时的频带宽度为最高调制频率的两倍,带宽表示为

$$B = 2F_{max} \tag{6.10}$$

例如,语音信号的频率范围为 $300 \sim 3400$ Hz,则其调幅波的带宽为 6800 Hz。调幅波带宽的结论很重要,这是因为在接收和发送调幅波的通信设备中,所有的选频网络都应当能通过载频和各边频成分。如果选频网络的通频带太窄,将导致调幅波的失真。我国规定调幅广播电台占有的频带宽度为 9 kHz,也就是最高调制频率限制在 4.5 kHz 以内。这样

既可以有效地传输音频信号，又满足了一定的频带冗余，避免两个相邻频段电台的频率干扰。

3）调幅波的功率分配关系

调幅波的幅度是变化的，因此存在几种功率。调幅波振幅的变化通常由载波功率、最大功率、最小功率、调幅波平均功率等参数加以描述。设电路的负载为 R，且调制信号为单频信号，则如果将调幅波电压加于负载电阻 R 上，可得载波功率（载波在负载电阻 R 上消耗的功率）

$$P_c = \frac{U_{cm}^2}{2R} \tag{6.11}$$

调幅波平均功率：调幅波在载波信号（高频）一个周期内的平均功率。即 $U = U_{cm}(1 + m_a \cos\Omega t)$ 时变振幅作用在负载电阻 R 上所消耗的总功率。表示为

$$P = \frac{1}{2}\frac{U_{cm}^2}{R}(1 + m_a \cos\Omega t)^2 = P_c(1 + m_a \cos\Omega t)^2 \tag{6.12}$$

式中，P 是调制信号的函数，它随时间变化。当 $\cos\Omega t = 1$（包络波峰）时，调幅波振幅达到峰值，高频输出功率 P 最大，为 $P_{max} = P_c(1 + m_a)^2$，此时平均功率称为调幅波最大功率，也称峰值包络功率。当 $\cos\Omega t = -1$（包络波谷）时，P 最小；调幅波的最小功率为 $P_{min} = P_c(1 - m_a)^2$。可见，调幅波的最大功率和最小功率分别对应调制信号的最大值和最小值。

因为调幅波有三个频率成分，各频率成分单独作用在负载电阻上产生的功率分别为载波功率、上边频功率和下边频功率，其中上下边频功率相同。

上、下边频分量功率为

$$P_{SB1} = P_{SB2} = \frac{1}{2}\frac{\left(\frac{1}{2}m_a U_{cm}\right)^2}{R} = \frac{1}{8}\frac{m_a^2 U_{cm}^2}{R} = \frac{1}{4}m_a^2 P_c \tag{6.13}$$

边频总功率（上下边频功率之和）为

$$P_{SB} = P_{SB1} + P_{SB2} = \frac{1}{2}m_a^2 P_c \tag{6.14}$$

调幅波在调制信号一个周期内输出的总平均功率为

$$P_{AV} = P_c + P_{SB} = \left(1 + \frac{1}{2}m_a^2\right)P_c \tag{6.15}$$

由此可见，总功率由边频功率及载波功率组成，调幅波的输出功率（实际是边频功率）随 m_a 的增大而增大。因为信息仅包含在边带中，所以在调幅时应尽量提高 m_a 的值，以加强边带功率，提高系统传输信号的能力。当 $m_a = 1$ 时，总功率为 $P_{AV} = 1.5P_c$，边频功率达到最大，但其值只有载波功率的一半或总功率的 1/3，而不包含调制信号信息的载波功率占调幅波总功率的 2/3。实际使用中，m_a 在 0.1～1 之间，正常无线广播时平均值取 0.3。当 $m_a = 0.3$ 时，平均功率 $P_{AV} = 1.05P_c$，说明边频功率只占总功率的 5%。在选择晶体管时要按最大功率 P_{max} 进行选择，因此，普通调幅的功率利用率和晶体管的利用率都是极低的，这样会造成功率浪费；另外，音频信号动态范围大，有时调幅度可能很小。以上两点是普通调幅波的缺点。因为普通调幅的设备简单，特别是解调电路既简单成本又低，便于接收，所以它仍在某些领域广泛应用，特别是用于无线电广播。

为了提高功率利用率，应采用抑制载波的双边带调幅或单边带调幅，有时也可采用残

留边带调幅。从传输信息的观点看，如果在传输前把载波抑制，则可在不影响传输信息的条件下，大大节省发射功率。没有载波的调幅信号称双边带调制，其发送的功率都是有用信息功率。实际上，上、下边带都含有调制信号的有用信息，因此，传输时只需发送一个边带即可。这种仅传输一个边带的调制方式称为单边带调制，它除了节省发射功率外，还将已调信号的频谱宽度压缩一半。虽然双边带和单边带调制的功率利用率高，但其实现所需的收发系统设备比较复杂，且造价高，目前常在远距离通信系统如短波甚至超短波通信中使用。

4）AM 调幅电路组成模型

由调幅波表示式 $u_{AM}(t) = [U_{cm} + k_a u_\Omega(t)] \cos\omega_c t = U_{cm} \cos\omega_c t + k_a u_\Omega(t) \cos\omega_c t$ 可知，普通调幅在时域上表现为调制信号叠加一直流电压后与载波的相乘。因此，凡是具有相乘功能的非线性器件和电路都可以实现普通调幅。从波形上看，普通调幅波是调制信号和载波的线性叠加。

图 6.7 所示为实现普通调幅的两种电路组成模型，可以看出，实现调幅的关键在于实现调制信号和载波的相乘。图 6.7(a)实现的是 $u_{AM}(t) = [U_{cm} + k_a u_\Omega(t)] \cos\omega_c t$ 的电路模型，图(b)实现的是 $u_{AM}(t) = U_{cm} \cos\omega_c t + k_a u_\Omega(t) \cos\omega_c t$ 的电路模型。

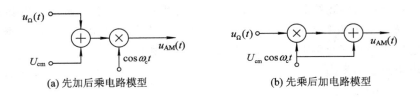

(a) 先加后乘电路模型　　　　　　　　(b) 先乘后加电路模型

图 6.7　实现普通调幅的两种电路组成模型

5）普通调幅波性质总结

通过以上的讨论，我们对普通调幅波有了基本的认识，现将其性质总结如下：

（1）已调信号的幅度随调制信号而变化。因此，调幅信号幅度的包络线近似为调制信号的波形。只要能取出这个包络信号就可实现解调。

（2）调幅波的频谱由两部分组成：一部分是未调制载波的频谱，另一部分是分别平移至载频 ω_c 两侧的调制信号的频谱，称上下边频。普通调幅信号所占的频带宽度为调制信号频带宽度的两倍。但从传递信息的角度看，普通调幅信号所占的频带中有一半是多余的，因此，这种调幅方式在频率资源利用上是有缺陷的。

（3）幅度调制是一种非线性过程，可将调制信号的各频率分量变换为载频与它的和频和差频分量，但该变换都是将信号的频谱在频率轴上平移，因此又称幅度调制为线性调制。

（4）在调幅波中，欲传递的信息只包含在边带内，而载波分量是不传递信息的。因此，从有效地利用发射机功率的角度考虑，普通调幅是不经济的。

2. 抑制载波的双边带调幅（DSB/SC - AM）

为了提高功率的有效利用率、节省发射功率，在传输时，可以仅发射含有信息的上、下边带，而将占有绝大部分功率的载波分量在传输前抑制掉，这样，可在不影响传输信息的条件下大大节省发射功率。这种调制方式称为抑制载波的双边带调幅，简称双边带调幅，用 DSB 表示。抑制了载波信号的调幅信号称双边带信号。利用模拟乘法器或平衡调幅器电路很容易产生抑制载波的双边带调幅波。

1）双边带调幅波的数学表达式和电路模型

DSB 信号可用载波与调制信号直接相乘得到，其表示式为

$$u_{DSB} = ku_\Omega(t)u_c(t) \tag{6.16}$$

若调制信号为单一正弦信号 $u_\Omega(t) = U_{\Omega m}\cos\Omega t$，则载波信号 $u_c(t) = U_{cm}\cos\omega_c t$。将调制信号和载波信号直接加到乘法器，调制后得到双边带调幅信号，即

$$u_{DSB}(t) = ku_\Omega(t)U_{cm}\cos\omega_c t = kU_{\Omega m}U_{cm}\cos\Omega t\ \cos\omega_c t = g(t)\cos\omega_c t$$

$$= \frac{1}{2}kU_{\Omega m}U_{cm}\cos(\omega_c - \Omega)t + \frac{1}{2}kU_{\Omega m}U_{cm}\cos(\omega_c + \Omega)t \tag{6.17}$$

式中，k 为调幅电路决定的比例系数，即乘法器的增益系数；$g(t) = kU_{\Omega m}U_{cm}\cos\Omega tg(t)$，表示双边带调幅信号的瞬时幅度。$g(t)$ 可正可负，它与普通调幅波的幅度函数 $U(t)$ 是不同的。

从双边带信号的表达式可以看出，双边带调幅是利用相乘器来实现的，因此其电路组成模型可用图 6.8 来说明。

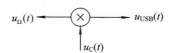

图 6.8　双边带调幅的电路组成模型

在实际电路中，为了得到双边带信号，应在相乘器后加一级中心频率为 f_c、带宽略大于 $2F$ 的带通滤波器，用以从众多频率分量中提取 DSB 信号。

2）波形与频谱

图 6.9 所示为双边带调幅信号的波形和频谱，由图可见它只有上、下边频成分。

由图 6.9 和式（6.17）可知，双边带信号振幅 $g(t)$ 与调制信号成正比。与 AM 波不同，此高频信号的振幅按调制信号的规律变化，它并不是在载波振幅基础上，而是在零值基础上变化，所以 $g(t)$ 可正可负。因此，就调制信号的半个周期来看，DSB 信号的包络与调制信号相同，但就整个周期看则不同，双边带信号在正电压区和负电压区的合成包络为 $|kU_{\Omega m}U_{cm}\cos\Omega t|$，可见 DSB 信号的包络正比于调制信号的模值。虽然双边带信号的包络不再反映调制信号的变化规律，但仍保持着 AM 波所具有的频谱线性搬移特性。另外，DSB 信号的高频载波相位在调制电压过零处（调制电压正负交替时）要突变 180°。在调制信号负半周，已调波高频与原载波反相；在调制信号正半周，已调波高频与原载波同相。这说明 DSB 信号的相位反映了调制信号的极性变化，因此严格地说，DSB 信号已非单纯的调幅信号，而是既调幅又调相的信号。

与普通调幅波相同，双边带调幅波所占频带宽度仍为调制信号带宽的两倍，其带宽为

$$B = \frac{2\Omega_{max}}{2\pi} = 2F_{max} \tag{6.18}$$

由于 DSB 信号频谱中抑制了载波分量，可将有效的发射功率全部用到边带功率的传输上，因而大大减少了功率浪费。DSB 的功率利用率高于 AM 调制，比普通调幅经济，常用于彩色电视和调频—调幅立体声广播等系统中，但其在频带利用率上并没有得到改善。为进一步节省发射功率、减小频带宽度、提高频带利用率，演变出了单边带调制方式。

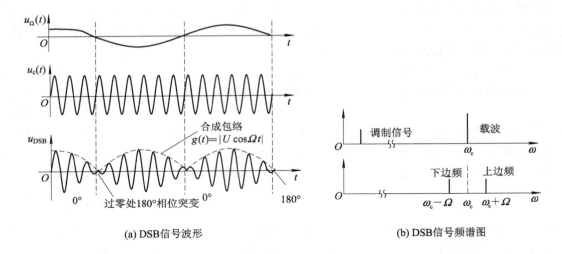

(a) DSB信号波形　　　　　　　　　　　　(b) DSB信号频谱图

图 6.9　双边带信号的波形和频谱

3. 抑制载波的单边带调幅（SSB/SC – AM）

由于上、下边带都反映了调制信号的频谱结构，且都含有调制信号的全部信息，因此，从有效传输信息的角度看，可以抑制一个边带，而用另一个边带来传输信息，我们将这种调制方式称为单边带调幅。显然，单边带调幅既可充分利用发射机的功率，提高了功率利用率；又节省占有频带，提高了频带利用率。所以，它是传输信息的最佳调幅方式，尤其对信道特别拥挤的短波无线电通信非常有利，但实现这种调幅方式的调制和解调技术比较复杂。

1）单边带调幅波的数学表达式和电路模型

单边带信号是由 DSB 信号经边带滤波器滤除一个边带或者在实现调制的过程中直接将一个边带抵消而得来的。单频调制时，SSB 信号表示式为

上边带信号

$$u_{\text{SSB上}}(t) = \frac{1}{2}kU_{\text{cm}}U_{\Omega\text{m}}\cos(\omega_{\text{c}}+\Omega)t \qquad (6.19)$$

下边带信号

$$u_{\text{SSB下}}(t) = \frac{1}{2}kU_{\text{cm}}U_{\Omega\text{m}}\cos(\omega_{\text{c}}-\Omega)t \qquad (6.20)$$

显然，它们均为单一频率成分的信号。

实现单边带调幅的方法很多，其中最简单的方法是在双边带调制后接一个边带滤波器。当边带滤波器的通带位于载频以上时，提取出上边带，否则就提取出下边带。在实际应用时还有另外两种基本电路方法，这些内容将在单边带信号产生电路中具体讨论。

2）波形与频谱

由单边带信号表达式可得，单频调制时的 SSB 信号为等幅余弦波，但它和原等幅载波的电压是不同的。通常，单边带调幅信号波形比较复杂，然而不论是单频还是多频调制，SSB 信号的振幅与调制信号振幅成正比，其频率随调制信号频率不同而不同，所以单边带信号仍然包含有欲传输的消息特征。单边带信号的包络不再反映调制信号的变化规律，其包络为一条水平线。单边带信号的波形及频谱如图 6.10 所示。单纯从 SSB 信号中无法知道原调制信号，也无法看出实际信号的特征。由于在 SSB 调制时，原调制信号的频率信息

已寄载到已调波的频率项之中或信息包含在相位中，因此单边带调制本质上是振幅和频率都随调制信号改变的调幅－调频方式，所以它的抗干扰性能优于 AM 调制。

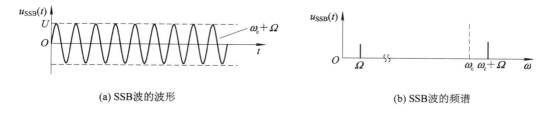

(a) SSB波的波形

(b) SSB波的频谱

图 6.10 单边带信号的波形和频谱

由于单边带调制产生的已调信号频率与调制信号频率之间只是一种线性变换关系，在频谱线性搬移这点上，SSB 与 AM、DSB 相似，因此通常还是把它归结为振幅调制。

SSB 调制方式在传送信息时，频带利用率和功率利用率均比普通调幅波和双边带调幅波高，其所占频带约为调制信号的最高频率 $F_{\max}$，比 AM 及 DSB 减少了一半，可表示为

$$B = \frac{\Omega_{\max}}{2\pi} = F_{\max} \tag{6.21}$$

目前，单边带调制方式已成为短波通信中一种重要的调制方式。对 SSB 和 DSB 这类调幅信号，由于其包络不能反映原调制信号的波形，所以只能使用同步解调方法来解调。

6.2.2 振幅调制电路

由上述分析可知，AM 信号为纯调幅信号，DSB 信号为调幅－调相信号，SSB 信号为调幅－调频信号。三种信号在时域内都有一个调制信号和载波的乘积项，在频域上都将调制信号的频谱搬移到载频上，且频谱结构不发生变化，因此均为线性调制（频谱的线性搬移）。可见，振幅调制在时域的实现方法就是信号的相乘运算，在频域是频率的加减运算，因此调幅电路的实现必须以乘法器或平方项为基础，然后通过合适的滤波器选出所需成分。实际上，具有相乘功能的器件和电路有多种。这里主要针对应用较多的非线性器件、线性时变器件和集成模拟乘法器来说明如何实现信号的相乘运算，并进一步讨论常用的调幅电路。

1. 振幅调制方法

1）利用非线性器件进行频率变换（实现信号的相乘运算）

常见的进行频率变换的非线性器件有二极管、三极管和场效应管，它们是具有相乘特性的非线性器件，可作为相乘器使用。我们根据对频率变换的需求选择不同的器件，通过对非线性器件具有的相乘功能的分析，了解产生调幅波的物理过程，说明各种频率成分出现的规律，为设计调幅电路提供方向。下面以几种常用的非线性分析方法来说明调幅中的相乘作用。

（1）幂级数法（小信号工作状态）。

以二极管为例说明利用器件的非线性完成信号相乘的原理。当作用在非线性器件上的两个信号幅度较小时，为小信号工作状态。这时，若非线性器件工作在伏安特性的弯曲部分，常可采用幂级数法来分析；此时由非线性器件构成的调幅电路为小信号调幅。图 6.11 描述了二极管的相乘作用。它是采用幂级数方法分析的，由此原理电路可构成小信号调幅电路。

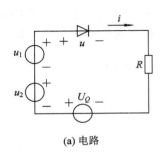
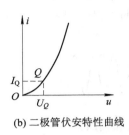

(a) 电路　　　　　　　　(b) 二极管伏安特性曲线

图 6.11　二极管相乘作用

设非线性器件的伏安特性为

$$i = f(u) \tag{6.22}$$

由图 6.11 可见，上式中，$u = U_Q + u_1 + u_2$，U_Q 为静态工作点电压，u_1 和 u_2 是两个输入信号电压（分别是载波和调制信号，其角频率分别为 ω_1 和 ω_2）。设 $f(u)$ 在 U_Q 有任意阶导数，可将非线性器件的伏安特性用幂级数近似表示。一般来说，若伏安特性曲线近似的准确度越高及其应用范围愈宽，幂级数所取项数也就愈多。当小信号输入时，幂级数的高次项可以忽略，只取前三项或四项。若器件上输入两个信号 $u_1 = U_{1m}\cos\omega_1 t$ 和 $u_2 = U_{2m}\cos\omega_2 t$，且幅度较小，则在静态点 Q 处展开的泰勒级数（幂级数）可近似表示为

$$
\begin{aligned}
i = f(U_Q + u_1 + u_2) &= a_0 + a_1(u_1 + u_2) + a_2(u_1 + u_2)^2 + a_3(u_1 + u_2)^3 \\
&= a_0 + a_1(U_{1m}\cos\omega_1 t + U_{2m}\cos\omega_2 t) + a_2(U_{1m}^2\cos^2\omega_1 t + 2U_{1m}U_{2m}\cos\omega_1 t\cos\omega_2 t \\
&\quad + U_{2m}^2\cos^2\omega_2 t) + a_3(U_{1m}^3\cos^3\omega_1 t + 3U_{1m}^2 U_{2m}\cos^2\omega_1 t\cos\omega_2 t \\
&\quad + 3U_{1m}U_{2m}^2\cos\omega_1 t\cos^2\omega_2 t + U_{2m}^3\cos^3\omega_2 t) + \cdots \\
&= a_0 + \frac{1}{2}a_2(U_{1m}^2 + U_{2m}^2) + \left(a_1 U_{1m} + \frac{3}{4}a_3 U_{1m}^3 + \frac{3}{2}a_3 U_{1m}U_{2m}^2\right)\cos\omega_1 t \\
&\quad + \left(a_1 U_{2m} + \frac{3}{4}a_3 U_{2m}^3 + \frac{3}{2}a_3 U_{1m}^2 U_{2m}\right)\cos\omega_2 t + \frac{1}{2}a_2 U_{1m}^2\cos 2\omega_1 t + \frac{1}{2}a_2 U_{2m}^2\cos 2\omega_2 t \\
&\quad + a_2 U_{1m}U_{2m}[\cos(\omega_1 + \omega_2)t + \cos(\omega_1 - \omega_2)t] + \frac{1}{4}a_3 U_{1m}^3\cos 3\omega_1 t + \frac{1}{4}a_3 U_{2m}^3\cos 3\omega_2 t \\
&\quad + \frac{3}{4}a_3 U_{1m}^2 U_{2m}[\cos(2\omega_1 + \omega_2)t + \cos(2\omega_1 - \omega_2)t] \\
&\quad + \frac{3}{4}a_3 U_{1m}U_{2m}^2[\cos(\omega_1 + 2\omega_2)t + \cos(\omega_1 - 2\omega_2)t] + \cdots
\end{aligned} \tag{6.23}
$$

从式（6.23）可以看出，二极管电流 i 中包含的频率成分有直流成分、基波分量 ω_1 和 ω_2；还有很多新的频率成分，如输入频率的谐波 $2\omega_1$ 和 $2\omega_2$，$3\omega_1$ 和 $3\omega_2$；以及输入频率及其各次谐波所形成的各种组合频率 $\omega_1 \pm \omega_2$，$\omega_1 \pm 2\omega_2$，$2\omega_1 \pm \omega_2$。其中，上、下边频（基频的组合分量）$\omega_1 + \omega_2$，$\omega_1 - \omega_2$ 是由平方项（二次方项）$a_2(u_1 + u_2)^2$ 产生的。可见，在产生的众多乘积项中，只有平方项产生的一次相乘项才是对调幅有用的，其他高阶相乘项非但无用，往往有害，故幂级数法得来的相乘作用不理想。为了实现有效调幅，必须在调幅电路中包含选频电路，以滤除不必要的频率成分。采用幂级数法分析的小信号调幅通常又称为平方律调幅。

由于幂级数平方项中得到的一次相乘项（载波和调制信号的相乘项）产生的上、下边频

的振幅只和平方项系数 a_2 有关，所以只要非线性器件的幂级数表示式中含有平方项 $a_2 u^2$，就可以由其构成调幅电路，产生所需调幅波。在实际应用时，可以根据不同的要求选用适当的非线性元件，或者选择合适的工作范围，以得到所需频率成分。当两个交流信号叠加输入时，晶体管输出电流含有输入信号频率的无穷多个组合分量。因此，为了有效地实现调幅，必须尽量减少非线性器件幂级数展开式中的无用高阶相乘项及其产生的组合频率分量，应采用平方律特性好的场效应管代替晶体管。选择合适的 Q 点，使非线性器件工作在特性接近平方律的区段，即尽量使幂级数系数 $a_3 = a_4 = a_5 = \cdots = 0$。

由于小信号调幅的调制效率低、无用成分多，因此目前在通信系统的设备中已很少采用。

（2）线性时变法（线性时变工作状态）。

当非线性器件呈现出时变特性时，可将它看成是线性时变元件（也叫时变参量元件）。此时的工作状态为线性时变状态，用线性时变分析法来讨论器件的相乘作用。因此，线性时变分析法中常用的时变跨导电路分析法可用于对调幅、混频等电路的分析。

如果频谱线性变换电路中有两个不同频率的输入信号 u_1 和 u_2（载波和调制信号，其角频率分别为 ω_1 和 ω_2）同时作用于非线性器件，若载波幅度较大，可将其看做器件的附加偏置。载波的作用是使器件始终处于导通状态，则器件的参量受大信号控制作周期性变化（成为时变参量）；调制信号幅度相对很小，在其变化范围内，认为器件的特性参数不变，即处于线性工作状态。这样的电路称为时变跨导电路。此时静态点为时变静态点（时变偏置），表示为 $U_Q(t) = u_1 + U_Q$。可将器件的伏安特性在时变工作点处对小信号 u_2 展开成泰勒级数，有

$$i = f[U_Q(t)] + f'[U_Q(t)]u_2 + \frac{1}{2}f''[U_Q(t)]u_2^2 + \cdots$$

若 u_2 足够小，可以忽略上式中二次方及其以上的各高次方项，则上式可简化为

$$i = f[U_Q(t)] + f'[U_Q(t)]u_2 = I_0(t) + g(t)u_2 \tag{6.24}$$

式中，$I_0(t)$ 和 $g(t)$ 均是与 u_2 无关的系数，且它们都是 u_1 的非线性函数，随时间而变化，故称为时变系数或时变参量。其中，$I_0(t)$ 是 $u_2 = 0$ 时的电流，称为时变静态电流；$g(t)$ 是在 $u_2 = 0$ 时的增量电导，称为时变增量电导或时变跨导。由式(6.24)可以看出，电流 i 与 u_2 之间为线性关系，类似于线性器件，但它们的系数 $g(t)$ 是时变的，所以将器件的这种工作状态称为线性时变状态。这种器件非常适合于构成频谱搬移电路。

若输入信号 $u_1 = U_{1m}\cos\omega_1 t$，$u_2 = U_{2m}\cos\omega_2 t$，$I_0(t)$ 和 $g(t)$ 均是角频率为 ω_1 的周期性函数，其傅里叶展开式为

$$I_0(t) = I_0 + I_{1m}\cos\omega_1 t + I_{2m}\cos2\omega_1 t + \cdots$$

$$g(t) = g_0 + g_{1m}\cos\omega_1 t + g_{2m}\cos2\omega_1 t + \cdots$$

所以，频谱搬移电路中的电流为

$$i(t) = (I_0 + I_{1m}\cos\omega_1 t + I_{2m}\cos2\omega_1 t + \cdots)$$
$$+ (g_0 + g_{1m}\cos\omega_1 t + g_{2m}\cos2\omega_1 t + \cdots)U_{2m}\cos\omega_2 t \tag{6.25}$$

由上式可见，输出电流中包含直流成分、ω_1 及其各次谐波、ω_2、ω_1 及其各次谐波与 ω_2 的组合频率；消除了 ω_2 的各次谐波及 ω_2 的各次谐波与 ω_1 及其各次谐波的组合频率。因此，线性时变工作状态能减少无用组合频率分量。由于 $g_{1m}\cos\omega_1 t$ 与 u_2 的相乘项是有用相乘项，可完成频谱搬移功能，其余项为无用相乘项，而无用频率与有用频率 $\omega_1 \pm \omega_2$ 之间的频率间

隔很大，所以很容易用滤波器滤除无用分量，取出有用频率分量。实际应用中，常采用三极管工作在线性时变状态来实现频谱搬移电路的功能，如晶体三极管混频电路等。

（3）开关函数法（开关工作状态或大信号工作状态）。

当输入信号之一的振幅足够大（振幅远大于截止电压 U_{BZ}）时，晶体管的转移特性可采用折线法来近似，如果静态偏置电压为 0，则晶体管半周导通半周截止，完全受大信号的控制。这种工作状态称为开关工作状态或大信号工作状态，是线性时变工作状态的一种特例。二极管通常可看成开关元件，所以多令二极管工作在开关状态。当输入载波电压 u_1 足够大，而调制电压 u_2 较小时，二极管将在载波的控制下轮流工作在导通区和截止区，此时，二极管电流将为半个周期的尖顶余弦脉冲序列，其周期为载波周期 $2\pi/\omega_1$。通常可将二极管当做受载波控制的理想开关，电路用开关函数分析法分析。此法常用于调幅、混频、大信号鉴相等的实现。下面介绍采用开关函数法实现的大信号调幅电路（即开关式调幅）。

因为开关工作状态是线性时变工作状态的一种特例，所以我们认为时变静态电流 $I_0(t)$ 是导通角为 $\pi/2$ 的尖顶余弦脉冲序列；时变电导 $g(t)$ 是幅度为二极管电导值 g_{VD}（忽略负载电阻 R_L 的反作用时），导通角为 $\pi/2$ 的矩形脉冲序列。单向开关函数 $S_1(t)$ 表示高度为 1 的单向周期性方波，其周期即为大信号载波的周期 $2\pi/\omega_1$，表达式为

$$S_1(t) = \frac{1}{2} + \frac{2}{\pi}\cos\omega_1 t - \frac{2}{3\pi}\cos3\omega_1 t + \frac{2}{5\pi}\cos5\omega_1 t - \cdots \tag{6.26}$$

此时二极管电流为

$$i(t) = I_0(t) + g(t)u_2 = g_{VD}S_1(t)u_1 + g_{VD}S_1(t)u_2 = g_{VD}S_1(t)(u_1 + u_2)$$

其中，

$$\begin{cases} I_0(t) = g_{VD}S_1(t)u_1 \\ g(t) = g_{VD}S_1(t) \end{cases} \tag{6.27}$$

若载波和调制信号分别表示为 $u_1 = U_{1m}\cos\omega_1 t$、$u_2 = U_{2m}\cos\omega_2 t$，则可求出电流 i 中包含的频率分量为：输入信号频率 ω_1、ω_2，载波信号的偶数次谐波 $2n\omega_1$（其中 $n = 1, 2\cdots$），载波的奇数次谐波和调制信号基的组合频率 $(2n+1)\omega_1 \pm \omega_2$（其中 $n = 0, 1, 2\cdots$）以及直流成分。与线性时变状态相比：开关工作状态进一步消除了 ω_1 的奇次谐波、ω_1 的偶次谐波与 ω_2 的组合频率分量。从所得频率很容易看出，$S_1(t)$ 的基波与调制信号电压 u_2 的相乘项是有用项，可实现频谱搬移功能，其余项为无用相乘项。而无用频率分量与所需有用频率分量 $\omega_1 \pm \omega_2$ 之间的频率间隔很大，所以很容易用滤波器滤除无用分量，取出有用的频率分量。

应该指出的是，由非线性器件构成的相乘电路是将 u_2 与 u_1 相乘。这种相乘器主要应用在频谱搬移电路中，称为调制器或混频器。通常采用的电路是平方律调幅器，二极管平衡调幅器，二极管环形调幅器，二极管环形混频器等。至于在分析调幅电路时具体应用以上介绍的哪种方法，应视输入信号的大小和多少而定。

2）利用模拟乘法器进行频率变换（实现信号的相乘运算）

（1）集成模拟相乘器的基本概念。

集成模拟乘法器（模拟相乘器）是实现两个模拟信号瞬时值相乘功能的电路或器件，它具有两个输入端（常称 X 输入和 Y 输入）和一个输出端（常称 Z 输出），是一个三端口网络，电路符号如图 6.12 所示。本书我们采用图（b）和（c）所示图形符号表示模拟乘法器。图中输

入信号用 u_x、u_y 表示，输出信号用 u_o 表示，模拟乘法器的理想输出特性为

$$u_o = Ku_x u_y \quad 或 \quad Z = K \cdot X \cdot Y \tag{6.28}$$

式中，K 为比例系数，称为模拟乘法器的增益系数，又称相乘增益、相乘因子或标度因子，单位为 V^{-1} 或 $\dfrac{1}{V}$。K 的数值与乘法器的电路参数有关。

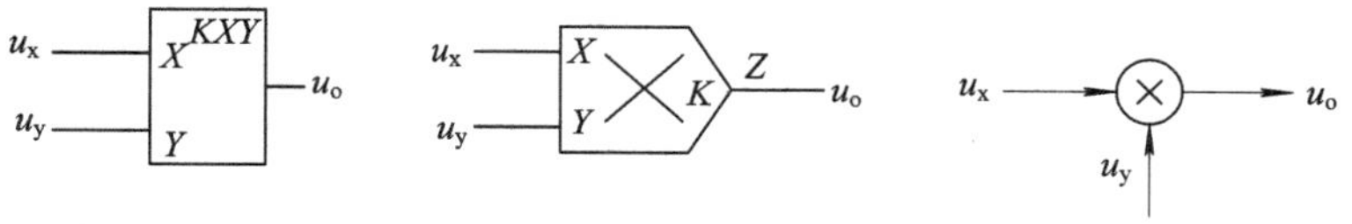

(a) 国家标准规定符号　　(b) 国内外常用符号　　(c) 简化符号

图 6.12　模拟乘法器的符号

理想乘法器实现理想相乘的关键是保证两个输入端平衡，即任一输入端信号为 0 时，输出信号就为 0。根据两个输入电压的不同极性，乘法器输出的极性有四种组合，也就是乘法器有四个工作区域，可用图 6.13 所示的模拟乘法器工作象限来说明。

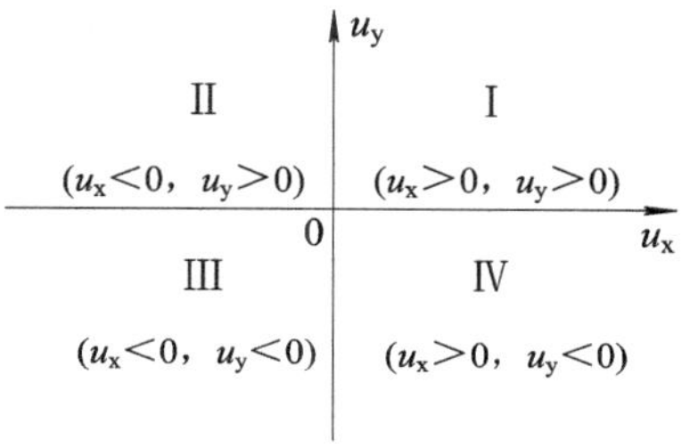

图 6.13　模拟乘法器的工作象限

$$
\begin{array}{ccccccl}
X & & Y & & Z & & \\
(+) & \cdot & (+) & = & (+) & 第\ \text{I}\ 象限 \\
(-) & \cdot & (+) & = & (-) & 第\ \text{II}\ 象限 \\
(-) & \cdot & (-) & = & (+) & 第\ \text{III}\ 象限 \\
(+) & \cdot & (-) & = & (-) & 第\ \text{IV}\ 象限 \\
\end{array}
$$

如果两个输入信号只能为单极性信号时才能正常工作，该乘法器称为单象限乘法器；若其中一个输入信号能适应正、负两种极性电压，而另一个只能适应单极性电压，则为二象限乘法器；若两个输入信号都能适应正、负两种极性（即适应四种极性组合），则称为四象限乘法器。在通信电路中，两个输入电压多为交流信号，因此多数情况下应采用四象限乘法器。

（2）模拟乘法器的基本工作原理。

频谱搬移电路的主要运算功能是实现乘法运算，如果将两个输入信号 $u_1 = U_{1m} \cos\omega_1 t$ 和 $u_2 = U_{2m} \cos\omega_2 t$ 同时分别加于模拟乘法器的两个输入端，则相乘后的输出电压为

$$
\begin{aligned}
u_o &= Ku_1 \cdot u_2 = KU_{1m}U_{2m} \cos\omega_1 t \cdot \cos\omega_2 t \\
&= \frac{K}{2} U_{1m}U_{2m} [\cos(\omega_1 + \omega_2)t + \cos(\omega_1 - \omega_2)t]
\end{aligned}
$$

由此可见乘法器是一个非线性器件，可组成一个理想的线形频谱搬移电路，其输出电压中只含有两个输入信号频率的组合分量，即 $\omega_1 \pm \omega_2$。振幅调制、同步检波、混频、倍频、鉴频、鉴相等调制与解调的过程，均可视为两个信号相乘或包含相乘的过程，采用集成模拟乘法器实现上述功能比采用分离器件要简单得多，而且性能优越。所以目前在无线通信、广播电视等方面应用较多。

模拟乘法器的基本构成电路是差分对放大器，一般情况下，干扰和噪声都是以共模方式输入的，而信号可以人为控制以差模方式输入，所以差分放大器输出端的信噪比优于其他放大器。实现两个电压相乘的方案有很多种，下面我们主要讨论两种。

① 单差分对模拟乘法器电路。

在乘法器中以可变跨导模拟乘法器最易集成，而且它的频带宽、线性好、价格低、使用方便。可变跨导乘法器的核心单元是一个由两个性能完全相同的晶体管用恒流源偏置方式构成的差分放大器，可见模拟乘法器的基本构成是差分放大器。图 6.14 所示为恒流可变差分模拟乘法器（可变跨导模拟乘法器）的原理电路。它是一个具有恒流源的单差分放大器，也叫单差分对模拟乘法器。图 6.14 中的恒流源是 V_3 管的集电极电流 I_o，它是一个受输入电压 u_y 控制的可变恒流源。

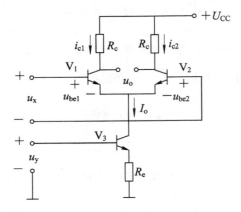

图 6.14　恒流可变差分模拟乘法器

由模拟电路相关知识可知，晶体管的发射极电流与基射电压之间的关系为

$$I_e = I_s(e^{\frac{qu_{be}}{kT}} - 1) \approx I_s e^{\frac{qu_{be}}{kT}} \tag{6.29}$$

式中，I_s 为反向饱和电流。所以，恒流源电流为

$$I_o = I_{e1} + I_{e2} = I_{s1}e^{\frac{qu_{be1}}{kT}} + I_{s2}e^{\frac{qu_{be2}}{kT}} = I_{e1}\left(1 + \frac{I_{e2}}{I_{e1}}\right)$$

根据晶体管工作原理，若晶体管 V_1、V_2 及两个电阻 R_c 完全对称，可得 $I_{s1} = I_{s2} = I_s$，则

$$I_o = I_{e1}\left[1 + e^{\frac{q}{kT}(u_{be2} - u_{be1})}\right] \tag{6.30}$$

忽略基极电流，则 $I_c = I_e$，差模输入电压为 $u_x = u_{be1} - u_{be2}$，可求出集电极电流为

$$\begin{cases} i_{c1} = \dfrac{I_o}{1 + e^{\frac{q(u_{be2}-u_{be1})}{kT}}} = \dfrac{I_o}{1 + e^{-\frac{u_x}{U_T}}} \\ i_{c2} = \dfrac{I_o}{1 + e^{\frac{u_x}{U_T}}} \end{cases} \tag{6.31}$$

式中，$U_T = kT/q$，为 PN 结内建电势，其中，k 为玻尔兹曼常数，q 为电荷量，T 为绝对温度。在室温情况下，$U_T \approx 26$ mV。利用双曲正切函数，式(6.31)可以改写为

$$\begin{cases} i_{c1} = \dfrac{1}{2}I_o\left(1 + \tanh\dfrac{u_x}{2U_T}\right) \\ i_{c2} = \dfrac{1}{2}I_o\left(1 - \tanh\dfrac{u_x}{2U_T}\right) \end{cases} \tag{6.32}$$

若差模输入电压满足 $|u_x| \ll 2U_T$ 条件，则 $\tanh\dfrac{u_x}{2U_T} \approx \dfrac{u_x}{2U_T}$，差分输出电流为

$$\Delta i_c = i_{c1} - i_{c2} = i_o \tanh\frac{u_x}{2U_T} \approx I_o\frac{u_x}{2U_T} \tag{6.33}$$

当加在恒流源的晶体管基极上的电压 $u_y \gg U_{be3}$ 时，则

$$I_o \approx \frac{u_y}{R_e}, \qquad \Delta I_o \approx \frac{u_x u_y}{2R_e U_T}$$

这样，差分放大器的输出电压 u_o 为

$$u_o = \Delta I_o R_c \approx \frac{R_c u_x u_y}{2R_e U_T} = K u_x u_y \tag{6.34}$$

上式中，因有 u_x 和 u_y 的乘积项，故称为模拟乘法器。在 $u_x \ll 26$ mV、$u_y \gg U_{be3}$ 时，可完成两个信号的相乘。对于图 6.14 所示的乘法器电路，存在下列三个问题：

第一，由于控制 I_0 的电压 u_y 必须是单极性的，所以要求 u_x 和 u_y 均为正或 u_x 为负、u_y 为正。可见，单差分对乘法器只在两个象限内起作用，称其为两象限乘法器。如果能使 u_x 和 u_y 均可正可负，则将有更大的实用意义。为此，必须解决四象限相乘问题。

第二，可变跨导模拟乘法器线性范围太小，为此，必须引入线性化措施，以扩大线性范围。

第三，增益系数 K 与 U_T 有关，即 K 与温度有关，所以需要解决温度引起的不稳定性问题。

② 双差分对模拟乘法器。

双象限乘法器虽然能完成相乘作用，但只能在两个象限内工作。对大多数通信设备来说，要求实用的乘法器应能在四个象限内工作。图 6.15 所示电路为四象限可变跨导乘法器，它由两个差分放大器交叉耦合，并用第三个差分放大器作为它们的射极电流源。这个电路最早由 Gilbert 提出，因此又叫 Gilbert(吉尔伯特)相乘器，它是大多数集成乘法器的基础。

假定晶体管 $V_1 \sim V_6$ 的特性相同，组成三个差分对管，其中 V_1、V_2 和 V_3、V_4 组成集电极交叉连接的双差分对，由电压 u_x 控制；V_5、V_6 组成的差分对由电压 u_y 控制，并给 V_1、V_2 和 V_3、V_4 提供电流 i_{c5} 和 i_{c6}。现对双差分模拟乘法器进行静态分析，当 $u_x = u_y = 0$ 时，得到以下结论：

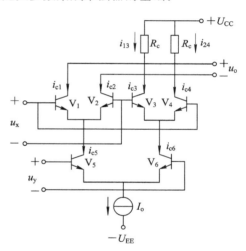

$$i_{c5} = i_{c6} = \frac{I_0}{2};\ i_{c1} = i_{c2} = i_{c3} = i_{c4} = \frac{I_0}{4}$$

$$i_{13} = i_{c1} + i_{c3} = \frac{I_0}{2};\ i_{24} = i_{c2} + i_{c4} = \frac{I_0}{2}$$

当进行动态分析时，可以略去三极管基极电流，根据差动电路的原理，并利用前面讨论的结果，可写出以下电流关系：

$$\begin{cases} i_{c1} - i_{c2} = i_{c5} \tanh \dfrac{u_x}{2U_T} \\[2mm] i_{c4} - i_{c3} = i_{c6} \tanh \dfrac{u_x}{2U_T} \\[2mm] i_{c5} - i_{c6} = i_0 \tanh \dfrac{u_y}{2U_T} \end{cases} \qquad (6.35)$$

图 6.15　四象限可变跨导乘法器

由此可得总差动输出电流为

$$\begin{aligned} i_o = \Delta i_c &= i_{13} - i_{24} = i_{c1} + i_{c3} - i_{c2} - i_{c4} \\ &= (i_{c5} - i_{c6}) \tanh \frac{u_x}{2U_T} = I_0 \tanh \frac{u_x}{2U_T} \tanh \frac{u_y}{2U_T} \end{aligned} \qquad (6.36)$$

则相乘器的输出电压为

$$u_o = i_o R_c = R_c I_0 \tanh \frac{u_x}{2U_T} \tanh \frac{u_y}{2U_T} \qquad (6.37)$$

上式表明了双差分模拟乘法器的相乘作用，由于这个电路对 u_x、u_y 的极性不限制，因此在

u_x - u_y 平面的四个象限均可起作用。现仅讨论乘法器处于小信号工作状态时的情况，当 u_x 和 u_y 均小于 50 mV 时，一般满足 $|u_x| \leqslant U_T$，$|u_y| \leqslant U_T$，则 $\tanh \dfrac{u}{2U_T} \approx \dfrac{u}{2U_T}$，有

$$\begin{cases} i_o \approx I_o \dfrac{u_x u_y}{4U_T^2} \\[2mm] u_o \approx R_c I_o \dfrac{u_x u_y}{4U_T^2} = K u_x u_y \end{cases} \tag{6.38}$$

式中，K 为双差分乘法器的增益系数。此时双差分乘法器实现了理想相乘，输出电压中只包含两个输入信号频率的组合分量。但是小信号工作状态下信号的动态范围较小。

2. 调幅波的产生电路

调幅关键在于获得调制信号与载波的相乘项，因而必须采用非线性电路才能实现。本小节将讨论调幅波的常用产生电路。一般来说，不论哪一种调幅方式，都要求调幅电路的调制效率高、调制线性范围大、失真度小。虽然前述三种调幅方式具体电路构成不同，但它们的电路模型表明它们之间存在一定的关系。图 6.16 说明了三种调制方式之间的关系。

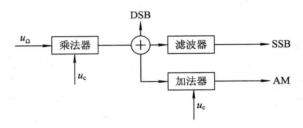

图 6.16　调幅电路的实现模型

调幅电路可以按照构成电路的非线性器件的不同分为二极管调幅电路、三极管调幅电路和模拟乘法器调幅电路等，但更常采用的分类方法是按调制电路输出功率的高低来分。在无线电发射机中，按调制器在发射机中所处位置的不同，也就是我们常说的按功率电平的高低不同，调幅电路可分为高电平调制电路和低电平调制电路两大类。

1）高电平调幅电路

由于高电平调幅可产生 AM 信号，因此在调幅发射机中，一般采用高电平调幅电路。高电平调幅过程是在发射机高电平级即功放末级或末前级中进行的，由于其电平较高，故称为高电平调幅。高电平调幅电路是以高频功率放大器为基础构成的，实际上它就是一个输出电压振幅受调制信号控制的高频功率放大器，能同时实现调制和功率放大，将功放和调制电路合二为一。高电平调幅电路的优点是采用高效率的丙类功率放大器来实现高电平调幅，这对提高发射机整机效率有利，并且它在调幅的同时还具有一定的功率增益。但它也必须兼顾输出功率、效率和调制线性的要求。根据调制信号控制的电极不同，高电平调幅电路可分为基极调幅、集电极调幅和发射极调幅三种。为了保证调制的线性特性，根据丙类功放的调制特性要求：基极调幅应工作在欠压区，集电极调幅应工作在过压区。下面将主要介绍基极调幅和集电极调幅两种方式。总的来说，高电平调幅的基本工作原理是将调制信号加到高频功率放大器的某一个电极上，改变其直流电压瞬时值，控制高频功率放大器的集电极电流振幅，从而控制输出电压振幅。

（1）基极调幅。

基极调幅原理电路如图 6.17 所示，其特点是载波和调制信号都串接在放大器的基极回路。它与丙类功放的原理电路相类似，所不同的是，电路中载波 u_c 作为激励信号、调制信号 u_Ω（相当于一个缓慢变化的偏压）和基极偏压 U_{BB} 叠加作为基极的时变偏压 U'_{BB}，其值随调制信号变化规律而变。

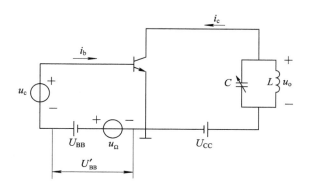

图 6.17　基极调幅原理电路

图 6.18 所示为实用基极调幅电路。图中，T_{r1} 和 T_{r3} 为高频变压器；T_{r2} 为低频变压器；L_B 和 L_C 为高频扼流圈；C_1 为耦合电容，将载波电压耦合到 L_B 上，T_{r2} 的次级电感 L_2 上得到调制信号电压；C_2、C_4 为高频旁路电容，C_2 为高频载波信号提供通路，而不允许调制信号和直流信号通过；C_3 为低频旁路电容，用来为调制信号提供通路，而不允许直流信号通过，所以 U_{BB} 实际加在 C_3 上；可见高频功放采用并联型基极馈电形式。C_5 为耦合电容；L_3C_6 回路为集电极回路，相当于带通滤波器，该回路应调谐于 ω_c，通带为 $2\ \Omega$。可以看出功放的集电极采用并联馈电形式，集电极回路的输出电压就是调幅电压。

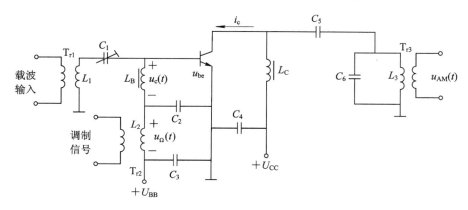

图 6.18　实用基极调幅电路

基极调幅可以看做是基极偏压随调制信号而变化，且用载波去激励的高频功率放大器，其功放管应当工作在丙类状态。根据丙类功率放大器的基极调制特性可知，当晶体管工作在欠压状态时，放大器的输出电流和输出电压随基极偏置电压近似成线性关系，这时基极偏置电压对集电极电流和输出电压的振幅具有有效地控制作用。当基极偏置电压中包含调制信号时，其输出电压的中心频率为载波频率；瞬时振幅和调制信号成正比例关系，可见实现了调幅。图 6.19 给出了基极调幅电路工作在欠压状态时，集电极余弦脉冲电流 i_c 随时间的变化波形以及经过选频后的输出电压波形（假设基极偏压 U_{BB} 为负）。

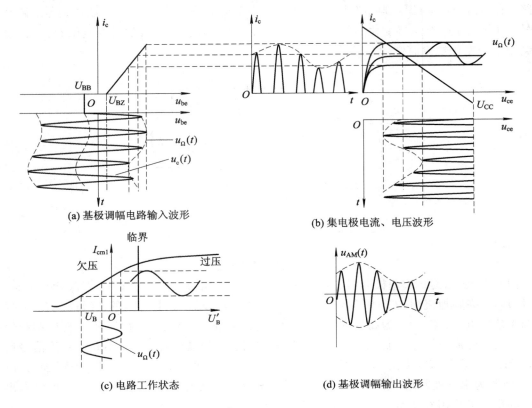

(a) 基极调幅电路输入波形

(b) 集电极电流、电压波形

(c) 电路工作状态

(d) 基极调幅输出波形

图 6.19 基极调幅的电流、电压波形

由图 6.19 可见，在调制过程中，当基极偏压 U'_{BB} 变化（实际是调制信号 u_Ω 变化）时，基极回路电压 u_{be} 随之变化，引起放大器的集电极余弦脉冲峰值 $i_{c\,max}$ 和导通角 θ_c 也按调制信号的大小而变化。在 u_Ω 正向增大时，$i_{c\,max}$ 和 θ_c 随调制信号的增大而增大；在 u_Ω 负向减小时，$i_{c\,max}$ 和 θ_c 随调制信号的减少而减少，故输出电压幅值正好反映调制信号的波形变化。将 i_c 信号通过一个中心频率为 f_c 的带通滤波器，则放大器的输出端就能得到普通调幅波。由图 6.19(c) 可见，为了实现调幅，基极调幅电路必须工作在欠压状态，可得集电极回路谐振电阻上的输出电压表示为

$$u_{AM} = u_o = I_{cm1} R_p \cos\omega_c t$$

$$I_{cm1} = \frac{k}{R_p}(U_{BB} + u_\Omega) = \frac{k}{R_P}(U_{BB} + U_{\Omega m}\cos\Omega t)$$

$$u_{AM} = u_o = k(U_{BB} + U_{\Omega m}\cos\Omega t)\cos\omega_c t \tag{6.39}$$

式 (6.39) 是调幅信号表达式。其中，k 为由电路决定的比例常数，为了得到更好的调制线性，实现基极调幅，则需减小调制信号幅度 $U_{\Omega m}$，使 $U_{\Omega m}$ 小于 U_{BB} 的绝对值，即 $m_a < 1$。

基极调幅的主要优点是：由于调制信号接在基极回路，因而基极电流小，消耗功率也小；同时调制信号经过功放后再输出，因而基极只需注入较小的调制信号功率，就能获得较大的已调波功率，这样，调制信号的放大电路就比较简单，对调制器的小型化有利。基

极调幅的缺点是：由于欠压状态功放效率较低，因此基极调幅效率较低；且调制线性不如集电极调幅，其输出波形较差。

（2）集电极调幅。

集电极调幅是利用调制电压去控制晶体管的集电极电压，通过集电极电压的变化，使集电极高频电流的基波分量随调制信号的规律变化，从而实现调幅。实际上，它是一个集电极电源受调制信号控制的高频功率放大器。集电极调幅原理电路如图 6.20 所示。它与高频功率放大器的区别在于集电极电源随调制信号变化，即调制信号 u_Ω 与电源电压 U_{CC} 叠加后再加到晶体管的集电极上。图中载波号 u_c 仍从基极加入，而调制信号加在集电极回路。因 u_Ω 与 U_{CC} 串接在一起，故可将二者合在一起看做一个缓慢变化的综合电源 U'_{CC}（也称集电极时变电源）。所以，集电极调幅电路就可看做是具有缓慢变化电源的谐振功率放大器。

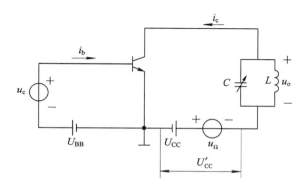

图 6.20　集电极调幅原理电路

集电极调幅的实用电路如图 6.21 所示。图中，T_1、T_3 为高频变压器；T_2 为低频变压器。电容 C_b、C_c 是高频旁路电容，C_c 的作用是避免高频电流通过调制变压器 T_2 的次级线圈及直流电源，因此它对高频相当于短路，而对调制信号频率应相当于开路。调幅电路基极回路采用的是串联馈电方式，并且其基极偏置为自给基极偏置，R_b 上得到负偏压。集电极回路也采用的是串联馈电方式，LC 谐振回路相当于带通滤波器，应保证回路调谐于 ω_c，通带为 2Ω。这样，集电极回路的输出电压就是调幅电压。

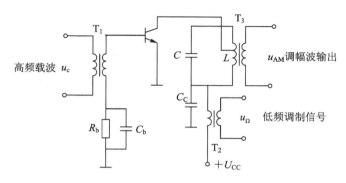

图 6.21　实用集电极调幅电路

集电极调幅电路中的三极管也工作在丙类状态，由丙类功放的集电极调制特性曲线可知：若 U'_{cc} 较大，则放大器工作在欠压状态，集电极高频电流的基波分量 I_{cm1} 随 U'_{cc} 变化（实际是调制信号 u_Ω 的变化）很小，集电极电流脉冲在欠压区可近似认为不变；若 U'_{cc} 较小，则放大器工作在过压状态，I_{cm1} 随着 U'_{cc} 的变化比较明显（近似成线性关系），这时集电极余弦电流脉冲的高度和凹陷程度均随 u_Ω 的变化而变化。所以，在调制过程中，只有放大器工作在过压状态，集电极有效电源电压对集电极电流才有较强的控制作用，其电压的变化才会引起集电极电流脉冲幅度和输出电压幅度的明显变化，经过集电极谐振回路的滤波作用后，在放大器输出端即可获得已调波信号，从而实现集电极调幅作用。通过以上讨论，我们确定集电极调幅时，放大器应工作在过压状态。

图 6.22 给出了集电极调幅电路工作在过压状态时，集电极电流 i_c 的变化波形以及经过选频后的输出电压波形。图(a)中，为保证调幅电路具有较高的效率，同时调幅波的包络无失真，应使集电极调幅电路中的直流电源 U_{CC} 位于过压区直线段的中央；图(b)表示集电极余弦电流脉冲随调制信号变化的波形。图中集电极电流脉冲出现中心凹陷，且随着 U'_{cc} 的进一步减小，过压越深，脉冲凹陷也越深，则集电极基波电流 I_{cm1} 越小；若 U'_{cc} 越大，过压程度的降低，脉冲下凹减轻，集电极基波电流 I_{cm1} 增大。可见，集电极基波电流幅值正好反映调制信号的波形变化。当将变化的 i_c 信号通过一个中心频率为 f_c 的带通滤波器时，那么放大器的输出端就能得到如图(c)所示的普通调幅波。

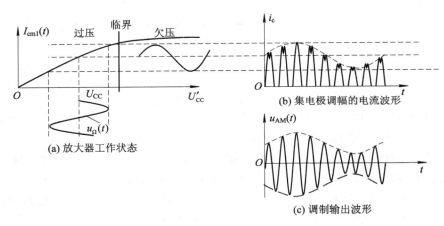

图 6.22　集电极调幅的电流、电压波形

调幅波电压 u_{AM}（即集电极回路谐振电阻上的输出电压）可表示为

$$u_{AM} = u_o = I_{cm1} R_p \cos\omega_c t$$

$$I_{cm1} = \frac{k}{R_p}(U_{CC} + u_\Omega) = \frac{k}{R_p}(U_{CC} + U_{\Omega m}\cos\Omega t)$$

$$u_{AM} = u_o = k(U_{CC} + U_{\Omega m}\cos\Omega t)\cos\omega_c t \qquad (6.40)$$

式中，k 为由电路所决定的比例常数。要求调制信号幅值 $U_{\Omega m}$ 小于电源 U_{CC} 的值，使 $m_a > 1$。

集电极调幅的主要优点是调幅线性比基极调幅好，此外，由于集电极调幅始终工作在临界和弱过压区，故效率比较高；缺点是调制信号接在集电极回路中，未经放大就输出了，所以需要供给的调制功率比较大，且电路复杂、体积也较大。

虽然集电极调幅的调制特性比基极调幅好，但也并不理想。由于放大器工作在过压状态,集电极电流脉冲出现凹陷,且随 U'_{cc} 减小,凹陷加深,因而影响调制线性,使调幅产生失真。为改善调制线性,可在电路中引入非线性补偿措施,其原则是在调制过程中,随着有效电源电压 U'_{cc} 的变化,要求输入电压 u_{be} 也作相应的变化。当有效电源电压降低时,输入电压也随之减小,则调幅器不会进入强过压状态;而当有效电源电压提高时,输入电压也随之增大,则调幅器也不会进入欠压状态,可使放大电路始终保持在弱过压—临界状态。这样不但改善了调制特性,还保持了较高的效率。补偿实现的方法有以下两种:

一是采用基极自给偏压电路,如图 6.21 所示。由于基极电流脉冲的平均分量 I_{b0} 随调制信号而变,它产生的自给偏压($U_{BB} = -R_b I_{b0}$)也相应变化。当有效电源 U'_{cc} 降低时,过压程度增大,加在三极管集电极上的反向电压减小,使集电极电流 i_c 下降。根据三极管内部载流子的传输关系可知,基极电流 i_b 反而增加,基极电流脉冲的平均分量 I_{b0} 也随之增加,则由 I_{b0} 决定的基极自给偏压的负值也增大,相应地基极回路瞬时电压 u_{be} 变小,从而使过压程度减轻。当 U'_{cc} 提高时,情况正好相反,放大器不会进入欠压状态。可见,集电极调幅中存在基极电流脉冲的平均分量 I_{b0} 随有效电源电压的增加而减小的关系。因此,采用基极自给偏压在一定程度上改善了放大器调制特性的线性。

二是采用双重调幅电路。所谓双重调幅,就是用调制信号既控制集电极电压,又控制基—射间电压。在调制信号正半周时,有效电源电压 U'_{cc} 增大,同时调制信号也使基极瞬时偏压向正方向增加(瞬时激励电压 u_{be} 变大),可防止电路进入欠压区;在调制信号负半周,U'_{cc} 减小,同时使基极瞬时偏压向负方向变(瞬时激励电压 u_{be} 变小),可防止电路进入强过压区。这样,就使放大器在整个调制过程中始终保持在弱过压状态,既保证了调制线性,又保证了较高的效率。通常多采用集电极—基极双重调幅或集电极—集电极双重调幅。

通过以上介绍可以看到,高电平调幅产生的是普通调幅波,即 AM 波。

2) 低电平调幅电路

低电平调幅过程是在发射机低电平级也就是在功率放大之前进行的,即先在发射机前级产生小功率的已调波,再经过线性功率放大得到所需发射功率电平的调幅波,简单地说,就是先调制后功放。这种组成结构的最大特点是:调制电路与高频功放分开,调制的实现比较方便,可以保证调制的良好线性。但由于调制在功率放大之前进行,因此功放的工作效率较低,且调制器容易对振荡源产生影响。对于低电平调幅而言,AM、DSB、SSB 这三种调制方式都适用,但低电平调幅电路主要用于 DSB、SSB 信号的产生。常用的低电平调幅方法有:平方律调幅、平衡调幅、斩波调幅(或环形调幅)和模拟乘法器调幅,其中前三种方法一般由一个或多个二极管构成,又属于二极管调幅电路。下面我们分别加以介绍。

(1) 单二极管调幅电路。

调制是一个非线性过程,要利用非线性器件来完成频率变换。当调制信号和载波信号相加后,通过二极管非线性特性的变换,将在电流中产生各种组合频率分量,将 LC 谐振回路调谐于载频,且回路带宽足够,便能取出两信号频率的和频、差频及载频成分,这便是普通调幅波。二极管的工作状态可分为小信号和大信号两种。小信号调幅又称为平方律调幅,可用幂级数法来分析;大信号调幅又称为开关式调幅,可用折线法或开关函数法进行分析。

① 平方律调幅——二极管信号较小时的工作状态。

当输入信号较小时，二极管在静态偏置电压 U_Q 的作用下，处于导通状态，工作于其特性曲线的弯曲部分。这时采用幂级数法来分析。图 6.23 是平方律调幅方框图和电路原理图。

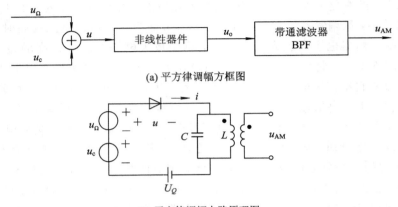

(a) 平方律调幅方框图

(b) 平方律调幅电路原理图

图 6.23　平方律调幅方框图和电路图

图中，二极管的伏安特性在工作点 U_Q 处可用幂级数展开表示。当 $u_1 = u_c$，$u_2 = u_\Omega$，即 $\omega_1 = \omega_c$，$\omega_2 = \Omega$ 时，根据式(6.23)可以得到众多组合频率分量的通式为

$$\omega_{p \cdot q} = |\pm p\omega_c \pm q\Omega| \qquad (p、q \text{ 为 } 0 \text{ 或正整数})$$

经分类整理可知：$p = q = 1$ 时，对应的 $\omega_{1 \cdot 1} = |\omega_c \pm \Omega|$ 是平方项所产生的和频、差频是所需的上、下边频，其余分量都由无用乘积项产生。其中最为有害的分量是 $\omega_c \pm 2\Omega$ 项(由于最接近有用分量，难于滤除)。为减小无用组合分量，获得不失真调幅，应选择合适的 Q 点，使非线性器件工作在特性接近平方律的区段，或选用具有二次的或平方律特性的非线性器件。因产生调幅作用的是平方项，故此调幅方法称平方律调幅。

平方律调幅产生的是普通调幅波。但由于二极管不容易得到较理想的平方特性，因而调制效率低，无用成分多，故相乘作用不理想。目前较少采用平方律调幅器。

② 单二极管开关式调幅。

为了减小不需要的频率成分，在大信号应用时，让二极管工作在开关状态。即一个电压足够大，另一个电压小，则二极管的导通与截止完全受大电压控制，此时将依靠二极管的导通和截止来实现频率变换，为分析方便，可将二极管当做一个理想的开关来处理。若取载波为大电压，调制信号为小电压，并且满足 $U_{cm} \gg U_{\Omega m}$ 条件，则二极管处在受载波 $u_c(t)$ 控制的开关状态。此时二极管相当于一个按照载频重复通断的开关。其电路原理如图 6.24 所示。

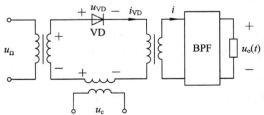

图 6.24　单二极管开关式调幅电路

根据非线性电路的开关函数分析法，在忽略输出电压对回路的反作用的情况下，加在二极管两端的电压为 $u_{VD}=u_c+u_\Omega$，二极管的导通与截止完全受载波电压 u_c 控制，则二极管的电流为

$$i_{VD} = \begin{cases} g_{VD}u_D & (u_c > 0) \\ 0 & (u_c < 0) \end{cases} \quad 且 \quad g_{VD} = \frac{1}{r_d + R_L} \tag{6.41}$$

式中，g_{VD} 为回路电导，它是二极管导通电阻 r_d 和负载电阻 R_L 反射到输出变压器初级的反射电阻相串联后的等效电导。引入单向开关函数 $S_1(t)$ 的概念，由于 $S_1(t)$ 可表示为

$$S_1(t) = \begin{cases} 1 & (\cos\omega_c t \geqslant 0) \\ 0 & (\cos\omega_c t < 0) \end{cases} \tag{6.42}$$

则式（6.41）可等效为

$$i_{VD} = g_{VD}S_1(t)u_{VD} = g(t)u_{VD} \tag{6.43}$$

式中，$g(t)=g_{VD}S_1(t)$，为时变电导，和 $S_1(t)$ 相同，它也受载波 u_c 控制。$S_1(t)$ 可展开为傅里叶级数形式：

$$S_1(t) = \frac{1}{2} + \frac{2}{\pi}\cos\omega_c t - \frac{2}{3\pi}\cos3\omega_c t + \frac{2}{5\pi}\cos5\omega_c t - \cdots$$
$$= \frac{1}{2} + \sum_{n=1}^{\infty} \frac{2(-1)^{n+1}}{(2n-1)\pi}\cos(2n-1)\omega_c t \tag{6.44}$$

由式（6.43）和式（6.44）可得

$$i_{VD} = g_{VD}S(t)u_{VD} = g_{VD}\left(\frac{1}{2} + \frac{2}{\pi}\cos\omega_c t - \frac{2}{3\pi}\cos3\omega_c t + \cdots\right) \cdot (U_{cm}\cos\omega_c t + U_{\Omega m}\cos\Omega t) \tag{6.45}$$

由上述可知，i_{VD} 中的频率成分有：输入频率 ω_c、Ω，载波的偶数次谐波 $2n\omega_c$（$n=1$，$2\cdots$），载波的奇数次谐波和调制信号基波的组合频率 $(2n+1)\omega_c\pm\Omega$（其中 $n=0,1,2\cdots$）以及直流成分。在输出端，用中心角频率为 ω_c、带宽为 2Ω 的带通滤波器可取出 ω_c、$\omega_c-\Omega$ 和 $\omega_c+\Omega$ 成分，从而实现普通调幅。

可见，单二极管调幅电路只可以产生普通调幅波（即 AM 波）。在单二极管调幅中，大信号开关式调幅比小信号平方律调幅效率高、无用成分少，所以应用较广。但它的输出仍有载波成分，若要抑制载波，得到双边带信号，可采用平衡调幅方式实现。

（2）二极管平衡调幅电路。

将两个单二极管调幅器对称连接，如图 6.25 所示，就构成了平衡调幅器。它可以运用在小信号及大信号工作状态。当工作于大信号状态时，它可以看做是两个单二极管开关调幅电路对称组合而成，平衡调幅电路中的二极管工作在开关状态，从而减少了不需要的谐波成分，这种情况下的二极管平衡调幅电路也称为二极管平衡斩波调幅电路，应按照斩波调幅的方法来分析。若电路工作在小信号状态，可看做是两个平方律调幅电路对称连接而成，按照幂级数法来分析。对于平衡调幅器而言，不论工作在何种状态，只要两个二极管特性相同、电路完全对称，载波成分就因对称而被抵消，则在输出电压中，只有上、下边带，而没有载波，即输出的是双边带信号。所以，平衡调幅器是产生 DSB 和 SSB 信号的基本电路。下面我们对两种情况分别加以讨论，来说明产生 DSB 信号的原理。首先讨论小信号情况。

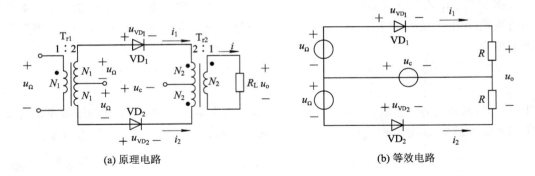

(a) 原理电路   (b) 等效电路

图 6.25 二极管平衡调幅电路

图 6.25(a)原理电路中的二极管 VD_1、VD_2 特性完全一致，输入变压器 T_{r1} 和输出变压器 T_{r2} 均为理想变压器(即抽头为中心抽头，上下完全对称)，T_{r1} 的初、次级匝数比为 1∶2，T_{r2} 的初、次级匝数比为 2∶1。通常设匝数 $N_1 = N_2$，令调制信号 $u_\Omega = U_{\Omega m} \cos\Omega t$，载波信号 $u_c = U_{cm} \cos\omega_c t$。当电路工作在小信号状态时，将按照平方律调幅的分析方法来分析，可得：

$$\begin{cases} i_1 = a_0 + a_1 u_{VD_1} + a_2 u_{VD_1}^2 \\ i_2 = a_0 + a_1 u_{VD_2} + a_2 u_{VD_2}^2 \end{cases} \tag{6.46}$$

式中，二极管的电压为：$u_{VD_1} = u_c + u_\Omega$，$u_{VD_2} = u_c - u_\Omega$，将 u_{VD_1} 和 u_{VD_2} 代入式(6.46)中，根据图 6.25 所示电流和电压的正方向，可求得平衡调幅器的输出电压为

$$u_o = (i_1 - i_2)R = 2R(a_1 u_\Omega + 2a_2 u_c u_\Omega)$$
$$= 2R[a_1 U_{\Omega m} \cos\Omega t + a_2 U_{cm} U_{\Omega m} \cos(\omega_c - \Omega)t + a_2 U_{cm} U_{\Omega m} \cos(\omega_c + \Omega)t] \tag{6.47}$$

可见，由于平衡调幅器电路的对称性，抵消了部分频率分量。当输入信号较小时，可只取幂级数中的前三项，则输出电压中只有上、下边带和调制信号频率，通过中心频率为载频的带通滤波器后，可得到双边带调幅信号。因此采用平衡调幅器可实现 DSB 和 SSB 调幅。

为了提高调制线性，平衡调幅器常工作在大信号开关状态，二极管作为受载波控制的理想开关。当载波正半周时，VD_1、VD_2 导通，调制信号通过 T_{r2} 传到负载，当载波负半周时，VD_1、VD_2 截止，调制信号被阻断，不能传送到输出端。电流 i_1 与 i_2 方向相反，可以得到 i_1 和 i_2 为

$$\begin{cases} i_1 = g_{VD} S_1(t) u_{VD_1} = g(t) u_{VD_1} \\ i_2 = g_{VD} S_1(t) u_{VD_2} = g(t) u_{VD_2} \end{cases}$$

则

$$i = i_1 - i_2 = 2g_{VD} u_\Omega S_1(t) \tag{6.48}$$

当考虑负载 R_L 的反射电阻时，由于变压器变比为 2∶1，其反射电阻应为 $4R_L$(可用阻抗变换的思路来计算)，则上、下两个开关电路的电阻各是 $2R_L$，即图 6.25(b)等效电路中的 $R = 2R_L$，这时回路电导 g_{VD} 可表示为

$$g_{VD} = \frac{1}{r_d + 2R_L} \tag{6.49}$$

输出电压为

$$u_o = 2R_L(i_1 - i_2) = 4R_L g_{VD} S_1(t) u_\Omega$$

$$= 4R_L g_{VD} \left(\frac{1}{2} + \frac{2}{\pi} \cos\omega_c t - \frac{2}{3\pi} \cos3\omega_c t + \cdots \right) U_{\Omega m} \cos\Omega t \tag{6.50}$$

可见，输出电压中仅包含有 Ω、$\omega_c \pm \Omega$、$3\omega_c \pm \Omega\cdots$频率分量。当平衡调幅器工作在开关状态时，比单二极管调幅产生的频率分量少得多且幅度高一倍。通过合适带通滤波器可滤出上、下边频成分，实现双边带调幅。实际上，当平衡调幅器工作在大信号状态时，由于输出电压可看做是单向开关函数 $S_1(t)$ 和调制信号 u_Ω 的乘积再乘以一个常量，所以可认为 u_o 是调制信号通过一个受载波控制的开关电路后被斩波得来的斩波电压。这样，可将工作于开关状态的二极管平衡调幅器称为二极管平衡斩波调幅器，可采用斩波调幅的分析法来分析，其结论是一致的。图 6.26 所示就是二极管平衡调幅电路工作在开关状态时的各个波形。其中，图(c)为单向开关函数；图(d)为斩波电压波形；图(e)为 DSB 信号波形。

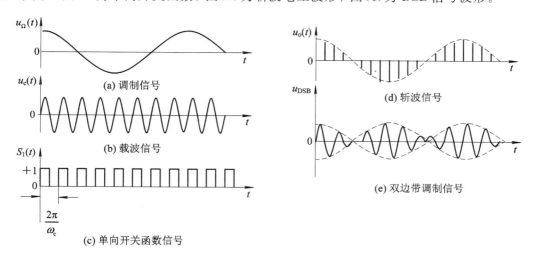

图 6.26　二极管平衡调幅电路的波形

　　实际应用时，平衡调幅电路很难做到完全对称且非线性器件特性无法完全相同，因此，在组成电路时往往要加平衡装置以克服器件的不理想，避免载漏现象的出现。

　　（3）斩波调幅器。

　　当二极管调幅电路工作在大信号状态时，电路依靠受大信号控制的二极管的导通和截止来实现频率变换，这时二极管就相当于一个开关电路。我们常把这时的调幅电路称为斩波调幅电路。例如刚刚介绍过的二极管平衡斩波调幅器。

　　斩波调幅实际上就是将要传送的幅度较小的调制信号 $u_\Omega(t)$ 通过一个受大信号载波控制的开关电路（斩波电路），由于开关电路按照载波角频率 ω_c 时断时续，使得输出波形 $u_o(t)$ 成为周期是 $2\pi/\omega_c$ 的脉冲。就仿佛是调制信号的波形被开关函数"斩去"一部分而变成角频率为 ω_c 的脉冲一样，故此该过程称为斩波，这种调幅方法称为斩波调幅。若经过中心角频率为 ω_c、带宽为 2Ω 的 BPF 后，就得到双边带信号输出。可见，采用斩波调幅方式是可以得到 DSB 和 SSB 信号的。斩波器的工作条件为：① 大信号工作状态。载波振幅 $U_{cm} > 0.5$ V，二极管处于受载波控制的开关状态；② 载波电压振幅远比调制电压振幅大得多，即 $U_{cm} \gg U_{\Omega m}$，则二极管的导通与截止完全受载波电压控制，二极管相当于一个受载频控制通断的时变开关；③ 由于输出电压相对载波而言小得多，在分析时忽略了输出电压对开关电路的反作用。

图 6.27 是斩波调幅器的原理方框图。它给出了两种框图，其中，图（a）给出的是采用类似单刀单掷开关来实现斩波的原理框图，这时的开关电路是不对称开关电路，在载波的控制下得到单向开关函数 $S_1(t)$，进而实现对调制信号的单向斩波，斩波电压为 $u_o(t)$，经带通滤波器后实现双边带调幅。二极管平衡斩波调幅电路就属于这种情况；图（b）给出的是采用类似双刀双掷开关来实现斩波的原理框图，这时的开关电路是对称开关电路，在载波的控制下得到双向开关函数 $S_2(t)$，进而实现对调制信号的双向斩波或对称式斩波。

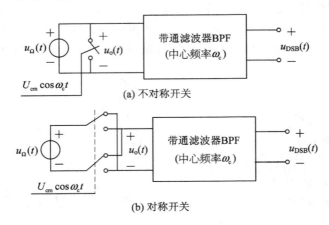

图 6.27　斩波调幅器原理框图

采用单向斩波时，其 $S_1(t)$ 是幅度为 1，周期为 $2\pi/\omega_c$ 的矩形波。经斩波后的斩波电压为

$$u_o(t) = u_\Omega(t)S_1(t) \tag{6.51}$$

令调制信号 $u_\Omega = U_{\Omega m}\cos\Omega t$，将 $S_1(t)$ 用傅里叶级数展开并代入式（6.51），可得

$$u_o(t) = \left(\frac{1}{2} + \frac{2}{\pi}\cos\omega_c t - \frac{2}{3\pi}\cos3\omega_c t + \cdots\right)U_{\Omega m}\cos\Omega t$$

可见，单向斩波产生的频率成分就是开关状态时平衡调幅器所得的频率成分，这说明两者是一致的。$u_o(t)$ 通过相应滤波器就可取出上下边频从而实现双边带调幅。DSB 电压为

$$u_{DSB}(t) = \frac{2}{\pi}u_\Omega(t)\cos\omega_c t = \frac{1}{\pi}U_{\Omega m}[\cos(\omega_c + \Omega)t + \cos(\omega_c - \Omega)t] \tag{6.52}$$

单向斩波调幅电路的波形如图 6.26 所示。当采用双向斩波（对称式斩波或平衡式斩波）时，其双向开关函数表示为

$$S_2(t) = \begin{cases} +1 & (\cos\omega_c t \geqslant 0) \\ -1 & (\cos\omega_c t < 0) \end{cases} \tag{6.53}$$

$S_2(t)$ 是一个幅度为 1 的上下对称的双向周期性矩形波，峰—峰值为 2。根据双向开关函数 $S_2(t)$ 的特点可知，其负向波形正好可看做是正向波形延时半个周期后再倒相，所以，双向开关函数可得以下表达式

$$S_2(t) = S_1(t) - S_1\left(t - \frac{1}{2}T\right) = \frac{4}{\pi}\cos\omega_c t - \frac{4}{3\pi}\cos3\omega_c t + \frac{4}{5\pi}\cos5\omega_c t - \cdots \tag{6.54}$$

经双向斩波电路后的斩波电压为

$$u_o(t) = u_\Omega(t)S_2(t) = \frac{4}{\pi}u_\Omega(t)\cos\omega_c t - \frac{4}{3\pi}u_\Omega(t)\cos3\omega_c t + \cdots \tag{6.55}$$

可见，其斩波电压中包含的频率成分有：调制信号和载波的和频 $\omega_c + \Omega$ 及差频 $\omega_c - \Omega$；ω_c 的奇次谐波与 Ω 的组合频率分量$(2n+1)\omega_c \pm \Omega(n=1, 2\cdots)$；而无低频分量 Ω。这时 DSB 电压为

$$u_{\text{DSB}}(t) = \frac{4}{\pi}u_\Omega(t)\cos\omega_c t = \frac{2}{\pi}U_{\Omega m}[\cos(\omega_c + \Omega)t + \cos(\omega_c - \Omega)t] \tag{6.56}$$

可见，双向斩波调幅输出的 DSB 信号的振幅比单向斩波调幅提高了一倍，且没有调制信号频率成分，所以其调幅效果更佳。图 6.28 给出了双向斩波调幅过程中的各个波形。其中，图(c)为双向开关函数，图(d)为斩波电压波形，图(e)为 DSB 信号波形。

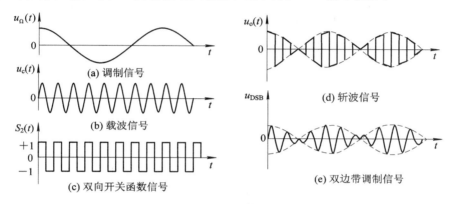

图 6.28　双向斩波调幅电路(对称式斩波调幅或平衡式斩波调幅)的波形

为了保证调幅电路的调制线性，应当使电路工作在理想的开关状态，要求二极管的通断完全取决于载波信号，而与调制信号无关。为此，除应选用开关特性好的二极管外，通常还要求载波幅度为调制信号幅度的 10 倍以上。

下面我们来介绍两种常见的实现斩波调幅的电路。

① 二极管电桥斩波调幅电路。

实现单向斩波的常用电路是由二极管桥式开关组成的调幅电路，称为二极管电桥斩波调幅电路，如图 6.29 所示。图中，四个二极管构成电桥的四个臂，调制信号 $u_\Omega(t)$ 和载波 $u_c(t)$ 分别接在电桥的两对角线端点之间，使电桥起到单向开关的作用。$u_c(t)$ 足够大时，可控制开关的通断，当 u_c 负半周时，二极管都导通，A、B 间短路，输出电压为零；当 u_c 正半周时，二极管都截止，A、B 间断开，输出电压为 $u_\Omega(t)$。可见，桥式开关起到斩波作用，其输出电压 $u_o(t)$ 就是斩波电压，将它通过谐振频率为载频的 LC 谐振回路就可得到 DSB 信号。

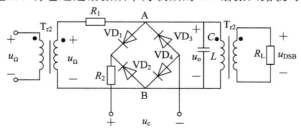

图 6.29　二极管电桥斩波调幅电路

② 二极管环形调幅电路(双平衡调幅电路或二极管环形斩波调幅电路)。

为进一步减少无用组合频率分量，可在平衡调幅器基础上，再增加两个二极管 VD_3、VD_4，使电路中四个二极管首尾相接构成环形，这就构成了二极管环形调幅器。通常，其载波幅值很强，使二极管工作在开关状态，电路能用斩波方式分析。所以，环形调幅电路又称为环形斩波调幅电路。它具有两种电路形式，图 6.30 分别画出了这两种电路形式。实际上，两种电路本质相同，只是画法不同，其结论是一致的，而且两电路之间是可以相互转换的。

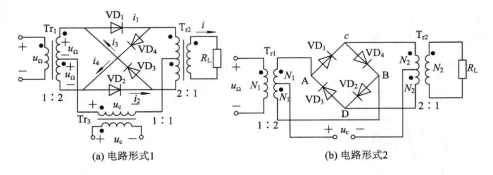

(a) 电路形式1   (b) 电路形式2

图 6.30   环形调幅电路的两种电路形式

图 6.30(a)所示电路看似 VD_3、VD_4 交叉，但实际上四个特性一致的二极管 $VD_1 \sim VD_4$ 仍组成一个环路，且二极管极性沿环路一致，它和图(b)所示电路相同，都称为环形调幅器。由图中可见，环形调幅器由两个平衡调幅器构成，所以又称为双平衡调幅器。图中，T_{r1}、T_{r2} 分别为带有中心抽头的输入、输出变压器(抽头上下完全对称)，T_{r1} 的匝数比为 $1:2$，T_{r2} 的匝数比为 $2:1$，T_{r3} 的匝数比为 $1:1$。载波 u_c 为大信号，且 $U_{cm} \gg U_{\Omega m}$，将它接在两变压器的中心抽头之间来控制二极管的通断。VD_3、VD_4 的极性分别与 VD_1、VD_2 相反，当载波正半周时，VD_1、VD_2 导通，VD_3、VD_4 截止；在载波负半周时 VD_3、VD_4 导通，VD_1、VD_2 截止，因而四个二极管相当于两组开关，两组开关函数有半个周期的相位差。由于 VD_3、VD_4 的接入不会影响 VD_1、VD_2 的正常工作，所以，可将环形调幅器分解成图 6.31 所示的两个平衡调幅器。下面对其工作原理进行分析。

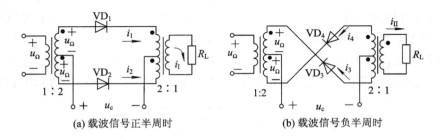

(a) 载波信号正半周时   (b) 载波信号负半周时

图 6.31   环形调幅器等效电路

当 $u_c > 0$ 时，VD_1、VD_2 导通，VD_3、VD_4 截止，得到图(a)所示的平衡调幅器，其相应电流为

$$i_1 = g_{VD}S_1(\omega_c t)(u_c + u_\Omega), \quad i_2 = g_{VD}S_1(\omega_c t)(u_c - u_\Omega)$$

则

$$i_{\mathrm{I}} = i_1 - i_2 = 2g_{\mathrm{VD}}u_{\Omega}S_1(\omega_c t)$$

当 $u_c < 0$ 时，VD_3、VD_4 导通，VD_1、VD_2 截止，得到图(b)所示的平衡调幅器，其相应电流为

$$i_3 = g_{\mathrm{VD}}S_1(\omega_c t - \pi)(-u_c - u_{\Omega}), \quad i_4 = g_{\mathrm{VD}}S_1(\omega_c t - \pi)(-u_c + u_{\Omega})$$

则

$$i_{\mathrm{II}} = i_3 - i_4 = -2g_{\mathrm{VD}}u_{\Omega}S_1(\omega_c t - \pi)$$

由以上各式可得环形调幅器的总输出电流为

$$i = i_{\mathrm{I}} + i_{\mathrm{II}} = 2g_{\mathrm{VD}}u_{\Omega}[S_1(\omega_c t) - S_1(\omega_c t - \pi)] = 2g_{\mathrm{VD}}u_{\Omega}S_2(\omega_c t)$$

$$= 2g_{\mathrm{VD}}U_{\Omega m}\cos\Omega t\left(\frac{4}{\pi}\cos\omega_c t - \frac{4}{3\pi}\cos3\omega_c t + \cdots\right)$$

$$= \frac{4}{\pi}g_{\mathrm{VD}}U_{\Omega m}[\cos(\omega_c + \Omega)t + \cos(\omega_c - \Omega)t] - \frac{4}{3\pi}g_{\mathrm{VD}}U_{\Omega m}[\cos(3\omega_c + \Omega)t$$

$$- \cos(3\omega_c - \Omega)t] + \cdots$$

上式中，$g_{\mathrm{VD}} = 1/(r_d + 2R_L)$。由此可见，环形调幅器输出电压是输入调制信号和双向开关函数的乘积，体现了斩波的作用，所得到的频谱只含有 ω_c 各奇次谐波与 Ω 的组合频率分量，且很容易滤除无用分量，从而得到载频的上、下边频，所以其为抑制载波调幅电路。

与平衡调幅器相比，环形调幅器进一步抑制了低频分量，且各分量振幅比平衡调制器提高了一倍，调制效率也提高了一倍，它的实际功能接近理想相乘器，因而获得了广泛应用。

（4）模拟乘法器调幅电路。

随着集成电路的快速发展，模拟乘法器在振幅调制、同步检波、混频、倍频、鉴频、鉴相等过程中被大量应用。模拟乘法器是低电平调幅电路中的常用器件，其体积小、性能优越，既可以实现普通调幅，也可以实现双边带及单边带调幅；既可以用单片集成模拟乘法器来组成调幅电路，也可以采用含有模拟乘法器的专用集成调幅电路来实现调幅。单片集成模拟乘法器种类较多，目前市场上常见的产品有美国生产的 LM1496、LM1595、LM1596 及 Motorola 公司生产的 MC1496/1596（国内同类型号是 XFC－1596），MC1495/1595（国内同类型号是 BG314）和国内产品 CF1496/1596 等。下面介绍采用模拟乘法器实现的调幅电路。

① 模拟乘法器实现普通调幅。

普通调幅波含有载波分量，故要在调制信号上叠加一直流电压，然后再将它们一同加于模拟乘法器的输入端和载波相乘，这样就可得到 AM 波的输出。图 6.32 为模拟乘法器构成的普通调幅电路框图，图中，U_d 为直流电压。模拟乘法器前级为反相求和运算放大器。

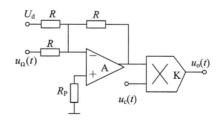

图 6.32　乘法器构成的普通调幅电路方框图

假设调制信号 $u_{\Omega} = U_{\Omega m}\cos\Omega t$，载波信号 $u_c = U_{cm}\cos\omega_c t$，根据图 6.32 可写出其数学表达式为

$$u_o(t) = -KU_c(U_d + U_{\Omega m}\cos\Omega t)\cos\omega_c t = -KU_cU_d\left(1 + \frac{U_{\Omega m}}{U_d}\cos\Omega t\right)\cos\omega_c t$$

$$= -KU_cU_d(1 + m_a\cos\Omega t)\cos\omega_c t \tag{6.57}$$

式中，$m_a = U_{\Omega m}/U_d$，为调幅系数。欲使 $m_a \leqslant 1$，则必须保证调制信号的振幅不大于直流电压值，即 $U_{\Omega m} \leqslant U_d$；否则会产生过调幅失真。$K$ 为模拟乘法器的增益系数。

② 模拟乘法器实现双边带调幅。

模拟乘法器构成的抑制载波双边带调幅电路的方框图如图 6.33 所示。将调制信号和载波信号分别加到模拟乘法器的两个输入端，其输出端就得到两个信号的相乘信号，也就是抑制载波双边带调幅波。输出电压的表示式为

图 6.33　双边带调幅电路方框图

$$u_o(t) = KU_\Omega U_c\cos\Omega t\cos\omega_c t$$

用三角函数展开上式，就是 DSB 信号的表示式。

③ 模拟乘法器实现单边带调幅。

采用模拟乘法器得到双边带信号后，将其通过一个带通滤波器，滤除其中一个边带分量，而保留另一个边带分量，这样就得到了单边带信号，实现了单边带调幅。实际应用中，常采用模拟乘法器 MC1496/1596 实现调幅电路。图 6.34 是 MC1496/1596 的电路图和引脚图。

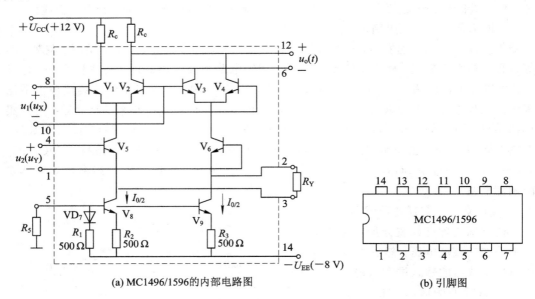

(a) MC1496/1596的内部电路图　　　　(b) 引脚图

图 6.34　MC1496/1596 的电路图和引脚图

MC1496/1596 电路图表明它是双平衡四象限模拟乘法器，其工作频率高，常用来实现调制、解调和混频。通常 X 通道作为载波或本振输入端，而调制信号或已调信号从 Y 通道输入。图(a)中，V_1、V_2 与 V_3、V_4 以反极性方式连接，组成双差分放大器，V_5、V_6 组成的单差分放大器用以激励 $V_1 \sim V_4$。V_8、V_9 及其偏置电路组成差分放大器 V_5、V_6 的恒流源。引脚 8 与 10 接输入电压 u_X，1 与 4 接输入电压 u_Y，输出电压 u_o 从引脚 6 与 12 输出。

引脚 2 与 3 外接 1 kΩ 电阻 R_Y，对差分放大器 V_5、V_6 产生串联电流负反馈，以扩展输入电压 u_Y 的线性动态范围。引脚 14 为负电源端（双电源供电时）或接地端（单电源供电时），引脚 5 外接电阻 R_5。用来调节 V_8、V_9 偏置电路（由二极管 VD_7、电阻 R_1 和 R_5 构成）的偏置电流及镜像电流 $I_{0/2}$ 的值。MC1496/1596 可用单电源供电，也可用双电源供电。器件的静态工作点由外接元件确定。

图 6.35 是用 MC1596 组成的普通调幅电路。该电路的输入和输出均采用单端不平衡连接方式。X 通道两输入端 8、10 脚直流电位均约为 6 V，可作为载波输入通道；Y 通道两输入端 1、4 脚之间外接有调零电路，可通过调节 51 kΩ 电位器使 1 脚直流电位比 4 脚高 U_Y（相当于给输出载波分量提供一个合适的值），外加调制信号 $u_\Omega(t)$ 与直流电压 U_Y 叠加后输入 Y 通道。同时还可调节电位器 R_W 来改变调制指数 m_a，保证调制信号达到最大时不会出现过调幅现象，以避免失真。输出端 6、12 脚外应接调谐于载频的带通滤波器。2、3 脚之间外接 Y 通道负反馈电阻。这样，调制信号 $u_\Omega(t)$ 与直流电压 U_Y 叠加后和载波信号相乘，从而实现了普通调幅。

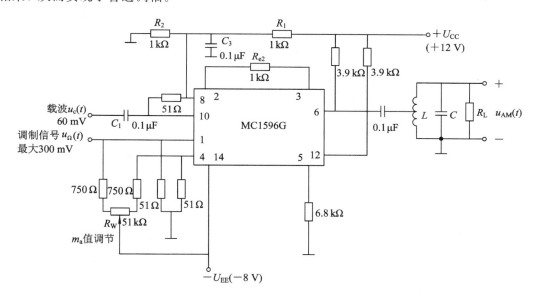

图 6.35　MC1596 组成的普通调幅电路

采用图 6.35 的电路也可以组成双边带调幅电路，区别在于调节电位器的目的是为了使 Y 通道 1、4 脚之间的直流电位差为零，即 $U_Y=0$，也就是说，Y 通道输入信号仅为交流调制信号，而无直流信号，可见电位器实际上可以抑制载漏。为了减小流经电位器的电流，便于调零准确，可加大两个 750 Ω 电阻的阻值，比如各增大到 10 kΩ。这样，最终输出的信号就不再是 AM 信号，而是双边带信号了。当然，我们也可以采用其他的模拟乘法器来实现普通调幅和双边带调幅，只是乘法器的外围电路连接有所不同而已，这里就不再讨论了。

（5）单边带调幅电路（单边带信号产生电路）。

单边带调制在短波通信中有着广泛的应用，它具有节约频带，节省发射功率，抗选择性衰落能力强等优点；但是单边带通信系统的设备较复杂、造价高，而且其收发信端需要很高的频率稳定度和其他技术手段来保证系统的有效通信。

单边带信号的产生方法主要有滤波法、移相法以及将两者相结合、修正的移相滤波法。

① 滤波法。

这种方法根据单边带信号的频谱特点，先产生双边带信号，再利用带通滤波器取出其中一个边带信号，从而获得单边带信号。滤波法原理框图及频谱图如图 6.36 所示。

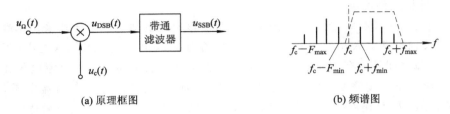

(a) 原理框图   (b) 频谱图

图 6.36   滤波法原理框图及频谱图

图(a)原理框图中的相乘作用可以用平衡调幅电路、环形调幅电路或模拟乘法器来实现。相乘后输出的 DSB 信号通过带通滤波器可实现 SSB 调幅。可见，滤波法的关键是高频带通滤波器。对于带通滤波器，要求其幅频特性曲线接近矩形，尤其是在调制信号的 F_{min} 很小时。由图(b)所示的频谱图可以推知，对于频谱范围为 $F_{min} \sim F_{max}$ 的调制信号，双边带信号中上、下边带的频率间隔即过渡带宽为 $\Delta f = 2F_{min}$（一般约为几十赫兹），如果 F_{min} 很小，则上、下两个边带相隔很近，滤波器相对带宽 $\Delta f/f_c$ 很小，直接用滤波器完全取出一个边带而滤除另一个边带是很困难的。

为了达到好的滤波效果，要求 BPF 具有相当陡峭的衰减特性，特别是当 $f_c \gg F_{min}$ 时，只有采用理想矩形滤波器才能一次滤波实现单边带调幅，所以在调制时，通常采用多次调制和滤波的方法（即逐级滤波法）。逐级滤波法不直接在工作频率上调制，而是先在较低的载波频率上实现第一次调制，这样增大了带通滤波器的相对带宽，降低了对滤波器的要求，使滤波器便于制作。在第一级滤除一个边带后，再以这个低载频单边带信号作为调制信号，在高频载波上进行第二次调制，然后再滤除一个边带。这样，上、下边带间的距离被拉开，两个边带间的相对带宽增大，故滤波器易于实现。经过多次平衡调幅和滤波后逐步把载频提高到要求的数值。图 6.37 是采用多次调制和滤波的方法实现单边带信号的方框图。

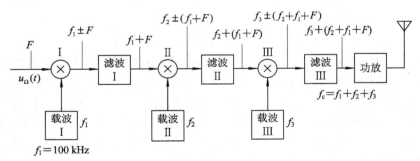

图 6.37   采用多次调制和滤波的方法实现单边带信号的方框图

需要指出的是，提高单边带的载波频率绝不能采用倍频的方法。因为倍频后，音频分量 F 也被倍频，使原来的调制信号改变，输出中产生严重失真。

目前，在采用逐级滤波法时，常以石英晶体滤波器、陶瓷滤波器、声表面波滤波器作为第一级滤波器；至于第二、第三级滤波器，由于中心频率较高，可采用 LC 带通滤波器。

② 移相法。

移相法又叫相移法。它是利用移相网络对载波和调制信号进行适当的相移，在相加过程中将不需要的边带抵消，从而获得 SSB 信号的方法。其实现源于 SSB 调幅波的时域表达式，即

$$\begin{cases} u_{\text{SSBH}} = \dfrac{kU_{\text{cm}}U_{\Omega\text{m}}}{2}\cos(\omega_{\text{c}}+\Omega)t = \dfrac{kU_{\text{cm}}U_{\Omega\text{m}}}{2}(\cos\omega_{\text{c}}t\,\cos\Omega t - \sin\omega_{\text{c}}t\,\sin\Omega t) \\[4mm] u_{\text{SSBL}} = \dfrac{kU_{\text{cm}}U_{\Omega\text{m}}}{2}\cos(\omega_{\text{c}}-\Omega)t = \dfrac{kU_{\text{cm}}U_{\Omega\text{m}}}{2}(\cos\omega_{\text{c}}t\,\cos\Omega t + \sin\omega_{\text{c}}t\,\sin\Omega t) \end{cases} \tag{6.58}$$

根据三角函数关系：

$$\cos\Omega t\,\cos\omega_{\text{c}}t = \frac{1}{2}\cos(\omega_{\text{c}}+\Omega)t + \frac{1}{2}\cos(\omega_{\text{c}}-\Omega)t$$

$$\sin\Omega t\,\sin\omega_{\text{c}}t = \frac{1}{2}\cos(\omega_{\text{c}}-\Omega)t - \frac{1}{2}\cos(\omega_{\text{c}}+\Omega)t$$

和式(6.58)可知，只要用两个 90°移相器分别将调制信号和载波移相 90°，成为 $\sin\Omega t$ 和 $\sin\omega_{\text{c}}t$，然后再进行相乘运算和相(加)减运算，就可以实现单边带调幅。若欲取上边频"和频"，则将以上两式相减；若欲取下边频"差频"，将以上两式相加。图 6.38 为移相法单边带调幅电路框图。

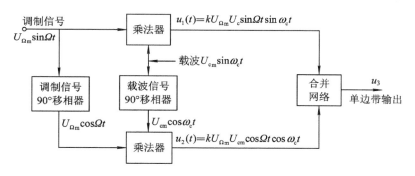

图 6.38　移相法单边带调幅电路方框图

由图 6.38 可见，用两个 90°移相器分别将调制信号及载波移相 90°后再进行相乘、合并，就可实现单边带调幅。这种方法可在较高载波上实现单边带调幅，原则上能把相距很近的两个边频分开，而不需要多次调制和任何滤波器，这是它的优点。移相法实现的关键是移相器，要求调制信号和载波的移相网络在整个频带范围内都能准确地移相 90°，且幅频特性为常数。显然，对单频调制信号进行 90°相移比较简单，但对于具有一定频带的调制信号进行 90°相移，且要保证在整个频带范围内对其中每个频率分量都准确相移 90°是很困难的。所以，此方法一般只用于对单频调制信号的调幅，这就是移相法单边带调幅的缺点。

③ 修正的移相滤波法(相移滤波法)。

通过以上讨论可知滤波法和移相法都存在一定的实现困难。滤波法的缺点在于滤波器的设计困难，移相法的困难在于宽带 90°移相器的设计。因此，结合以上两种方法的优缺点而提出的修正的移相滤波法，即维夫(Weaver)法，是一种比较可行的方法，其原理图见图 6.39。这种方法所用的 90°移相网络对固定频率信号进行处理，因而克服了实际的移相网络在很宽的音频范围内不能准确地移相 90°的缺点，因此该方法对电路的要求降低。

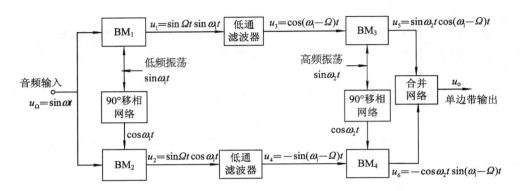

图 6.39 修正的移相滤波法原理方框图

修正的移相滤波法的关键在于将载频 ω_c 分成 ω_1 和 ω_2 两部分，其中 ω_1 是略高于 $\Omega_{\max}$ 的低频频率，ω_2 是高频频率，即 $\omega_c = \omega_1 + \omega_2$，$\omega_1 \ll \omega_2$。为简化分析，图中各信号幅度均为 1。另外，图中 BM 代表平衡调幅器，起到相乘的作用；两个 90° 移相网络分别对固定的频率 ω_1 和 ω_2 进行 90° 相移，移相网络易实现。低通滤波器一般提取出下边频分量，也可称为下边带滤波器。

根据三角函数关系：

$$
\begin{cases}
\cos\Omega t\ \sin\omega_c t = \dfrac{1}{2}\sin(\omega_c + \Omega)t + \dfrac{1}{2}\sin(\omega_c - \Omega)t \\[2mm]
\sin\Omega t\ \cos\omega_c t = \dfrac{1}{2}\sin(\omega_c + \Omega)t - \dfrac{1}{2}\sin(\omega_c - \Omega)t
\end{cases}
$$

可计算出图中各个电压的结果。调制信号 $u_\Omega(t)$ 与两个相位差为 90° 的低载频信号 $\sin\omega_1 t$ 和 $\cos\omega_1 t$ 分别相乘，产生两个双边带信号 u_1、u_2，即 BM$_1$ 和 BM$_2$ 的输出电压，表示为

$$
\begin{cases}
u_1 = \sin\Omega t\ \sin\omega_1 t = \dfrac{1}{2}\big[\cos(\omega_1 - \Omega)t - \cos(\omega_1 + \Omega)t\big] \\[2mm]
u_2 = \sin\Omega t\ \cos\omega_1 t = \dfrac{1}{2}\big[\sin(\omega_1 + \Omega)t - \sin(\omega_1 - \Omega)t\big]
\end{cases}
$$

然后分别用滤波器取出 u_1、u_2 中的下边带信号 u_3 和 u_4。因为 ω_1 频率很低，故所用滤波器边沿的衰减特性不需那么陡峭，可用低通滤波器来实现滤波功能。两个下边带信号表示为

$$
\begin{cases}
u_3 = \cos(\omega_1 - \Omega)t \\[2mm]
u_4 = -\sin(\omega_1 - \Omega)t
\end{cases}
$$

接着，两个下边带信号分别再与两个相位差为 90° 的高载频信号 $\sin\omega_2 t$ 和 $\cos\omega_2 t$ 分别相乘，产生 u_5 和 u_6 两个双边带信号，即 BM$_3$ 和 BM$_4$ 的输出电压，可表示为

$$
\begin{cases}
u_5 = \sin\omega_2 t\ \cos(\omega_1 - \Omega)t = \dfrac{1}{2}\big[\sin(\omega_2 + \omega_1 - \Omega)t + \sin(\omega_2 - \omega_1 + \Omega)t\big] \\[2mm]
u_6 = -\cos\omega_2 t\ \sin(\omega_1 - \Omega)t = \dfrac{1}{2}\big[-\sin(\omega_2 + \omega_1 - \Omega)t + \sin(\omega_2 - \omega_1 + \Omega)t\big]
\end{cases}
$$

将 u_5 和 u_6 通过合并网络，若合并网络为相加器，则输出电压为以 $\omega_2 - \omega_1$ 为载频的上边频信号，可表示为

$$
u_o = u_5 + u_6 = \sin\big[(\omega_2 - \omega_1) + \Omega\big]t \tag{6.59}
$$

若合并网络为相减器，则输出电压为以 $\omega_2 + \omega_1$ 为载频的下边频信号，表示为

$$u_o = u_5 - u_6 = \sin[(\omega_2 + \omega_1) - \Omega]t \tag{6.60}$$

可见，修正的移相滤波法可以用来实现单边带调幅。由于其需要的移相网络工作于固定频率，因此制造和维护都比较简单。它特别适用于小型轻便设备，是一种有发展前途的方法。

6.3　振幅调制信号的解调

6.3.1　振幅解调的方法

在通信系统的接收端，从高频已调信号中不失真地恢复原调制信号的过程称为解调，对调幅波的解调称为振幅解调或振幅检波，简称检波。解调是调制的逆过程。

1. 检波电路的功能

从频谱上看，检波就是将已调幅波的边带信号频谱不失真地从载频附近搬移到零频附近的一种频谱搬移过程，其搬移过程正好与调幅的过程相反，但也要由非线性器件完成。检波电路同样要用乘法器来实现频谱搬移，因而所有的线性频谱搬移电路都可以用于解调。

2. 检波电路的组成

检波过程中，接收机接收的调幅信号经非线性器件作用，在检波电流中产生许多频率分量。为提取调制信号，检波器应使用具有低通滤波特性的负载（由 R、C 组成），即允许低频信号通过的负载，因此，检波器的组成应包括三部分：高频已调信号输入回路、非线性器件和 RC 低通滤波器。其组成原理框图如图 6.40 所示。

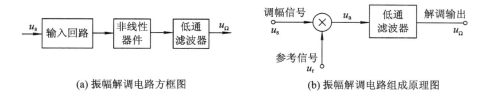

(a) 振幅解调电路方框图　　　　　　　(b) 振幅解调电路组成原理图

图 6.40　振幅解调电路组成框图

3. 振幅解调方法（检波方法）

根据输入调幅信号的不同特点，检波分两种方法：包络检波和同步检波。前者只对普通调幅波进行检波，后者可以对任何调幅波进行检波。

1）包络检波

包络检波也叫非相干检波，它是一种检波输出电压直接反映调幅信号的包络变化规律的检波方法，其检波输出电压与输入已调波的包络成正比。由于普通调幅波的包络反映了调制信号的变化规律，所以包络检波适用于对 AM 波的解调。包络检波有两种方式，即小信号平方律检波和大信号包络检波，其共同特点是非相干解调、电路简单、检波性能较差。

2）同步检波

除输入已调幅波外，再加入一个与发射端载波同频同相（或固定相位差）的同步信号

（相干载波信号或本地载波信号），借助相乘的方法，进行检波，从而解调出原调制信号的过程称为同步检波，也叫相干检波。它主要用于 DSB 和 SSB 信号的解调，但也可实现 AM 波的解调。同步检波可分为乘积型同步检波和叠加型同步检波两类，它们结构虽不同，但都需要恢复的载波信号进行解调，其特点是相干解调、电路较复杂、检波性能好。图 6.41 所示为两种检波方法的原理框图。

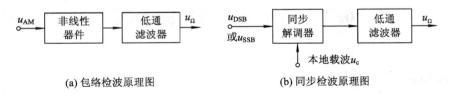

(a) 包络检波原理图   (b) 同步检波原理图

图 6.41　两种检波方法的原理框图

4. 检波电路的主要技术指标

1）电压传输系数 K_d

电压传输系数（即检波效率或检波系数）是用来描述检波器对输入已调信号的解调能力或转换效率的一个物理量。它定义为检波器的输出电压幅度与输入高频电压幅度之比。

若检波电路输入信号为高频等幅波，这时 K_d 称为直流电压传输系数，记为 $K_{d=}$，定义为输出直流电压 U_o 与输入高频电压振幅 U_{im} 的比值，即

$$K_{d=} = \frac{\text{输出直流电压（平均值）}}{\text{输入高频电压振幅（最大值）}} = \frac{U_o}{U_{in}} \qquad (6.61)$$

若输入高频调幅波 $u_i(t) = U_{im}(1 + m_a \cos\Omega t)\cos\omega_c t$，$K_d$ 为交流电压传输系数，记为 $K_{d\sim}$，定义为输出低频信号幅度 $U_{\Omega m}$ 与输入高频调幅波包络变化幅度 $m_a U_{im}$ 的比值，即

$$K_{d\sim} = \frac{\text{输出低频电压幅度}}{\text{输入调幅包络变化幅度}} = \frac{U_{\Omega m}}{m_a U_{im}} \qquad (6.62)$$

检波器的检波效率越高，在同样的输入信号下，输出的低频信号越大。一般二极管检波器检波效率总小于 1，在设计电路时应尽可能使它接近 1。

2）检波器等效输入电阻 R_{id}

从检波器输入端看进去的等效阻抗称为检波器等效输入电阻，记为 R_{id}。它常常是前级中频放大器的负载阻抗，直接并入检波器的输入回路，影响着前级回路的有效 Q 值及回路阻抗。因此，可用 R_{id} 来说明检波器对前级电路的影响程度。R_{id} 定义为输入高频电压的振幅 U_{im} 与输入端高频脉冲电流基波分量的振幅 I_{im} 之比，即

$$R_{id} = \frac{\text{输入高频电压振幅}}{\text{输入电流的基波分量}} = \frac{U_{im}}{I_{im}} \qquad (6.63)$$

R_{id} 值越大，对前级回路的影响越小。

3）检波器的失真

检波失真是指输出电压波形和输入调幅波包络形状的相似程度。当检波器输出电压与原调制信号的变化规律不相同时，就产生了检波失真。在实际应用中，要求检波器的输出低频信号不出现失真或失真尽量小。总的来说，检波器的失真分为线性的频率失真和非线性失真。

4）高频滤波系数 F

高频滤波系数用来表明检波器对输出电压中的高频谐波分量的滤除能力，以 F 表示。其定义为，输入高频电压的幅度 U_{im} 与输出高频电压的幅度 U_{om} 的比值，即

$$F = \frac{\text{输入高频电压幅度}}{\text{输出高频电压幅度}} = \frac{U_{im}}{U_{om}} \tag{6.64}$$

在输入电压一定时，F 越大，检波器输出高频电压越小，电路对高频分量的滤波效果越好。

实际检波器中，上述指标之间存在一定的矛盾，通常应针对具体应用突出其中的重点要求。

6.3.2　包络检波器

实现包络检波功能的电路就是包络检波器，其电路简单、效率高，在普通调幅波的解调中普遍使用。它主要有小信号平方律检波器、二极管峰值包络检波器及平均包络检波器等形式，其中后两种属于大信号包络检波器。另外，按照检波二极管、高频已调信号源、检波负载（RC 低通滤波器）三者的连接形式可分为串联型和并联型包络检波器。若三者相串联则为串联型包络检波器，若三者相并联则为并联型包络检波器。

大信号包络检波的性能优于小信号平方律检波，因此应用较多。其中常用的大信号包络检波器就是二极管峰值包络检波器，它先将 AM 波通过二极管变成单极性信号，再将单极性信号通过 RC 低通滤波器取出 AM 波峰值信息。本节将重点讨论这种包络检波电路。

1. 串联型二极管峰值包络检波器的电路组成及工作原理

大信号包络检波要求输入已调波幅度大于 0.5 V，通常为 1 V 左右，这使二极管工作在开关状态。当考虑输出电压对二极管的反作用时，其通断由输入和输出信号的幅度差来控制。

1）二极管峰值包络检波器的电路组成

二极管峰值包络检波器的原理电路如图6.42 所示，它包括三个基本组成部分：① 信号输入回路。在超外差式接收机中，通常就是末级中放的输出电路，用来输入 AM 信号；② 检波二极管 VD。利用其单向导电性进行检波，一般选用锗管；③ 负载电路。它是电阻、电容并联网络构成的低通滤波器，该 RC 低通滤波器具有两个作用：其一，对调制信号 u_Ω 来说，若电容 C 的容抗

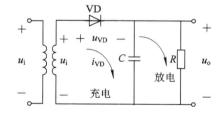

图 6.42　二极管峰值包络检波器原理电路

$1/\Omega C \gg R$，则 C 相当于开路状态，R 就是检波器的负载，其两端电压就是输出的调制电压；其二，对载波信号 u_c 来说，若电容 C 的容抗 $1/\omega_c C \ll R$，则 C 相当于短路状态，对高频电流起到旁路作用，即滤除了二极管电流中的高频信号。通常，要求二极管导通电阻 r_d 小，二极管导通电压小，R 和 C 要足够大且 $R \gg r_d$。

2）工作原理

为了分析方便，先讨论输入为等幅高频振荡信号时的检波过程。设图 6.42 中的检波二极管为理想二极管，由于二极管的单向导电性，电路刚开始工作且输入信号为正半周时，二极管正向导通，输入电压通过二极管对电容 C 充电。由于 r_d 很小，故充电时间常数 $\tau_充 =$

r_dC 也很小，充电迅速，C 上电压 u_C 增长很快，使输出电压 $u_o(t)$ 很快接近于输入信号 $u_i(t)$ 的峰值。这时电容上的充电电压近似为 $U_{im}＝u_C＝u_o$。

考虑输出电压 u_o 对二极管的反作用，则实际作用在二极管上的电压为 u_i 与 u_o 之差，即 $u_{VD}＝u_i－u_o$。可见，VD 的导通与否真正取决于 $u_i－u_o$ 的值。当 $u_{VD}＝u_i－u_o＞0$ 时，二极管导通；当 $u_{VD}＝u_i－u_o＜0$ 时，二极管截止。输入信号达到峰值后开始下降，当滤波电容 C 上的电压大于输入信号电压时，VD 截止。电容 C 储存的电荷通过 R 放电。因负载电阻 R 很大，满足 $R\gg r_d$ 关系，故放电时常数 $\tau_{放}＝RC$ 较大，且 $RC\ll r_dC$，电容放电缓慢。所以在电荷未释放完时，输入信号的下一个正半周已经到来，在这个正半周的某一个时刻，输入电压将大于 C 上的电压，VD 将重新导通，同时 C 又被充电。可见，电路将如此往返不已地重复前面的过程。

在输入高频信号的一个周期内，充电快而放电慢，使得输出电压在这种不断地充、放电的过程中作近似周期性的锯齿状变化，但其电压幅度在逐渐增大（二极管导通时间逐渐减短）。当电容 C 上的充电电荷量等于放电电荷量时，充放电达到动态平衡。从此时开始，检波器输出电压 u_o 便在输出平均电压 U_{AV} 上下按输入高频信号角频率 ω_i 作锯齿状等幅波动。当检波器满足 $U_{im}＞0.5\text{ V}$、$RC\gg1/\omega_i$，$R\gg r_d$ 时，可认为 $U_{om}\approx U_{AV}\approx U_{im}$，所以称为峰值包络检波。通过以上分析可知，输入等幅信号时，检波器输出的平均电压 U_{AV} 即为解调出的信号，检波持续一段时间后输出电压将为等幅电压，其上下锯齿状波动是因低通滤波器不理想而产生的残余高频电压。图 6.43 所示为输入等幅波时峰值包络检波器的工作过程。

由图示检波过程可以总结出以下几点：

（1）检波就是在信号源的作用下，使检波负载 RC 充放电交替重复的过程。

（2）由于放电时间常数远大于输入振荡的周期，周期内放电量小，使得二极管负极处于较高的正电位，则二极管只在输入电压峰值附近的很短时间内才能导通，因此，输出电压就接近于输入高频振荡的峰值，使 $U_o\approx U_{im}$。

（3）二极管电流 i_{VD} 为余弦脉冲序列，它包含有直流分量（平均分量）I_{AV} 及各种高频分量。其中，I_{AV} 流经电阻 R 产生平均电压 U_{AV}（当等幅高频信号输入时，$U_{AV}＝U_{DC}$），它是检波器有用的输出电压；而高频分量主要被电容 C 旁路，平均电压上叠加的锯齿形纹波电压就是残留的少量高频电压，可用 Δu_C 表示。因此，检波器的实际输出电压为 $u_o＝U_{AV}＋\Delta u_C$。通常 Δu_C 很小，可以忽略不计，这时输出电压为

$$u_o＝U_{AV}＋\Delta u_C\approx U_{AV}＝U_{DC}＝U_o$$

当输入为普通调幅波时，检波的过程与输入等幅信号时类似，其描述检波过程的波形如图 6.44 所示。为了使检波器输出电压 u_o 反映输入调幅信号的包络，要求检波器的放电时间常数 RC 远大于输入调幅信号的载波周期，但同时又必须远小于输入调幅信号包络变化的周期，即远小于调制信号的周期。那么，电容 C 上的电压变化速率将远大于包络变化的速率，而远小于高频载波变化的速率。因此，当输入信号的幅度增大或减少时，检波器输出电压 u_o 也将随之近似成比例地升高或降低。另外，在二极管截止期间，输出电压 u_o 不会跟随载波变化，而是缓慢地按指数规律下降。当下降到重新满足 $u_{VD}＞0$ 条件时，二极管又导通，电容又被充电到 u_{AM} 的幅值；当再次出现 $u_{VD}＜0$ 时，二极管再次截止，电容又通过电阻放电。这样充、放电反复进行，输出电压的大小就随着调幅波的包络而变化，在电

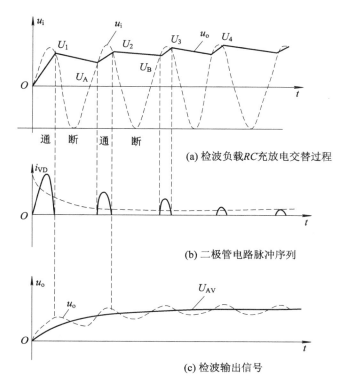

(a) 检波负载RC充放电交替过程

(b) 二极管电路脉冲序列

(c) 检波输出信号

图 6.43　输入等幅波时峰值包络检波器工作过程

容和电阻两端可得到一个幅度接近输入信号峰值且包络和调制信号相同的锯齿状电压。它包含低频分量和直流分量，同时叠加有频率为载频的纹波，经过低通滤波器的滤波，可去掉高频纹波，若再经过隔直流耦合电容 C_c，隔除直流分量，就可获得调制信号，从而完成了检波作用。

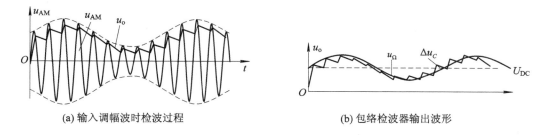

(a) 输入调幅波时检波过程

(b) 包络检波器输出波形

图 6.44　输入调幅波时峰值包络检波器的波形

　　和输入等幅波时相对应，输入调幅波时检波器的有用输出电压表示为 $u_o = u_\Omega + U_{DC}$，而此时的实际输出电压表示为 $u_o = u_\Omega + U_{DC} + \Delta u_C$。

　　通过以上两种情况的讨论可知，大信号检波的工作原理主要是利用二极管的单向导电特性和检波负载 RC 的充、放电过程来完成调制信号的提取。

2. 包络检波器的性能分析

　　包络检波器的主要性能指标有电压传输系数、输入电阻和失真。这里先讨论前两项。

1) 电压传输系数

峰值包络检波器的二极管在检波过程中处于开关状态,其特性曲线可以用折线近似。若输入高频等幅波 $u_i = U_{im} \cos\omega_i t$,则检波输出电压是直流 $u_o = U_o$,二极管端电压 $u_{VD} = u_i - u_o$。采用理想高频滤波,并以图 6.45 所示的折线表示二极管的伏安特性曲线(大信号输入时允许忽略截止电压 U_{BZ}),由图可见,二极管的电流 i_{VD} 为余弦脉冲,则电流 i_{VD} 表示为

$$i_D = g_{VD}u_{VD} \quad (u_{VD} > 0)$$
$$i_{VD} = 0 \quad (u_{VD} < 0) \tag{6.65}$$

其余弦脉冲的脉冲峰值电流表示为

$$i_{VD\,max} = g_{VD}(U_{im} - U_o) = g_{VD}U_{im}(1 - \cos\theta) \tag{6.66}$$

上两式中,$g_{VD} = 1/r_d$,为二极管的导通电导(即折线斜率);θ 为电流导通角,根据折线分析中电流导通角的计算关系,可表示为 $\cos\theta = U_o/U_{im}$。

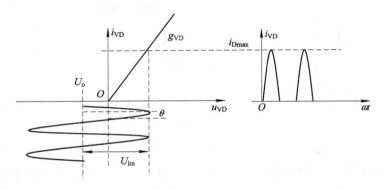

图 6.45 输入等幅波时检波器的折线分析

由式(6.61)可知,包络检波器的电压传输系数可写为

$$K_d = \frac{U_o}{U_{im}} = \cos\theta \tag{6.67}$$

可见,检波效率 K_d 是检波电流 i_{VD} 的导通角 θ 的函数,因此,只要求出 θ,就可以得到 K_d。因为 i_{VD} 中的直流电流(平均电流)I_0 为

$$I_0 = i_{VD\,max}\alpha_0(\theta) = g_{VD}U_{im}(1 - \cos\theta) \cdot \frac{\sin\theta - \theta\cos\theta}{\pi(1 - \cos\theta)} = \frac{g_{VD}U_{im}}{\pi}(\sin\theta - \theta\cos\theta) \tag{6.68}$$

而检波器输出直流电压为 $U_o = RI_0$,所以由式(6.67)和式(6.68)可得

$$\tan\theta - \theta = \frac{\pi}{g_{VD}R} \tag{6.69}$$

当 $g_{VD}R \gg 1$ 时,θ 很小,$\tan\theta \approx \theta - \theta^3/3$,可得

$$\theta \approx \sqrt[3]{\frac{3\pi}{g_{VD}R}} = \sqrt[3]{\frac{3\pi\gamma_d}{R}} \tag{6.70}$$

由以上分析可以得出以下结论:

① 在大信号检波中,θ 为定值,故 K_d 也为定值,与输入信号的值无关。由于检波输出电压振幅略小于调幅波包络振幅,故 K_d 略小于 1。实际上 K_d 在 80% 左右,理想时可以

取 1。

② θ 和 K_d 都取决于 r_d 与 R 的比值，θ 随 r_d/R 增大而增大，而 K_d 随 r_d/R 增大而减小。当 R 越大，且 $R \gg r_d$ 时，θ 越小，K_d 越接近于 1，输出电压就越接近调幅波的包络，失真也就越小，这就是包络检波的主要优点。

2）输入电阻 R_{id}

输入电阻是检波器的另一个重要的性能指标。检波器的前端是高频谐振回路，而检波器一般就作为这个谐振回路的负载，因此它必然对谐振回路的选频特性及回路阻抗有一定的影响，使回路的损耗增大，有载 Q 值降低。这也是峰值包络检波器的主要缺点。

输入电阻可以用能量转换的观点来分析。检波器是一个能量转换器，它将从前级电路得来的高频功率（即 R_{id} 从前级吸收的高频功率）经二极管进行分配，一部分在二极管上消耗，另一部分转化为检波器输出的直流功率和低频功率。当 $g_{VD}R \geqslant 50$ 时，检波电流的导通角很小，则二极管的损耗功率很小。根据能量守恒原则，可近似认为输入到检波器的高频功率，全部转换为负载电阻上消耗的功率。设输入信号为等幅载波信号 $u_i(t) = U_{im} \cos\omega_i t$，则串联型峰值包络检波器输入电阻 R_{id} 在高频一个周期内消耗的功率可以表示为 $P_i = U_{im}^2/2R_{id}$，检波器负载电阻 R 上消耗的功率为 $P_o = U_o^2/R$，这两个功率应当相等，即

$$\frac{U_{im}^2}{2R_{id}} = \frac{U_o^2}{R}$$

又因为 $U_o = K_d U_{im}$，所以当 $K_d \approx 1$ 时，有

$$R_{id} \approx \frac{1}{2}R \tag{6.71}$$

通过上述分析可知，在大信号情况下，串联型二极管峰值包络检波器的输入电阻约为负载电阻的一半。负载电阻越大，检波器输入电阻越大，检波器对前级电路的影响越小。

3. 检波器的失真

由于二极管特性曲线的非线性及元件参数选择不当等原因，使检波器的输出波形与输入调幅波包络的形状存在差异，因而产生了检波失真。产生的失真有：惰性失真、负峰切割失真、非线性失真、频率失真。其中，频率失真属于线性失真，不会改变波形形状，其他三种失真都属于非线性失真，使输出信号波形发生畸变。对于包络检波器而言，惰性失真和负峰切割失真是它所特有的两种失真，也是我们讨论的重点内容。

1）惰性失真（对角线切割失真）

在正常情况下，滤波电容 C 在输入信号的每个高频周期内充放电各一次，每次都应充电到接近包络电压，并且按指数曲线规律及时放电，使检波输出基本能跟上调幅波包络的变化。为了提高电压传输系数、减少非线性失真、改善滤波效果，应加大电阻 R 和电容 C 的值。这是因为 R 越大，θ 越小，检波效率越高，同时电路的输入电阻越大，对前级电路的影响越小；另外 C 越大，对高频分量的滤波效果越好，输出信号中的高频波纹就越小。但是如果放电时间常数 RC 过大，电容放电过慢，那么放电速度会小于输入信号包络下降的速度。这样，可能使检波器在若干高频周期内，包络电压已下降，但电容 C 上的电压却还大于包络电压，从而使得二极管反向截止。在这期间，电容两端电压下降的速度取决于 RC 的放电时间常数，输出电压不再随输入信号包络的变化而变化，因而不再反映输入调幅波的包络，检波器失去了检波作用，直到包络电压再次超过电容电压时，电路才恢复其检波

功能。可见，在包络下降的过程中产生了非线性失真。由于这种失真是电容较大的放电惰性造成的，故称为惰性失真。在失真期间，输出波形是电容的放电波形，呈倾斜的对角线形状，就像是沿正弦波的对角切了一刀，故又称做对角线切割失真。图 6.46 所示的就是惰性失真的波形。图中，t_1 到 t_2 即是电容器放电跟不上包络变化的时间，在此期间引起失真。很明显，放电愈慢（即 RC 愈大）或包络线下降愈快（即调幅指数及调制信号的频率愈高），愈容易发生惰性失真。由此可见，产生惰性失真的根本原因是检波负载时间常数 RC 过大，次要原因是调幅指数 m_a 大，调制信号频率 Ω 大。为了避免惰性失真，只要合理选择 RC 的数值即可。

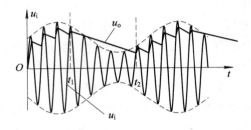

图 6.46　惰性失真的波形

下面分析推导避免产生惰性失真的条件。

为了避免产生惰性失真，要求在任何时刻，电容 C 上电压的变化率应大于或等于输入调幅波包络的变化率，即

$$\left|\frac{\partial u_o}{\partial t}\right| \geqslant \left|\frac{\partial U_{im}(t)}{\partial t}\right| \tag{6.72}$$

式中，$U_{im}(t)=U_{im}(1+m_a\cos\Omega t)$，为输入普通调幅波的包络信号。在 t_1 时刻包络的变化率为

$$\left|\frac{\partial U_{im}(t)}{\partial t}\right|_{t=t_1}=m_a\Omega U_{im}\sin\Omega t_1$$

根据电路理论，检波器的滤波电容 C 和负载 R 上流过的电流分别表示为

$$i_C=-C\frac{du_o}{dt},\qquad i_R=\frac{u_o}{R}$$

当电容放电时，放电电流 i_C 就是流过 R 的电流，即 $i_C=i_R$。另外，由于 $K_d\approx1$，使得在二极管截止瞬间，电容两端所保持的电压近似等于输入信号的峰值电压，即 $u_o=U_{im}(t)$。可得电容在截止时刻 t_1 处的变化率为

$$\left|\frac{du_o}{dt}\right|_{t=t_1}=\left|\frac{u_o}{RC}\right|_{t=t_1}=\frac{U_{im}}{RC}(1+m_a\cos\Omega t_1)$$

依据式（6.72）可得，在 t_1 时刻不产生惰性失真的条件为

$$\frac{U_{im}}{RC}(1+m_a\cos\Omega t_1)\geqslant m_a\Omega U_{im}\sin\Omega t_1 \tag{6.73}$$

为在任何时刻都避免产生惰性失真，可对上式求极值，解得

$$\cos\Omega t=-m_a,\quad \sin\Omega t=\sqrt{1-\cos^2\Omega t}=\sqrt{1-m_a^2}$$

将其代入式（6.73），可得避免惰性失真的条件为

$$RC \leqslant \frac{\sqrt{1-m_{\mathrm{a}}^2}}{m_{\mathrm{a}}\Omega} \tag{6.74}$$

可见，R 和 C 的取值均对惰性失真有影响。另外，m_{a} 越大，Ω 越高，调幅信号包络的变化就越快，满足不失真条件的 RC 的值就应该越小。

　　在实际设计中，应该用最大调制度 m_{amax} 和最高调制频率 $\Omega_{\max}$ 来检验包络检波器是否产生惰性失真，因为这时最容易出现惰性失真。此时不失真的条件为

$$RC \leqslant \frac{\sqrt{1-m_{\mathrm{a\ max}}^2}}{m_{\mathrm{a\ max}}\Omega_{\max}} \tag{6.75}$$

　　在工程上，一般可按 $\Omega_{\max}RC \leqslant 1.5$ 来计算 RC 的取值。

　　2）负峰切割失真（底部切割失真）

　　在实际检波电路中，检波器与下级电路级联工作，检波输出信号要送到下级电路进行处理。下级电路往往只取用检波器输出的交流电压，同时为了不影响下级电路的静态工作点，需要将检波器输出电压中的直流量去除。因此，在检波器输出端应串接一个大容值的耦合隔直电容 C_{c}（一般为 $5 \sim 10\ \mu\mathrm{F}$）。通常下级电路是低频放大器，为分析方便，将低频放大器的输入电阻等效并联于检波器的输出端，用 R_{L} 来表示，作为检波器的实际负载，R_{L} 的电压就是解调出来的低频调制信号。实际检波器的电路形式如图 6.47(a) 所示。由于 C_{c} 的存在，则检波器的直流负载电阻是 R；而交流负载电阻是 R 和 R_{L} 的并联值，记为 $R_{\Omega}=R /\!/ R_{\mathrm{L}}$。很明显，交流负载 R_{Ω} 小于直流负载 R，交、直流负载电阻不同。

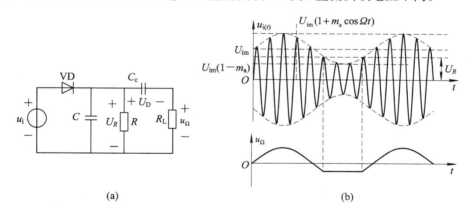

图 6.47　负峰切割失真电路及输出波形

　　因为 C_{c} 的容值很大，可认为它对调制频率 Ω 交流短路，但检波器输出的直流分量几乎全部降落在 C_{c} 上。当检波器稳定工作时，音频周期内 C_{c} 两端的直流电压基本保持不变，若 $K_{\mathrm{d}} \approx 1$，则其大小接近输入信号的载波分量振幅 U_{im}，可以把它看做一个直流电源，记为 U_{c}，且 $U_{\mathrm{c}} \approx U_{\mathrm{im}}$。假定二极管截止，$C_{\mathrm{c}}$ 将通过 R 和 R_{L} 缓慢放电，电压 U_{c} 将在电阻 R 和 R_{L} 上产生分压。直流负载电阻 R 上分得的直流电压为

$$U_R = \frac{R}{R+R_{\mathrm{L}}}U_C \approx \frac{R}{R+R_{\mathrm{L}}}U_{\mathrm{im}} \tag{6.76}$$

此电压对二极管相当于反向偏压，使 R 上的电压不低于 U_R（固定值）。若输入调幅波小于 U_R，则二极管截止，使输出电压波形的底部被切割而产生失真，所以这种非线性失真叫负峰切割失真或底部切割失真，它和惰性失真都是包络检波中的特有失真。图 6.47(b) 给出

了负峰切割失真时的输出波形。R_L 越小或者说交直流负载相差越大，负峰切割失真越严重。

产生负峰切割失真的根本原因是耦合电容 C_c 的存在，导致检波电路的交流负载电阻和直流负载电阻不同，从而引起失真。为了避免负峰切割失真，必须保证输入调幅波包络的负峰值 $(1-m_a)U_{im}$ 大于或等于 U_R 的电平值，即

$$U_{im}(1-m_a) \geqslant \frac{U_{im}}{R+R_L}R$$

因此，避免负峰切割失真的条件为

$$m_a \leqslant \frac{R_L}{R+R_L} = \frac{R_L /\!/ R}{R} = \frac{R_\Omega}{R} \tag{6.77}$$

可见，为避免负峰切割失真，检波器的交、直流负载之比不得小于调幅指数。m_a 越大，上式条件越不易满足，就越容易发生负峰切割失真。若交、直流负载越接近，则满足条件的 m_a 的取值范围越大。所以，在设计检波器时应尽量使交流负载接近于直流负载。为此，在检波器与下级低放之间插入高输入阻抗的射频跟随器，以提高交流负载电阻。

以上两种失真的性质有所不同，惰性失真一般在调制信号频率的高端处产生，而负峰切割失真与调制信号频率无关，它可能在调制信号整个频率范围内都出现。在设计检波器时，要求既满足不产生惰性失真的条件，又满足不产生负峰切割失真的条件。

3）非线性失真

实际的二极管的伏安特性是非线性的，在曲线起始部分是弯曲的，因而导通时的特性也不是理想的线性。当二极管电压较小时，其电流变化较慢；在电压较大时，二极管工作在近似线性段，其电流随电压的变化较快。若输入的是调幅波，在其正半周，单位电压引起的电流变化大，检波输出电压就大；在负半周，单位电压引起的电流变化小，检波输出电压就小。这使得输出电压的正、负半周不对称，产生的频率成分可能不仅 Ω 分量，从而造成波形的失真。可见，非线性失真是由检波二极管伏安特性曲线的非线性所引起的。

4）频率失真

所谓频率失真，是指由阻抗随频率变化的线性电抗元件电容、电感引起的失真，因此也叫线性失真。

检波器中存在有滤波电容 C 和隔直电容 C_c 两个电容。其中，C 用于跟踪调幅波包络的变化，同时滤除载波频率分量，保证向直流负载输出低频分量和直流分量；而 C_c 用于隔除直流输出，保证向下级电路输出低频调制分量。如果两个电容取值不当，使得调制信号被 C 短路（滤除）或被隔直电容 C_c 隔阻，就会造成频率失真。

一般来说，实际的调制信号不是单频信号而是多频信号，调制频率为 $\Omega = \Omega_{min} \sim \Omega_{max}$。滤波电容 C 的存在主要影响调制信号的上限频率 Ω_{max}；隔直电容 C_c 的存在主要影响调制信号的下限频率 Ω_{min}。为避免频率失真，既要求 C 对高频载波短路但不能对调制信号上限频率 Ω_{max} 旁路，其不产生频率失真的条件为

$$\frac{1}{\Omega_{max}C} \gg R \quad \text{或} \quad C \ll \frac{1}{\Omega_{max}R} \tag{6.78}$$

同时又要求隔直电容 C_c 对直流开路但不能对调制信号下限频率 Ω_{min} 也开路，而应对调制信号短路，即 Ω_{min} 频率在 C_c 上产生的阻抗远远小于 R_L，其不产生频率失真的条件为

$$\frac{1}{\Omega_{\max}C_c} \gg R_L \quad 或 \quad C_c \ll \frac{1}{\Omega_{\max}R_L} \tag{6.79}$$

因此，一般 C_c 取值约为几微法，C 取值约为 $0.01~\mu\mathrm{F}$。

6.3.3　同步检波器

同步检波器又称相干检波器，它将调幅信号与一本地载波信号相乘以恢复原调制信号分量。这个本地载波信号是在接收设备内产生的，并且与调幅信号中的载波同步。同步检波器可以对任何类型的调幅波进行解调，但主要用于对双边带和单边带信号进行解调。同步检波电路比包络检波电路复杂，而且必须外加同步信号，但它的检波线性好，且不存在惰性失真和底部切割失真问题。同步检波可分为乘积型同步检波和叠加型同步检波两种，其原理框图分别如图 6.48(a) 和 (b) 所示。

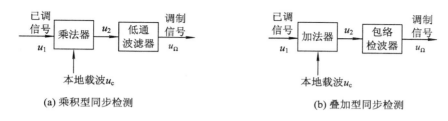

(a) 乘积型同步检测　　　　　　　　　　(b) 叠加型同步检测

图 6.48　同步检波原理框图

1. 乘积型同步检波

乘积型同步检波可由乘法器和低通滤波器实现。若设输入已调幅波为 DSB 信号，即

$$u_1 = U_{1m}\cos\Omega t~\cos\omega_1 t$$

而本地恢复载波信号为 $u_c = U_{cm}\cos(\omega_c t + \varphi)$，$\varphi$ 为初相角。将这两个信号加于乘法器相乘，可得电压 u_2 为

$$
\begin{aligned}
u_2 &= K_m u_1 \cdot u_c = K_m(U_{1m}\cos\Omega t \cdot \cos\omega_1 t) \cdot U_{cm}\cos(\omega_c t + \varphi) \\
&= K_m U_{1m} U_{cm}\cos\Omega t \left[\cos\omega_1 t \cdot \cos(\omega_c t + \varphi)\right] \\
&= \frac{1}{2}K_m U_{1m} U_{cm}\cos\Omega t \cdot \{\cos[(\omega_c + \omega_1)t + \varphi] + \cos[(\omega_c - \omega_1)t + \varphi]\}
\end{aligned}
\tag{6.80}
$$

上式经低通滤波器滤除高频分量，则检波输出为

$$u_\Omega(t) = \frac{1}{2}K_m K_F U_{1m} U_{cm}\cos(\Delta\omega t + \varphi) \cdot \cos\Omega t = K_d\cos\Omega t \tag{6.81}$$

其中，K_m 是乘法器的增益系数；K_F 是低通滤波器的传输系数；$\Delta\omega = \omega_c - \omega_1$，为发射端的载波和本地载波的频率差。其电压传输系数为

$$K_d = \frac{1}{2}K_m K_F U_{1m} U_{cm}\cos(\Delta\omega t + \varphi) \tag{6.82}$$

对式 (6.81) 进行讨论，可知：

(1) 当本地载波与发端载波完全同步，即 $\Delta\omega = \omega_c - \omega_1 = 0$ 且 $\varphi = 0$ 时，电压传输系数达到最大，此时的输出信号就是解调恢复出的无失真的调制信号，表示为

$$u_\Omega(t) = \frac{1}{2}K_m K_F U_{1m} U_{cm}\cos\Omega t = = K_{d\max}\cos\Omega t = U_{\Omega m}\cos\Omega t$$

（2）若本地载波与发端载波同相但不同频，则存在频差，即 $\varphi = 0$ 但 $\Delta\omega \neq 0$ 时，输出信号表示为

$$u_\Omega(t) = U_{\Omega m}\cos\Delta\omega t \cdot \cos\Omega t$$

很明显，输出电压是载频为 $\Delta\omega$ 的调幅波，因此在收端得到的是一个强弱有缓慢变化的解调信号，通常称这种现象为差拍现象。这时的输出信号存在频率失真以及由不同频引起的振幅失真，此情况下是无法有效地进行检波的。

（3）若本地载波与发端载波同频但不同相，则存在相位差，即 $\varphi \neq 0$ 但 $\Delta\omega = 0$ 时，输出电压表示为

$$u_\Omega(t) = U_{\Omega m}\cos\varphi \cdot \cos\Omega t$$

可见，输出电压中引入一个振幅的衰减因子 $\cos\varphi$，使得输出电压的幅度随着 $\cos\varphi$ 的变化而变化，引起输出幅度的下降，甚至为零。并且当输入信号的相位随时间变化时，输出电压的幅度也随时间变化，从而产生了振幅失真。这种情况也可称为乘积检波，同步检波是它的一种特例，但为了得到较理想的调制信号，还是应当尽量做到同频同相下的同步检波。

若调幅波为单边带信号，当本地载波与发射端的载波完全同步时，检波输出信号同样就是恢复的无失真的调制信号。当本地载波与发射端的载波同频但不同相时，φ 的存在将引起输出电压相位失真；当本地载波与发射端的载波同相但不同频时，将造成频率失真。

检波和调幅一样都具有相乘的工作原理，因此解调电路模型与乘积调制器电路模型类似，差别仅为解调器是利用低通滤波器提取频率较低的调制信号。因而振幅调制电路均可用于解调，需要变化的只是输入、输出回路，即检波电路的输入为已调信号，输出为低频信号。可见，低电平调幅中涉及的电路都可用来来实现检波，包括集成模拟乘法器也可以实现。

最后还应指出，同步检波法也可以用来解调普通调幅波，只是电路结构比较复杂，要用模拟乘法器才能完成对普通调幅波的同步解调。

2. 叠加型同步检波

叠加型同步检波是在 DSB 或 SSB 信号上加入与发射端载频同频同相的本地载波信号，使两信号叠加之后成为或近似成为 AM 信号，然后再利用包络检波器将原调制信号恢复出来，其原理框图见图 6.48(b)。对于 DSB 信号而言，只要加入的本地载波电压和发射端载波同步，且在数值上满足一定的关系，就可得到一个不失真的 AM 波。进而通过包络检波器实现检波。图 6.49 就是一个叠加型同步检波器的原理电路。

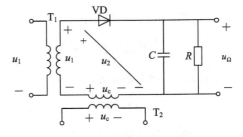

图 6.49 叠加型同步检波器原理电路

设输入信号为抑制载波的双边带信号

$$u_1 = U_{1m}\cos\Omega t\ \cos\omega_c t$$

本地载波信号为

$$u_c = U_{cm}\cos\omega_c t$$

则它们的合成信号为

$$u_2 = u_1 + u_c = U_{cm} \cos\omega_c t + U_{1m} \cos\Omega t \; \cos\omega_c t$$

$$= U_{cm}\left(1 + \frac{U_{1m}}{U_{cm}} \cos\Omega t\right) \cos\omega_c t \tag{6.83}$$

式中，只要满足条件 $U_{cm} > U_{1m}$，则 $m_a = (U_{1m}/U_{cm}) < 1$。它就是一个不失真的普通调幅波。经包络检波电路后可解调出低频调制信号，实现同步检波。

若输入信号为单频调制的单边带信号（上边带）$u_1 = U_{1m}\cos(\omega_c + \Omega)t$，本地载波信号不变，则它们的合成信号为

$$u_2 = u_1 + u_c = U_{cm}\cos\omega_c t + U_{1m}\cos(\omega_c + \Omega)t$$

$$= U_{cm}\cos\omega_c t + U_{1m}\cos\omega_c t \cos\Omega t - U_{1m}\sin\omega_c t \sin\Omega t$$

$$= U_{cm}\left(1 + \frac{U_{1m}}{U_{cm}}\cos\Omega t\right)\cos\omega_c t - U_{1m}\sin\Omega t \; \sin\omega_c t$$

$$= U_m \cos(\omega_c t + \theta) \tag{6.84}$$

式中，

$$U_m = \sqrt{(U_{cm} + U_{1m}\cos\Omega t)^2 + (U_{1m}\sin\Omega t)^2}, \; \theta \approx -\arctan\frac{U_{1m}\sin\Omega t}{U_{cm} + U_{1m}\cos\Omega t}$$

当 $U_{cm} \gg U_{1m}$ 时，上式可近似表示为

$$U_m = \sqrt{U_{cm}^2 + 2U_{cm}U_{1m}\cos\Omega t + U_{1m}^2\cos^2\Omega t + U_{1m}^2\sin^2\Omega t}$$

$$= U_{cm}\sqrt{1 + \frac{2U_{1m}}{U_{cm}}\cos\Omega t + \left(\frac{U_{1m}}{U_{cm}}\right)^2} \approx U_{cm}\sqrt{1 + \frac{2U_{1m}}{U_{cm}}\cos\Omega t}$$

利用相应级数可将上式化简为

$$U_m \approx U_{cm}\left[1 - \frac{1}{4}\left(\frac{U_{1m}}{U_{cm}}\right)^2 + \frac{U_{1m}}{U_{cm}}\cos\Omega t - \frac{1}{4}\left(\frac{U_{1m}}{U_{cm}}\right)^2\cos2\Omega t\right]$$

$$\approx U_{cm}\left(1 + \frac{U_{1m}}{U_{cm}}\cos\Omega t\right) = U_{cm}(1 + m_a\cos\Omega t) \tag{6.85}$$

同时可以得：$\theta \approx 0$，$m_a = U_{1m}/U_{cm}$。由式(6.84)可见，两个不同频率的信号叠加后的合成电压是调幅调相波。当两者幅度相差较大时，其合成电压可近似认为是 AM 波。通常，我们将这种合成电压的振幅按两个输入信号的频差规律变化的现象称为差拍现象。

由上面的分析可知，利用叠加型同步检波器对 SSB 信号进行检波会出现相差，但由于后面的包络检波器对相位并不敏感，因此，可以用叠加型同步检波器实现对 SSB 信号的解调。

3. 载波恢复的方法

实现同步检波的关键是本地载波的恢复，即保证得到的同步信号与发送端载波同频同相。因此，如何产生一个与载波信号完全同频同相的同步信号是极为重要的。

根据待解调的调幅信号中是否含有载波分量，可采用不同的载波恢复方法，通常有：

（1）从双边带信号中直接提取本地载波。对于双边带调幅波，同步信号可直接从输入的双边带调幅波中提取。方法是：将双边带调幅波取平方，则可以得到角频率为 $2\omega_c$ 的分量，然后经二分频器将它变换成角频率为 ω_c 的同步信号。这实际上是采用非线性变换的方法恢复载波分量，是双边带调幅信号中提取同步信号的一种特有方法。其原理框图如图 6.50 所示。

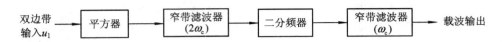

图 6.50 从 DSB 信号中提取载波的原理框图

（2）在发射端发送 DSB 信号或 SSB 信号的同时，发送一个功率远低于边带功率的载波信号称为导频信号。接收端收到导频信号后，经放大就可以作为同步信号。或者用导频信号去控制接收端载波振荡器，使输出信号与发送端载波同步。因此，导频的作用就是在接收端恢复载波。图 6.51 给出的就是导频法产生同步信号的过程。实际上，这种利用导频来恢复载波的方法同样可用于普通调幅波的载波恢复。

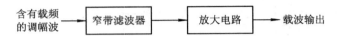

图 6.51 导频法产生同步信号的过程

（3）如果发送端不发送导频信号，特别是对不含导频信号的 SSB 调幅波而言，还有一种方法。要求发送端和接收端均采用频率稳定度很高的石英晶体振荡器或频率合成器作为振荡源，来保持收、发端频率的一致性。显然在这种情况下，要使两者严格同步是不可能的，但由于高稳定度晶振和频率合成技术已相当成熟，并且频率稳定度可以做得很高，因此完全可以满足对 DSB、SSB 信号解调的需要。

6.4　混 频 电 路

6.4.1　混频概述

混频又称变频，是一种典型的频谱线性搬移过程，其基本作用是在参考信号的参与下，把输入信号的频率变换为另一个新的频率。在此过程中，要求调制类型（如调幅、调频等）及调制参数（如调制频率、调制指数等）不变，也就是原调制规律不变；频谱结构不变。所用参考信号又称本机振荡信号，简称本振信号，为单一频率的等幅高频振荡。完成混频功能的电路称为混频器或变频器，它既可以用在接收机中，也可以用在发射机中。

1. 混频电路的作用

在通信接收机中，混频器位于高频谐振放大器和中频放大器之间，其作用就是变频。混频器可将输入的不同载频的高频已调信号不失真地变换为固定载频（称为中频，用 f_I 表示）的高频已调信号，而保持其调制规律不变。这样可以提高接收机的灵敏度和邻道选择性，从而提高接收机的性能和接收信号的质量。例如，超外差式接收机的混频电路是将载频为 f_s 的已调信号 u_s 在频率为 f_L 的本振信号 u_L 参与下变换为以固定中频 $f_I=465$ kHz 为载频的已调信号 u_I，如图 6.52 所示，然后再进行放大及检波，就可以提高收音机的灵敏度和邻道的选择性。

从图 6.52 可见，输入调幅信号与本振信号经混频器频率变换及滤波后，输出中频信号与原输入信号的包络形状完全相同，频谱结构也完全相同，唯一的差别是输入信号载波频率

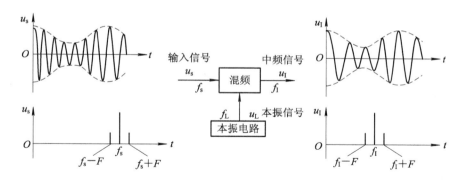

图 6.52　混频器输入、输出信号的波形和频谱

变换成固定的中频频率。可见，混频只改变信号的载频但不改变信号中所携带的有用信息。

通常，调幅广播系统的中频为 465 kHz；调频广播系统的中频为 10.7 MHz；广播电视图像系统的中频为 38 MHz；电视伴音系统的中频为 31.5 MHz；另外，微波接收机及卫星接收机的中频为 70 MHz 或 140 MHz。

2. 混频电路的组成与基本工作原理

1）混频器的组成

混频的过程与调幅、检波一样，也必须用非线性器件来完成相乘功能，实现频率变换。图 6.53 所示为混频器的电路组成。可见混频器是一个三端口（六端）网络，它由非线性器件（如二极管、三极管和场效应管及模拟乘法器等）和带通滤波器（中频滤波器）组成。通常电路中还包括本地振荡器（本机振荡器）。

图 6.53 中，输入调幅信号 u_s 和本地振荡信号 u_L 的工作频率分别为 f_s 和 f_L。两信号在非线性器件上相乘，得到的乘积量经带通滤波器后输出中频信号 u_1，其频率是 f_s 和 f_L 的差频或和频，称为中频 f_I，表示为 $f_I = f_L \pm f_s$（同时也可采用谐波的差频或和频）。习惯上我们选择差频作为中频，如常见的超外差式接收机就是这样。

混频过程中的本振信号可以由单独的信号源（如单设的振荡器）提供，也可以由混频

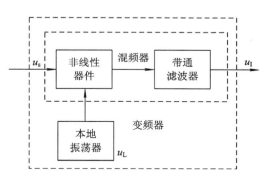

图 6.53　混频器的电路组成

电路内部完成混频作用的非线性器件（如三极管）产生。本振频率由单独信号源提供的混频电路，称为混频器（或他激式变频器）；本身兼有产生本振信号功能的混频电路或混频器和本地振荡器合成的电路称为变频器（或自激式变频器）。所以实际混频器是由非线性器件和带通滤波器构成的不含本地振荡电路的频率变换电路，是一个二端口网络；而变频器是由混频器及本地振荡电路组成的频率变换电路，是一个三端口网络。两种电路中变频器简单，但统调困难。因此工作频率较高的接收机常采用混频器。通常使用时两者混称，不太区分。

2）混频器的基本工作原理

混频功能实现的关键是获得两个输入信号的一次乘积项。由非线性器件组成的线性时

变电路只要满足 $U_{Lm} \gg U_{sm}$ 的条件，就能实现两个信号的相乘；或者采用模拟乘法器实现两个输入信号的相乘。经相乘和带通滤波后，就得到两输入信号的差频或和频，要求本振频率随输入已调波的载频变化，以保证输出的中频固定不变。这一过程中的相关运算关系如下：

设输入信号为普通调幅波

$$u_s(t) = [U_{sm} + k_a u_\Omega(t)]\cos\omega_s t$$

本振信号

$$u_L(t) = U_{Lm}\cos\omega_L t$$

则相乘后输出信号为

$$u_o(t) = [U_{sm} + k_a u_\Omega(t)]\cos\omega_s t \cdot U_{Lm}\cos\omega_L t$$

$$= \frac{U_{Lm}}{2}[U_{sm} + k_a u_\Omega(t)][\cos(\omega_s + \omega_L)t + \cos(\omega_L - \omega_s)t]$$

设带通滤波器通带增益为 1，且调谐在中频 $f_I = f_L - f_s$ 上，带宽为 $2\Omega_{max}$，则经带通滤波器输出的中频信号为

$$u_I(t) = \frac{U_{Lm}}{2}[U_{sm} + k_a u_\Omega(t)]\cos\omega_I t \tag{6.86}$$

可见输出中频信号 u_I 的包络函数和输入调幅波的包络函数相似，只是幅度不同，因而可以认为两个信号的包络形状相同，所携带信息相同，不同的只是填充频率由 f_s 变化成 f_I。

值得特别注意的是，当中频为差频时，混频后使高频调幅信号的上边频变成中频调幅信号的下边频，而高频调幅信号的下边频变成中频调幅信号的上边频，发生频谱倒置。当中频为和频时，混频后高频调幅信号的上边频和下边频变成中频调幅信号的上边频和下边频，没有发生频谱倒置。其示意图见图 6.54。一般来说，当 $f_I > f_s$ 时的变频称为上变频（或上混频），这时的中频称为高中频；当 $f_I < f_s$ 时的则称为下变频（下混频），这时的中频称为低中频。

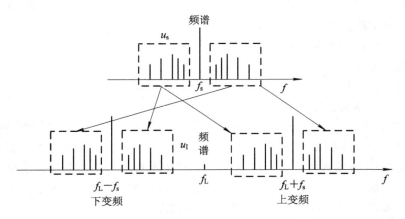

图 6.54　混频器频谱搬移示意图

3. 振幅调制、解调、混频电路异同点

振幅调制、解调、混频电路均属于频谱线性搬移电路，且频谱结构不变。它们的基本原理都在于实现信号的相乘，所以它们的实现模型相同，都需要有非线性器件实现相乘功

能，并通过滤波器来提取出所需信号，从而实现相应功能。

三种类型电路的不同点是：目的不同，实现功能不同，滤波器的类型、特点不同。

调幅电路是将低频调制信号搬移到高频载频附近，用中心频率为载频，带宽为两倍最高调制频率的高频带通滤波器提取出高频已调幅波，可完成调幅功能；检波电路是将高频已调波搬移到低频段，用带宽为最高调制频率的低通滤波器，可实现解调（检波）功能；混频电路的输入输出均为高频已调波，它可将已调波从一个高频段搬移到另一个高频段（中频），用中心频率为中频频率、带宽为两倍最高调制频率的中频带通滤波器，实现变频功能。

4. 混频器的主要性能指标

1）混频（变频）增益

混频增益是评价混频器性能的重要指标。它是指混频器输出中频信号电压幅度和输入高频信号电压幅度的比值，通常，混频增益 A_{uc} 用分贝表示为

$$A_{uc} = 20 \lg \frac{U_{Im}}{U_{Sm}} (dB) \tag{6.87}$$

在相同输入信号情况下，混频增益越大，混频器将输入信号变换为输出中频信号的能力越强，接收机灵敏度越高，但混频干扰将增大。

2）失真与干扰

由于混频器工作在非线性状态，在输出端可获得许多不需要的频率分量，若其中一部分落在中频回路的通频带内，则使混频器输出信号频谱结构发生变化，产生失真。混频器的失真有频率失真和非线性失真。另外，混频器输出信号中不需要的组合频率成分，将产生组合频率干扰，以及由于交叉调制和互相调制产生的干扰等。为使混频失真小，抑制干扰能力强，要求混频器工作在非线性不太严重的区域，使之既能完成频率变换，又能抑制各种干扰。

3）噪声系数

噪声系数 N_F 定义为高频输入端信噪比与中频输出端信噪比的比值，即

$$N_F = \frac{输入端信噪比}{输出端信噪比} = \frac{S_s/N_s}{S_I/N_I} \tag{6.88}$$

式中，输入信噪比为输入信号功率与输入噪声功率之比；输出信噪比为输出信号功率与输出噪声功率之比。接收机的噪声系数主要取决于它的前端电路，而混频器位于接收机的前端，所以混频器的噪声系数对整机信噪比影响很大，仅次于高频放大级，故要求混频器本身噪声系数越小越好。由于噪声系数 N_F 始终大于1，所以噪声系数越接近于1电路性能越好。

4）选择性

选择性是指混频器从变频过程产生的各种频率分量中选出有用中频信号而滤除其他干扰信号的能力。选择性越好，输出信号的频谱纯度越高。选择性主要取决于混频器高频输入端及中频输出端的带通滤波器的选频性能。

5）工作稳定性

工作稳定性主要是指本振频率的稳定性，只有本振频率稳定度高了才能保证中频频率稳定。若希望工作稳定性好，一般应当在混频电路中采用稳频等措施。

6.4.2 混频电路

可实现混频的电路很多,其分类方法如下:按照构成混频器的器件可分为二极管混频器、三极管混频器、场效应管混频器、集成模拟乘法器混频器;按照工作特点可分为单管混频器、平衡混频器和环形混频器。其中,晶体三极管混频器具有混频增益高、噪声低的优点,但混频干扰大;二极管平衡混频器和环形混频器具有电路结构简单、噪声系数低、混频失真和组合频率干扰小、工作频率高、频带宽、动态范围大等优点,但它们无混频增益,且要求输入的本振信号大;场效应管混频器具有平方律特性,受混频干扰小(交调、互调干扰少);模拟乘法器混频器具有混频增益大,输出频谱纯净,混频干扰小,而且调整容易,输入信号动态范围较大,对本振电压的大小无严格要求,端口间隔离度高等优点,但其噪声系数大。总之,高质量通信设备中广泛采用二极管环形混频器和模拟乘法器混频器;在一般接收设备中,采用简单的三极管混频器。下面我们简要介绍几种常用混频器。

1. 晶体三极管混频器

晶体三极管混频器是利用三极管的非线性特性实现混频的,它常用于广播、电视等接收机中,其缺点是混频失真较大,本振泄漏较严重。

1) 基本电路和工作原理

三极管混频器是利用三极管的转移特性实现频率变换的,其原理电路如图 6.55 所示。

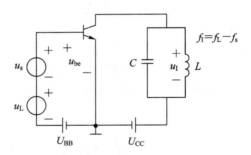

图 6.55 三极管混频器原理电路

图中,U_{BB} 为基极偏置电压,U_{CC} 为集电极直流电压,LC 组成输出中频回路,其谐振于中频 f_I、本振信号 u_L 和输入信号 u_s 均从三极管基极加入基极回路。通常,本振电压比输入信号大得多,即 $U_{Lm} > 0.5\ \text{V}$,且 $U_{Lm} \gg U_{sm}$,可见输入信号为弱信号,相当于激励信号;本振信号为强信号,可看做控制信号。因此可以采用时变跨导分析法来讨论。

当分析电路时,可将本振电压与基极直流偏压之和看做是随时间变化的时变偏压,则晶体管的工作点随本振电压而变化,成为时变工作点。由于时变工作点随时变偏压而变,则晶体管的时变跨导 $g_m(t)$ 也随之改变。但对输入信号 u_s 来说,其幅度很小,在高频一周期内可认为不改变三极管跨导,可近似认为晶体管对输入信号处于线性工作状态。

设输入信号 $u_s(t) = U_{sm}\cos\omega_s t$,本振电压 $u_L(t) = U_{Lm}\cos\omega_L t$。晶体管时变偏置电压(对应时变工作点)为 $U_B(t) = U_{BB} + u_L$。这时实际作用在三极管基-射极之间的基极电压为 $u_{be} = U_{BB} + u_L + u_s$,则晶体管的输出电流 i_c 可表示为

$$i_c = f(u_{be}) = f(U_B(t) + u_s) \tag{6.89}$$

由线性时变电路的讨论可知,晶体管混频器的输出电流可近似表示为

$$i_c = f[U_B(t)] + f'[U_B(t)] \, u_s = I_{c0}(t) + g_m(t) \, u_s \qquad (6.90)$$

其中，时变静态电流或时变电流为

$$I_{c0}(t) = f(U_B(t)) = I_{c0} + I_{cm1} \cos\omega_L t + I_{cm2} \cos2\omega_L t + \cdots + I_{cmn} \cos n\omega_L t + \cdots$$
$$(6.91)$$

时变跨导表示为

$$g_m(t) = g_{m0} + g_{m1} \cos\omega_L t + g_{m2} \cos2\omega_L t + \cdots + g_{mn} \cos n\omega_L t + \cdots \qquad (6.92)$$

可见，式(6.91)和式(6.92)表示的两个参量都是本振频率的周期性函数。则式(6.90)所示的集电极电流经集电极谐振回路滤波后，得到中频电流 i_I，表示为

$$i_I = \frac{1}{2} g_{m1} U_{sm} \cos(\omega_L - \omega_S)t = \frac{1}{2} g_{m1} U_{sm} \cos\omega_I t = g_c U_{Sm} \cos\omega_I t = I_I \cos\omega_I t$$
$$(6.93)$$

可见，输出中频电流的振幅 I_I 与输入信号电压的振幅 U_{sm} 成正比，混频后只改变了信号的载频，而其包络不变。由上式引出变频跨导(也叫混频跨导)g_c 的概念，它是混频器的重要参数，直接决定混频增益，且影响混频器的噪声系数，其定义为输出中频电流幅值对输入信号电压幅值之比，其值等于 $g_m(t)$ 中基波分量幅度 g_{m1} 的一半。即

$$g_c = \frac{I_I}{U_{sm}} = \frac{\text{输出中频电流振幅}}{\text{输入高频电压振幅}} = \frac{1}{2} g_{m1} \qquad (6.94)$$

由于 g_{m1} 只与晶体管特性、直流工作点及本振电压有关，与输入电压无关，故变频跨导 g_c 亦有上述性质。g_c 可表示为

$$g_c = \frac{1}{2} g_{m1} = \frac{1}{2\pi} \int_{-\pi}^{\pi} g_m(t) \cos\omega_L t \, d\omega_L t \qquad (6.95)$$

此式说明本振电压越大，变频跨导越大，混频增益也就越大。但本振电压太大，会招致非线性失真越严重，无用组合分量也就越多。由于 $g_m(t)$ 是一个很复杂的函数，因此要通过上式求 g_c 是比较困难的。从工程实际出发，采用图解法，并作适当的近似，即可以证明：

$$g_{m1} = g_{m2} = \frac{g_{max}}{2}, \qquad g_c = \frac{1}{2} g_{m1} = \frac{1}{2} g_{m2} = \frac{g_{max}}{4}$$

以上讨论是在假设输入信号为等幅高频振荡时给出的。实际上，其结论可以推广到其他类型的输入信号，如输入为普通调幅波 $u_s(t) = U_{sm}(1 + m_a \cos\Omega t)\cos\omega_s t$ 时，可求出中频电流为 $i_I(t) = g_c U_{sm}(1 + m_a \cos\Omega t)\cos\omega_I t$。由此得出结论：三极管混频电路在将高频信号变换为中频信号的过程中，并没有改变高频信号的原调制规律，实现了频谱的线性搬移即混频功能。

2) 三极管混频电路的几种形式

晶体三极管混频器一般有四种电路形式，如图 6.56 所示。它们的区别是电路组态以及本振电压的注入方式不同。其中，图(a)和图(b)是共射极电路的两种形式，它们的输入信号 u_s 都从基极输入，多用于频率较低的情况。图(a)的本振电压从基极注入，电路的输出阻抗较大，则混频时所需本振功率较小。但同时输入电路与振荡电路相互影响较大(直接耦合)，可能导致本振频率受输入信号频率的牵引，出现本振频率 f_L 等于信号频率 f_s 的现象，甚至得不到所需的差频或和频电压，这种现象叫频率牵引现象。图(b)的输入信号与本振电压分别从基极输入和发射极注入，则相互影响小，不易产生牵引现象；对于本振电压来说，该三极管电路是共基电路，其输入阻抗较小，因此振荡波形好，失真小，但需要较大

的本振注入功率。图(c)和图(d)是共基极电路的两种形式,信号 u_s 都从射极输入,多用于频率较高的情况(几十兆赫兹),这是因为共基电路的截止频率 f_a 比共射电路的 f_β 要大很多,所以变频增益较大。当工作频率不高时,其变频增益比共射极电路低,因此在频率较低时一般不采用此种电路。另外,图(c)的本振电压从射极注入,图(d)的本振电压从基极注入。

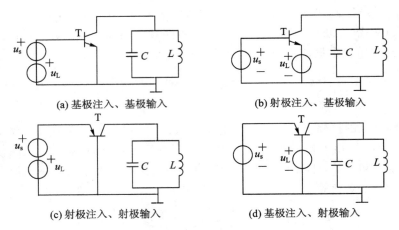

(a) 基极注入、基极输入   (b) 射极注入、基极输入

(c) 射极注入、射极输入   (d) 基极注入、射极输入

图 6.56　晶体管混频器的几种基本形式

3) 实用三极管混频器举例

图 6.57 所示为晶体管中波调幅收音机中常用的变频电路。其中,本地振荡和混频由一只晶体管同时完成,因此降低了成本。

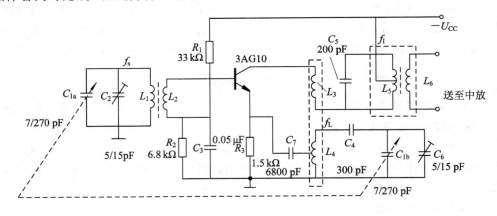

图 6.57　中波调幅收音机变频电路

从图中可以看出,电路中有三个不同频率的信号: $u_s(t)$、$u_L(t)$ 和 $u_1(t)$,相应地有三个谐振回路。其中,C_{1a}、C_2 和 L_1 构成高频输入回路,谐振于高频信号频率 f_s;L_4、C_4、C_{1b}、C_6 组成本地振荡回路,谐振于本振频率 f_L;C_5 和 L_5 组成中频回路,谐振于固定中频 f_1。电路的高频已调信号由基极输入,本机振荡信号由发射极注入。两个信号分开注入,所以相互影响较小。其工作原理为:天空中各频率电磁波在天线上感应生成高频电流,经过输入调谐回路选频,取出要收听电台的调幅信号,再经 L_1 与 L_2 的互感耦合到晶体管的基极。由同一晶体管、振荡回路和反馈电感线圈 L_3 组成的本地振荡器是变压器耦合反馈

调发型的自激 LC 振荡电路，本振信号通过 C_7 注入变频管的射极，混频后输出中频信号 u_I 由晶体管集电极调谐回路（中频回路）选出，由中频变压器的次级输出，送到中放级。由于 L_3 对中频呈现阻抗很小，所以对中频输出的影响可以忽略。通常又称中频回路为中周变压器，简称中周。

另外，图中的 R_1、R_2、R_3 是偏置电阻，用来为三极管提供静态电压。C_{1a}、C_{1b} 为同轴转动的双联可变电容器，作为输入回路和本振回路的统一调谐电容，保证在改变输入回路谐振频率的同时，也改变本振频率，可使中频始终为固定差频，也就是在整个中波波段内本振频率均与输入信号载频同步变化，从而实现本振对输入信号的跟踪。

2. 二极管混频器

二极管混频器具有组合频率少、噪声低、工作频率高、结构简单的优点，因而在高质量通信设备中广泛应用。当工作频率较高时，常使用二极管平衡混频器或环形混频器。二极管混频器的缺点是无混频增益（或混频增益小于 1）、各端口间隔离度较差。

二极管混频器和二极管调幅器的电路形式及工作原理相同，分析方法相似。所不同的是，混频器上加的输入已调波和本振电压都是高频，输出中频信号也认为是高频。混频器中的二极管既可以工作在连续的非线性状态（小信号状态），也可以工作在开关状态（大信号状态）。电路既可用幂级数法分析，又可以用开关状态法分析。由于在理想开关状态下，非线性产物要少得多，所以二极管混频器通常工作在开关状态，由本振信号控制二极管的开关。

二极管混频器主要有单二极管混频器、二极管平衡混频器、二极管环形混频器。它们分别对应调幅电路中的平方律调幅器、二极管平衡调幅器和环形调幅器。下面在二极管调幅器的基础上，对图 6.58 所示的二极管混频器的工作原理作简要介绍。

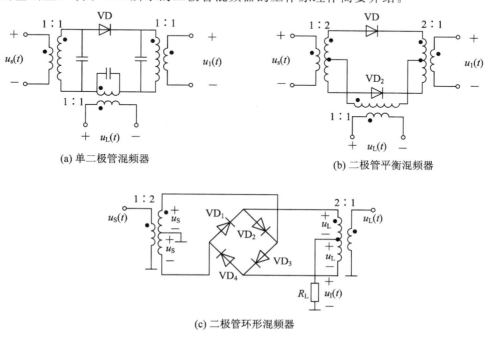

(a) 单二极管混频器

(b) 二极管平衡混频器

(c) 二极管环形混频器

图 6.58　二极管混频器

图 6.58(a)所示为单二极管混频器。为分析简化，假设其中输入电压为 $u_s=U_{sm}\cos\omega_s t$，本振电压为 $u_L=U_{Lm}\cos\omega_L t$，输出回路调谐在中频频率 $f_I=f_L-f_s$，其回路两端的中频电压为 $u_I=U_{Im}\cos\omega_I t$。通常电路满足条件 $U_{Lm}\gg U_{sm}$，$U_{sm}>U_{Im}$，所以二极管混频电路是线性时变电路，二极管可近似为仅受 u_L 控制的开关。其等效时变电导为 $g_{VD}(t)=g_{VD}S_1(t)$。如果考虑输出中频电压对二极管的反作用，则二极管两端的电压 $u_{VD}=u_s+u_L-u_I$，流过二极管的电流为

$$i_{VD}=g_{VD}(t)u_{VD}$$

$$=g_{VD}\left(\frac{1}{2}+\frac{2}{\pi}\cos\omega_L t-\frac{2}{3\pi}\cos3\omega_L t+\frac{2}{5\pi}\cos5\omega_L t-\cdots\right)$$

$$\times(U_{sm}\cos\omega_s t+U_{Lm}\cos\omega_L t-U_{Im}\cos\omega_I t)$$

经中频滤波器及输入回路选频后，可得输出端中频电流 $i_I(t)$ 和输入电流 $i_s(t)$ 如下：

中频电流

$$i_I(t)=\frac{1}{\pi}g_{VD}U_{sm}\cos(\omega_L-\omega_s)t-\frac{1}{2}g_{VD}U_{Im}\cos\omega_I t \qquad (6.96)$$

其振幅为

$$I_I=\frac{1}{\pi}g_{VD}U_{sm}-\frac{1}{2}g_{VD}U_{Im}$$

输入电流

$$i_s(t)=\frac{1}{2}g_{VD}U_{sm}\cos\omega_s t-\frac{1}{\pi}g_{VD}U_{Im}\cos(\omega_L-\omega_I)t \qquad (6.97)$$

其振幅为

$$I_s=\frac{1}{2}g_{VD}U_{sm}-\frac{1}{\pi}g_{VD}U_{Im}$$

以上几式称二极管混频器输入、输出电流及电压关系式。由式(6.96)可以看出，输出中频电流由两项组成：第一项是本振电压与输入信号经混频产生的中频分量电流，这是混频器正常混频的输出，称为正向混频；第二项是输出的中频电压作用于二极管形成的中频电流，它与正向混频电流极性相反，总是抵消正向混频作用。式(6.97)说明输入电流与输入电压及输出电压都有关，它也由两项组成：第一项是由信号电压形成的信号电流；第二项是中频电压与本振电压经过二极管混频而产生的新的信号电流，由于这种混频是输出信号与本振相作用，和正向混频方向相反，所以叫做反向混频。具有双向混频特性是二极管混频器所特有的。在三极管混频器中，输入与输出隔离度很大，可以忽略反向混频作用。由于二极管混频电路中的中频电压幅度较小，故在实际电路中常可忽略中频电压对二极管的反向作用。由于单二极管混频器产生的组合频率成分较多，中频幅度又较小，所以应用不多，而在通信设备中多采用平衡混频器和环形混频器。

图 6.58(b)所示是二极管平衡混频器。与单二极管混频器相比，二极管平衡混频器的两个二极管电流反向，使得在输出端抵消了部分频率分量，因此其输出中比单管时少了本振频率 f_L 及其各次谐波分量。假设不考虑中频电压的反作用，则与平衡调幅器分析相似，可得输出电流为

$$i_o=2g_{VD}S_1(t)u_s=2g_{VD}\left(\frac{1}{2}+\frac{2}{\pi}\cos\omega_L t-\frac{2}{3\pi}\cos3\omega_L t+\cdots\right)U_{sm}\cos\omega_s t \quad (6.98)$$

输出端经中频滤波器后输出中频电压 u_i 为

$$u_i = R_L i_I = \frac{2}{\pi} g_{VD} R_L U_{sm} \cos(\omega_L - \omega_s)t = \frac{2}{\pi} g_{VD} R_L U_{sm} \cos\omega_I t = U_I \cos\omega_I t \quad (6.99)$$

在实际工作频率达到几十兆赫兹以上的混频器中,广泛采用图 6.58(c)所示的二极管环形混频器。当本振信号为正半周时,二极管 VD$_2$、VD$_3$ 导通,VD$_1$、VD$_4$ 截止,电路相当于一个平衡混频器;当本振信号为负半周时,二极管 VD$_1$、VD$_4$ 导通,VD$_2$、VD$_3$ 截止,电路也相当于一个平衡混频器,只是滞后前一个混频器半个周期;所以环形混频器也叫双平衡混频器。与二极管环形调制器电路分析相同,其输出电流为

$$i_o = 2g_{VD}S_2(t)u_s = 2g_{VD}\left(\frac{4}{\pi}\cos\omega_L t - \frac{4}{3\pi}\cos 3\omega_L t + \cdots\right)U_{sm}\cos\omega_s t \quad (6.100)$$

输出端经中频滤波器后输出中频电压 u_I 为

$$u_I = \frac{4}{\pi} g_{VD} R_L U_{sm} \cos(\omega_L - \omega_s)t = \frac{4}{\pi} g_{VD} R_L U_{sm} \cos\omega_I t = U_I \cos\omega_I t \quad (6.101)$$

可见,环形混频器输出中频电压是平衡混频器的两倍,且抵消了输出电流中的某些组合频率分量,从而减小了混频器中的组合频率干扰。相同条件下,环形混频器的性能优于平衡混频器。

目前,许多从短波到微波波段的整体封装二极管环形混频器已成为系列产品。它们由四只集成在一起的环形且特性匹配良好的二极管和两个传输线变压器组成,并封装在屏蔽盒内。由于其上限工作频率在数十兆赫以上,所以,即使模拟乘法器混频器也不能取代它。

3. 集成模拟乘法器混频器

集成模拟乘法器混频器由集成模拟乘法器和带通滤波器组成,它具有变频增益高、对本振激励电平要求低、组合频率干扰少、输入线性动态范围宽、工作频带宽、体积小、调整容易、稳定可靠等优点,在现代通信中被广泛应用。图 6.59 为采用 MC1596G 双差分对模拟乘法器构成的环形混频电路,此时电路可以工作在很高的工作频率上。

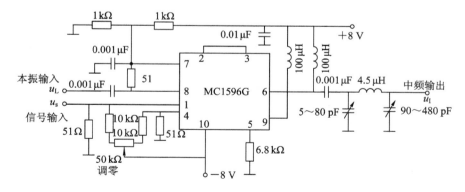

图 6.59　采用 MC1596G 构成的混频电路

图 6.59 中,高频已调波信号由 Y 通道输入(加在 1、4 脚),最大值约为 15 mV;本振电压由 X 通道输入(加在 7、8 脚),振幅约 100 mV;其相乘后的输出信号由 6 脚输出,输出频率分量与环形混频器相同,经 Ⅱ 型带通滤波器后,即可获得中频信号输出。输入端不接调谐回路时可实现宽带输入。此电路可对高频或甚高频信号进行混频,如 30 MHz 的输入信号和 39 MHz 的本振信号输入时,电路的混频增益约为 13 dB;当输出信噪比为 10 dB

时，输入信号灵敏度为 $7.5~\mu V$。输出带通滤波器的中心频率约 9 MHz，输出回路带宽为 450 kHz。

6.4.3 混频产生的干扰

混频电路最常见的应用就是用于超外差式接收机，它可使接收机的性能得到改善，但同时又带来了一定的干扰问题。由于混频电路中除输入信号和本振信号进入之外，还可能有从天线进来的外来干扰信号，干扰信号包括其他发射机发出的已调信号和各种噪声。所有这些信号经非线性器件相互作用会产生很多频率分量，当其中某些频率分量和正常的中频相同或接近时，就会和有用信号一起被选出，并送到后级中放，经放大后解调输出而引起串音、哨声和各种干扰，从而影响有用信号的正常工作。通常把有用信号与本振信号变换为中频的混频途径称为主通道或主波道，而把其余变换途径称为寄生通道或副波道。为简化讨论，以下将输入有用信号简称信号，将本振信号简称本振，外来无用信号和各种噪声简称干扰。

总之，混频干扰是由混频过程中产生的无用组合分量引起的。在实际应用中，能否产生干扰要看以下两个条件：一是是否满足一定的频率关系；二是满足一定频率关系的分量的幅度是否足够大。从抑制干扰的角度讲，同样也应从这两方面入手。下面介绍几种主要干扰。

1. 信号和本振产生的组合频率干扰（干扰哨声）

组合频率干扰是在无输入干扰和噪声情况下，仅由信号 u_s 和本振 u_L 通过主通道产生组合频率成分，从而形成的一种干扰，也称为主波道干扰或干扰哨声。

由于混频器的非理想相乘特性，混频后除了产生直流成分、中频成分、本振频率成分及其各次谐波外，还会产生组合频率成分，这些频率成分可用通式表示

$$f_{p,q} = |\pm pf_L \pm qf_s| \quad (p、q = 0, 1, 2, \cdots) \tag{6.102}$$

设中频为本振和信号的差频。当上式所示的某些组合频率分量接近于中频，即满足

$$|\pm pf_L \pm qf_s| = f_I \pm F \tag{6.103}$$

则此组合频率分量将落入中频通带范围内，并能与有用中频信号一道顺利通过中频放大器加到检波器上。利用检波器的非线性作用这些接近于中频的组合频率分量与有用中频产生差拍检波（即两者混频），这时检波器除了输出有用中频的解调信号外，还伴有一个频率为 F 的音频信号（即差拍信号），从而形成低频干扰，使收听者在听到所需电台信号的同时还听到单音频的差拍哨声。当转动接收机调谐旋钮时，哨声音调也跟随变化，这是干扰哨声区分其他干扰的标志。

那么，什么情况下会出现干扰哨声呢？如果本振频率大于中频频率，而频率又不可能是负值，则由式(6.103)可以看出，只有下述两种情况构成对信号的干扰，即

$$pf_L - qf_s \approx f_I \quad 或 \quad qf_s - pf_L \approx f_I$$

当中频取 $f_I = f_L - f_s$ 时，两种情况可合为一式，它表明了能产生干扰哨声的信号、本振与中频之间存在的关系，也就是可能听到哨声的信号频率为

$$f_s = \frac{p \pm 1}{q - p} f_I \tag{6.104}$$

从理论上讲，产生干扰哨声的信号频率有无限多个，只要满足上式即可。通常定义干扰阶

数为 $p+q$，且满足 $p+q \leqslant n$，其中 n 为非线性器件所取的最高次幂数。由于干扰阶数越小，产生的干扰越强，所以只有在 p、q 较小时，才会产生明显的干扰哨声，其中最强的两个干扰哨声是一阶干扰（即 $p=0$，$q=1$ 时，$f_s = f_I$）和三阶干扰（即 $p=1$，$q=2$ 时，$f_s = 2f_I$），而当 $p+q \geqslant 5$ 时，干扰很小，可以忽略；又由于接收机的接收频段是有限的，所以产生干扰哨声的组合频率并不多。对于具有理想相乘特性的混频器，则不可能产生干扰哨声，所以，实用时应尽量减小混频器的非理想相乘特性。

下面举例说明干扰哨声的产生。当信号频率 $f_s = 931$ kHz，本振频率 $f_L = 1396$ kHz，中频 $f_I = 465$ kHz 时，对应于 $p=1$，$q=2$ 的组合频率分量为 $|1396-2 \times 931| = 466$ kHz，显然 466 kHz 的频率分量能被中频放大器放大，并与实际中频信号一起进入检波器。由于检波器的非线性作用，将产生 $466-465=1$ kHz 的差拍信号，经扬声器输出后产生类似于哨声的啸叫声。

组合频率干扰是自身组合干扰，与外界干扰信号无关，它不能靠提高前端电路的选择性来抑制干扰。减少干扰的办法是减少干扰点的数目并抑制阶数低的干扰。通常采用的具体方法有以下几种：

（1）合理选择中频和本振频率，提高最低干扰点的阶数。通常可使中频在信号波段范围之外，抑制一阶干扰；或考虑选用中频大于输入信号载频的高中频方案。

（2）优化混频电路，采用合理电路形式和混频器件，从电路上抵消部分组合频率分量。如采用各种平衡电路、环形电路，使有用信号增强，无用信号减弱、分量减少；或采用具有平方律特性的场效应管及输出频谱纯净的乘法器。

（3）合理地选择混频器的静态工作点，使非线性减弱，减少组合频率分量。

（4）限制输入信号电压幅度不能过大，否则谐波幅度也大，使干扰强度增强。

2. 干扰和本振产生的副波道干扰（寄生通道干扰）

外来干扰与本振产生的组合频率干扰称为副波道干扰，又称寄生通道干扰。当前端输入回路和高频谐振放大器的选择性不够好时，除有用信号外，干扰信号也会进入混频器。若干扰信号通过混频器的某个寄生通道与本振混频后，产生的组合频率分量满足下面的关系：

$$f_{p,q} = |\pm pf_L \pm qf_n| \approx f_I \qquad (p、q = 0, 1, 2, \cdots) \qquad (6.105)$$

式中，f_n 为外来干扰信号的频率（或干扰台频率），那么，将对输出有用电台信号产生干扰。由于此干扰是主波道以外的波道对有用信号形成的干扰，所以称为副波道干扰。它表现为收听有用电台信号时串入其他电台的干扰（串台），同时也可能出现哨声。

可能产生干扰的外来信号频率可由下式确定：

$$f_n = \frac{p}{q}f_L \pm \frac{1}{q}f_I = \frac{p}{q}(f_s + f_I) \pm \frac{1}{q}f_I = \frac{p}{q}f_s + \frac{p \pm 1}{q}f_I \qquad (6.106)$$

凡满足上式的干扰信号都可能形成副波道干扰，但实际上只有对应于 p、q 值较小的干扰信号，才会形成较强的寄生通道干扰，其中最主要的为中频干扰和镜像干扰。

1）中频干扰

当 $p=0$、$q=1$ 时，$f_n = f_I$，外来干扰信号与中频相同，故称为中频干扰。它实际是一阶干扰，是超外差式接收机中最严重的特有干扰之一。这时，如果接收机前端电路的选择性不够好，干扰电压则可能加到混频器的输入端。一旦它进入混频器输入端，混频器就无法将其削弱或抑制。因为对于中频干扰来讲，混频器实际起到了中频放大器的作用。这样混频器将干扰信号放大,并顺利地通过中放和检波电路,在输出端形成干扰。可见该干扰信号对后边的电路造成严重的影响,甚至传送至中频放大器的中频干扰信号有可能比有用信号更强。

抑制中频干扰的主要方法是:提高混频器前端电路(天线回路和高频放大器)的选择性,增强对中频信号的抑制;合理地选择中频数值,使中频在工作波段之外,最好采用高中频方式;在混频器前级增加中频陷波电路,如图 6.60 所示,用以滤除外来中频干扰电压。

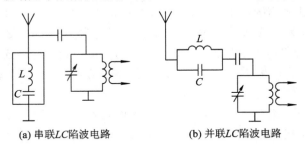

(a) 串联 LC 陷波电路   (b) 并联 LC 陷波电路

图 6.60　加中频陷波电路的中频干扰抑制方法

图 6.60(a)为串联 LC 陷波电路,L、C 构成串联回路,将回路调谐在中频上,使中频干扰信号对地短路,从而抑制中频干扰。图(b)为并联 LC 陷波电路,L、C 构成并联回路,将回路调谐在中频上,使中频干扰信号在回路上衰减很大,从而抑制中频干扰。

2) 镜像干扰

当 $p=1$、$q=1$ 时,$f_n \approx f_L + f_I = f_s + 2f_I (f_L > f_s)$ 或 $f_n \approx f_L - f_I = f_s - 2f_I (f_L < f_s)$,称为镜像干扰或镜频干扰,它属于二阶干扰,也是超外差式接收机中最严重的特有干扰之一。该干扰频率 f_n 与本振频率 f_L 的差等于中频 f_I,处在信号频率 f_s 的镜像位置,即 f_n 与 f_s 在频率轴上对称分列于 f_L 的两旁,互为镜像,故称 f_n 为镜像频率(简称镜频)。图 6.61 为镜像干扰的示意图。

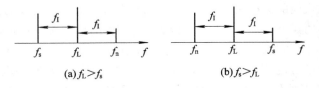

(a) $f_L > f_s$ (b) $f_s > f_L$

图 6.61　镜像干扰示意图

可见,镜像干扰频率只要能进入输入回路到达混频器输入端,就具有与有用信号完全相同的变换力,混频器无法将其削弱或抑制,所以它将顺利地通过中频放大器经检波而造成严重的干扰,表现为串台及哨叫。当干扰信号的载波频率与收听电台信号的载波频率间隔为 2 倍的中频频率时,可以判定此干扰为镜像干扰。例如接收电台的频率是 550 kHz,中频等于 465 kHz,镜像干扰频率就为 1480 kHz,它比本振频率高一个中频。

抑制镜像干扰的方法是:提高混频器前端电路的选择性;合理地选择中频数值,最好采用高中频方式,由于 f_I 提高,会增加 f_n 与 f_s 之间的频率间隔,因而有利于对 f_n 的抑制。

3) 组合副波道干扰

除上述两种特殊情况外,在式(6.106)中,当 $p \geq 1$,$q \geq 1$ 时,形成的组合频率干扰均称为组合副波道干扰。这些干扰信号与本振频率的谐波同样可形成接近中频的组合频率,从而产生干扰哨声，其中最主要的一类干扰为 $p=q=2$ 时的干扰。满足此条件的干扰频率有两个，分别为 $f_{n1}=f_s+f_1/2$ 和 $f_{n2}=f_s+3f_1/2$，可以看出，两个干扰信号 f_{n1} 和 f_{n2} 对称分布在本振 f_L 的两边，f_{n1} 离信号 f_s 最近，经混频器前的滤波后进入混频器的可能性就最大。所以，$p=q=2$ 时的干扰比镜像干扰的危害要大，但随着 p、q 的增加，干扰的影响就相对减弱。

抑制这类干扰的方法是：提高混频器前端的选择性；提高中频数值，选择高中频，这样有利于前级选频；选择合适的混频电路，合理选择混频器的工作点，尽量减少组合频率。

3. 交叉调制干扰（交调干扰）

交叉调制干扰（交调干扰）也称交调失真，它的形成与本振无关，而是信号和干扰一起作用于混频器时，由混频管转移特性的非线性引起的。当有用信号各频率分量的幅度受到干扰信号幅度的影响后，有用信号包络发生变化，就好像将干扰携带的调制信号转移到有用信号的载波上一样，或者认为将干扰携带的调制信号调制到了中频载波上。

交调干扰的现象是：当接收机调谐在有用信号的频率上时，在输出端不仅可收听到有用信号的声音，同时还可清楚地听到干扰台的调制声音；当接收机对有用信号频率失谐时，则干扰台的调制声也随之减弱；当接收台停止工作时，干扰台的调制声音也就消失了。这种现象犹如干扰台的声音调制转移到有用信号的载频上，所以称其为交叉调制干扰。

交调干扰与有用信号频率及干扰信号频率均无关，只要干扰信号能够通过混频器前的选频网络，且信号强度足够大，就可能产生交调干扰。可见，这是一种危害较大的干扰。

通过理论分析可得，交调干扰是由混频管转移特性中的三次方项及其更高次方项产生的。当混频器的输入端同时存在有用信号和干扰信号时，由于非线性特性的四次方项产生的乘积项中包含有寄生中频信号，且其幅值正比于干扰信号幅度的平方，因此这时干扰较严重。这种由四次方项产生的干扰称为三阶交调干扰（本为四阶，但本振占一阶，所以习惯称三阶）。在放大器中也有交调干扰，是三次方项产生的，称三阶交调干扰。虽然四次以上偶次方项也会产生交调干扰，但影响较弱。

抑制交调干扰的措施是：提高混频器前端电路的选择性；尽量减小干扰的幅度，这是抑制交叉调制干扰的有效措施；选择合适的器件和合适的工作状态，使不需要的非线性项（四次方项）尽可能减小，以减少组合分量。

4. 互相调制干扰（互调干扰）

若两个或更多个外来干扰信号加于接收机的高放级输入端，由于晶体管的非线性作用，两个干扰信号之间发生混频，产生一系列组合频率分量，如果某分量的频率等于或接近于有用信号的频率，就将与有用信号一起进入后级电路，从而产生干扰；或者也可以认为两个干扰信号和本振信号在混频器中相互混频，产生等于或接近与中频的分量，从而产生干扰。这种干扰可看成是两个干扰信号的互相调制产生的寄生干扰，所以称为互调干扰。

例如，当混频器输入端除了 20 MHz 的有用信号外，同时还有频率分别为 19.2 MHz 和 19.6 MHz 的两个干扰电压。由于 $19.6\times2-19.2=20$ MHz，故两干扰信号可产生互调干扰。

互调干扰和交调干扰不同，交调干扰经检波后可以同时听到质量很差的有用台和干扰台的声音。互调干扰听到的则是哨声和杂乱的干扰声而没有信号的声音（这种现象往往被称为阻塞）；有时也可能听到两个干扰信号的混合声，但不可能听到单独一个干扰台的声音，这是由于两个干扰信号是相互依存的，当一个台停播时，另一个台的声音也就跟着消失了。

实际上，由于混频器前的高频放大器具有良好的滤波作用，往往只有频率比较接近输入信号频率的两个干扰信号才能有效地加到混频器的输入端。假定两个干扰信号的频率 f_{n1} 和 f_{n2} 比较靠近 f_s，那么得出互调干扰的条件是

$$|\pm f_L \pm m f_{n1} \pm n f_{n2}| = f_I \tag{6.107}$$

显然，产生互调干扰的通式为 $\pm m f_{n1} \pm n f_{n2} = f_s$，其中 $m=1$，$n=2$ 和 $m=2$，$n=1$ 时的组合频率产生的干扰最为严重。由于它们是器件的三次方特性产生的，即 $m+n=3$，故称为三阶互调干扰。从式(6.107)可以得出，两个外来干扰频率与载频的关系分别表示为

$$-f_{n1} + 2f_{n2} = f_s \quad 或 \quad 2f_{n1} - 2f_{n2} = f_s \quad 或 \quad f_{n1} - f_{n2} = f_s - f_{n1} \tag{6.108}$$

可见，产生互调干扰的两个干扰频率和信号频率存在一定的关系，两个干扰频率都小于(或大于)有用信号频率，且三者等距(同侧等距)时，就可形成互调干扰，且距离越小，干扰越强。实际上，互调干扰的产生与有没有输入信号无关，只取决于满足条件的外来干扰能否进入混频电路。互调干扰是由非线性器件的二次方以上的非线性特性引起的，因此存在二阶互调和三阶互调及高阶互调。实际上高频放大级也可能产生互调干扰，但其产生的可能性较小；并且干扰的影响也较小，这是因为高放电路的工作点常在器件的线性部分。

抑制互调干扰的措施是：一是提高混频器前端电路的选择性，两个干扰频率一般距信号频率较远，或是其中之一距信号频率较远，只要提高输入电路的选择性就可有效地减弱互调干扰；二是合理选择电路形式和工作状态，使非线性减弱，减少组合频率分量。

5. 包络失真与阻塞干扰

与混频器非线性有关的另外两个现象是包络失真和阻塞干扰。由于混频器的非线性，混频器输出电流表达式中的电压偶次方项均会产生中频分量，使得实际中频电压幅度与输入信号幅度之间不成正比例关系，而出现非线性。因此中频电压的包络不能正确反映输入信号的包络而产生失真，这种失真叫包络失真。它表现为当输入信号为一调幅波时，混频器输出包络中出现了新的调制分量。输入信号幅度越大，包络失真越严重。

若输入信号幅度太大，则包络失真很严重，使晶体管进入饱和区或截止区，则有用信号的输出很小，无法将其解调出来，通常称这种现象为阻塞干扰。同样，当强干扰信号与有用信号同时加入混频器时，可能会改变混频器的工作状态，使混频器处于严重的非线性区，使电路的性能急剧下降，混频器输出的有用信号幅度减少，严重时，甚至后面的电路将无法接收，这种情况也叫阻塞干扰。

6.5 调幅收音机实例

前面我们已经介绍了高频小信号放大器、正弦波振荡器、高频功率放大器、调幅器、检波器和混频器的相关知识，利用这些功能电路可以构成一个调幅广播接收机。下面将以一个实用的超外差式接收机为例来介绍调幅收音机。图 6.62 是 HX108 - 2 七管超外差式调幅收音机的电路图，其工作原理简述如下：图示收音机主要由输入回路、变频级、中放

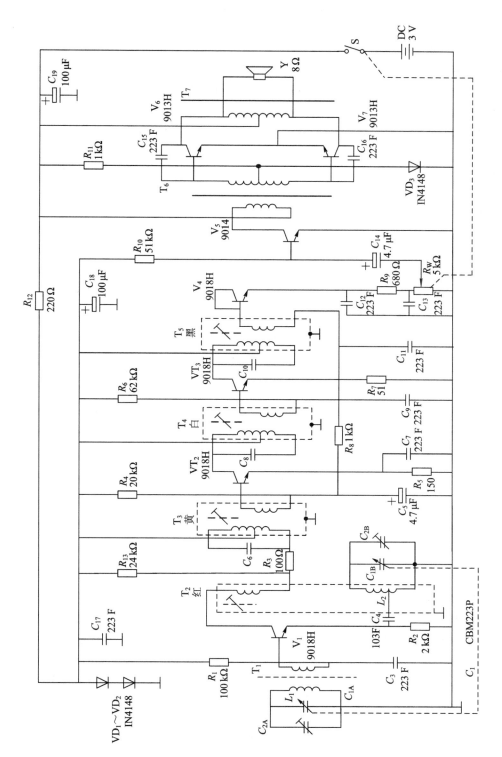

图6.62　HX108-2七管超外差式调幅收音机

级、检波级、低放级、功率输出级和 AGC 电路组成。磁性天线感应到调幅信号后送入 C_{1A}、C_{2A} 和 L_1 组成的输入回路进行调谐，选出所需接收的电台信号，通过变压器 T_1 互感耦合送入变频管 V_1 的基极。变频级采用一只晶体管 V_1 同时起本振和混频作用的自激式变频电路。本振回路由 L_2、C_{1B}、C_{2B} 组成，它是互感耦合共基调发型的 LC 振荡电路。T_2 是包含 L_2 的变压器，也叫中周，用来调整本振频率。L_2 采用抽头方式是为了减小晶体管的输入阻抗对振荡回路的影响。本振信号通过耦合电容 C_4 从 V_1 的射极注入，它与输入回路耦合到 V_1 管基极的高频调幅信号在 V_1 管中混频，由 V_1 管集电极调谐回路 T_3（中周）选出二者的差频即 465 kHz 的中频信号，然后再将中频信号送入中放电路去放大。为了保证在电源电压降低时，本机振荡仍能稳定工作，变频级基极偏置电路采用了相应的稳压措施，即利用两只硅二极管 VD_1、VD_2 进行稳压（1.4 V 左右）。

中放级由 V_2、V_3 组成两级单调谐中频选频放大电路。各中频变压器（中周 T_4、T_5）均调谐于 465 kHz 的中频频率上，以提高整机的灵敏度、选择性和减小失真。第一级中放（V_2）加有自动增益控制，以使强、弱台信号得以均衡，维持输出稳定。V_2 管因加有自动增益控制，静态电流不宜过大；V_3 管主要是提高增益，以提供检波级所必需的功率，故静态电流取得较大些。经两级中频放大级放大了的中频信号，由第二级中放的中频变压器（中周）送至检波管 V_4 进行检波。检波器由 V_4、C_{12}、C_{13} 和 R_9 组成，其中 V_4 的基极和集电极短接，相当于一个二极管。检波输出的音频信号经 R_W 分压后由隔直电容 C_{14} 耦合到低放级去放大。电位器 R_W 是音量调节电位器兼作电源开关。检波后的直流成分代表信号的电平强弱，经 R_8、C_5、C_{11} 组成的去耦电路（相当于低通滤波器）送到 V_2 的基极，作为 AGC 去控制第一级中放的增益，起到自动增益控制的作用。V_5 为低频放大级，进行低频电压放大。功放输出级为典型的 OCL 电路，由 V_6 和 V_7 等组成互补推挽输出级，放大后推动喇叭完成电声转换输出。另外，C_{17}、C_{18}、R_{12}、C_{19} 构成电源去耦电路。

本 章 小 结

1. 振幅调制、解调和混频都能产生新的频率分量，其过程是非线性过程。它们在时域上都表现为两个信号的相乘，在频域上则是频谱的线性搬移且输入信号的频谱结构不变。因此，它们都属于频谱线性搬移电路，都可以用相乘器和滤波器组成的电路模型来实现。其中，相乘器的作用是将输入信号频率不失真地搬移到参考信号频率两边，完成频率变换，滤波器用来取出有用频率分量，抑制无用频率分量。调幅电路的输入信号是低频调制信号，参考信号为等幅载波信号，采用中心频率为载频的带通滤波器，输出为已调高频波；检波电路的输入信号是高频已调波，参考信号是与已调信号的载波同频同相的等幅同步信号，采用低通滤波器，输出为低频信号；混频电路输入信号是已调波，参考信号为等幅本振信号，采用中心频率为中频的带通滤波器，输出为中频已调信号。

2. 振幅调制是用调制信号改变高频载波振幅的过程。实现这一过程的调幅方式主要有普通调幅、双边带调幅和单边带调幅。对于相同的调制信号，采用不同调制方式所产生的已调波的数学表达式、时域波形、频谱结构、频带宽度、功率利用率各有不同，调制与解调的实现方式与电路的复杂度也不一样，因而适用的通信系统也不一样。

　　3. 频谱线性搬移电路中的频谱变换是靠两个信号相乘来实现的。实现频谱变换的方法有幂级数法、线性时变法、开关函数法以及采用模拟乘法器实现的方法，其中模拟乘法器是进行调幅、检波和混频的最常用器件，这种方法也是最直接实现相乘的方法。

　　4. 常用的调幅电路有低电平调幅电路和高电平调幅电路。低电平调幅主要用来实现双边带和单边带调幅，广泛采用二极管平衡调幅器、环形调幅器和集成模拟乘法器构成调幅器。高电平调幅常采用丙类谐振功率放大器产生大功率的普通调幅波。

　　5. 检波是调制的相反过程，是振幅解调的简称，其作用是从已调信号中还原出原调制信号。常用的检波电路有包络检波电路和同步检波电路。由于 AM 信号的包络能直接反映调制信号的变化规律，所以 AM 信号可采用电路简单的二极管包络检波电路来解调。但在组成电路时要注意正确选择元器件的参数，以免产生惰性失真与底部切割失真。同步检波分为乘积型同步检波和叠加型同步检波两种类型，它们都需要一个与发端载频同频同相（或固定相位差）的同步信号。由于 SSB 和 DSB 信号的包络不能直接反映调制信号的变化规律，所以必须采用同步检波电路。

　　6. 混频是把高频已调波变为另一载频的高频已调波的过程。它与调幅、检波同属于频谱线性搬移过程，基本工作原理相同。混频电路是超外差接收机的重要组成部分。高质量通信设备中广泛采用二极管环形混频器和集成模拟乘法器混频，而在广播接收机中，常采用简单的晶体管混频电路。

　　7. 混频干扰是混频电路中非常重要的问题，它将给接收机的整机性能带来很大的影响。常见的混频干扰有干扰哨声、寄生通道干扰、交调干扰和互调干扰等。在参数选择和电路设计上必须采取措施，尽量避免或减小混频干扰的产生。

思考题与习题

　　6.1　为什么调制必须利用电子器件的非线性特性来实现？它和高频小信号放大在本质上有什么不同？

　　6.2　什么是过调幅？为什么双边带调幅和单边带调幅中均不会产生过调幅？

　　6.3　在平衡调幅器中，若一个二极管极性接反，电路会产生什么后果？若将调制信号和载波信号位置互换，是否还能实现平衡调幅？

　　6.4　高电平调幅与低电平调幅如何区分？各有什么优缺点？

　　6.5　当某个非线器件的伏安特性为 $i=a_1u+a_3u^3+a_5u^5$ 时，能否用它实现调幅？为什么？如不能，非线性器件的伏安特性应具有什么形式时才能实现调幅？

　　6.6　为什么检波器中一定要有非线性元件？如果将检波电路中的二极管反接是否能起到检波作用？其输出电压波形与二极管正接时有什么不同？

　　6.7　振幅检波有哪几种方法？它们各自适用于对什么调幅信号进行检波？

　　6.8　为什么负载电阻 R 越大，峰值包络检波器的检波线性越好，非线性失真越小，检波效率越高，对末级中频放大器的影响越小？但如果 R 过大，会产生什么不良后果？

　　6.9　在峰值包络检波电路中，若加大调制频率 Ω，将会产生什么失真，为什么？

6.10　题图 6.1 中各电路能否进行振幅检波？图中 R、C 为正常值，二极管工作在开关状态，按折线特性讨论。

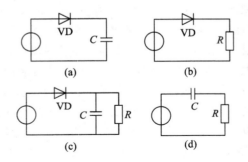

题图 6.1

6.11　混频作用是如何产生的？为什么要用非线性元件实现混频？混频与检波各有什么相同点与不同点？

6.12　混频器有哪些主要干扰？如何才能抑制这些干扰？

6.13　某广播电台的信号电压为 $u(t)=10(1+0.3\cos 12560t)\cos 6.33\times 10^6 t(\text{mV})$，问此电台的载波频率是多少？调制信号频率是多少？

6.14　有一单频调幅波，其载波功率为 200 W，求当 $m_a=1$ 与 $m_a=0.4$ 时的总功率和每一边频的功率。

6.15　某发射机的输出信号 $u(t)=10(1+0.3\cos\Omega t)\cos\omega_c t(\text{V})$，求在负载 $R_L=100\ \Omega$ 上的总功率、边频总功率和每一边频的功率。

6.16　已知调制信号 $u_\Omega(t)=2\cos(2\pi\times 1000t)\ \text{V}$，载波信号 $u_c(t)=4\cos(2\pi\times 10^6 t)\ \text{V}$，若令比例常数 $k_a=1$，试写出调幅波表示式，求出调幅系数及频带宽度，画出调幅波波形及频谱图。

6.17　某调幅波表达式为 $u(t)=10\sin(2\pi\times 10^5 t)+3[\sin(2\pi\times 99\times 10^3 t)+\sin(2\pi\times 101\times 10^3 t)]\text{V}$，试：

（1）说明调幅波 $u(t)$ 的类型，计算载波频率和调制频率；

（2）计算调幅波的调幅系数。

6.18　有一调幅波的表达式为 $u(t)=20(1+0.5\cos 2\pi\times 5000t-0.3\cos 2\pi\times 10^4 t)\cos 22\pi\times 10^6 t$，试求它所包含的各分量的频率和振幅。

6.19　写出题图 6.2 所示的各信号的时域表达式，画出这些信号的频谱图及形成信号的方框图，并说明它们各形成什么方式的振幅调制。

6.20　试画出下列三种已调信号的波形和频谱图（假设 $\omega_c=5\ \Omega$）。

（1）$u(t)=(1+0.5\cos\Omega t)\cos\omega_c t(\text{V})$；

（2）$u(t)=2\cos\Omega t\cos\omega_c t(\text{V})$；

（3）$u(t)=5\cos(\omega_c+\Omega)t$；

（4）$u(t)=(5+2\cos\Omega t)\cos\omega_c t$。

6.21　已知调幅波的频谱分别如题图 6.3(a)、(b)和(c)所示。试分别说明它们是何种调幅波，写出其数学表达式并计算频带宽度。

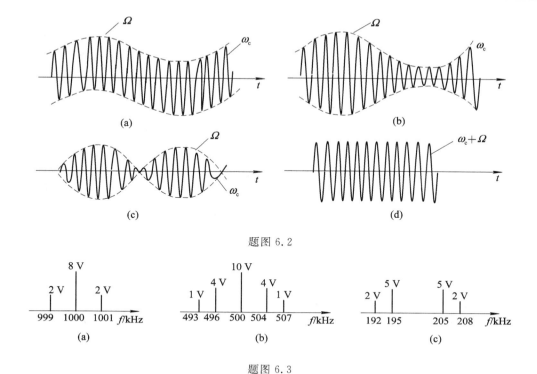

题图 6.2

题图 6.3

6.22 题图 6.4 是频率为 1 MHz 的载波信号同时传输两路 AM 调幅信号的频谱图。试写出该普通调幅波的电压表达式,画出产生这种信号的方框图。并计算在单位负载上的平均功率 P_{av} 和有效频谱宽度 B。

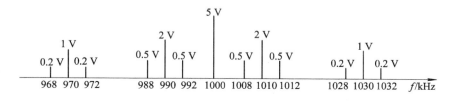

题图 6.4

6.23 已知某一非线性器件的伏安特性表示式为 $i = 10 + 0.1u^2 (mA)$。那么当该器件上作用的电压为 $u = 5\cos\omega_c t + 2\cos\Omega t (V)$,$\omega_c \gg \Omega$ 时,试画出 i 的频谱图,说明利用该器件可以实现何种方式的振幅调制,并写出数学表示式。

6.24 二极管电路如题图 6.5 所示,图中两二极管的特性完全一致,可近似认为是理想二极管。已知载波为 $u_c = U_{cm}\cos\omega_c t$,调制信号为 $u_\Omega = U_{\Omega m}\cos\Omega t$,且 $\omega_c \gg \Omega$,$U_{cm} \gg U_{\Omega m}$,二极管工作在受 u_c 控制的开关状态。试分析其输出电流中的频谱成分,并写出输出电压 u_o 的表达式,说明电路是否能够实现振幅调制,若能它又是何种振幅调制? 若将 u_c 与 u_Ω 位置互换,其结果又将如何。

6.25 在图 6.5 所示平衡调幅器中,设二极管工作在开关状态。假如其中一个二极管极性接反,将对平衡电路产生什么后果? 如果将调制信号和载波信号的位置互换,电路是否还能实现平衡调幅?

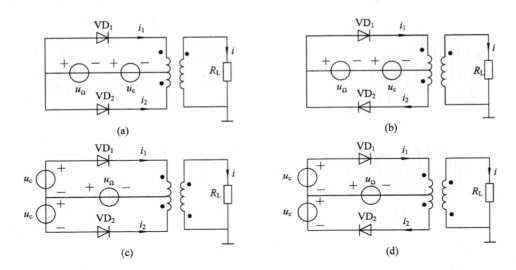

题图 6.5

6.26 在题图 6.6 所示的四个二极管调制器电路中，调制信号为 $u_\Omega(t) = U_{\Omega m}\cos\Omega t$，载波信号为 $u_c(t) = U_{cm}\cos\omega_c t$，且 $\omega_c \gg \Omega$，$U_{cm} \gg U_{\Omega m}$，二极管 VD$_1$ 和 VD$_2$ 的特性完全相同。试说明哪些电路能实现双边带调制，写出输出电流的表示式并分析其频率分量。

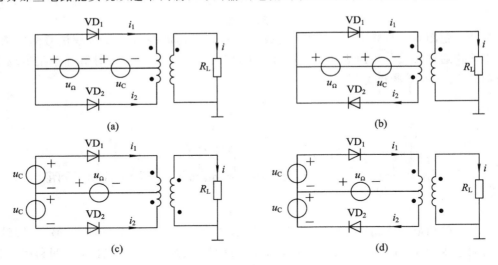

题图 6.6

6.27 设二极管峰值包络检波器中的负载电阻 $R = 200$ kΩ，负载电容 $C = 100$ pF，若输入调幅波中包含的最高调制频率为 $F_{max} = 5000$ Hz，为了避免出现惰性失真，输入已调幅波的最大调幅系数应为多少？

6.28 在图 6.41 所示的二极管峰值包络检波电路中，若输入已调波的载频 $f_c = 630$ kHz，调制信号频率 $F = 5$ kHz，调幅系数 $m_a = 0.4$，负载电阻 $R = 10$ kΩ。为避免出现惰性失真，滤波电容 C 的值最大是多少，并求出检波器的输入电阻 R_{id}。

6.29 题图 6.7 所示电路中，$R_1 = 4.7$ kΩ，$R_2 = 15$ kΩ，输入信号电压幅值 $U_{im} = 1.2$ V，若电压传输系数设为 0.9，求输出电压的最大值，并估算检波器输入电阻 R_{id}。

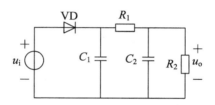

题图 6.7

6.30　二极管包络检波电路如题图 6.8 所示，设检波二极管为理想二极管。若输入电压为 $u_i(t) = 4\cos(2\pi \times 930 \times 10^3 t) + 0.8\cos(2\pi \times 927 \times 10^3 t) + 0.8\cos(2\pi \times 933 \times 10^3 t)$ V，检波负载电阻 $R = 10$ kΩ，下级输入电阻 $R_L = 8$ kΩ，滤波电容 $C = 6800$ pF。试问该电路会不会产生惰性失真和负峰切割失真？若设该电路的电压传输系数 $K_d \approx 1$，试画出图中 u_i、u_{o1} 和 u_o 的电压波形，并标出电压的大小。

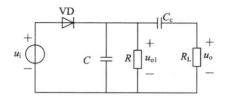

题图 6.8

6.31　题图 6.9 所示电路为倍压检波电路，试分析其工作原理，并说明在开关工作状态下检波电路的输出电压和输入电压之间的近似关系。

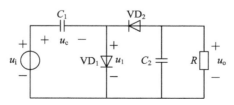

题图 6.9

6.32　二极管平衡同步检波电路如题图 6.10 所示，设二极管均为理想二极管。若输入信号 u_i 和同步信号 u_c 分别为如下信号时，试求输出电压 u_o。

（1）$u_i = 0.5\cos(2\pi \times 3 \times 10^3 t)\cos\omega_c t$ V，$u_c = 3\cos\omega_c t$ V；

（2）$u_i = 0.3\cos(\omega_c + 2\pi \times 10^3)t$ V，$u_c = 3\cos\omega_c t$ V。

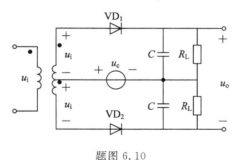

题图 6.10

6.33　在乘积型同步检波器中，若输入信号为 $u_i = U_{im}\cos\Omega t\cos\omega_c t$，即 u_i 为双边带信号，而本地载波信号 $u_o = U_{om}\cos(\omega_c t + \varphi)$。试问：当 φ 为常数时能否实现不失真解调？

6.34　超外差式广播接收机的中频为 465 kHz，在收听频率为 931 kHz 的电台播音时，发现除了正常信号外，还伴随有频率为 1 kHz 的哨叫声，而且当转动接收机的调谐旋钮时，哨叫声的音调会发生变化。试分析：这种现象是如何引起的，它属于何种失真或干扰？在 535～1605 kHz 的波段范围内，哪些频率上会出现这种现象？该如何减少这种失真？

6.35　在一超外差式广播收音机中，中频采用低中频 $f_I = f_L - f_s$，其频率为 465 kHz。试分析下列现象属于何种干扰？又是如何形成的？

（1）当收听频率 $f_s = 932$ kHz 的电台播音时，伴有音调约 2 kHz 的哨叫声；

（2）当收听频率 $f_s = 540$ kHz 的电台播音时，同时可听到频率为 1470 kHz 的强电台播音；

（3）当收听频率 $f_s = 1480$ kHz 的电台播音时，同时听到频率为 740 kHz 的强电台播音；

（4）当收听频率 $f_s = 930$ kHz 的电台播音时，可以同时收到频率为 690 kHz 和 810 kHz 的两个电台的信号，但不能单独收到其中的一个台。当其中一个台停播时，另一个台的播音随即消失。

第 7 章　角度调制与解调

7.1　概　　述

在无线通信中,还有一类重要的调制方式,即频率调制和相位调制。频率调制通常又称调频,用 FM 表示,是指用调制信号控制载波的瞬时频率,使之按调制信号的规律线性变化的一种调制方式。产生的调频波的瞬时频率的变化范围和变化周期分别由调制信号的强度和频率决定,而幅度保持恒定。相位调制又称调相,用 PM 表示,是指用调制信号控制载波的瞬时相位,使瞬时相位按调制信号的规律线性变化,而振幅保持恒定的一种调制方式。

无论是调频还是调相,在调制过程中,载波的幅度都保持不变,而频率的变化和相位的变化均表现为相角的变化,因此,两者统称为角度调制或调角。调角波为高频等幅波,其携带的调制信息寄生于它的频率和相位变化中,表现为高频振荡的总瞬时相角按一定的关系随调制信号变化。设有一个固定频率的等幅载波,其表达式可写为

$$u_c(t) = U_{cm} \cos(\omega_c t + \varphi_0) = U_{cm} \cos\varphi(t) \tag{7.1}$$

式中,$\varphi(t)$ 为载波的瞬时相位。在未调角时,$u_c(t)$ 的中心角频率 ω_c 和初相位 φ_0 均为常数;在调频时,载波的角频率发生变化,成为瞬时角频率,用 $\omega(t)$ 表示。由式(7.1)可知,当载波的瞬时角频率变化时,其瞬时相位亦随之变化。两者之间的关系可以用旋转矢量图来说明,设一个旋转矢量长度为 U_{cm},与实轴初始夹角为 φ_0。若其绕原点 O 逆时针旋转,旋转角速度为

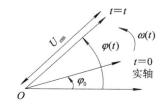

图 7.1　调角信号的矢量表示

$\omega(t)$,如图 7.1 所示。当该矢量从初始状态旋转 t 时刻后,它与实轴之间的夹角就为 $\varphi(t)$,即瞬时相位,矢量在实轴上的投影代表一个余弦信号,即式(7.1)所表示的信号。

由图可知,调角波的瞬时相位 $\varphi(t)$ 等于矢量在 t 时间内旋转的角度和初相角 φ_0 之和,即可以表示为

$$\varphi(t) = \int_0^t \omega(t)\,\mathrm{d}t + \varphi_0 \tag{7.2}$$

上式是对角速度的积分,其中第一项为积分项,表示矢量在 $0 \sim t$ 时间间隔内所转过的角度,第二项 φ_0 为积分常数,即初相位。对式(7.2)两边取微分就得到瞬时角频率 $\omega(t)$,可表示为

$$\omega(t) = \frac{\mathrm{d}\varphi(t)}{\mathrm{d}t} \tag{7.3}$$

式(7.2)和式(7.3)就是角度调制中瞬时角频率 $\omega(t)$ 和瞬时相位 $\varphi(t)$ 之间的基本关系式。简单地说，瞬时角频率与瞬时相位的关系就是微积分的关系。

考虑到式(7.2)，式(7.1)可写为

$$u_c(t) = U_{cm} \cos\left[\int_0^t \omega(t)\mathrm{d}t + \varphi_0\right] \tag{7.4}$$

上式说明，无论是角频率的变化还是相位的变化，都可以归结为载波角度（相角）的变化，这也就是调频与调相统称调角的原因。

和角度调制正好相反，从调角波中取出原调制信号的过程称为角度解调。对于调频波而言，其解调称为鉴频或频率检波（频率解调）；对于调相波而言，其解调称为鉴相或相位检波（相位解调）。

调频波和调相波的共同之处是两者频率或相位的变化都表现为相角的变化，所不同的只是变化的规律不同，因此它们在时域特性、频谱宽度、调制与解调的原理和实现方法等方面都有着密切的联系。可以说，调频必然调相，调相也必然调频；同样，鉴频和鉴相也可以互相利用，可以用鉴频的方法实现鉴相，也可以用鉴相的方法实现鉴频。在模拟通信方面，调频更加优越，故多采用调频；在数字通信方面，调相应用更广，故大都采用调相。

调频、调相和调幅都属于频谱变换过程。所不同的是，调幅是调制信号频谱的线性搬移，搬移过程中其频谱结构没有改变，因此属于线性调制。角度调制属于调制信号频谱的非线性变换，调角信号已不再保持调制信号的频谱结构，其频谱中产生了新的频率分量，调角后的带宽比调制信号的带宽大得多，并且不适合叠加定理，因而角度调制属于非线性调制。

角度调制比调幅性能优越，因而获得了广泛应用。调频主要应用于调频广播、广播电视、移动电台、卫星通信等，调相主要应用于间接调频及数字通信系统中的移相键控。

和调幅相比，角度调制具有以下优点：抗干扰和噪声的能力较强；载波功率利用率高；调角信号传输的保真度高。其缺点是：占有频带宽，频带利用率低；原理和电路比调幅复杂，电路实现困难。

通常，用来衡量调频波性能的主要技术指标包括：

（1）频谱宽度。理论上频谱为无限宽，但实际上可认为带宽是有限的，根据带宽的不同调频可分为宽带调频与窄带调频。

（2）寄生调幅。调频波应为等幅波，但由于某种原因造成幅度不等，这种情况称为寄生调幅。希望无寄生调幅或寄生调幅小。

（3）抗干扰能力。希望调频波的抗干扰能力强。

7.2　调角波的性质

7.2.1　调频波与调相波的表示式

1. 调频波的数学表达式和波形

假设载波为一高频余弦信号，即 $u_c(t) = U_{cm} \cos\omega(t) = U_{cm} \cos(\omega_c t + \varphi_0)$，其角频率为

ω_c，相应的频率为 f_c。为分析方便，通常令初始相位 $\varphi_0 = 0$；考虑到普遍性，调制信号可用 $u_\Omega(t)$ 表示。根据频率调制的定义，调频波的瞬时角频率为

$$\omega(t) = \omega_c + k_f u_\Omega(t) = \omega_c + \Delta\omega(t) \tag{7.5}$$

式中，ω_c 是载波角频率；k_f 为比例常数，表示单位调制信号电压变化所引起的角频率偏移量，称为调频灵敏度，它的单位是 rad /(s · V) 或 Hz/V，其转换关系为 1 rad/(s · V) = 2π Hz/V；$k_f u_\Omega(t)$ 是瞬时角频率相对于载波频率的偏移量，称为瞬时角频率偏移，简称角频率偏移或角频移（角频偏）。瞬时角频偏可表示为

$$\Delta\omega(t) = k_f u_\Omega(t) \tag{7.6}$$

$\Delta\omega(t)$ 的最大值称为最大角频偏，表示为

$$\Delta\omega_m = |\Delta\omega(t)|_{max} = k_f |u_\Omega(t)|_{max} \tag{7.7}$$

由瞬时频率和瞬时相位的关系，可得调频波的瞬时相位表示为

$$\varphi(t) = \int_0^t \omega(t)\mathrm{d}t + \varphi_0 = \omega_c t + k_f \int_0^t u_\Omega(t)\mathrm{d}t + \varphi_0 = \omega_c t + \Delta\varphi(t) + \varphi_0 \tag{7.8}$$

由上式可见，调频的结果也引起了载波瞬时相位的变化。式中，$\Delta\varphi(t)$ 为调频波瞬时相位与未调制载波的相位 $\omega_c t$ 之间的偏差，称为瞬时相位偏移，简称相移或相偏，即

$$\Delta\varphi(t) = k_f \int_0^t u_\Omega(t)\mathrm{d}t \tag{7.9}$$

$\Delta\varphi(t)$ 的最大值叫做最大相位偏移，简称最大相移，也称为调频波的调频指数（或调制深度），用 m_f 表示，即

$$m_f = \Delta\varphi_m = k_f \left|\int_0^t u_\Omega(t)\mathrm{d}t\right|_{max} \tag{7.10}$$

为分析方便，通常令 $\varphi_0 = 0$，则一般 FM 信号的数学表达式为

$$u_{FM}(t) = U_{cm}\cos\varphi(t) = U_{cm}\cos\left[\omega_c t + k_f \int_0^t u_\Omega(t)\mathrm{d}t\right] \tag{7.11}$$

如果调制信号 $u_\Omega(t)$ 为单一频率的余弦信号，即 $u_\Omega(t) = U_{\Omega m}\cos\Omega t$，其角频率为 Ω，对应频率为 F，且满足 $f_c \gg F$。此时调频波的瞬时角频率为

$$\omega(t) = \omega_c + k_f U_{\Omega m}\cos\Omega t = \Delta\omega_c + \Delta\omega_m \cos\Omega t \tag{7.12}$$

其最大角频偏为

$$\Delta\omega_m = k_f U_{\Omega m} \tag{7.13}$$

则调频波的瞬时相位为

$$\varphi(t) = \omega_c t + \frac{k_f U_{\Omega m}}{\Omega}\sin\Omega t = \omega_c t + \frac{\Delta\omega_m}{\Omega}\sin\Omega t = \omega_c t + m_f \sin\Omega t \tag{7.14}$$

其中最大相移，即调频指数 m_f 为

$$m_f = \frac{k_f U_{\Omega m}}{\Omega} = \frac{\Delta\omega_m}{\Omega} = \frac{\Delta f_m}{F} \tag{7.15}$$

它是最大角频偏 $\Delta\omega_m$ 与调制信号角频率 Ω 之比或最大频偏 Δf_m 与调制信号频率 F 之比。m_f 的值可以大于 1 或者远大于 1（这与调幅波不同，调幅指数 m_a 总是小于 1 的），且 m_f 越大，抗干扰能力越好。所以在调制信号为单频余弦信号时，调频波的数学表达式为

$$u_{FM}(t) = U_{cm}\cos(\omega_c t + m_f \sin\Omega t) \tag{7.16}$$

调频波的相关波形如图 7.2 所示。其中，图(a)为单频余弦调制信号波形。图(b)为调

频波瞬时角频率随调制信号的变化规律，它是在载频的基础上叠加了受调制信号控制的变化量。可以看出其波形形状和调制信号相一致，呈线性关系。图(c)为调频波的波形。可以看出，调频信号的频率受调制信号的控制，对应调制信号幅度为最大值时，调频信号的瞬时频率最高，调频波波形最密集；随着调制信号幅度的变化，调频信号的频率随之作相应的变化，当调制信号幅度为最小值时，对应调频信号的瞬时频率最低，调频波波形最稀疏，但在调制信号的整个周期内，调频波的幅度保持不变。可以认为调频波是一个随调制信号幅度大小改变而随之聚拢或扩展的正弦波，或者说调频波波形疏密程度的变化反映了调制信号的变化规律。图(d)表示的是调频波的相位偏移的波形，由图可见，相移 $\Delta\varphi(t)$ 和调制信号的相位相差 $90°$。

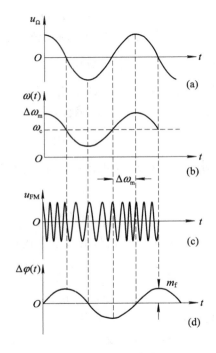

图 7.2 调频波波形

2. 调相波的数学表达式和波形

同理，对于调相信号而言，调相波的瞬时相位为

$$\varphi(t) = \omega_c t + k_p u_\Omega(t) = \omega_c t + \Delta\varphi(t) \tag{7.17}$$

式中，$\omega_c t$ 是未调制时的载波相位；k_p 为比例常数，它代表单位调制信号电压引起的相位变化量，称为调相灵敏度，单位是 rad/V；$k_p u_\Omega(t)$ 是瞬时相位相对于 $\omega_c t$ 的偏移量（附加变量），称瞬时相位偏移，简称相位偏移或相移，可表示为

$$\Delta\varphi(t) = k_p u_\Omega(t) \tag{7.18}$$

由上式可看出相移与调制信号成比例关系，瞬时相移 $\Delta\varphi(t)$ 的最大值叫做最大相移，也称为 PM 波的调相指数（调相系数），用 m_p 表示，即

$$m_p = \Delta\varphi_m = |\Delta\varphi(t)|_{\max} = k_p |u_\Omega(t)|_{\max} \tag{7.19}$$

另外，由瞬时相位和瞬时频率之间的关系，可得调相波的瞬时频率为

$$\omega(t) = \frac{\mathrm{d}\varphi(t)}{\mathrm{d}t} = \frac{\mathrm{d}}{\mathrm{d}t}[\omega_c t + k_p u_\Omega(t)] = \omega_c + k_p \frac{\mathrm{d}u_\Omega(t)}{\mathrm{d}t} = \omega_c + \Delta\omega(t) \qquad (7.20)$$

式中，$\Delta\omega(t)$ 表示调相波的瞬时频率偏移，即频偏，可表示为

$$\Delta\omega(t) = k_p \frac{\mathrm{d}u_\Omega(t)}{\mathrm{d}t} \qquad (7.21)$$

可以看出，调相波的频偏是其相移对时间的导数。同理，可得最大频偏为

$$\Delta\omega_m = k_p \left| \frac{\mathrm{d}u_\Omega(t)}{\mathrm{d}t} \right|_{\max} \qquad (7.22)$$

至此，可以写出调相波的一般数学表达式为

$$u_{PM}(t) = U_{cm} \cos[\omega_c t + k_p u_\Omega(t)] \qquad (7.23)$$

如果调制信号 $u_\Omega(t)$ 为单一频率的余弦信号，可得调相波瞬时相位为

$$\varphi(t) = \omega_c t + k_p U_{\Omega m} \cos\Omega t = \omega_c t + \Delta\varphi(t) = \omega_c t + m_p \cos\Omega t \qquad (7.24)$$

式(7.24)中，最大相移即调相指数 m_p 为

$$m_p = \Delta\varphi_m = k_p U_{\Omega m} \qquad (7.25)$$

调相波瞬时角频率为

$$\omega(t) = \frac{\mathrm{d}(\omega_c t + k_p U_{\Omega m} \cos\Omega t)}{\mathrm{d}t} = \omega_c - \Omega k_p U_{\Omega m} \sin\Omega t$$
$$= \omega_c - m_p \Omega \sin\Omega t = \omega_c - \Delta\omega_m \sin\Omega t \qquad (7.26)$$

由此可得最大角频偏为

$$\Delta\omega_m = k_p U_{\Omega m}\Omega = m_p\Omega \qquad (7.27)$$

可见，调相的结果也引起了载波瞬时频率的变化。由式(7.27)可计算出最大相移，最大相移 m_p 的计算式为

$$m_p = k_p U_{\Omega m} = \frac{\Delta\omega_m}{\Omega} = \frac{\Delta f_m}{F} \qquad (7.28)$$

根据式(7.23)得出在调制信号为单频余弦信号时的调相波的数学表达式为

$$u_{PM}(t) = U_{cm} \cos(\omega_c t + m_p \cos\Omega t) \quad (7.29)$$

调相波的相关波形如图 7.3 所示。图(a)为调制信号；图(b)为调相波瞬时相位的变化量，即相位偏移量随调制信号的变化规律，可以看出其波形形状和调制信号相一致，呈线性关系；图(c)为调相波的瞬时角频率的变化波形，可以看出瞬时角频率波形的相位和调制信号的相位相差 90°，且频偏值的极性取负；图(d)表示的是调相波的波形，其相位受调制信号的控制，当调制信号幅度增大时，调相波的波形变得紧密，当调制信号幅度减小时，调相波的波形变得稀疏，或者说在调制信号下降的过程中，对应调相波的波形稀疏，在调制信号上升的过程中，对应调相波的波形密集，但调相波振幅始终不变。

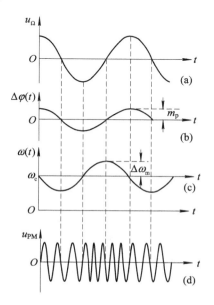

图 7.3　调相波波形

3. 调频波和调相波的比较

由相关分析可知，当调制信号为单音频信号时，如果预先不知道调制信号的具体形式，仅从已调波数学表达式及波形上则很难区分是调频信号还是调相信号。这说明它们之间存在共同之处，但两者在性质上也存在区别。现将调频波和调相波的分析结果和参数列于表 7.1 中进行比较，并从中归纳出调频波和调相波的共同点。

表 7.1　调频波和调相波的比较

参数	调频波（FM）	调相波（PM）
载波信号	$u_c(t) = U_{cm}\cos\omega_c t$	
调制信号	$\omega_\Omega(t) = U_{\Omega m}\cos\Omega t$	
瞬时角频率	$\omega(t) = \omega_c + k_f u_\Omega(t) = \omega_c + \Delta\omega_m\cos\Omega t$	$\omega(t) = \omega_c + k_p\dfrac{du_\Omega(t)}{dt} = \omega_c - \Delta\omega_m\sin\Omega t$
瞬时相位	$\varphi(t) = \omega_c t + k_f\displaystyle\int_0^t u_\Omega(t)dt$ $= \omega_c t + m_f\sin\Omega t$	$\varphi(t) = \omega_c t + k_p u_\Omega(t)$ $= \omega_c t + m_p\cos\Omega t$
最大角频偏	$\Delta\omega_m = k_f U_{\Omega m} = m_f\Omega$	$\Delta\omega_m = k_p U_{\Omega m}\Omega = m_p\Omega$
最大相移（调制指数）	$m_f = \dfrac{k_f U_{\Omega m}}{\Omega} = \dfrac{\Delta\omega_m}{\Omega} = \dfrac{\Delta f_m}{F}$	$m_p = k_p U_{\Omega m} = \dfrac{\Delta\omega_m}{\Omega} = \dfrac{\Delta f_m}{F}$
数学表达式	$u_{FM}(t) = U_{cm}\cos\left[\omega_c t + k_f\displaystyle\int_0^t u_\Omega(t)dt\right]$ $= U_{cm}\cos(\omega_c t + m_f\sin\Omega t)$	$u_{PM}(t) = U_{cm}\cos\left[\omega_c t + k_p u_\Omega(t)\right]$ $= U_{cm}\cos(\omega_c t + m_p\cos\Omega t)$
信号带宽	$B = 2(m_f + 1)F_{max}$ （恒定带宽）	$B = 2(m_p + 1)F_{max}$ （非恒定带宽）

注：表中有关信号带宽的内容将在下一小节讨论。

（1）调制指数与最大频偏的关系有相同的形式。调相波和调频波的最大角频偏 $\Delta\omega_m$ 均等于调制指数 m 与调制信号角频率 Ω 的乘积，即都可以表示为

$$m = \frac{\Delta\omega_m}{\Omega} = \frac{\Delta f_m}{F}$$

或

$$\Delta\omega_m = m\Omega, \quad \Delta f_m = mF$$

其中，

$$\Delta f_m = \frac{\Delta\omega_m}{2\pi}, \qquad F = \frac{\Omega}{2\pi}$$

（2）调制指数 m 一般都大于 1，调频波和调相波的抗干扰能力优于调幅波，但必须满足（$\Delta\omega_m/\omega_c$）<1，否则也会出现失真。

（3）调频波和调相波都是等幅波，其频率和相位都随调制信号而变化，均产生频偏与相移。它们的波形很相似，都为疏密波形。单音频调制下两者波形仅相位相差 90°，正是由于这一点，仅给出信号波形是无法判断是调频波还是调相波。

当然，调频波和调相波之间也存在有重要区别，可归纳如下：

（1）调频波和调相波的最大角频偏 $\Delta\omega_m$ 和调制指数 m 随调制信号振幅 $U_{\Omega m}$ 的变化规律

不同，$\Delta\omega_m$ 和 m 均与 $U_{\Omega m}$ 成正比；另外，它们与调制信号角频率 Ω 的关系也不同。对调频波而言，其调频指数 m_f 与 Ω 成反比，$\Delta\omega_{fm}$ 与 Ω 无关；而调相波的调相指数 m_p 与 Ω 无关，$\Delta\omega_{pm}$ 与 Ω 成正比。因此，当 $U_{\Omega m}$ 不变时，调频波的 $\Delta\omega_m$ 不变，最大相移 m_f 随 Ω 的增大成反比例地减小；调相波的最大相移 m_p 不变，其最大角频偏 $\Delta\omega_m$ 随 Ω 的增大成正比例地增大。图 7.4 绘出了 $U_{\Omega m}$ 不变时，调频波和调相波的最大角频偏 $\Delta\omega_m$ 及最大相移 $m(m_f、m_p)$ 与调制信号角频率 Ω 的关系曲线，其中，图(a)用来描述调频波的关系曲线；图(b)描述调相波的关系曲线。

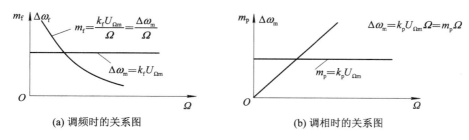

(a) 调频时的关系图　　　　　　　　　　(b) 调相时的关系图

图 7.4　$U_{\Omega m}$ 不变时 $\Delta\omega_m$ 及 m 与调制角频率 Ω 的关系

（2）瞬时频率和瞬时相位都随时间变化，但规律不同。调频时，瞬时频偏的变化与调制信号成线性关系，瞬时相移的变化与调制信号的积分成线性关系；调相时，瞬时相移的变化与调制信号成线性关系，瞬时频偏的变化与调制信号的微分成线性关系。因此，若将调制信号先积分，然后再对载波调相，则可得到调频信号；反之先微分，再调频，则可得到调相信号。可见，实现调频或调相的方法都有两种，一是直接调频或调相，二是间接调频或调相。

（3）从理论上讲，调频信号的最大角频偏 $\Delta\omega_m < \omega_c$，但由于载频很高，故最大角频偏 $\Delta\omega_m$ 可以很大，也就是调频波的调制范围很大；但由于相位是以 2π 为周期的，因此调相波的最大相移 $m_p < \pi$，故调相波的调制范围很小；加之调相波带宽受调制信号频率的影响，严重地制约了它的应用。因此，在模拟通信系统中常采用 FM 波，而很少使用 PM 波。

7.2.2　调角波的频谱与频带宽度

1. 调角波的频谱

1）调角波的展开式

为了决定调角波传输系统的带宽，必须对调角波的频谱进行分析。在单音频调制时，FM 信号和 PM 信号的数学表达式相似，差别仅在于附加相位不同。前者的附加相位按正弦规律变化，后者的按余弦规律变化。实际上只是相位相差 $\pi/2$，并无本质区别，所以这两种信号的频谱结构类似。因而在分析时只需分析其中一种的频谱，其结论对另一种也完全适用。一般可将调制指数 m_f 或 m_p 用 m 代替，从而把它们写成统一的调角信号表示式。即

$$u(t) = U_{cm} \cos(\omega_c t + m \sin\Omega t) \tag{7.30}$$

利用三角函数公式可将上式展开为

$$u(t) = U_{cm}[\cos(m \sin\Omega t)\cos\omega_c t - \sin(m \sin\Omega t)\sin\omega_c t] \tag{7.31}$$

式中，$\cos(m \sin\Omega t)$ 和 $\sin(m \sin\Omega t)$ 均可展开成傅里叶级数。可利用贝塞尔函数中的两个公式，即

$$\cos(m\sin\Omega t) = J_0(m) + 2\sum_{n=1}^{\infty}J_{2n}(m)\cos 2n\Omega t \tag{7.32}$$

$$\sin(m\sin\Omega t) = 2\sum_{n=0}^{\infty}J_{2n+1}(m)\sin(2n+1)\Omega t \tag{7.33}$$

式中，$J_n(m)$ 是以 m 为参数（或称宗数）的 n 阶第一类贝塞尔函数。将以上两式代入式 (7.31)，可将调角波分解为无穷个正弦函数的级数，即

$$
\begin{aligned}
u(t) = U_{cm}[&J_0(m)\cos\omega_c t - 2J_1(m)\sin\Omega t\ \sin\omega_c t\\
&+ 2J_2(m)\cos 2\Omega t\ \cos\omega_c t - 2J_3(m)\sin 3\Omega t\ \sin\omega_c t\\
&+ 2J_4(m)\cos 4\Omega t\ \cos\omega_c t - 2J_5(m)\sin 5\Omega t\ \sin\omega_c t + \cdots]
\end{aligned}
$$

$= U_{cm}[J_0(m)\cos\omega_c t$	载频
$+ J_1(m)\cos(\omega_c+\Omega)t - J_1(m)\cos(\omega_c-\Omega)t$	第一对边频
$+ J_2(m)\cos(\omega_c+2\Omega)t + J_2(m)\cos(\omega_c-2\Omega)t$	第二对边频
$+ J_3(m)\cos(\omega_c+3\Omega)t - J_3(m)\cos(\omega_c-3\Omega)t$	第三对边频
$+ J_4(m)\cos(\omega_c+4\Omega)t + J_4(m)\cos(\omega_c-4\Omega)t$	第四对边频
$+ J_5(m)\cos(\omega_c+5\Omega)t - J_5(m)\cos(\omega_c-5\Omega)t$	第五对边频
$+ \cdots]$	(7.34)

式中，$J_0(m)$、$J_1(m)$、$J_2(m)\cdots$ 分别是以 m 为参数的零阶、一阶、二阶……第一类贝塞尔函数，它们的数值可通过查有关的贝塞尔函数曲线或查贝塞尔函数表得出。

图 7.5 所示为 n 阶第一类贝塞尔函数值 $J_n(m)$ 随参数 m、阶数 n 变化的曲线。

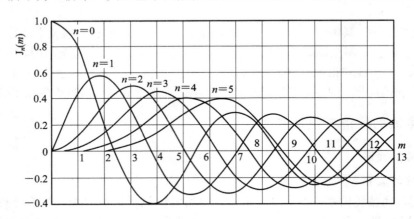

图 7.5　第一类贝塞尔函数曲线

根据贝塞尔函数的相关理论可知，第一类贝塞尔函数具有如下性质：

① 当阶数 n 一定时，随着参数 m 的增加，$J_n(m)$ 近似周期性变化，其峰值有下降的趋势，可看做是衰减振荡；当阶数 $n>m$ 后，随着 n 的增大，$J_n(m)$ 的值单调下降。

② $J_{-n}(m) = (-1)^n J_n(m)$。当 n 为偶数时，$J_{-n}(m) = J_n(m)$；当 n 为奇数时，$J_{-n}(m) = -J_n(m)$。

③ 对任意 m 值，各阶贝塞尔函数的平方和恒等于 1，即

$$\sum_{n=-\infty}^{\infty}J_n^2(m) = 1$$

④ 当 $m \ll 1$ 时，$J_0(m) \approx 1$，$J_1(m) \approx m/2$ 以及 $J_n(m) \approx 0 (n \geqslant 2)$。实用中通常也可认为存在下面的关系，即当 $n > m+1$ 时，$J_n(m) \approx 0$。

利用贝塞尔函数的性质②可将式(7.34)所示调角波表达式简化为

$$u(t) = U_{cm} \sum_{n=-\infty}^{\infty} J_n(m) \cos(\omega_c + n\Omega)t \tag{7.35}$$

2）调角波的频谱及特点

以单音频调制为例，可知调角信号的频谱具有以下特点：

（1）调角波的频谱不是调制信号频谱的简单搬移，它以载频为中心，由载频 ω_c 和角频率为 $\omega_c \pm n\Omega$ 的无穷多对上、下边频分量构成。所有相邻频率分量之间的频率间隔都是调制频率 Ω，各频率分量的振幅由对应的各阶第一类贝塞尔函数值所确定。其中，奇数项上、下边频分量振幅相等、极性（即相位）相反；偶数项上、下边频分量振幅相等、极性相同。

（2）边频次数 n 越高，其振幅越小（由于贝塞尔函数呈衰减振荡趋势，所以中间可能有起伏），而幅度过小的边频分量可忽略不计，因此信号的实际带宽是有限的。若调制指数 m 越大，则具有较大振幅的边频分量数目就越多，信号所占频带就越宽。这一点与调幅波不同，在单频信号调幅的情况下，边频数目及带宽与调制指数无关。

（3）载波分量和各边频分量的振幅均随 m 变化而变化。由于调制指数 m 与调制信号强度有关，故信号强度的变化将影响载频和边频分量的相对幅度，其中某些边频分量幅度可能超出载频幅度。特别是对于某些 m 值，载频或某边频分量振幅为零，根据此特殊情况可以测定调制指数 m。图 7.6 给出了 m 为不同值时调频波的频谱图。

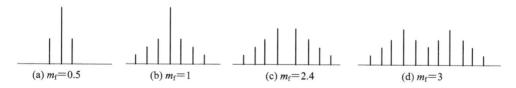

(a) $m_f = 0.5$　　　(b) $m_f = 1$　　　(c) $m_f = 2.4$　　　(d) $m_f = 3$

图 7.6　m 为不同值时调频波的频谱

（4）调角波的平均功率等于各频谱分量平均功率之和。若调角信号振幅不变，不论 m 为何值，调角波的平均功率恒为定值，并且等于未调制时的载波功率。因而，改变 m 仅会引起载波分量和各边频分量之间功率的重新分配，其功率分配原则与 m 有关，但不会引起总功率的改变。它的依据是贝塞尔函数的性质③，即

$$P_f = J_0^2(m) + 2[J_1^2(m) + J_2^2(m) + \cdots + J_m^2(m) + \cdots] = 1$$

上述讨论的调角波的频谱结构及特点既适用于调频，又适用与调相，它们频谱的差异仅仅是各边频分量的相移不同。调角波的频谱特点充分说明调角是完全不同于调幅的一种非线性频谱搬移过程。同样，作为调角的反过程，角度解调也应是一种非线性频谱搬移过程。

2. 调角波的频带宽度

理论上，调角波的频谱是无限宽的。这意味着其频带利用率很低，是我们所不希望的。但实际上，对于任一给定的 m 值，调角波的功率绝大部分集中在载频附近的一些边频分量上，而边频次数高到一定值后的边频分量的振幅很小，其功率也很小，故通常可将这些分量忽略，且忽略这些边频分量对调角波不会产生显著影响。因此，调角波的频谱宽度实际

上认为是有限宽的。具体有效带宽的大小取决于实际应用中允许解调后信号的失真程度。

在工程实践上，对于中等质量通信系统（例如调频广播、移动通信和电视伴音），其有效带宽的确定常采用卡森准则：将幅度小于 10% 未调制载波振幅的边频分量忽略，保留的频谱分量就确定了调角波的频带宽度，即要求有效频带内的边频分量对应的贝塞尔函数满足 $|J_n(m_f)| \geqslant 0.1$。根据贝塞尔函数的特点，当阶数 $n > m_f + 1$ 时，贝塞尔函数 $J_n(m_f)$ 的数值恒小于 0.1。所以，实际上认为满足卡森准则的最高边频次数为 $n = m_f + 1$，也即上、下边频的总数等于 $2(m_f + 1)$ 个，因此调频波频谱的有效宽度为 $2(m_f + 1)F$，即频带宽度为

$$B = 2(m_f + 1)F = 2(\Delta f_m + F) \tag{7.36}$$

上式是广泛应用的调频波的带宽公式，又称卡森（Carson）公式。通常调频波的带宽要比调幅波大得多，因此，在相同的波段中，容纳调频信号的数目要少于调幅信号的数目。所以，调频制只宜用于频率较高的甚高频和超高频段中采用。

在实际应用中，根据调制指数 m 的大小，调角信号可分成两类：满足 $m \leqslant \pi/6$ 条件的调角信号叫窄带调角信号，不满足这个条件的调角信号叫宽带调角信号。为此单频调制下的调频波（或调相波）的带宽常区分为：

① $m_f \ll 1$（一般 $m_f < 1$ 即可），称为窄带调频，$B \approx 2F$（与 AM 波带宽相同）；

② $m_f > 1$，称为宽带调频，$B = 2(m_f + 1)F$（即卡森公式）；

③ $m_f \gg 1$（即 $m_f > 10$），$B \approx 2m_f F = 2\Delta f_m$。

注意：卡森公式同样可以用于调相波。

3. 调频波和调相波频谱的比较

无论调频还是调相，调制指数越大，应当考虑的边频分量的数目就越多，这是它们共同的性质。然而，由于调频、调相与调制信号频率 F 的关系不同，所以当 F 变化时，它们的频谱结构和频带宽度的关系也就不相同。对调频波而言，有关系 $m_f = k_f U_{\Omega m}/\Omega = \Delta \omega_{fm}/\Omega = \Delta f_m/F$；而对调相波而言，有关系 $m_p = k_p U_{\Omega m} = \Delta \omega_{pm}/\Omega$。当调制信号的强度 $U_{\Omega m}$ 增大而角频率 Ω 不变时，需要考虑的边频数目增多，使得调频波和调相波的带宽 B 均增大。

对于调频制，当 $U_{\Omega m}$ 不变而 Ω 变化，且最大角频偏 $\Delta \omega_{fm}$ 一定时，调频波的调制指数与 Ω 成反比，即 Ω 越高，m_f 越小，此时应当考虑的边频对数减少，频谱宽度稍有加宽，但变化不大。因此又把调频叫做恒定带宽调制。

对于调相制，由于调相指数与调制信号频率无关，因此仅当调制信号角频率 Ω 变化时，其调相指数 m_p 不变，那么应当考虑的边频对数也不变，但由于调相波的最大角频偏正比于调制信号的角频率，因此带宽会发生变化，特别是当 Ω 增加时，带宽随调制信号角频率成线性增加。因此，调相为非恒定带宽调制。

7.3　调频信号的产生

调角是频谱的非线性搬移过程，不能采用实现调幅的电路来实现角度调制，而必须根据角度调制的特点，提出相应的实现方法。本节主要讨论调频的实现电路。

7.3.1　调频信号产生的方法

1. 调频的实现方法

产生调频信号的电路叫调频器或调频电路，其实现方法分为直接调频法和间接调频法。

1）直接调频法

利用调制信号直接控制高频振荡器的瞬时振荡频率，使瞬时振荡频率不失真地反映调制信号的变化规律，从而产生调频信号的方法就是直接调频法。凡是能直接影响载波振荡瞬时频率的元件或参数，只要能够用调制信号去控制它们，并使载波振荡频率的变化量能按调制信号变化规律呈线形变化，都可以完成直接调频的任务。

调频电路中的可控参数元件包括可控电容元件、可控电感元件和可控电阻元件。其中，常用的可控电容元件有变容二极管和电抗管电路；可控电感元件是具有铁氧体磁芯的电感线圈或电抗管电路；而可控电阻元件有 PIN 二极管和场效应管。若将这些可控参数元件或电路直接代替振荡回路的某一元件（例如 L 或 C）或者直接接入振荡回路，就会使振荡器产生的振荡频率与可控参数元件的数值有关。当用低频调制信号去控制可变元件的参数值时，就可产生振荡频率随调制信号变化的调频波，实现直接调频。直接调频原理见图 7.7。

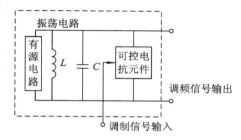

图 7.7　直接调频原理图

直接调频的优点是调制器与振荡器合二为一，其线性调制的频偏较大；其缺点是载波的中心频率稳定度较差，这是因为调制器成了振荡回路的负载，使振荡回路参数的稳定性变差。

2）间接调频法

间接调频法是由调相实现调频的方法。利用调频与调相之间的内在联系，在电路中附加一个简单的变换网络，就可以从调相获得调频。所以说，间接调频就是先进行调相，再由调相变为调频。具体的原理实现框图见图 7.8。图中先将调制信号进行积分，然后再对载波进行调相，对积分前的信号（即调制信号）而言，调相后就可以得到调频波，即实现调频。

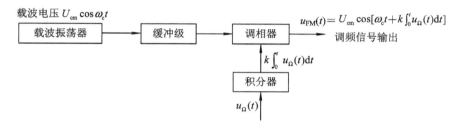

图 7.8　间接调频电路组成框图

间接调频的调制不在晶体振荡器中进行，而在其后的某一级放大器中进行，因此可用频率稳定度很高的晶体振荡器产生振荡信号。显然，间接调频电路的中心频率较稳定，这是其优点；缺点是不易获得大频偏，这是因为调相的线性范围较小的缘故。若要求调频波的中心频率稳定度高，同时又具有较大的频偏，则可采用扩展调频电路线性频偏的方法来解决，这样将使得调频电路较复杂。总之，间接调频是一种应用较为广泛的方式。

2. 扩展线性频偏的方法

无论是直接调频还是间接调频，最大频偏 Δf_{m} 和调制线性都是相互矛盾的两个指标。在实际调频系统中，由于受到某些限制，需要的最大线性频偏往往不是简单的调频电路能够达到的，因此，如何扩展最大线性频偏是设计调频器的一个关键问题。

扩展线性频偏的方法随频偏发生非线性的原因不同而异，通常可以用倍频或倍频和混频的方法来扩展最大线性频偏。利用倍频器可将载频和最大频偏同时扩展 n 倍。设调频电路产生的单频调频波的瞬时频率为 $f_1 = f_{\mathrm{c}} + \Delta f_{\mathrm{m}} \cos 2\pi F t$，则当该调频波通过倍频次数为 n 的倍频器时，其瞬时频率将增大 n 倍，变为 $f_2 = n f_{\mathrm{c}} + n\Delta f_{\mathrm{m}} \cos 2\pi F t$，可见，倍频器可以不失真地将调频波的载频和最大频偏同时增大 n 倍，但最大相对频偏保持不变。换句话说，倍频器可以在保持调频波的最大相对频偏不变（即 $n\Delta f_{\mathrm{m}}/nf_{\mathrm{c}} = \Delta f_{\mathrm{m}}/f_{\mathrm{c}}$）的条件下成倍地扩展其最大绝对频偏。利用混频器可在不改变最大频偏的情况下，将载频改变为所需值。如果将该调频波通过混频器，则由于混频器具有频率加减的功能，因而，可以使调频波的中心频率降低或增高，但不会引起最大绝对频偏变化。可见，混频器可以在保持调频波最大频偏不变的条件下增高或降低中心频率，换句话说，混频器可以不失真地改变调频波的最大相对频偏。

利用倍频器和混频器的上述特性，可在要求的中心频率上展宽线性频偏。例如，先用倍频器增大调频波的最大频偏，再用混频器将调频信号的中心频率降低到规定的数值。

1）扩展直接调频电路最大线性频偏的方法

直接调频电路调制的非线性随相对频偏的增大而增大，故应使相对频偏小，而绝对频偏大。当直接调频电路的最大相对线性频偏 $\Delta f_{\mathrm{m}}/f_{\mathrm{c}}$ 受到非线性失真的限制而一定时，要增大绝对频偏 Δf_{m}，就只有提高 f_{c}。显然，提高载频是扩展最大线性频偏最直接的方法。

如果能够在较高的载波频率进行调频，且最大相对频偏保持不变，则可得到较大的绝对频偏。而后再通过混频器将其中心频率降低到规定值，而绝对频偏不变，从而获得线性频偏较宽的调频波。这种方法比采用倍频和混频的方法简单。如果在较高的载波频率进行调频比较困难，则可在较低的载波频率进行调频，然后经倍频满足频偏的要求，但载频也扩大了相同的倍数，之后再混频降低载频到所需的频率。这种方法的原理框图见图 7.9。

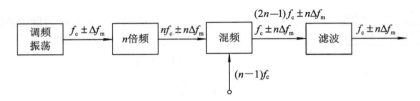

图 7.9　扩展直接调频电路最大频偏的方法

2）扩展间接调频电路最大线性频偏的方法

在间接调频电路中，调相电路的调相指数与调制电压成正比，但它可能达到的最大调相指数却受到回路相频特性非线性失真的限制。由于调相信号的最大频偏 Δf_{m} 与调相指数

m_p成正比,因此,间接调频电路的最大线性频偏会因受调相电路性能的影响而受到限制。但这与直接调频电路最大相对线性频偏受限制不一样。为了扩展间接调频电路的最大线性频偏,同样可以采用倍频和混频的方法。

由于间接调频中受非线性限制的是最大相移,而不是相对频偏和绝对频偏,所以其最大频偏与载波频率无关,故扩展间接调频电路最大线性频偏的方法通常是:在较低的载波频率上进行调制,产生调频波,再通过倍频和混频得到所需的载波频率和最大线性频偏。

7.3.2　直接调频电路

直接调频是利用压控振荡器的工作原理,通过调制信号来改变振荡回路中接入的可变电抗元件的电容量或电感量,使振荡频率随调制信号的变化而变化,从而实现调频的。采用这种方法的直接调频电路有变容二极管调频电路、电抗管调频电路、晶体振荡器调频电路及锁相调频电路等,其中用变容二极管实现的直接调频电路结构简单、性能良好,是目前最为广泛使用的一种调频电路,也是我们讨论的重点。

1. 变容二极管直接调频电路

1)变容二极管调频原理

变容二极管是利用半导体 PN 结的结电容随外加反向电压的改变而变化这一特性而制成的一种半导体二极管,是一种电压控制的可控电抗元件。它的极间结构、伏安特性与一般二极管没有多大差别,不同的是加反向偏压时,变容二极管呈现一个较大的结电容,其容值大小能灵敏地随反向偏压而变化。变容二极管调频电路就是将变容二极管接到振荡器的振荡回路中,作为可控电容元件,并用调制信号控制加到变容二极管上的反向电压,使回路的电容量明显地随调制信号而变化,从而控制振荡器的振荡频率随调制信号的变化规律而变化,达到调频的目的。变容二极管结电容 C_j 与其两端所加反偏电压 u_R 之间存在着如下关系:

$$C_j = \frac{C_{j0}}{\left(1 + \frac{|u_R|}{U_{VD}}\right)^\gamma} \tag{7.37}$$

式中,C_j 为变容二极管结电容;u_R 为加到变容二极管两端的反向偏置电压;C_{j0} 为 $u_R = 0$ 时变容二极管的结电容(零偏置电容);U_{VD} 为变容二极管 PN 结势垒电位差即内建电势,通常硅管(Si 管)取 0.7 V,锗管(Ge 管)取 0.3 V;γ 为变容管的结电容变容指数,它由半导体杂质掺杂浓度和 PN 结的结构决定,通常 $\gamma = 1/3$,称为缓变结,$\gamma = 1/2$,称为突变结,经特殊工艺后 $\gamma = 1 \sim 5$,称超突变结。γ 是变容二极管的主要参数之一,γ 值越大,电容变化量随反向偏压变化越显著。图 7.10 所示为一个变容二极管的结电容随外加电压变化的特性曲线。

从图 7.10(a)所示的压控电容特性曲线中可以看出,变容二极管的反向电压与其结电容成非线性关系,其容值随反向电压的增加而下降。图中,Q 点为变容二极管静态工作点。

为了保证变容二极管在调制信号电压变化范围内始终保持反偏,工作时必须外加反偏工作点电压(即直流静态电压)U_Q。假设将受到调制信号控制的变容二极管接入载波振荡器的振荡回路中,则其电路如图 7.11 所示。

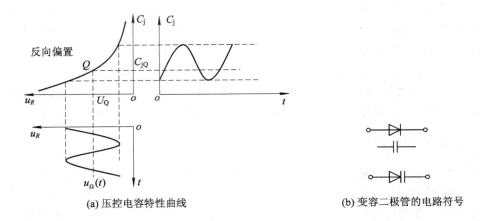

(a) 压控电容特性曲线   (b) 变容二极管的电路符号

图 7.10 变容二极管的结电容随外加电压变化的曲线及电路符号

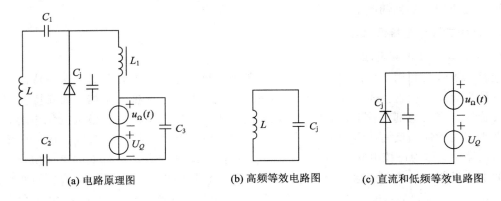

(a) 电路原理图   (b) 高频等效电路图   (c) 直流和低频等效电路图

图 7.11 变容二极管接入振荡回路及其等效电路图

图 7.11(a)为变容二极管全部接入振荡回路时的电路原理图。图中,调制信号 $u_\Omega(t)$ 和直流静电压 U_Q 合在一起作为变容二极管的反偏电压来控制其结电容的大小变化;该结电容是振荡回路总电容的一部分或全部(此处变容管全部接入,结电容可认为是振荡回路总电容),结电容随调制信号变化,回路总电容也随调制信号变化,故振荡频率也将随调制信号而变化。只要适当选取变容管的特性及工作状态,可以使振荡频率的变化与调制信号近似成线性关系,从而实现调频。另外,电容 C_1 和 C_2 为隔直电容,防止直流电压 U_Q 通过电感 L 短路;C_3 为高频旁路电容;L_1 为高频扼流圈;以上器件对回路的谐振频率几乎没有影响,所以振荡频率由回路电感 L 和变容管结电容 C_j 来决定,相当于结电容就是回路总电容,其高频等效电路见图 7.11(b)。L_1 对 U_Q 和 $u_\Omega(t)$ 短路,使电压能顺利地加在变容二极管上,从而得到振荡回路的直流和低频等效电路,如图 7.11(c)所示。在图 7.11 所示的变容二极管全部接入振荡回路的理想直接调频情况下,其回路谐振频率近似为

$$\omega = \frac{1}{\sqrt{LC_\Sigma}} \approx \frac{1}{\sqrt{LC_j}} \quad \text{或} \quad f = \frac{1}{2\pi\sqrt{LC_j}} \tag{7.38}$$

现假设在变容二极管上加一个固定的反向直流偏置电压 U_Q 和一个单频调制信号 $u_\Omega(t) = U_{\Omega m} \cos\Omega t$,则变容管上加的反向电压可写为 $u_R = U_Q + u_\Omega(t) = U_Q + U_{\Omega m}\cos\Omega t$。将其代入式(7.37)可得到变容管结电容随调制信号电压变化的规律,即

$$C_{j}=\frac{C_{j0}}{\left[1+\left(\dfrac{U_{Q}+U_{\Omega m}\ \cos\Omega t}{U_{VD}}\right)\right]^{\gamma}}=C_{j0}\left[\frac{U_{VD}+U_{Q}}{U_{VD}}\right]^{-\gamma}\left[1+\frac{U_{\Omega m}}{U_{VD}+U_{Q}}\ \cos\Omega t\right]^{-\gamma}$$

$$=\frac{C_{j0}}{\left[1+\dfrac{U_{Q}}{U_{VD}}\right]^{\gamma}}\left[1+m\ \cos\Omega t\right]^{-\gamma}=C_{jQ}\left[1+m\ \cos\Omega t\right]^{-\gamma}=\frac{C_{jQ}}{(1+m\ \cos\Omega t)^{\gamma}} \quad (7.39)$$

式(7.39)中，$C_{jQ}=\dfrac{C_{j0}}{\left[1+\dfrac{U_{Q}}{U_{VD}}\right]}$ 为静态工作点即 $u_{R}=U_{Q}$ 时变容二极管的结电容。$m=$

$\dfrac{U_{\Omega m}}{U_{VD}+U_{Q}}$ 为变容二极管的电容调制度(也叫电容调制指数，表示结电容受电压影响变化的

程度)。为保证变容管反偏，应满足 $|u_{\Omega}(t)|<U_{Q}$，故 m 值恒小于 1。

将式(7.39)代入式(7.38)中，则得振荡回路的振荡频率为

$$f(t)=\frac{1}{2\pi\ \sqrt{LC_{jQ}(1+m\ \cos\Omega t)^{-\gamma}}}=\frac{1}{2\pi\ \sqrt{LC_{jQ}}}(1+m\ \cos\Omega t)^{\frac{\gamma}{2}}$$

$$=f_{c}(1+m\ \cos\Omega t)^{\frac{\gamma}{2}}=f_{c}(1+x)^{\frac{\gamma}{2}} \quad (7.40)$$

上式中，$f_{c}=\dfrac{1}{2\pi\ \sqrt{LC_{jQ}}}$ 为 $u_{\Omega}=0$ 时的载波频率，称为调频波的中心频率。$f(t)$ 称为瞬时频

率，式(7.40)称为调频特性方程。$x=m\ \cos\Omega t$ 是归一化调制信号电压，且 $x\leqslant1$。

根据调频的要求，当变容二极管的结电容作为回路总电容时，实现线性调频的条件是

变容二极管的变容指数 $\gamma=2$。当 $\gamma=2$ 时，振荡器的瞬时频率可表示为

$$f(t)=f_{c}(1+m\ \cos\Omega t)=f_{c}\left(1+\frac{U_{\Omega m}\ \cos\Omega t}{U_{Q}+U_{VD}}\right)=f_{c}+\Delta f_{m}\ \cos\Omega t \quad (7.41)$$

式中，第二项 $\Delta f=\Delta f_{m}\ \cos\Omega t$ 是瞬时频偏，而 $\Delta f_{m}=mf_{c}=\dfrac{U_{\Omega m}f_{c}}{U_{Q}+U_{VD}}$ 是调频波的最大频

偏。可以看出，瞬时频偏 Δf 和调制信号电压 u_{Ω} 成正比，实现了理想的线性调频，无非线

性失真。所以说，$\gamma=2$ 是实现理想线性调制的条件。

实际上，变容管的 γ 不都等于 2。所以，当 $\gamma\neq2$ 时，要得到线性调频很困难，通常将产

生非线性失真，其失真程度不仅与变容管的变容特性有关，还取决于调制电压的大小。调制

电压愈大，m 值愈大，则失真愈大。为了减小失真，调制电压不宜过大，但也不宜太小，因为

太小则频偏太小。实际上应兼顾二者，一般取调制电压比偏压小一半多，即 $U_{\Omega m}/U_{Q}\leqslant0.5$。

当 $\gamma\neq2$ 且调制信号足够小时(小频偏条件下)，可近似实现线性调制。当 m 足够小时，

将式(7.40)在 $x=0$ 处展开为麦克劳林级数形式，并忽略三次方及以上各高次方项，可得

$$f(t)=f_{c}(1+m\ \cos\Omega t)^{\frac{\gamma}{2}}=f_{c}\left[1+\frac{\gamma}{2}m\ \cos\Omega t+\frac{1}{2!}\frac{\gamma}{2}\left(\frac{\gamma}{2}-1\right)m^{2}\ \cos^{2}\Omega t+\cdots\right]$$

$$=f_{c}\left[1+\frac{\gamma}{8}\left(\frac{\gamma}{2}-1\right)m^{2}\right]+\frac{\gamma}{2}mf_{c}\ \cos\Omega t+\frac{\gamma}{8}\left(\frac{\gamma}{2}-1\right)f_{c}m^{2}\ \cos2\Omega t$$

$$=(f_{c}+\Delta f_{c})+\Delta f_{m}\ \cos\Omega t+\Delta f_{2m}\ \cos2\Omega t \quad (7.42)$$

从上式可以看出，当 $\gamma\neq2$ 时，变容二极管调频器的输出调频波会产生非线性失真和

中心频率偏移。分析式(7.42)，可得以下结论：

(1) 第一项 $(f_{c}+\Delta f_{c})$ 为调频波的中心频率，它存在一个由 $C_{j}\sim u_{R}$ 曲线的非线性引起的

固定偏移，其值与 γ 和 m 有关。当 γ 一定时，电容调制指数 m 越大，偏移值 Δf_c 就越大。

（2）第二项 $\Delta f_m \cos\Omega t$ 为线性调频项。选择 γ 较大的变容二极管，增大 m 和提高载波频率 f_c 都会加大调频波的最大频偏 Δf_m。

（3）第三项 $\Delta f_{2m}\cos2\Omega t$ 为二次谐波项（即失真项）。二次谐波失真由调制特性非线性引起，在 γ 和 f_c 一定时，m 越大，二次谐波失真的最大频偏 Δf_{2m} 越大，则非线性失真越大。

综上所述，增大电容调制指数 m（即调制信号幅度大时），调频波的频偏增大，但同时中心频率偏移量和非线性失真加大。为此，在大频偏调制时，要求 γ 接近于 2；在小频偏调制时，由于所需 m 小，则失真就小。当 m 足够小时，式（7.42）可近似为

$$f(t) \approx f_c\left(1 + \frac{\gamma}{2}m\,\cos\Omega t\right) \tag{7.43}$$

这时，振荡回路的瞬时频率变化量近似和调制信号成线性关系，可看做线性调频。但 m 过小，最大频偏 Δf_m 要减小，为兼顾起见，m 值多取在 0.5 或 0.5 以下。

以上分析是在变容二极管全部接入振荡回路的情况下进行的，这时调频波的中心频率直接由静态结电容 C_{jQ} 所决定，因 C_{jQ} 随温度、偏置电压的变化而变化，使得中心频率不稳定，这是变容管全部接入振荡回路时的致命缺点。所以在实际电路中，常采用电容 C_2 与变容二极管串联后接入振荡回路，同时还在振荡回路上并接一个电容 C_1，即将变容二极管部分接入振荡回路，如图 7.12 所示。这样可以提高回路中心频率的稳定度。

如图 7.12 所示，因为变容二极管部分接入振荡回路，所以调制信号对振荡频率的调变能力比变容管全部接入振荡回路时弱，相当于等效电容的变容指数 γ 减小。显然，为了实现线性调频必须选用 $\gamma>2$ 的变容管，同时还应正确选择 C_1 和 C_2 的值。在实际电路中，一般 C_2 取值较大，约为几十至几百皮法；而 C_1 取值较小，约为几至几十皮法。

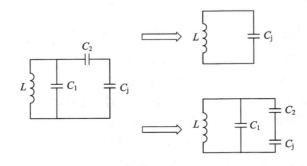

图 7.12 变容二极管部分接入振荡回路

经分析推导可知，变容二极管串并后部分接入回路所构成的调频电路，其中心频率稳定度比全部接入振荡回路要高，且调制线性改善，但调制灵敏度和最大频偏都降低。

2）变容二极管直接调频的实际电路

图 7.13 是某通信系统的变容二极管直接调频电路。电路中采用了两个相同变容二极管反向串联形式，这是一种常用方式。图(a)所示的实际电路中高频振荡电路采用电容三点式振荡电路，其振荡回路由可变电感 L，串联电容 C_1、C_2，反向串联的两个变容二极管和 C_3，共三个支路并联组成，其等效图见图 7.13(b)。直流偏置电压 U_Q 同时加在两个变容二极管的正极，并且调制信号经 L_4 高频扼流圈加在两个背靠背的变容二极管负极上，变容二极管经 33 pF 电容接入振荡回路，实现变容管部分接入方式的直接调频。

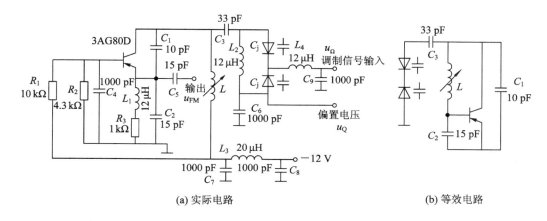

图 7.13　变容二极管部分接入回路的调频电路

　　由于实际电路中变容二极管的直流偏压上不仅叠加有低频调制电压，还有回路中的高频振荡电压，故变容管的实际电容值会受到高频振荡的影响。若高频振荡幅度太大，还可能使叠加后的电压在某些时刻造成变容管正偏。但若采用两个变容二极管反向串联，则由图 7.13(b)可见两管对于高频振荡电压来说是串联的，故加在每个管子上的高频振荡幅度减半，可减弱高频电压对结电容的影响。另外，两管上高频电压相位相反，使得在高频电压的任一半周内，一个变容管寄生电容增大，而另一个减少，使结电容的变化不对称性的相互抵消，从而消弱寄生调制。由图 7.13(a)可见，对于直流偏压和低频调制电压，两变容二极管是并联关系，故两管工作状态不受影响。另外，通过改变偏置电压和电感 L 可以实现中心频率的调整。因为两变容管串联后总的结电容减半，所以这种方式的缺点是调频灵敏度降低。

　　变容二极管调频电路的优点是电路简单，工作频率高，所需调制信号功率小，易于获得较大频偏，且频偏较小时非线性失真很小。这种电路的最大缺陷是载频易受调制信号影响而产生偏离，使得振荡器中心频率稳定度不高，而且在调制信号较大时，频偏较大，其非线性失真较大。目前，变容二极管调频电路主要应用在移动通信以及自动频率微调系统中。

2. 晶体振荡器直接调频电路

　　由于变容二极管直接调频电路在 LC 振荡器上直接进行调频，而 LC 振荡器频率稳定度较低，加之变容管引入新的不稳定因素，所以调频电路的频率稳定性更差，一般低于 1×10^{-4}。为得到高稳定度调频信号，必须采取稳频措施，通常采用三种方法：第一，对晶体振荡器直接调频；第二，采用自动频率控制电路，如增加自动频率微调电路；第三，利用锁相环路稳频。这三种方法中较简单的是直接对晶体振荡器调频，因为石英晶体振荡器的频率稳定度很高，所以，在要求频率稳定度较高、频偏不太大的场合，用晶体振荡器直接调频较合适。

　　晶体振荡器直接调频电路通常将变容二极管接入并联型晶体振荡器的振荡回路中来实现调频。变容管接入振荡回路有两种方式：一是与晶体相串联，二是与晶体相并联。无论哪种方式，当变容管的结电容发生变化时，都将引起晶体的等效电抗发生变化，从而引起振荡频率的变化；若用调制信号去控制变容管的结电容即可获得调频信号。但变容管与晶体并联连接方式有一个较大的缺点，就是变容管参数的不稳定性将直接影响载波中心频率的稳定度。因而变容二极管与晶体相串联的方式应用得比较广泛。

图 7.14 为晶体振荡器直接调频电路。其中，(a)为变容二极管对晶体振荡器直接调频的原理电路，(b)为其振荡部分的交流等效电路。由图可知，该振荡器实质上是一个电容三点式振荡电路。变容二极管与晶体及电感 L_1 串联后再与 C_1、C_2 组成皮尔斯电路，其振荡频率由晶体和变容管决定，所以频率稳定度高于密勒电路。图中，调制信号通过隔离电阻加到变容管的负极，控制其结电容的大小变化。由于变容管相当于晶体振荡器中的微调电容，它的变化改变了晶体支路的串联谐振频率和等效电抗的大小，这样即可实现调频。

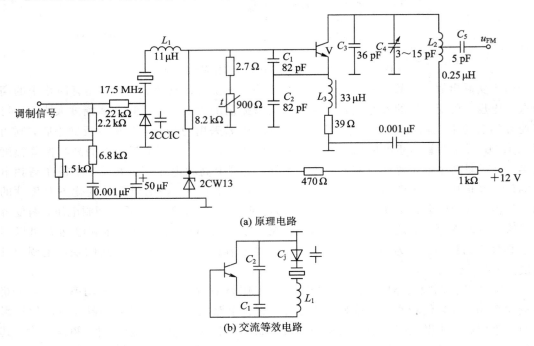

图 7.14 晶体振荡器直接调频电路

采用晶体振荡器调频电路可提高载频的频率稳定度，但由于晶体的感性范围很小，所以其频偏很小，通常频偏不会超过晶体串、并联谐振频率差值的一半。为了满足实际调频需要，需要在调频后通过多次倍频和混频的方法扩大频偏，该方法即满足了载频的要求，又扩展了频偏；或者采用在晶体支路中串联或并联电感的方法(通常串接一个低 Q 值的小电感)，如图 7.14 所示，电感 L_1 的串入减小了静态电容 C_0 的影响，降低了晶体串联谐振频率，扩展了晶体的感性区域，从而增强了变容管控制频偏的作用，使频偏加大，但此方法获得的扩展范围有限，且会使调频波的中心频率稳定度下降；另外还有一种办法是利用 Ⅱ 型网络进行阻抗变换来扩展晶体呈现感性的频率范围，从而加大调频电路的频偏。

晶体振荡器直接调频电路的优点是中心频率稳定度高，但因为振荡回路中引入了变容二极管，所以调频晶体振荡器的频率稳定度相对于不调频的晶体振荡器有所下降。

7.3.3 间接调频电路

间接调频电路的关键组成部分是性能优良的调相电路。采用调相电路实现间接调频，可以获得中心频率稳定度高的调频信号。调相电路有多种实现方式，从原理上讲，通常可归纳为三种：一是可变移相法；二是矢量合成法；三是可变时延法。

1. 可变移相法

可变移相法就是将主振级产生的载波振荡信号通过一个相移受调制信号线性控制的可变移相网络(可控移相网络)，或利用调制信号控制谐振回路的电抗或电阻元件，即可以实现调相。图 7.15 为可变移相法调相的原理框图。

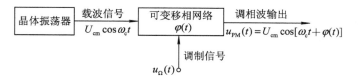

图 7.15　可变移相法调相框图

图中，石英晶体振荡器产生一个频率稳定度较高的载波信号 $U_{cm} \cos\omega_c t$，并把它通过一个相移可控的移相网络。这个网络在载波频率 ω_c 上产生的相移 $\varphi(t)$ 受调制信号电压 $u_\Omega(t)$ 线性控制，其相移可表示为 $\varphi(t) = k_p u_\Omega(t) = m_p \cos\Omega t$。当相移 $\varphi(t)$ 的变化速率远远地小于载波频率 ω_c 时，可变移相网络的输出电压就可近似地等于稳态情况下的输出电压，即

$$u_{PM}(t) = U_{cm} \cos[\omega_c t + k_p u_\Omega(t)] = U_{cm} \cos(\omega_c t + m_p \cos\Omega t) \tag{7.44}$$

很明显，上式表示的就是一个调相波。若输入可变移相网络的低频信号是一个经过积分处理的调制信号，则经过调相后得到的输出电压对于未积分的原调制信号而言将是一个调频波。

可变移相网络有多种实现电路，如 RC 移相网络、LC 谐振回路移相网络等。其中应用最广泛的是用变容二极管对 LC 谐振回路作可变移相的一种调相电路，也就是常说的变容二极管调相电路。图 7.16 所示电路是单级谐振回路变容二极管调相电路。其中，图(a)为单回路变容二极管调相电路的原理图，图(b)为交流等效电路。

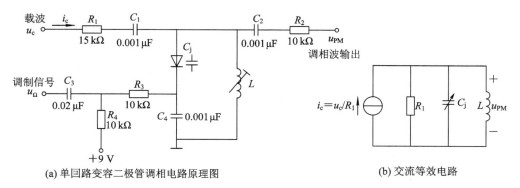

(a) 单回路变容二极管调相电路原理图　　　　　　(b) 交流等效电路

图 7.16　单级谐振回路变容二极管调相电路

图 7.16 中，电感 L 和变容管构成 LC 谐振回路移相网络，由于变容管结电容 C_j 受调制信号的控制，使得 LC 谐振回路在载频上的阻抗相角 $\varphi(t)$ 相应地随调制信号发生变化，或者说，LC 谐振回路的瞬时谐振频率随 C_j(实际是随调制信号)的变化而变化，这样就实现了调相。

图 7.16(a) 中，C_1、C_2 和 C_4 都为耦合电容，它们对载波相当于短路，对直流和调制信号开路，其作用是保证 9 V 直流电源能给变容管提供反向直流偏压。电阻 R_1、R_2 是谐振回路与输入、输出端的隔离电阻，用来减轻前、后级电路对谐振回路的影响；R_4 是调制信号和直流偏压之间的隔离电阻。图中载波 u_c 经 R_1 后作为电流源 i_c 加入回路；调制信号 u_Ω 经 C_3 后加到由 R_3、C_4 组成的积分电路(或低通电路，要求 $R_3 C_4 \gg 1/\Omega$，使 $R_3 C_4$ 电路对调制信号构成积分电路)，因而实际加到变容二极管上的低频信号是经过积分处理过的调制信号 u_Ω'。

变容二极管调相电路的调相过程为：当未加入调制信号或其为零时，变容管上只有 9 V 的反向直流偏压，这时结电容 C_{jQ} 与电感 L 组成的回路的谐振频率等于载波频率 f_c，所以回路对载频谐振且呈纯阻性，电路不产生相移。当 u_Ω 不为零时，加于变容管的负极电压随 u_Ω 的变化而变化，使得结电容 C_j 的大小随调制信号变化而反向变化。C_j 增大时，回路谐振频率减小。这时阻抗特性曲线在频率轴上向左移动，对于载频 f_c 而言，回路阻抗幅值下降，并产生一个负的附加相移 $-\varphi$(相移减小)，则输出电压的相位为 $\omega_c t - \varphi$。C_j 减小时，谐振频率增大，这时阻抗特性曲线向右移动，对于载频 f_c 而言，回路阻抗幅值也下降，同时产生一个正的附加相移 φ(相移增大)，则输出电压的相位为 $\omega_c t + \varphi$。可见，当载频一定时回路产生的附加相移是由调制信号控制变容二极管的结电容而产生的，此相移量将随调制信号的变化而线性变化，从而实现了调相。

设载波信号为 $u_c = U_{cm} \cos\omega_c t$，调制信号为 $u_\Omega = U_{\Omega m} \cos\Omega t$，则经积分电路 $R_3 C_4$ 积分后原调制信号变为 $u_\Omega' = \dfrac{U_{\Omega m}}{R_3 C_4 \Omega} \sin\Omega t$。由 LC 并联谐振回路的特性可知，在高 Q 值及谐振回路失谐不大的情况下(即 $\Delta f(t) \ll f_c$ 时)，回路输出电压与输入电流的相位差可近似表示为

$$\varphi(t) = -\arctan\left[2Q \frac{f_c - f(t)}{f_c} \right] \tag{7.45}$$

式中，Q 为回路的有载品质因数；$f(t) = f_c + \Delta f(t)$，为变容管调相电路中谐振回路的瞬时谐振频率，其中 $\Delta f(t)$ 为谐振回路的瞬时频偏。

当 $|\varphi(t)| \leqslant \pi/6$(或 $30°$)时，有 $\tan\varphi \approx \varphi$，所以上式可简化为

$$\varphi(t) = -2Q \frac{f_c - f(t)}{f_c} \tag{7.46}$$

可以证明，当 u_Ω' 加到变容二极管上时，谐振回路的瞬时频偏 $\Delta f(t) = \dfrac{\gamma m f_c}{2} \sin\Omega t$，其中，$\gamma$ 为变容指数，m 为电容调制指数。将 $\Delta f(t)$ 代入式(7.46)，可得

$$\varphi(t) = \gamma m Q \sin\Omega t \tag{7.47}$$

上式表明，在变容二极管工作状态合理且单级 LC 谐振回路满足 $|\varphi(t)| \leqslant \pi/6$ 条件时，回路输出电压的相移与积分处理后的调制电压 $u_\Omega'(t)$ 成线性关系，即该电路构成的是线性调相器。此调相器的输出电压为

$$u_o(t) = U_{cm} \cos(\omega_c t + \gamma m Q \sin\Omega t) = U_{cm} \cos(\omega_c t + m_f \sin\Omega t) \tag{7.48}$$

可见，对积分处理后的调制信号 u_Ω' 来说，上式是一个不失真的调相波，但对于输入的调制信号 u_Ω 而言，上式则是一个不失真的调频波。式中调频指数 $m_f = \gamma m Q$。

由以上分析可知，变容二极管移相网络能够实现线性调相，但因受回路相频特性非线性的限制，要求最大瞬时相位偏移 $m_p = |\varphi(t)|_{\max} \leqslant \pi/6 \approx 0.5 \text{ rad}$，所以其调制范围很窄，

属窄带调相。它转换成的调频波的最大频偏很小，即 $m_f \ll 1$，这是间接调频法的主要缺点。在实际应用中，为了增大调相指数，可以采用多级单回路移相网络级联构成的变容二极管调相电路，各级之间采用小电容耦合，这对载频相当于一个大电抗，使各级之间相互独立。当然也可以通过多级倍频器后获得符合要求的调频频偏。

图 7.17 所示为三级单谐振回路级联的变容二极管调相电路(也可看做三级单回路变容二极管间接调频电路)。图中每级回路均用一个变容二极管组成移相网络来实现调相，三个变容二极管的电容量的变化均受同一调制信号控制。为了保证三个回路产生相等的相移，每个回路的 Q 值都可用可变电阻($R = 22\ \text{k}\Omega$)调节。各级间均采用小电容($C_3 = 1\ \text{pF}$)作为耦合电容，因其耦合作用弱，可认为级与级之间的相互影响较小。这样，电路的总相移就近似等于三级回路相移之和。这种电路能在 $\pm\pi/2$ 范围内实现线性调相，其最大相移为 $90°$，所以电路产生的调频波的调频指数约为 1.5 rad。若图中满足 $R_2 C_2 \gg 1/\Omega$，则电阻 R_2 和三个并联电容 C_2 组成积分电路。调制信号 $u_\Omega(t)$ 经过 5 μF 电容耦合后输入积分电路，电容 C_2 上的输出积分电压实际控制变容二极管的结电容变化，此时调相电路就是由三级单回路变容管间接调频级连的多级变容二极管间接调频电路。这类电路由于电路简单、调整方便，故应用较广泛。

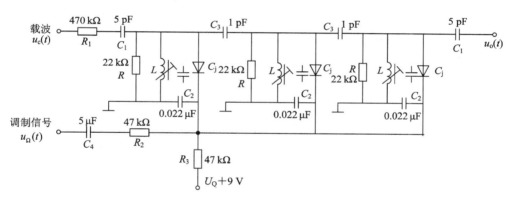

图 7.17　三级单回路变容二极管调相电路

2. 矢量合成法

矢量合成法又称阿姆斯特朗法(Armstrong)，它主要用来产生窄带调频或调相信号。矢量合成法调相的原理是由调相波的表达式得到的，在单音频余弦调制时，调相波的表达式为

$$u_{PM}(t) = U_{cm}\cos(\omega_c t + k_p U_{\Omega m}\cos\Omega t) = U_{cm}\cos(\omega_c t + m_p\cos\Omega t)$$

$$= U_{cm}\cos\omega_c t\cos(m_p\cos\Omega t) - U_{cm}\sin\omega_c t\sin(m_p\cos\Omega t)$$

根据窄带调角信号定义，当 $m_p \leqslant \pi/12 = 0.26$ rad 或 $m_p \leqslant 15°$，即窄带调相时，$\cos(m_p\cos\Omega t) \approx 1$，$\sin(m_p\cos\Omega t) \approx m_p\cos\Omega t$，则在允许的误差范围内，上式可简化为

$$u_{PM}(t) \approx U_{cm}\cos\omega_c t - U_{cm}m_p\cos\Omega t\ \sin\omega_c t \qquad (7.49)$$

可见，窄带调相信号可近似由一个载波信号 $U_{cm}\cos\omega_c t$ 和一个载波被抑制的双边带信号 $U_{cm}m_p\cos\Omega t\ \sin\omega_c t$ 叠加而成。该载波矢量与双边带信号矢量是正交的，即两个信号的相位相差 $\pi/2$，其中双边带信号矢量的长度是按照 $U_{cm}m_p\cos\Omega t$ 的规律变化的。窄带调相波矢量

就是这两个正交矢量的合成矢量，所以这种调相的方法称为矢量合成法。该方法的实现模型如图 7.18 所示，其中，图(a)为两信号的矢量合成图，图(b)是矢量合成法实现模型。采用矢量合成法得到的调相信号的幅度不再恒定，其幅度表示为 $U_{PM}(t) = U_{cm}\sqrt{1+(m_p\cos\Omega t)^2}$，其相位写为 $\Delta\varphi(t) = \arctan(m_p\cos\Omega t)$，所以图(b)的输出电压实际上是一个调幅调相波。

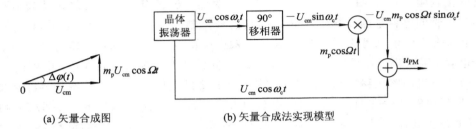

(a) 矢量合成图   (b) 矢量合成法实现模型

图 7.18 矢量合成法调相电路模型

由于输出电压的相位变化与调制信号之间已不是线性关系，而是反正切的关系，这使得相位的变化产生非线性失真。调相指数 m_p 越小，产生的寄生调幅越小，相位失真也越小。所以矢量合成法是实现调相的近似方法，它只适用于产生窄带调相信号。为了获得宽带调相信号，需要将得到的窄带调相信号通过倍频器，用以扩展成宽带调相信号。

若矢量合成法调相的过程中，输入的低频信号是经过积分处理的调制信号，那么其输出信号对于原调制信号来说将是调频波，从而实现了间接调频。

3. 可变时延法

可变时延法调相是将振荡器产生的载波信号 $u_c(t)$ 通过一个可变时延网络(或称可控延时网络)，延时时间 τ 受到调制信号 $u_\Omega(t)$ 控制，且两者之间呈线性关系，即 $\tau = ku_\Omega(t)$。可见，时延与相移本质上是一样的，都和调制信号成正比例关系。所以，将图 7.15 中的可控移相网络改为可控时延网络，也可实现调相，这种产生调相的方法称为可变时延法或可变延时法。图 7.19 所示为可变时延法调相的原理框图。

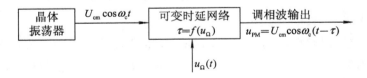

图 7.19 可变时延法调相的原理框图

在分析图 7.19 时，也可从图 7.15 入手，因时延与相移本质上是一样的，所以两图结论应一致。在单频调制时，利用式(7.44)可得输出信号为

$$u_{PM}(t) = U_{cm}\cos[\omega_c t + k_p u_\Omega(t)] = U_{cm}\cos(\omega_c t + m_p\cos\Omega t)$$

$$= U_{cm}\cos\left[\omega_c\left(t + \frac{k_p u_\Omega(t)}{\omega_c}\right)\right] = U_{cm}\cos\left[\omega_c\left(t + \frac{m_p\cos\Omega t}{\omega_c}\right)\right]$$

$$= U_{cm}\cos[\omega_c(t - \tau)] \tag{7.50}$$

式中，时延 $\tau = -\dfrac{k_p}{\omega_c}u_\Omega(t) = ku_\Omega(t)$，其中 $k = -\dfrac{k_p}{\omega_c}$，是一个比例常数。由式(7.50)可以看

出，调相信号可表示为一个可变时延信号，时延 τ 与调制信号电压 $u_\Omega(t)$ 成正比，此时调相信号的调相指数为 $m_p = |k\omega_c U_{\Omega m}|$。可见，采用可变时延法可实现线性调相。若图7.19中控制时延的信号为积分后的调制信号，则其输出电压为调频波。

综上所述，三种调相电路的最大线性相移 m_p 均受到调相特性的非线性的限制，因此其值都很小。用它们实现间接调频时，调频波的最大相移也受到调相特性的非线性的限制，故其最大频偏较小，在实际电路中需要采用扩展线性频偏的办法来达到实用的要求。

7.4　鉴 频 电 路

7.4.1　鉴频概述

调角波的解调就是把调角波的瞬时频率或瞬时相位的变化不失真地转变成电压变化，即实现"频率—电压"转换或"相位—电压"转换，从而恢复出原调制信号的过程，是角度调制的逆过程。同角度调制一样，角度解调也是频谱的非线性变换过程。调频波的解调称为频率解调或频率检波，简称鉴频，完成鉴频功能的电路称为频率检波器或鉴频器（FD）；调相波的解调称为相位解调或相位检波，简称鉴相，完成鉴相功能的电路称为相位检波器或鉴相器（PD）。它们的作用都是从已调波中检出反映在频率或相位变化上的调制信号，但是所采用的方法却不尽相同。

在调频波中，调制信息包含在高频振荡频率的变化量中，鉴频的任务就是要求鉴频器输出信号与输入调频波瞬时频偏成线形关系。具体实现是把调频信号的瞬时频率 $\omega(t) = \omega_c + \Delta\omega(t)$ 与载频 ω_c 相比较，得到频差 $\Delta\omega(t) = \Delta\omega_m f(t)$，从而实现鉴频。鉴频电路应用广泛，在频率控制系统中，鉴频电路是必不可少的组成部分。本节重点讨论鉴频方法及其实现电路。

在调相波中，调制信息包含在高频振荡的相位变化量中，鉴相的任务就是要求鉴相器输出信号与输入调相波瞬时相移成线性关系。具体实现是将调相信号的瞬时相位 $\omega_c t + m_p f(t)$ 与载波的相位 $\omega_c t$ 相减，取出它们的相位差 $m_p f(t)$，从而实现相位检波。鉴相电路通常可分为模拟电路型和数字电路型两大类。在集成电路中，常用的鉴相方法有乘积型鉴相和门电路鉴相。鉴相器在锁相系统中是必不可少的重要组成部分，所以鉴相也得到了广泛的应用。

由于调频波中存在寄生调幅，当利用"频率—电压"转换来实现鉴频时，将使检出的信号受到干扰。为此，一般必须在鉴频器前加限幅器以消除寄生调幅。因此，调频波的解调主要包括限幅器和鉴频器两个环节，可将它们统称为限幅鉴频器。

1. 鉴频的实现方法

实现鉴频的方法很多，就其工作原理而言，有两类基本实现方法：第一类方法是利用反馈环路实现鉴频，例如利用锁相环路、调频负反馈环路实现鉴频。这一类统称为环路鉴频器。第二类是将等幅调频信号进行特定的波形变换，使变换后的波形中的某个参量如电压幅度、相位、脉冲的占空比（或它们的平均分量）能反映调频波瞬时频率的变化规律。然后通过相应的检波器检波或低通滤波器整流，将原调制信号解调出来。这一类鉴频器统称为普通鉴频器，根据其波形变换的不同特点，这类鉴频器可归纳为以下几种实现方法。

第一种方法：将等幅调频波通过一个幅频特性为线性的变换网络，变换成幅度随瞬时频率变化的调频-调幅波（即 FM - AM 波或 AM - FM 波），之后再通过包络检波器检出反映幅度变化的解调电压，得到调制信号。用此原理构成的鉴频器称为斜率鉴频器或振幅鉴频器。这种方法实现的关键在于有一个线性的频率-幅度变换网络来产生波形变换，所以称它为斜率鉴频法或振幅鉴频法又或调频—调频调幅变换型鉴频法，其电路模型如图 7.20 所示。

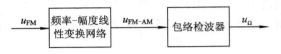

图 7.20 斜率鉴频法的电路实现模型

这种方法的实质是将调频信号进行微分变换，使其频率的变化转换到振幅上来。具体实现方法包括：直接微分法（如直接时域微分鉴频器采用此法）、斜率鉴频法或频域微分法（如斜率鉴频器采用此法）。直接时域微分鉴频器由两大部分组成，即微分器和包络检波器，它的原理简单，但由于器件的非线性等原因，其鉴频线性范围很有限。

第二种方法：将调频波通过相频特性为线性的频相转换网络，使其变换为附加相移按照瞬时频率规律变化的调频-调相波（即 FM-PM 波或 PM-FM 波），这样已调波的频率和相位都随调制信号而变化；之后再通过鉴相器检测出反映相位变化的解调电压，从而实现频率解调。这种实现鉴频的方法叫做相位鉴频法或移相鉴频法，其电路模型如图 7.21 所示。

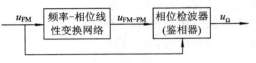

图 7.21 相位鉴频法的电路实现模型

可见，相位鉴频电路是由线性移相网络和鉴相器组成的，所以相位鉴频法的关键是鉴相器。由于鉴相器可分为叠加型鉴相器和乘积型鉴相器，因此相位鉴频的具体实现方法可分为叠加型相位鉴频法和乘积型相位鉴频法两种。图 7.22 是它们的电路组成框图。图（a）所示为利用叠加型鉴相器实现鉴频的方法，称为叠加型相位鉴频法。它由频相线性变换网络和叠加型鉴相器组成。调频信号经变换网络后产生相移得到 PM-FM 波，将其和原调频波矢量相加，可把两者的相位差的变化转换为合成信号的振幅变化，得到 AM-PM-FM 波，然后用包络检波器检出其振幅变化，从而达到鉴频的目的。频-相变换网络实际为延迟网络，采用这种方法的鉴频器叫叠加型相位鉴频器或延迟鉴频器。其实际鉴频电路有相位鉴频器和比例鉴频器。

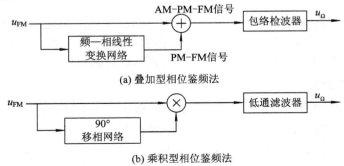

(a) 叠加型相位鉴频法

(b) 乘积型相位鉴频法

图 7.22 相位鉴频的两种实现方法

图(b)所示为利用乘积型鉴相器实现鉴频的方法,称为乘积型相位鉴频法或积分鉴频法,它由线性移相网络和乘积型鉴相器组成。在集成电路调频机中较多使用的乘积型相位鉴频器采用的就是此法。其原理是将输入 FM 信号经移相网络后生成与 FM 信号电压正交的参考信号电压,并与输入 FM 信号同时加入相乘器,相乘器输出经低通滤波器滤波后,便可还原出原调制信号。采用此方法的实际鉴频电路有正交鉴频器或称符合门鉴频器。

第三种方法:先将调频波通过非线性变换网络,变换为脉宽相等而周期变化的调频脉冲序列,再将脉冲序列通过低通滤波器取出反映脉冲数目的平均分量,这个平均分量就是调制信号。也可将调频脉冲序列通过脉冲计数器,直接得到反映瞬时频率变化的解调电压,从而实现鉴频。这种鉴频的方法叫脉冲计数式鉴频法(脉冲均值型鉴频法),由于它可直接从调频波的频率中提取出调制信号,所以实际是一种直接鉴频法。基于这种方法的鉴频器称为脉冲计数式鉴频器,也可称为脉冲均值型鉴频器,其电路实现模型如图 7.23所示。

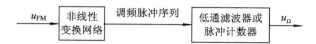

图 7.23　脉冲计数式鉴频器的电路实现模型

以上讨论的三种方法中,第三种方法为直接鉴频法,其他两种方法属于间接鉴频法。

2. 鉴频器的主要技术指标

鉴频器的主要特性是鉴频特性,也就是其输出电压 u_Ω 的大小与输入调频波频率 f(或瞬时频偏 Δf)之间的关系,它们的关系曲线称为鉴频特性曲线,如图 7.24 所示。理想鉴频特性应该是线形的,但实际它的曲线形状像英文字母"S",所以又称为S 曲线。当调频波的瞬时频率为中心频率 f_c 即载频时,对应的输出电压为零。当调频波的瞬时频率按调制信号的变化规律,以 f_c 为中心向左、右偏离时,将分别得到负、正极性的输出电压,从而恢复了原调制信号。通常总是希望鉴频特性是线性的,

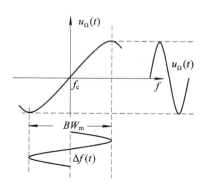

图 7.24　鉴频特性曲线

以免产生解调失真,但实际上只是在某一范围内,鉴频特性曲线才能近似为直线,而当频偏超过范围时,输出电压将减小。鉴频器的主要技术指标大都与鉴频特性曲线有关。

衡量鉴频器性能的主要技术指标有以下几个:

1) 鉴频灵敏度(鉴频跨导)S_D

鉴频灵敏度表示在鉴频线性范围内单位频偏所产生输出电压的大小,即鉴频特性曲线在中心频率 f_c 附近的斜率,又称为鉴频跨导。鉴频特性曲线越陡,鉴频灵敏度越高,在相同的频偏 Δf 下,输出电压越大。显然,鉴频器的鉴频灵敏度高些好。其数学式表示式为

$$S_D = \frac{\mathrm{d}u_\Omega}{\mathrm{d}f}\bigg|_{f=f_c} = \frac{\Delta u_\Omega}{\Delta f}\bigg|_{f=f_c} \quad (\mathrm{V/Hz}) \qquad (7.51)$$

2）线性范围（鉴频频带宽度 B_m 或峰值带宽）

线性范围是指鉴频特性曲线可以近似为直线的频率范围，即图 7.24 中的 B_m 范围。它表示的是不失真鉴频时的最大频率变化范围，也称鉴频频带宽度或峰值带宽。一般要求此频率范围正负部分对称且不小于调频信号最大频偏 Δf_m 的两倍，即要求 $B_m \geqslant 2\Delta f_m$。

3）非线性失真

非线性失真是指由于鉴频特性的非线性而使解调信号产生的失真，要求该失真尽量小。

综合以上性能，通常在满足线性范围和非线性失真的条件下，尽量提高鉴频灵敏度 S_D。

7.4.2 斜率鉴频器

斜率鉴频器的关键在于一个线性的频率-幅度变换网络来产生调频-调幅波。实际电路中，通常利用 LC 并联谐振回路或 LC 互感耦合回路（频幅转换网络）对不同频率的信号呈现不同阻抗的特性，来实现频率-幅度变换。为了获得线性的鉴频特性，总是使输入调频波的中心频率处于谐振曲线倾斜部分中近似直线段的中点上（中心频率左右各一点）。这样，谐振回路输出电压幅度的变化将与调频波频率成线性关系，就可将调频波转换成调频-调幅波。然后进行振幅检波，便可得到调制信号。由于在线性鉴频范围内，鉴频灵敏度和 LC 并联回路谐振曲线的斜率成正比，故称为斜率鉴频器。它应用于鉴频范围较大的场合。

根据所用谐振回路的不同，斜率鉴频器可分为单失谐回路斜率鉴频器和双失谐回路斜率鉴频器。所谓失谐回路是指谐振电路不是调谐于调频波的中心频率。最简单的斜率鉴频器是单失谐回路斜率鉴频器，但该电路的线性范围与灵敏度都不理想。

1. 单失谐回路斜率鉴频器

图 7.25 为单失谐回路和二极管包络检波器组成的单失谐回路斜率鉴频器的电路及波形。

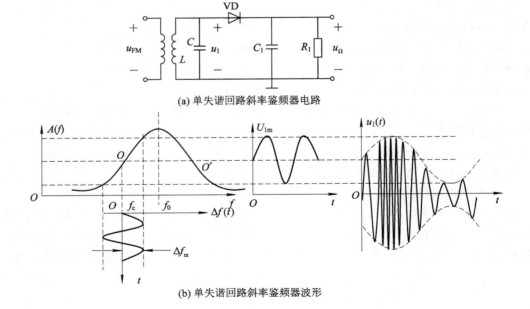

(a) 单失谐回路斜率鉴频器电路

(b) 单失谐回路斜率鉴频器波形

图 7.25　单失谐回路斜率鉴频器电路及波形

　　图 7.25(a)中，调频波 u_{FM} 经 LC 并联谐振回路失谐后变为幅度反映调频波瞬时频率变化的 FM-AM 波 u_1，再经包络检波器检出调制信号 u_Ω。在实际工作中通过调整 LC 回路谐振频率 f_0，使调频波的中心频率 f_c 处于 LC 回路谐振曲线倾斜部分，如图(b)波形图中所示，并接近直线段的中心点 O 或 O'，这样回路对 f_c 失谐。当瞬时频率越高时，则失谐越小，电路阻抗越大，负载上得到的信号电压越大；而瞬时频率越低，则失谐越大，电路阻抗越小，负载上的电压越小。这样，单失谐回路就能够把等幅调频波变换成幅度随瞬时频率变化的调频-调幅波 u_1，然后，通过二极管峰值包络检波器便可还原出原调制信号。

　　由于谐振回路的品质因数 Q 影响其谐振曲线，所以斜率鉴频器的性能在很大程度上取决于回路的品质因数。若 Q 较小，则谐振曲线倾斜部分的线性较好，在波形变换中失真小。但是，转换后的调频-调幅波幅度变化小，鉴频灵敏度低；若 Q 较大，则谐振曲线倾斜部分的线性范围变窄，鉴频灵敏度提高，但频偏较大时，非线性失真严重。总之，单失谐回路鉴频器的幅频特性曲线的线性范围与鉴频灵敏度都不理想，因此只能解调频偏小的调频信号。实际应用中很少采用这种斜率鉴频器，但有时可用于质量要求不高的简易接收机中。

2. 双失谐回路斜率鉴频器

　　为了扩大斜率鉴频器鉴频特性的线性范围，减小失真，通常采用由两个单失谐回路构成的斜率鉴频器，称为双失谐回路斜率鉴频器，如图 7.26 所示。图(a)中的原理电路由两个单失谐回路斜率鉴频器构成，又称为双失谐平衡鉴频器。它实际是由三个调谐回路组成的调频—调频—调幅变换电路和上下对称的两个二极管包络检波器组成。初级回路谐振于调频信号的中心频率 f_c，其通带较宽。次级两个回路的谐振频率分别调谐为 f_{01} 和 f_{02}，设第一个回路的谐振频率 f_{01} 低于 f_c，而第二个回路的谐振频率 f_{02} 高于 f_c，即满足 $f_{01} < f_c < f_{02}$，并令 f_{01} 和 f_{02} 相对 f_c 对称，使两回路成对称失谐，即满足 $f_c - f_{01} = f_{02} - f_c$。

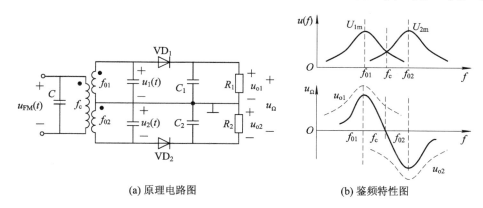

(a) 原理电路图　　　　　　　　　(b) 鉴频特性图

图 7.26　双失谐回路斜率鉴频器

　　双失谐回路斜率鉴频器中的两个单失谐回路斜率鉴频器的特性与参数相同(即 $C_1 = C_2$，$R_1 = R_2$，VD_1 和 VD_2 的特性相同，且两个回路的谐振特性相同)。当调频波输入时，它在次级两回路上产生的调频调幅电压分别为 u_1 和 u_2，其幅度分别用 $U_{1\text{m}}$ 和 $U_{2\text{m}}$ 表示。这两个调频调幅波经二极管包络检波器后得到输出电压 $u_{\text{o}1}$ 和 $u_{\text{o}2}$，由于次级两回路线圈与 VD_1、

VD_2 接法相反，所以 u_{o1} 和 u_{o2} 极性相反，则鉴频器的输出就是两个包络检波器输出之差，其合成的总输出电压为 $u_\Omega = u_{o1} - u_{o2}$。若两个包络检波器性能良好，则可近似认为其电压传输系数为 $K_{d1} = K_{d2} = K_d = 1$，检波器输出电压近似等于输入高频电压振幅，因此可得鉴频器总输出电压为 $u_\Omega = u_{o1} - u_{o2} = U_{1m} - U_{2m}$。这样就可得到满足 $f_c - f_{01} = f_{02} - f_c$ 时的鉴频输出电压 u_Ω 与调频波频率 f 的关系曲线，即鉴频特性曲线，如图 7.26(b) 所示。图(b)中，上边的图形为两个回路的幅频特性曲线，其曲线形状相同。

在实际工作时，为了保证鉴频器的线性范围，应调整 f_{01} 和 f_{02}，使 $f_{02} - f_{01}$ 大于调频波最大频偏 Δf_m 的两倍。由于鉴频器输出电压 u_Ω 随调频波频率变化的规律与 $U_{1m} - U_{2m}$ 随频率变化的规律一样，因此可得下边的图形，即双失谐回路斜率鉴频器的鉴频特性曲线。可见，该鉴频特性曲线的直线性和线性范围均比单失谐回路鉴频器有显著改善。对第一个回路来说，其输出幅度 U_{1m} 随调频波频率的升高而减小，频率的降低而增大；对第二个回路则正好相反。当频率为中心频率 f_c 时，两个回路的失谐量相等，即 $U_{1m} = U_{2m}$，从而总输出 u_Ω 为零。当瞬时频率自 f_c 向高偏移时，U_{1m} 减小而 U_{2m} 增大，从而总输出 u_Ω 减小（为负值）；反之，当瞬时频率自 f_c 向低偏移时，U_{1m} 增大而 U_{2m} 减小，从而总输出 u_Ω 增大（为正值）。

综上所述，双失谐回路斜率鉴频器输出的总的交变分量等于两个单失谐回路的交变分量的和，因而，鉴频灵敏度高于单失谐回路鉴频器的灵敏度，而且其非线性失真较小。另外，双失谐回路斜率鉴频器允许有较大的失谐，因而线性鉴频范围（频带宽度）可以扩大。它的主要缺点是调试比较困难，需要调整三个 LC 回路的参数使之满足要求。

7.4.3　相位鉴频器

广义地说，凡是由移相网络和相位检波器组成的鉴频器都称为相位鉴频器，它包括叠加型相位鉴频器和乘积型相位鉴频器，其中，鉴相器分别采用叠加型鉴相器和乘积型鉴相器。本小节讨论的叠加型相位鉴频器是实用电路中所谓的相位鉴频器。

相位鉴频器是利用耦合回路的相位-频率特性将调频波变换成调频-调幅波的。它先将调频波的频率变化转换为两个回路电压的相位变化，然后将相位变化转换为对应的幅度变化，最后用包络检波器检出幅度的变化。这样，幅度的变化就反映了频率的变化，从而实现了鉴频。常用的相位鉴频器根据耦合方式分为互感耦合相位鉴频器和电容耦合相位鉴频器两种。

1. 互感耦合相位鉴频器

1）互感耦合相位鉴频器的电路组成和基本原理

互感耦合相位鉴频器又称福斯特-西利鉴频器，它在调频广播接收机中广泛应用。图 7.27 所示即为互感耦合相位鉴频器电路。

该鉴频器由频率-相位转换网络和包络检波器两部分组成。为了克服调频波中的寄生调幅，在互感耦合相位鉴频器前加有限幅放大器。图(a)中，晶体管和集电极调谐回路构成限幅器，起到限幅和放大的作用，其输出等幅高频电压 u_1 即为输入到鉴频器的调频电压。

互感耦合回路在电路中作为相位鉴频器的移相网络，利用其初次级电压的相位差随频率变化的特性来实现频率-相位变换。为实现线性移相，L_1C_1 和 L_2C_2 两回路都调谐于调频波的中心频率 f_c，且回路参数相同，即 $Q_1 = Q_1 = Q$，$C_1 = C_2 = C$，$L_1 = L_2 = L$，回路损耗

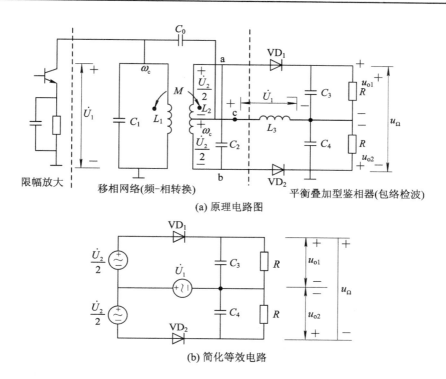

(a) 原理电路图

(b) 简化等效电路

图 7.27　互感耦合相位鉴频器电路

电阻 $r_1 = r_2$。D_1、C_3、R 和 D_2、C_4、R 组成对称的两个二极管包络检波器（即平衡式包络检波器），它们的特性完全相同，可将变换后的调频波中的幅度变化检测出来，得到调制信号。初级与次级回路之间的耦合途径有两种：第一种是通过互感 M 耦合；第二种是通过耦合电容 C_0 耦合。第一种耦合途径利用耦合回路的特性可实现调频波到调频-调相波的变换，经前级限幅放大的等幅调频波 u_1 通过互感 M 在次级回路 L_2C_2 两端产生电压 u_2，c 点是电感 L_2 的中心抽头，则上、下两半线圈的电压各为 $u_2/2$。由于耦合电容 C_0 和滤波电容 C_4 容值取得较大，对高频可视为短路，而高频扼流圈 L_3 的阻抗高频时又远大于 C_0 和 C_4 的阻抗。所以，初级回路电压 u_1 可通过 C_0 把其上端接在次级电感 L_2 的中点 c，而下端通过 C_4 电容交流接地。故 u_1 可直接加到 L_3 两端，同时 L_3 又为二极管包络检波器的平均电流提供直流通路，这就是第二种耦合途径。经过两个耦合途径的作用后可得互感耦合相位鉴频器的等效电路，如图(b)所示，图(b)可看成是一个平衡包络检波器和加法器构成的平衡叠加型鉴相器。

　　由图(b)可见，二极管 VD_1 和 VD_2 两端的电压就是 L_3 端电压 u_1 和经频-相转换后的调频-调相电压的一半 $u_2/2$ 这两部分电压的矢量和，可分别表示为

$$\dot{U}_{VD_1} = \dot{U}_1 + \frac{1}{2}\dot{U}_2 \qquad (7.52)$$

$$\dot{U}_{VD_2} = \dot{U}_1 - \frac{1}{2}\dot{U}_2 \qquad (7.53)$$

　　当 u_1 的瞬时频率发生变化时，u_1 和 u_2 的相位差随之发生变化，但调频-调相波 u_2 振幅不变。矢量合成电压 $\dot{U}_{VD_1}$ 和 $\dot{U}_{VD_2}$ 的幅度将随瞬时频率而变化，成为调频-调幅波。将

$\dot{U}_{VD_1}$ 和 $\dot{U}_{VD_2}$ 分别作用到两个对称的包络检波器上，假设其电压传输系数都为 K_d，则相位鉴频器的总输出电压就等于两个包络检波器输出电压之差。其输出电压表示式为

$$u_\Omega = u_{o1} - u_{o2} = K_d U_{VD_1} - K_d U_{VD_2} \tag{7.54}$$

式中，U_{VD_1} 和 U_{VD_2} 是两个检波器输入电压振幅，u_{o1} 和 u_{o2} 是两个检波器的输出电压，鉴频器的总输出电压 u_Ω 就是恢复了的调制信号。

2）互感耦合相位鉴频器的工作原理分析

互感耦合相位鉴频器的工作原理可分为移相网络的频率-相位变换，加法器的相位-幅度变换和包络检波器的差分检波三个过程，通常在讨论时将后两个过程一起分析。

（1）频率-相位变换。为了说明互感耦合回路的初、次级电压间的频率-相位变换关系（包括对载频 f_c 产生 $\pi/2$ 的固定相移），需要画出互感耦合回路的等效电路。假设初、次级回路均为高 Q 回路；且互感 M 较小，耦合较弱，则可以忽略初级回路本身的损耗电阻和次级的反射电阻。于是得到图 7.28 所示的互感耦合回路等效电路。可见，初级回路 $L_1 C_1$ 为并联谐振回路，次级回路 $L_2 C_2$ 为串联谐振回路。如果忽略次级对初级的影响，则初级回路中流过 L_1 的电流 $\dot{I}_1$ 近似为

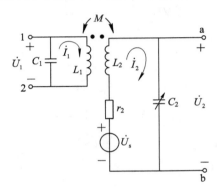

图 7.28　互感耦合回路的等效电路

$$\dot{I}_1 = \frac{\dot{U}_1}{r_1 + j\omega L_1} \approx \frac{\dot{U}_1}{j\omega L_1} \tag{7.55}$$

式中，$\dot{I}_1$ 的相位始终滞后 $\dot{U}_1$ 的相位 $\pi/2$。初级电流在次级回路产生的感应电动势 $\dot{U}_s$ 在如图 7.28 所示的次级电流方向和同名端位置的情况下可表示为

$$\dot{U}_s = j\omega M \dot{I}_1 = \frac{M}{L_1} \dot{U}_1 \tag{7.56}$$

可见，上式中 $\dot{U}_s$ 的相位始终超前 $\dot{I}_1$ 的相位 $\pi/2$，即 $\dot{U}_s$ 和 $\dot{U}_1$ 同相。当忽略二极管包络检波器等效输入电阻对次级回路的影响时，感应电动势在次级回路形成的次级电流为

$$\dot{I}_2 = \frac{\dot{U}_s}{r_2 + j\left(\omega L_2 - \frac{1}{\omega C_2}\right)} = \frac{M}{L_1} \frac{\dot{U}_1}{\left[r_2 + j\left(\omega L_2 - \frac{1}{\omega C_2}\right)\right]} \tag{7.57}$$

所以次级回路电流 $\dot{I}_2$ 在电容 C_2 两端产生的电压为

$$\dot{U}_2 = \frac{\dot{I}_2}{j\omega C_2} = -j \frac{M}{L_1} \frac{\dot{U}_1}{\omega C_2 \left[r_2 + j\left(\omega L_2 - \frac{1}{\omega C_2}\right)\right]} \tag{7.58}$$

可见，次级回路电流 $\dot{I}_2$ 始终超前次级输出电压 $\dot{U}_2$ 相位 $\pi/2$。将上式化简可得

$$\dot{U}_2 = \frac{-j\eta}{1 + j\xi} \dot{U}_1 = \frac{\eta \dot{U}_1}{\sqrt{1 + \xi^2}} e^{j\left(-\frac{\pi}{2} - \varphi\right)} \tag{7.59}$$

式中，$\eta = kQ$，为耦合因数；$\xi \approx 2Q\Delta f / f_c$，为广义失谐；$\varphi = \arctan\xi$，为次级回路阻抗相角，也是 $\dot{I}_2$ 滞后 $\dot{U}_1$ 的相位角度；因此，可得 $\dot{U}_2$ 相位滞后 $\dot{U}_1$ 相位 $-\frac{\pi}{2} - \varphi$。

下面讨论调频波瞬时频率对初、次级回路电压相位差的影响，即频率-相位变换关系。

当输入 FM 波瞬时频率 f 等于调频波中心频率 f_c，即 $f=f_c$ 时，次级回路处于谐振状态，则 $X_2=0$，$\xi=0$，$\varphi=0$，由式(7.59)可知 $\dot{U}_2$ 滞后 $\dot{U}_1$ 相位 $\pi/2$。而由式(7.57)可知，$\dot{I}_2$ 和 $\dot{U}_1$ 同相。

当 $f>f_c$ 时，有 $\left(\omega L_2-\dfrac{1}{\omega C_2}\right)>0$，$\xi>0$，$\varphi>0$。这时电压 $\dot{U}_2$ 的相位比电压 $\dot{U}_1$ 的相位滞后 $(\pi/2+\varphi)$，且随着频率 f 的增加，理论上 φ 趋近于 $\pi/2$，则初、次级回路电压间的相位差趋近于 π，即 $\dot{U}_2$ 相位滞后 $\dot{U}_1$ 的角度为 $\pi/2\sim\pi$。

当 $f<f_c$ 时，有 $\left(\omega L_2-\dfrac{1}{\omega C_2}\right)<0$，$\xi<0$，$\varphi<0$。这时次级回路阻抗相角 φ 为负，则次级回路电流 $\dot{I}_2$ 超前初级回路电压 $\dot{U}_1$ 相位为 $|\varphi|$。因此，$\dot{U}_2$ 相位比 $\dot{U}_1$ 滞后 $(\pi/2-|\varphi|)$，且随着频率 f 的减小，初、次级回路电压间的相位差趋近于 0，即 $\dot{U}_2$ 相位滞后 $\dot{U}_1$ 的角度为 $0\sim\pi/2$。

可见，互感耦合回路输出电压的相位随着输入调频信号频率的变化而变化，输入调频信号频率偏离中心频率越远，产生的相位变化越大，从而实现了频率-相位转换作用。可见耦合回路是一个频率-相位变换器，它把等幅 FM 波 u_1 变换成相位随频率变化的 FM-PM 波 u_2，并且在一定的频率范围内，$\dot{U}_2$ 与 $\dot{U}_1$ 间的相位差和频率之间具有近似线性的关系。

(2) 相位-幅度变换。互感耦合相位鉴频器对应 $f=f_c$、$f>f_c$、$f<f_c$ 三种情况下的二极管电压的合成矢量图见图 7.29。合成矢量的幅度将随 $\dot{U}_2$ 与 $\dot{U}_1$ 之间的相位差而变化，形成 FM-PM-AM 波，完成相位到幅度的转换关系。当两个包络检波器的输入电压确定后，鉴频器的输出(即两包络检波器输出之差)也就确定了，这样就得到了解调出的调制信号。现具体讨论如下：

① 当 $f=f_c$ 时，初、次级回路电压的相位差为 $\pi/2$，由图(a)可得两二极管电压振幅相等，即 $U_{VD_1}=U_{VD_2}$。若包络检波器的电压传输系数都为 K_d，则两检波器输出分别为 $u_{o1}=K_d U_{VD_1}$，$u_{o2}=K_d U_{VD_2}$。因而相位鉴频器的总的输出电压即调制信号电压为 $u_\Omega=u_{o1}-u_{o2}=K_d U_{VD_1}-K_d U_{VD_2}=0$，可见中心频率对应的调制信号电压为零。

② 当 $f>f_c$ 时，初、次级回路电压的相位差大于 $\pi/2$。由图(b)可得 $\dot{U}_{VD2}$ 的振幅增大而 $\dot{U}_{VD1}$ 的振幅减小，即此时满足 $U_{VD1}<U_{VD2}$，且随着 f 的增加，回路电压的相位差也增加，则两个二极管电压的振幅差值将增大。因此相位鉴频器的输出电压 $u_\Omega=u_{o1}-u_{o2}=K_d(U_{VD1}-U_{VD2})<0$，即相位鉴频器输出电压为负值，且随着 f 比 f_c 高得越多，输出电压的负值越大。

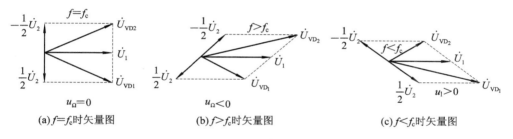

(a) $f=f_c$ 时矢量图　　　(b) $f>f_c$ 时矢量图　　　(c) $f<f_c$ 时矢量图

图 7.29　不同频率时的 $\dot{U}_{VD_1}$ 与 $\dot{U}_{VD_2}$ 矢量图

③ 当 $f<f_c$ 时，初、次级回路电压的相位差小于 $\pi/2$。由图(c)可得 $\dot{U}_{VD_2}$ 的振幅减小而 $\dot{U}_{VD_1}$ 的振幅增大，即此时满足 $U_{VD_1}>U_{VD_2}$，且随着 f 的减小，回路电压的相位差也减小，则两二极管电压的振幅差值将加大。这时相位鉴频器的输出电压 $u_\Omega = u_{o1} - u_{o2} = K_d(U_{VD_1} - U_{VD_2}) > 0$，即相位鉴频器输出电压为正值，且随着 f 比 f_c 低得越多，输出电压的正值越大。

3）相位鉴频器的鉴频特性

相位鉴频器的输出电压与输入调频波的瞬时频率 f 具有如图 7.30 所示的关系曲线，该曲线呈 S 形，表示了相位鉴频器的鉴频特性，称为相位鉴频器的鉴频特性曲线。在瞬时频率 f 位于中心频率 f_c 附近时，可认为频率和输出电压间近似呈线性关系。因此鉴频特性仅在原点 f_c 附近才是准确的，偏离原点越远，准确度越小。当输入调频波的频率超出耦合回路通带范围后，初、次级回路将严重失谐，其电压幅度随之减小，使鉴频器输出电压减小，则鉴频特性曲线发生弯曲，产生了非线性失真。

为了减小非线性失真，要求鉴频器只能用于窄带调频信号的解调，因为这时才可以近似实现线性鉴频。鉴频特性曲线的形状和鉴频器的鉴频性能直接相关，特性曲线线性度越好，失真越小；其线性段斜率的绝对值越大，鉴频灵敏度越高；线性段的频率范围越大，允许接收的调频波的频偏越大。另外，相位鉴频器的鉴频特性与耦合回路的耦合因数 η 的大小以及两个回路的调谐情况有关。通常当回路调谐正常时，若 η 很小，则线性鉴频范围小，鉴频灵敏度高；反之，若 η 较大，则线性范围增大，而鉴频灵敏度减小，但当 $\eta>3$ 以上时，鉴频特性非线性严重。因此，通常选取 $\eta=1\sim3$。

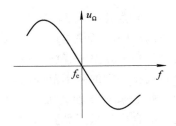

图 7.30　相位鉴频器的鉴频特性曲线

2. 电容耦合相位鉴频器

为了方便耦合回路初、次级之间的耦合量的调整，常用电容耦合代替互感耦合，据此组成的电容耦合相位鉴频器如图 7.31 所示。由于这种电路的结构和调整比较简单，故在移动通信机和许多小型调频电台接收机中广泛地应用这种电路。

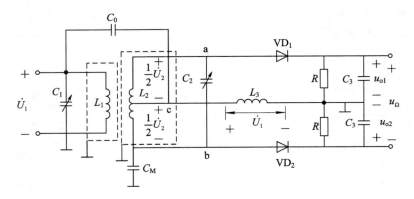

图 7.31　电容耦合相位鉴频器

电容耦合相位鉴频器的初、次级线圈 L_1 和 L_2 相互屏蔽，初级回路信号通过耦合电容 C_M 耦合到次级回路上，产生次级回路电压 $\dot{U}_2$。C_M 的值很小，一般只有几皮法至十几皮法，因而容抗远大于 L_2C_2 回路的并联谐振电阻，次级回路电流主要由 C_M 决定，该电流将超前输入电压 $\dot{U}_1 90°$。另外，初级回路电压 $\dot{U}_1$ 通过高频耦合电容 C_0 加到次级回路电感 L_2 的中心抽头 c 点。由于 C_0 对高频近于短路，而高频扼流圈 L_3 对高频近于开路，所以初级回路电压全部加于 L_3 之上。从图 7.32 可以看出两个检波二极管上的电压也可分别表示为

$$\begin{cases} \dot{U}_{VD_1} = \dot{U}_1 + \dfrac{1}{2}\dot{U}_2 \\[2mm] \dot{U}_{VD_2} = \dot{U}_1 - \dfrac{1}{2}\dot{U}_2 \end{cases} \tag{7.60}$$

电容耦合相位鉴频器除耦合方式和互感耦合相位鉴频器不同外，其余均相同，所以，这两种电路具有相同的工作原理，其所得结论也相同。在实际应用时，只要改变 C_0 或 C_M 的大小就可调节耦合的松紧，且主要通过调整 C_M 的大小来改变电容耦合相位鉴频器的鉴频特性。

7.4.4 比例鉴频器

由于相位鉴频器不能去除调频波寄生调幅引起的输出波形失真，因此实际应用中必须在相位鉴频器前级中加限幅放大器，以消除寄生调幅。为了有效限幅，就需要限幅器以前有较大的放大量，这使中放和限幅放大器级数增加。一般对于要求不太高的设备，常采用比例鉴频器。比例鉴频器是一种类似于互感耦合相位鉴频器，而又具有自限幅作用的叠加型相位鉴频器。它只要求前级中放提供零点几伏的 FM 信号电压就能正常工作，因此可减少前级放大器的级数，且不用另加限幅器，这使调频接收机的电路简化，体积缩小，成本降低。

1. 比例鉴频器原理电路

比例鉴频器原理电路如图 7.32 所示。它与互感耦合相位鉴频器在电路结构上相差很小，它们的频相转换网络相同，但检波器部分有较大变化。两者的主要区别在于以下几点：

（1）比例鉴频器的二极管 VD_1、VD_2 顺向连接，VD_2 的连接与相位鉴频器的接法极性相反。这样接可以为检波器提供直流通路，还使两个检波器的输出电压极性相同，A、B 两端电压 u_{AB} 就是两个检波输出电压 u_{o1} 与 u_{o2} 之和，即电容 C_3、C_4 两端电压之和，而不是两者之差。

（2）A、B 两端并联大电容 C_0，其容值约为 $10~\mu F$ 数量级。由于 C_0 与 $R_1 + R_2$ 组成的并联电路的时间常数 $(R_1 + R_2)C_0$ 约为 $0.1 \sim 0.25~s$，远大于低频信号的周期。因此检波时，对于 15 Hz 以上的寄生调幅变化，并联电路存在惰性，则 A、B 两端电压基本不变，等于 U_{AB}。即满足 $u_{AB} = u_{o1} + u_{o2} = U_{AB} =$ 常数。这是比例鉴频器具有自限幅能力的原因。

（3）鉴频输出位置或输出端的电路与相位鉴频器不同。比例鉴频器中 C_3、C_4、R_1、R_2 组成一个桥路，检波电容 C_3 和 C_4 的中点 C 与检波电阻 R_1、R_2 的中点 D 之间断开，鉴频器的输出电压是从电桥中点 C、D 两端取出，为不平衡输出。C_3 和 C_4 在负载电阻 R_L 上放电电流的方向相反，因而起到了差动输出的作用。C_L 数值的选取应对高频短路，对音频开路。

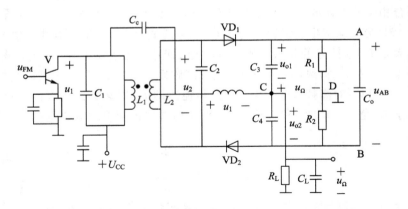

图 7.32　比例鉴频器的原理电路

2. 比例鉴频器的工作原理

图 7.33 为比例鉴频器的等效电路。检波二极管上的高频电压也是两部分电压的矢量和,可以分别表示为

$$\begin{cases} \dot{U}_{VD1} = \dot{U}_1 + \dfrac{1}{2}\dot{U}_2 \\[2mm] \dot{U}_{VD2} = -\dot{U}_1 + \dfrac{1}{2}\dot{U}_2 \end{cases} \tag{7.61}$$

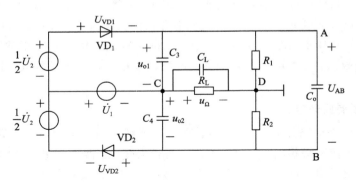

图 7.33　比例鉴频器的等效电路

假设两个二极管检波器的电压传输系数为 $K_{d1} = K_{d2} = K_d$,则两个检波器的输出电压(即电容 C_3 和 C_4 的充电电压)分别为 $u_{o1} = K_d U_{VD_1}$ 和 $u_{o2} = K_d U_{VD_2}$,而 A、B 两端的电压 $U_{AB} = u_{o1} + u_{o2}$ 可近似认为是常量。若 $R_1 = R_2 = R$,$C_3 = C_4$,则 R_1 和 R_2 上将各分到 U_{AB} 一半的电压,故 A、B 两点对地的电位,将分别为 $U_A = U_{AB}/2$,$U_B = -U_{AB}/2$,且两点对地电位都将是固定不变的。由此可以得出比例鉴频器的输出电压 u_Ω(即 C、D 两点间的电压)表示为

$$u_\Omega = -u_{o1} + U_A = u_{o2} + U_B = u_{o2} - \frac{U_{AB}}{2} = u_{o2} - \frac{u_{o1} + u_{o2}}{2}$$

$$= \frac{(u_{o2} - u_{o1})}{2} = \frac{K_d(U_{VD_2} - U_{VD_1})}{2} \tag{7.62}$$

可见,在 U_{VD_1} 与 U_{VD_2} 相同的条件下,比例鉴频器输出低频电压的幅度比相位鉴频器的低频

电压幅度小一半，即鉴灵敏度度小一半。

　　由于比例鉴频器的频率-相位变换网络及其分析方法和相位鉴频器相同，因此同样可以按照相位鉴频器的讨论方法得出输入信号瞬时频率 f 和比例鉴频器的输出电压 u_Ω 之间的变化关系。此关系曲线就是比例鉴频器的鉴频特性曲线，它也为 S 形曲线，其曲线和相位鉴频器的鉴频特性曲线反相。此处不作具体讨论，读者可以自行分析。

3. 比例鉴频器的自限幅原理

　　比例鉴频器中没有外加限幅器，但它本身具有自限幅作用。因此，它的输出电压 u_Ω 只取决于输入调频波瞬时频率的变化，而与输入调频波幅度变化的大小无关。

　　比例鉴频器具有自限幅作用的原因在于电阻 $R_1 + R_2$ 两端并联有一个大电容 C_0，使得电压 U_{AB} 在调制信号周期内基本恒定不变。在输入调频波瞬时频率不变的情况下，当寄生调幅引起调频波的幅度变化时，比例鉴频器的输出电压基本不变。其输出电压可表示为

$$u_\Omega = \frac{1}{2}(u_{o2} - u_{o1}) = \frac{1}{2}\frac{(u_{o2} + u_{o1})(u_{o2} - u_{o1})}{u_{o2} + u_{o1}}$$

$$= \frac{1}{2}U_{AB}\frac{u_{o2} - u_{o1}}{u_{o2} + u_{o1}} = \frac{1}{2}U_{AB}\frac{1 - u_{o1}/u_{o2}}{1 + u_{o1}/u_{o2}}$$

$$= \frac{1}{2}U_{AB}\left(\frac{2}{1 + \dfrac{u_{o1}}{u_{o2}}} - 1\right) = \frac{1}{2}U_{AB}\left(\frac{2}{1 + \dfrac{U_{VD_1}}{U_{VD_2}}} - 1\right) \tag{7.63}$$

　　由于 U_{AB} 近似恒定，所以比例鉴频器输出电压 u_Ω 的大小取决于二极管电压幅度 U_{VD_1} 与 U_{VD_2} 的比值，而不取决于它们本身的大小，因此该鉴频器命名为比例鉴频器。在调频信号的瞬时频率偏离中心频率变化时，U_{VD_1} 与 U_{VD_2} 的幅度一个增大而另一个减小，其比值随频率的变化而变化，使得输出电压相应变化，这就实现了鉴频作用。但是，当输入调频信号的幅度发生变化时，则使得 U_{VD_1} 与 U_{VD_2} 同时增大或同时减小，其比值基本保持不变，这样比例鉴频器的输出电压就不会随输入调频信号的振幅变化而变化，从而起到限幅的作用。

7.5　其他形式的鉴频器

7.5.1　符合门鉴频器

　　利用乘积型鉴相器构成的相位鉴频器，称之为乘积型相位鉴频器或移相乘积鉴频器。乘积型相位鉴频器由移相网络、乘法器和低通滤波器三部分组成，如图 7.22(b) 所示。若调频信号一路直接加至乘法器，另一路经移相网络移相后(即成为参考信号)加至乘法器，相乘的结果通过低通滤波器即可还原出原调制信号。在实际应用中，一般移相网络对输入调频波的中心频率产生固定 90° 的相移，即 $f = f_c$ 时，调频信号和参考信号同频正交，可使最终输出低频电压为零。而当输入信号瞬时频率高于或低于中心频率时，两者的相位差变为 $\varphi = 90° \pm \Delta\varphi$，将使最终输出电压正比于原调制信号，实现了鉴频，这种鉴频器称为正交鉴频器。可见，正交鉴频器实际上是一种特殊的乘积型相位鉴频器，其核心是乘法器，由

于其电路简单、调试方便，且易于集成，因而是目前调频接收机中应用最广泛的鉴频电路。

当乘积型相位鉴频器的输入调频波幅度足够大时，使乘法器出现限幅状态，则乘法器可以等效为开关电路形式或门电路形式，这时的鉴频器就是符合门鉴频器，它常用在数字锁相环等电路中。因此，乘积型相位鉴频器习惯上称为正交鉴频器或符合门鉴频器。符合门鉴频器的关键部分是由乘法器和低通滤波器构成的符合门鉴相器。在实际应用时，常用门电路来实现相乘作用（以此构成与门、或门、异或门鉴相器）；或者也可以将两个信号（调频和参考信号）经限幅器变换为方波信号，再加到模拟乘法器的两个输入端，使两个差分对都工作在开关状态，这时可得到和门电路相似的结果。符合门鉴频器的主要优点是只有一个调谐回路来实现线性移相，便于在集成电路中使用；且它呈现三角形鉴频特性，鉴频线性范围大。符合门鉴频器的集成电路产品中不仅包含鉴频器本身，还要包括性能良好的限幅器。图 7.34 为符合门鉴频器方框图，可见调频波经限幅器作用后变成方波，一路接乘法器或门电路，另一路移相后接于乘法器或门电路，两路信号经相乘作用后通过低通滤波器输出脉冲序列的平均值，就可得解调出的低频调制信号。

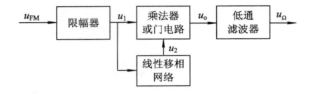

图 7.34　符合门鉴频器方框图

图 7.35 所示为国产鉴频组件 5G32 型集成电路原理图，它能完成电视伴音中频信号的限幅放大和鉴频任务。它包括三部分电路：① 限幅放大器，V_1 和 V_2、V_4 和 V_5、V_7 和 V_8 为三级差分放大器；V_3、V_6 和 V_9 为三个射极跟随器；它们共同构成三级差分限幅放大器，起着中频限幅放大的作用。② 内部稳压电路，由三极管 V_{10} 和二极管 $VD_1 \sim VD_5$ 组成，它为限幅放大器和符合门鉴频器提供稳定的电源电压和参考偏置电压。③ 鉴频电路。

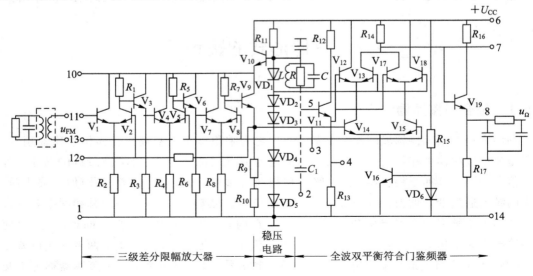

图 7.35　5G32 型集成符合门鉴频器电路原理图

　　整个集成电路的核心是鉴频电路,该鉴频电路采用的是全波双平衡符合门鉴频器,也称为正交鉴频器。图中,$V_{11} \sim V_{19}$ 和 VD_6 组成符合门鉴频器,其中 $V_{12} \sim V_{18}$ 构成双差分模拟乘法器。输入调频波经中频限幅放大后变成大信号方波,一路调频方波直接加于 V_{14} 和 V_{15} 组成的差分对的两输入端;另一路方波经 C_1、LCR 组成的外接移相网络(即频率-相位变换网络)转换成参考信号,再经射极输出器 V_{11} 耦合到由 V_{12}、V_{13} 和 V_{17}、V_{18} 组成的集电极交叉连接的差分对的输入端。V_{16} 和 VD_6 组成恒流源电路,为 V_{14}、V_{15} 提供恒流。乘法器的输出信号经射极输出器 V_{19} 作用后,由 8 脚输出到外接的低通滤波器上,滤波后可输出原调制信号。

　　由于限幅放大器将调频波变成方波,且外接的低通滤波器本身也是积分器,所以该电路又称积分鉴频器。

7.5.2　脉冲计数式鉴频器

　　脉冲计数式鉴频器又称脉冲均值鉴频器,它的工作原理与前面几种鉴频器不同,属于直接鉴频电路。脉冲计数式鉴频器适于对宽带调频信号的解调。

　　脉冲计数式鉴频器是利用调频波的过零信息来实现鉴频的。由于信号频率就是信号电压或电流波形单位时间内过零点的次数;对脉冲或数字信号而言,频率就是脉冲的个数。所以频率不同时,相同时间间隔内过零点的数目就会不同。利用此特点,可在每个正过零点(从负变为正的过零点)处形成一个等幅等宽的矩形脉冲,将调频波变换成重复频率等于调频波瞬时频率的等幅等宽单向矩形脉冲序列,单位时间内脉冲的数目就反映了调频波的瞬时频率。因为可用脉冲序列幅度的平均值来直接反映单位时间内脉冲的数目,且平均分量越大,脉冲个数越多,所以可用一个低通滤波器取出反映单位时间内脉冲个数的平均分量,就能实现鉴频;或者将该调频等宽脉冲序列直接通过脉冲计数器得到反映瞬时频率变化的解调电压,以实现鉴频。由于这种鉴频器是利用计零点脉冲数目的方法实现的,所以叫做脉冲计数式鉴频器,也叫脉冲均值型鉴频器或过零鉴频器。它的突出优点是线性鉴频范围大、频带宽,便于集成,并且能工作于一个相当宽的中心频率范围,因此是一种广泛应用的鉴频器。但由于其工作频率受到最小脉宽的限制,因此多用于工作频率小于 10 MHz 的场合。

　　脉冲计数式鉴频器有多种实现电路,例如常用的有直接微分法脉冲计数式鉴频器和延时法脉冲计数式鉴频器。为了便于了解脉冲计数式鉴频器的基本工作原理,可用直接微分法脉冲计数式鉴频器为例来讨论,其电路组成框图及相应的波形如图 7.36 所示。由图(a)所示脉冲计数式鉴频器方框图可知,将输入调频波通过具有合适特性的非线性变换网络(由虚线框内的限幅放大器、微分电路、半波整流和脉冲形成电路组成),其输出电压经低通滤波器就可实现鉴频。具体过程如下:首先将如图(b)所示的调频信号 u_{FM} 经限幅放大后变成调频方波 u_1,如图(c)所示。其次将调频方波经微分电路微分,变成微分脉冲序列(双极性尖脉冲)u_2,即微分后取出的过零点脉冲,如图(d)所示。再将微分脉冲序列经半波整流变为单向微分脉冲序列(正极性微分脉冲序列)u_3,如图(e)所示。之后再用正极性微分脉冲序列去触发脉冲形成电路,产生等幅等宽的周期变化的调频矩形脉冲序列 u_4,如图(f)所示。当调频波瞬时频率高时,脉冲密集,当瞬时频率低时,脉冲稀疏。用低通滤波器滤波后提取出脉冲序列幅度的平均分量,其输出电压将与调频波的瞬时频率成正比。可见,通过低通滤波器就可取出调制信号 u_Ω，如图（g）所示。当然也可以利用计数器记录脉冲周期，再经 D/A 转换成幅度与此周期成比例的模拟信号，从而实现鉴频。

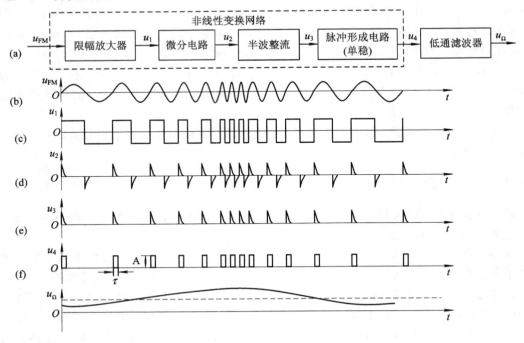

图 7.36　脉冲计数式鉴频器方框图及各部分波形

7.6　调频通信系统的组成

7.6.1　调频发射机的组成

对于不同的调频通信系统，其发射机和接收机的组成有所不同。下面以一个常用的调频广播发射机为例来说明其组成和工作原理。图 7.37 是这种调频广播发射机的组成框图。

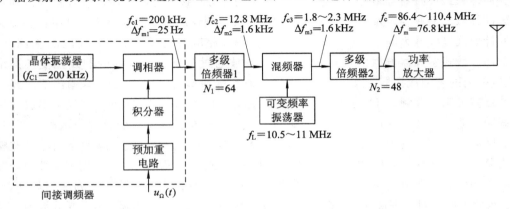

图 7.37　调频广播发射机的组成框图

图 7.37 所示调频广播发射机要求发射的调频波的中心频率 $f_c = 88 \sim 108$ MHz，其输入调制信号频率为 50 Hz～15 kHz，最终输出的调频波的最大频偏为 75 kHz。由图可见，该发射机采用间接调频方式，虚线框内的晶体振荡器、预加重电路、积分器和调相器构成了间接调频器。将高频率稳定度的晶体振荡器产生的频率为 $f_{c1} = 200$ kHz 的初始载波信号送入调相器，将经预加重和积分的调制信号也送入调相器，并对初始载波信号线性调相，实质上对调制信号 u_Ω 而言实现了调频。间接调频器输出调频波的最大频偏为 $\Delta f_{m1} = 25$ Hz，其调频指数 $m_f < 0.5$，因而为窄带调频波。为扩展发射机的线性频偏，先将 $f_{c1} = 200$ kHz、$\Delta f_{m1} = 25$ Hz 的初始调频波通过多级倍频器 1 进行 64 倍频，得到载频为 $f_{c2} = 12.8$ MHz、最大频偏为 $\Delta f_{m2} = 1.6$ kHz 的调频波；再将此调频波输入混频器和频率范围为 $f_L = 10.5 \sim 11$ MHz 的可变频率振荡信号相混频，若取差频，则只将载频降低为 $f_{c3} = 1.8 \sim 2.3$ MHz；最后通过多级倍频器 2 进行 48 倍频，则最终输出调频波的载频为 $f_c = 86.4 \sim 110.4$ MHz、最大频偏为 $\Delta f_m = 76.8$ kHz。可见，发射机最终输出调频波的载频可覆盖 88～108 MHz 的调频广播频段，其最大频偏大于且近于 75 kHz，所以输出调频波满足发射要求。最后，经功率放大器放大到一定功率电平后由天线发射出去。

从以上分析可得，当调频指数 $m_f = \Delta f_m / F_{max} = 75/15 = 5$ 时，调频发射机输出调频波的带宽 $B = 2(m_f + 1)F_{max} = 180$ kHz。若考虑 ± 10 kHz 的频率余量，各调频电台之间的频率间隔为 200 kHz，则调频波段内可容纳 100 个电台。由于调频波频带较宽，调频指数 m_f 较高，因而调频制具有优良的抗噪声性能。但也使调频发射机必须工作在超高频段以上。

图 7.37 中的预加重电路作为调频发射机的附属电路具有预加重的作用。所谓预加重，是指在发射端将输入调制信号经预加重网络对其频谱中的高频端调制频率分量的振幅进行人为提升，然后再进行调频。这样，就在高端调制频率上提高了鉴频器输入端的信噪比，也明显改善了高端调制频率上的输出信噪比，使调频制在整个频带内都可以获得较高的输出信噪比，但这样做改变了原调制信号中各频率之间的比例关系，将会造成解调信号的失真。

7.6.2　调频接收机的组成

图 7.38 所示为一个调频广播接收机的组成框图，它属于单声道调频接收机。为了使调频接收机具有较好的接收灵敏度和选择性，所以它和调幅接收机一样，也采用超外差式的电路组成方式，不同的只是将检波器变为鉴频器且增加了限幅器及自动频率控制电路（AFC 电路）、去加重电路、静噪电路等几个附加电路。

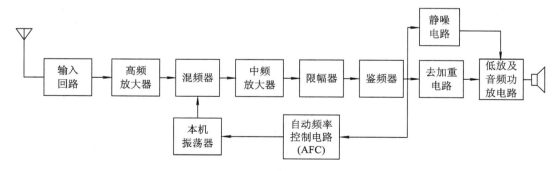

图 7.38　调频广播接收机的组成框图

调频广播接收机的基本参数和发射机相同，其频带约为 200 kHz，因而其放大器的带宽远大于调幅接收机。调频广播接收机的中频信号载频为 10.7 MHz，它略大于调频广播频段（88～108 MHz＝20 MHz）的一半，所以该频段内电台的镜像干扰频率将高于接收机的最高接收频率 108 MHz，已处于接收机频率范围之外。这样可避免调频广播频段内的镜像干扰。

调频接收机的工作原理和调幅接收机基本相同，其混频器只改变调频信号的载波频率，而不改变频偏。调频接收机中的限幅器可消除调频波中的寄生调幅，使中频信号变为等幅调频波，而鉴频器用于恢复调制信号。图中，自动频率控制（AFC）电路的作用是微调本振频率，保证混频器输出的中频稳定，这对提高调频接收机的整机选择性和灵敏度，以及改善保真度都有益。另外，去加重电路和发射机中的预加重电路的作用相反，当在接收端加有去加重网络时，它可将发射时调制信号高频端人为提升的信号振幅降下来，使调制信号的高、中、低各频率分量的振幅保持原来的比例关系。可见，调频通信系统中采用预加重和去加重技术，可保证鉴频器在调制信号频率的高频端和低频端都具有较高的输出信噪比，同时又避免了解调后信号出现失真。

为了抑制输出端的噪声，获得较高的输出信噪比，常在调频接收系统中加入静噪电路，图 7.38 中的静噪电路可控制调频接收机鉴频后的低频放大器。当接收机没有收到信号时，输出端的噪声很大，这时需要静噪，因此静噪电路自动去控制静噪开关，使低频放大器停止工作，则噪声不会在接收终端出现，达到了静噪的目的。当接收机收到信号时，输出端的噪声小，静噪电路又自动开始工作，使信号通过低频放大器输出。

7.7　实用集成电路举例

频率调制方式由于抗干扰性好，因而广泛应用于广播、移动通信、电视伴音等许多方面。由于商业需要，近年来相继出现了各种型号的通用或专用集成电路芯片。

1. 集成调频发射机

如果将音频放大器、射频振荡器、调制器、射频功率放大器集成在一个芯片上，就构成一个单片集成发射系统专用集成电路。目前常用的是 Motorola 公司的小功率单片集成 FM 发射电路 MC2831 和 MC2833。本节仅介绍 MC2831 集成调频发射机。

MC2831 是 Motorola 公司生产的单片集成调频发射机，它与 MC33XX 系列无线接收集成电路配合使用，可制成小型化、高性能、大功率的对讲机、无绳电话以及其他调频通信设备。该芯片内集成话筒放大器、射频振荡器、单音振荡器、压控振荡器和电池电压检测器。该器件具有以下特点：电源范围宽（3.0～8.0 V）；功耗低；工作频率高达 100 MHz 以上，典型应用为 49.7 MHz；所需外围元件少。

图 7.39 所示为 MC2831 的内部组成及引脚图。该芯片的部分引脚作用描述如下：

第 3 脚：调制信号输入端，由话筒放大器输出端（第 6 脚）送来，此信号可控制可变电抗大小，实现对射频振荡器的频率调制，产生调频波。

第 7 脚：单音开关接点，外接常闭型按钮开关 S。当 S 闭合时，单音振荡信号不能从第 8 脚输出，而由第 6 脚输出并送至第 3 脚，实现单音调频；当 S 断开时，单音振荡信号可由第 8 脚输出，并送至第 3 脚，实现单音调频。内部单音振荡器触发电压（第 7 脚电压）约为 1.4 V。

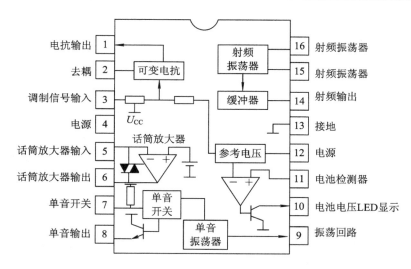

图 7.39　MC2831 的内部组成及引脚图

第 14 脚：射频输出端，外接匹配滤波网络至发射天线。

第 15、16 脚：射频振荡器接入端。

图 7.40 为 MC2831 集成芯片的典型应用电路。音频输入信号接芯片第 5 脚音频信号输入端，将音频信号送入话筒放大器放大。话筒放大器是典型的运算放大器，其增益由第 5 脚外接电阻的比例决定。放大器的频响为 25 kHz，为了限制 FM 波的频偏，采用限幅器将放大器的输出电压幅度限制在 1.4 V 以内。若将第 6 脚输出的音频信号加到第 3 脚调制信号输入端，可通过电位器调整输出音频信号的大小，从而人为地调节调频深度。电路中的射频振荡器是克拉泼振荡器，第 15、16 脚外接电容，与第 1 脚可变电抗输出端之间所接元件构成振荡回路，可组成一般 LC 振荡器或晶体振荡器。第 1、16 脚之间串接一个晶体及电感，构成晶体振荡器。晶体工作于基波状态，振荡频率为 16.5667 MHz，电感用于补

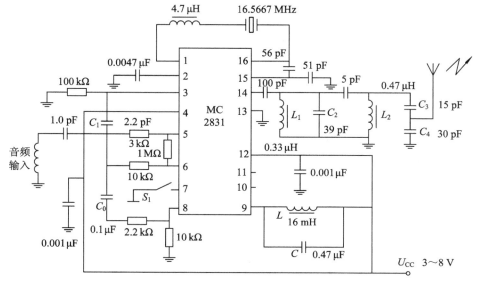

图 7.40　MC2831 集成芯片的典型应用电路

偿调制器的电抗和对输出频率进行微调。当用晶体进行直接调频时，产生的调频波的最大频偏为±(2.5～3.0) kHz，调制失真小于2%。为了得到较大的频偏，输出缓冲放大器兼作倍频器，第14脚的射频输出信号经三倍频产生中心频率为49.7 MHz的射频信号。单音振荡器是一个典型的 LC 振荡器，其振荡频率取决于第9脚的外接 LC 振荡回路，振荡器输出振荡幅度可由外部阻尼电阻调节。单音开关的内部有一个100 kΩ的上拉电阻，这样通过外接开关S可控制单音振荡器输出信号的开关。第11脚连接的电池检测器是一个正端连到内部1.2 V参考电压的比较器，由其输入的电压信号与内部的1.2 V参考电压相比较后，由第10脚输出，此管脚为一个集电极开路门，可直接驱动发光二极管LED显示数据。

2. 集成调频接收电路

集成调频接收机电路将从高频输入到低频输出的整个接收机电路集成在一个芯片内。目前常用的是 Motorola 公司的 MC33XX 系列，这些集成芯片的共同特点是：功能强、单片化、电压低、低功耗、灵敏度高。其中，MC3362、MC3363 为双变频，MC3367 为典型的单变频。双变频指采用二次混频、二次本振，即先将输入调频信号的载频降到 10.7 MHz 的第一中频，然后再降到 455 kHz 的第二中频，最后进行鉴频。现介绍低功耗窄带双变频超外差式单片调频接收机 MC3362 的原理及典型应用电路。

MC3362 主要应用于窄带语音通信和数据传输的无线接收机。图 7.41 所示为 MC3362 的内部功能和引脚图。它的片内包含两个本振、两个混频器、两个中频限幅放大器和正交鉴频器，以及表头驱动电路和第一、第二本地振荡器缓冲输出，并且还增加了载波检测电

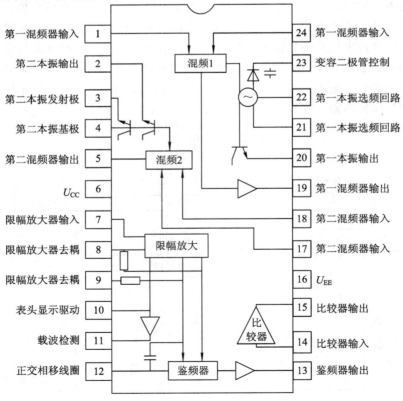

图 7.41 MC3362 的内部功能和引脚图

路和用于 FSK 检波的数据限幅比较器。因此，它是一个除高放以外，包含从天线输入到音频放大器输出的全二次变频超外差式的完整的集成接收机电路。

MC3362 的主要特性是：第一，输入带宽宽，用芯片内部振荡器作为本振时接收频率可达 200 MHz，用外部信号作为本振时可达 450 MHz；第二，工作电压范围宽，直流 $U_{CC}=2.0\sim7.0$ V，且适合低电压工作；第三，功耗低，在 $U_{CC}=3.0$ V 时，消耗功率为 10.8 mW；第四，接收灵敏度高、镜像抑制能力强。另外，它可用于 FSK 数据通信，有 60 dB 动态范围的接收信号场强指示器，并且只需少量的外接元件。

图 7.42 为采用 PLL（锁相环路）频率合成器作第一本振的接收机应用电路，它是 MC3362 的一个典型应用例子。射频输入信号来自天线，频率可达 200 MHz。经输入匹配回路，送至 1 脚和 24 脚。这时片内的第一本振电路和 21 脚、22 脚之间的外接器件构成 LC 压控振荡器，可控变容二极管的引出端为 23 脚，其控制信号电压来自 PLL 频率合成器的鉴相输出。如果所要求的接收频率范围较窄，而对接收频率的稳定性要求很高，这时第一本振可以接成晶体压控振荡器 VCO，其工作频率可达 190 MHz。20 脚为第一本振振荡频率缓冲输出端，它将振荡频率送至 PLL 的预分频器。射频输入信号和第一本振信号经第一混频器放大（变频增益典型值为 18 dB），并混频转换成 10.7 MHz 的第一中频信号。第一中频信号由 19 脚输出，再经过外部 10.7 MHz 的带通陶瓷滤波器滤波，然后，输入到第二混频器输入端 17 脚，混频器另一输入端 18 脚接 U_{CC}。第二本振采用普通的皮尔斯晶体振荡器，晶体工作频率典型值为 10.245 MHz。第二本振信号送入第二混频器后，与 10.7 MHz 的第一中频信号差混得 455 kHz 第二中频信号，且信号进一步放大（变频增益典型值为

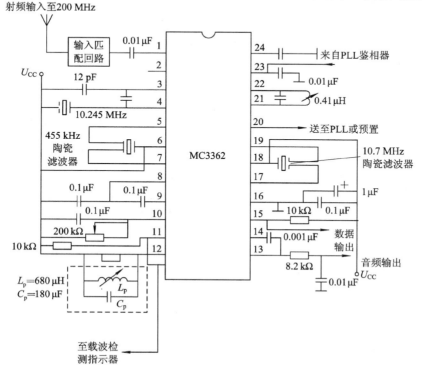

图 7.42　MC3362 的典型应用电路

22 dB）。第二中频信号经过 455 kHz 陶瓷带通滤波器后，输入到限幅放大器和载波检测电路。限幅器的输出在内部连接到鉴频器上，最后通过相移鉴频器恢复成音频信号从 13 脚输出。

另外，12 脚外接一个并联 LC 回路（正交相移线圈），回路中并联的旁路电阻决定鉴频器的带宽，电阻值小则鉴频器带宽大、线性好，但是会使音频输出幅度减小、灵敏度下降。图中的载波电平检测电路用来监视输入射频信号的场强，数据整形比较器用于检测 FSK 调制信号的过零率，该电路检测数据的速率为 2000～35 000 波特。如果系统传送的是数据信号，则 13 脚输出的数据信号经 14 脚进入比较器，比较后由 15 脚输出接收到的数据信号。

本 章 小 结

1. 角度调制及解调属于频谱变换电路，角度调制是用调制信号去控制载波的相角，使载波总相角随调制信号而变化；角度解调是从已调角波中检出调制信号所进行的频谱变换。角度调制又称调角，分为调频和调相，调频是指已调波的瞬时频率变化与调制电压成线性关系；调相是指已调波的瞬时相位变化与调制电压成线性关系。调频信号和调相信号都是等幅信号，它们的频谱不是调制信号频谱的线性搬移。

2. 对于单频调频或调相信号来说，只要调制指数 m 相同，则频谱结构与参数相同，均由载频与无穷多对上下边频组成，理论上频带无限宽。但是，当调制信号为复杂信号时，相应调频信号和调相信号的频谱则不相同，而且各自的频谱都不是单个频率分量调制时所得频谱的简单叠加。这说明角度调制属于非线性调制。

3. 调角波的能量主要集中在载频 f_c 附近的有限频段内，若略去幅度小于 10% 未调制载波幅度的边频分量，则可认为其带宽有限。最大频偏 Δf_m、最大相偏 $\Delta \varphi_m$ 和带宽 B 是调角波的三个重要参数。调角波的有效带宽及频谱结构与调制指数 m 有关，这一点和调幅不同。调频波的 m_f 和调制频率 F 成反比，而调相波的 m_p 和 F 无关，因此可近似认为调频波的带宽和调制信号频率无关，为恒定带宽调制；而调相波的带宽随调制信号频率近似线性变化。

4. 实现调频的方法有两种，一是直接调频，二是间接调频。直接调频是用调制信号直接控制振荡器中的可变电抗元件，使振荡器的振荡频率随调制信号线性变化；间接调频是将调制信号积分后，再对载波进行调相，从而获得调频信号。直接调频可获得较大的线性频偏，但载频的频率稳定度较低；间接调频时载频的频率稳定度较高，但线性频偏较小。实际应用时常采用间接调频来提高载频的稳定度，之后再利用多级倍频和混频的方法来扩展最大线性频偏。

5. 角度解调和角度调制是相反的过程。调频波的解调称为鉴频或频率检波，完成鉴频功能的电路称为鉴频器。调相波的解调称为鉴相或相位检波，完成鉴相功能的电路称为鉴相器。鉴频的实现方法主要有：斜率鉴频法、相位鉴频法、脉冲计数法和锁相环法，其中斜率鉴频法和相位鉴频法是两种主要鉴频方法。鉴频电路的形式有多种，本章介绍了斜率鉴频器、相位鉴频器、比例鉴频器、符合门鉴频器和脉冲计数式鉴频器。前三种鉴频器的基本模型都是由实现波形变换的线性网络和实现频率变换的非线性网络组成的。

思考题与习题

7.1 调角波和调幅波的主要区别是什么？调频波和调相波的主要区别是什么？

7.2 为什么调幅波的调制系数不能大于 1，而角度调制的调制系数可以大于 1？

7.3 举例说明你所知的各种无线电设备中哪类采用调频制？哪类采用单边带调制？哪类采用调幅制？并扼要说明为什么采用这种调制方式？

7.4 为什么通常在鉴频器之前要采用限幅器？

7.5 为什么比例鉴频器有抑制寄生调幅作用？其根本原因何在？

7.6 简述脉冲计数式鉴频器的工作原理。

7.7 有一调频广播发射机，其输入调制信号频率为 30 Hz～15 kHz，若发射机最大频偏为 $\Delta f_{\mathrm{m}}=75$ kHz，且可以忽略小于未调制载频幅度 10% 的边频分量，则求该发射机所占有的频带宽度。

7.8 有一个调频波的载波频率是 10.7 MHz，其最大频偏为 200 kHz，调制信号频率为 5 kHz，求调制指数；若调制信号频率降为 1 kHz，求调制指数。

7.9 调角波的数学表达式为 $u(t)=10\cos(2\pi\times10^6 t+5\sin2\pi\times300t)$ V，试问是调频还是调相波？并求载频、调制频率、调制指数、最频偏以及该调角波在 50 Ω 电阻上产生的平均功率。

7.10 已知调角信号 $u(t)=10\cos(2\pi\times10^7 t+4\cos2\pi\times10^3 t)$ V。(1) 若 $u(t)$ 是调频信号，试写出载波频率 f_{c}、调制频率 F、调频指数 m_{f} 和最大频偏 Δf_{m}。(2) 若 $u(t)$ 是调相信号，试写出载波频率 f_{c}、调制频率 F、调相指数 m_{p} 和最大频偏 Δf_{m}。

7.11 已知调制信号 $u_{\Omega}=U_{\Omega\mathrm{m}}\cos2\pi\times500t(\mathrm{V})$，$m_{\mathrm{f}}=m_{\mathrm{p}}=10$，求 FM 和 PM 波的带宽。并求：

(1) 若 $U_{\Omega\mathrm{m}}$ 不变，F 增大一倍，两种调制信号的带宽如何变化？

(2) 若 F 不变，$U_{\Omega\mathrm{m}}$ 增大一倍，两种调制信号的带宽如何变化？

(3) 若 $U_{\Omega\mathrm{m}}$ 和 F 都增大一倍，两种调制信号的带宽又如何变化？

7.12 已知调制信号为 $u_{\Omega}=U_{\Omega\mathrm{m}}\cos2\pi\times10^4 t$，载波电压为 $u_{\mathrm{c}}=U_{\mathrm{cm}}\cos2\pi\times10^8 t$，最大频偏为 $\Delta f_{\mathrm{m}}=100$ kHz。要求：

(1) 写出该调频波的表达式，并计算频带宽度。

(2) 若将调制信号频率增大 1 倍，频宽如何变化？

7.13 载频振荡的频率为 $f_{\mathrm{c}}=20$ MHz，振幅为 $U_{\mathrm{cm}}=4$ V，调制信号为单频余弦波，频率为 $F=500$ Hz，最大频偏为 $\Delta f_{\mathrm{m}}=10$ kHz。

(1) 写出调频波和调相波的数学表达式。

(2) 若将调制频率变为 2 kHz，其他参数不变，试写出调频波与调相波的数学表达式。

7.14 已知调频波的瞬时频率 $f(t)=10^7+10^3\sin2\pi\times10^4 t$，未调载波 $u_{\mathrm{c}}(t)=10\sin2\pi\times10^7 t(\mathrm{V})$，要求：

(1) 写出该调频波的表达式，并计算 $t=1$ ms 时，瞬时相位和瞬时频率各是多少？

（2）该调频波能在负载 $R_L = 10\ \Omega$ 上产生多大功率？

7.15 一调角波信号表达式为 $u(t) = 10\cos(2\pi\times10^6 t + 20\cos 2000\pi t)\ (\mathrm{V})$，试根据其表达式确定：

（1）最大频偏和最大相偏。

（2）此信号在单位电阻上的功率。

（3）信号带宽。

（4）此信号是调频波还是调相波？

7.16 已知调制信号 $u_\Omega = 5\cos 2\pi\times 10^3 t + 3\cos\pi\times 10^3 t$，调频灵敏度 $k_{\mathrm{f}} = 3\ \mathrm{kHz/V}$，载波信号为 $u_c = 10\cos 2\pi\times10^6 t\ (\mathrm{V})$，试写出此 FM 信号表达式。

7.17 已知载波信号 $u_c = U_{cm}\cos\omega_c t$，调制信号 $u_\Omega(t)$ 为周期性方波，如题图 7.1 所示，试画出调频信号、瞬时角频率偏移 $\Delta\omega(t)$ 和瞬时相位偏移 $\Delta\varphi(t)$ 的波形。

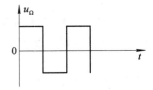

题图 7.1

7.18 已知某调频信号表达式为 $u(t) = 5\cos(2\pi\times10^7 t + 10\sin 1000\pi t)\ (\mathrm{V})$，其调频灵敏度为 $k_{\mathrm{f}} = 2\pi\times10^3\ \mathrm{rad/sv}$，要求：

（1）求该调频信号的最大相位偏移 $\dot{m}_{\mathrm{f}}$、最大频偏 Δf_{m} 和有效频谱带宽 B。

（2）写出调制信号和载波输出电压表示式。

7.19 已知调制信号为正弦波，当调制频率为 500 Hz，振幅为 2 V 时，调角波的最大频偏 $\Delta f_{\mathrm{m1}} = 200\ \mathrm{Hz}$。若调制信号振幅仍为 2 V，但调制信号频率增大为 2 kHz 时，要求将此时的最大频偏增加为 $\Delta f_{\mathrm{m2}} = 20\ \mathrm{kHz}$。试问：在调频和调相两种情况下各应倍频多少次才能满足最大频偏的要求？

7.20 在采用间接调频时，若调制信号频率 $F = 300\sim3000\ \mathrm{Hz}$，满足线性调频时的最大允许相位偏移 $\Delta\varphi_{\mathrm{m}} = 0.5\ \mathrm{rad}$。那么如果要求在任一调制信号频率时的调频波的最大频偏 Δf_{m} 不低于 75 kHz，需要倍频的倍数为多少？

7.21 变容二极管直接调频电路的振荡回路如题图 7.2 所示。变容二极管的参数分别为：$U_{\mathrm{VD}} = 0.6\ \mathrm{V}$，$\gamma = 2$，$C_{\mathrm{jQ}} = 15\ \mathrm{pF}$。已知 $L = 20\ \mu\mathrm{H}$，$U_Q = 6\ \mathrm{V}$，$u_\Omega = 0.6\cos 2\pi\times10^4 t\ (\mathrm{V})$，试求调频信号的中心频率 f_c、最大频偏 Δf_{m} 和调频灵敏度 S_{F}。

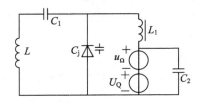

题图 7.2

7.22　晶振变容二极管直接调频电路如题图 7.3 所示，若石英晶体的串联谐振频率 $f_q=10$ MHz，串联电容 C_q 与未加调制信号时变容二极管的静态结电容 C_{jQ} 之比为 2×10^{-3}，晶体静电容 C_0 可以忽略。已知变容二极管的变容指数 $\gamma=2$，$U_D=0.6$ V，加在变容管上的反向偏压 $U_Q=2$ V，调制电压振幅为 $U_{\Omega m}=1.5$ V。要求：

（1）分别画出变容二极管直流通路、低频交流通路和高频等效电路，并说明这是哪一种振荡电路。

（2）求出最大线性频偏 Δf_m。

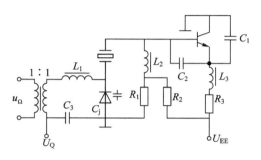

题图 7.3

7.23　已知鉴频器的输入调频信号为 $u_{FM}(t)=5\,\cos(4\pi\times10^7 t+10\,\sin4\pi\times10^3 t)$ V，鉴频灵敏度 $S_D=5$ mV/kHz，线性鉴频范围大于 $2\Delta f_m$。求鉴频电路的输出解调电压 $u_o(t)$。

7.24　在题图 7.4 所示的两个平衡二极管电路中，哪个电路能实现包络检波，哪个电路能实现斜率鉴频，相应的回路参数（即回路中心频率 f_{01} 和 f_{02}）应如何配置？

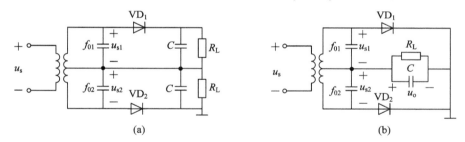

(a)　　　　　　　　　　(b)

题图 7.4

7.25　对于题图 7.5 所示的互感耦合回路相位鉴频器，试回答下列问题：

（1）若两个二极管 VD_1、VD_2 极性同时反接，电路能否鉴频？其鉴频特性怎样变化？

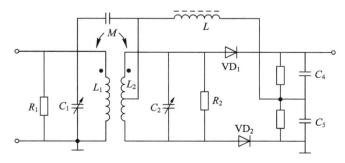

题图 7.5

（2）若其中只有一个二极管极性接反，电路能否鉴频？

（3）若两个二极管中有一个损坏开路，电路能否鉴频？

（4）若次级线圈 L_2 的两端对调，电路能否鉴频？其鉴频特性怎样变化？

（5）若次级线圈 L_2 的中心抽头不对称，电路能否鉴频？其鉴频特性怎样变化？

第 8 章　自动控制电路

8.1　概　　述

反馈控制是现代工程技术中一种重要的技术手段,现已广泛应用于各种领域的自动控制与调节,在系统受到扰动的情况下通过反馈控制的作用可以使系统的某个参数达到需要的精度,或按照一定的规律动作。根据控制对象参数不同,反馈控制电路在电子线路中可以分为以下三类:自动增益控制(AGC)电路、自动频率控制(AFG)电路及自动相位控制(APC)电路。然后介绍三种基本反馈控制电路的原理、组成及应用。最后阐述在此基础上发展起来的频率合成技术及其在电子通信领域的广泛应用。

一般来讲,反馈哪个量输出就可以稳定哪个量。反馈量可以是电学量,也可以是非电学量,如温度、压力、位移、流量、速度等。电子电路中的反馈最常见的是振幅的反馈,如模拟电子电路中的电压、电流负反馈电路。

自动增益控制(Automatic Gain Contorl,AGC)实际上是振幅控制,被稳定和控制的量是振幅;在自动频率控制(Automatic Frequency Control,AFC)中,反馈量是频率,被稳定控制的量就是频率;若反馈量是相位,则信号跟踪另一信号的相位,使其两者的相位差不变,那么这两个信号的相位差保持稳定,而频率相等,所以具有相位反馈的锁相环路(Phase Locked Loop,PLL)也是一种实现频率跟踪的自动控制电路。但它与自动频率控制电路有本质的不同。AFC 是利用误差频率产生的电压来控制频率,是有频差的。而 PLL 有相差,利用相差产生控制作用,因此没有频差的。

增益控制电路是电子设备,特别是通信接收设备的重要辅助电路之一,它的主要作用是使设备的输出电平(振幅)基本保持恒定。

接收机的输出电平取决于输入信号的电平和接收机的增益。接收机的输入信号由于种种原因通常有很大的变化范围,最大和最小的输入信号相差可以达到几十分贝。在接收较弱信号时,我们希望接收机有较高的增益;在接收较强信号时,则要求它的增益相应地降低。这样才能使输出信号保持适当的电平,不致因为输入信号太小而无法正常工作,也不致因输入信号太大使接收机发生饱和而堵塞。控制输出信号的基本恒定这一任务由增益控制电路来完成。

自动频率控制电路也称自动频率控制环(AFC 环),是通信设备中必备的基本电路,它的主要作用是使输出信号的频率和输入信号的频率保持确定关系。

AFC 环主要由鉴频器和受控本地振荡器等部件构成。后者大多采用压控振荡器,它能

使中频 f_1 在输入信号频率 f_c 和本地受控振荡频率 f_L 发生变化时尽量保持稳定。通常令 $f_1 = f_L - f_c$。鉴频器的作用是检测中频的频偏，并输出误差电压。闭环时，输出误差电压使受控振荡器的振荡频率偏离减小，从而把中频拉向额定值。这种频率负反馈作用经过 AFC 环反复循环调节，最后达到平衡状态，从而使系统的工作频率保持稳定且偏差很小。早期的 AFC 环用于自动调谐接收机，以简化接收机的调谐手续，并使它在发射信号频率不稳定时也能进行稳定接收。20 世纪 50 年代初期，AFC 环始用于调频通信接收机，以提高抗干扰能力；用于雷达接收机以实现频率微调；还用于调频发射机和其他电子设备，以提高主振频率的稳定度。

锁相环为无线电发射中使频率较为稳定的一种方法，锁相环由鉴相器、环路滤波器和压控振荡器组成。鉴相器用来鉴别输入信号与输出信号之间的相位差，并输出误差电压。误差电压中的噪声和干扰成分被低通性质的环路滤波器滤除，形成压控振荡器（VCO）的控制电压。控制电压作用于压控振荡器的结果是把它的输出振荡频率 f_o 拉向环路输入信号频率 f_i，当二者相等时，环路被锁定，维持锁定的直流控制电压由鉴相器提供。锁相环路是能使受控振荡器的频率和相位均与输入信号保持确定关系的闭环电子电路。

频率合成是指由一个或多个频率稳定度和精确度很高的参考信号源通过频率域的线性运算，产生具有同样稳定度和精确度的大量离散频率的过程。实现频率合成的电路叫频率合成器，频率合成器是现代电子系统的重要组成部分。在通信、雷达和导航等设备中，频率合成器既是发射机的激励信号源，又是接收机的本地振荡器；在电子对抗设备中，它可以作为干扰信号发生器；在测试设备中，可作为标准信号源，因此频率合成器被人们称为许多电子系统的"心脏"。在后续的章节中我们主要介绍基本的反馈控制电路和在此基础上发展起来的频率合成器。

8.2　反馈控制的基本原理

8.2.1　反馈控制系统的组成、工作过程和特点

反馈控制系统的组成方框图如图 8.1 所示。它一般由比较器、控制设备和反馈环节组成，比较器的作用是将外加的参考信号 $r(t)$ 与反馈信号 $f(t)$ 进行比较，得到并输出参考信号和反馈信号的差值信号 $e(t)$，比较器的功能是检测误差信号和产生控制信号。控制设备是在输入信号 $s(t)$ 的作用下产生输出信号 $y(t)$，其输出与输入特性关系受误差信号 $e(t)$ 的

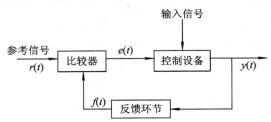

图 8.1　反馈控制系统的组成方框图

控制，也就是通过误差信号控制信号的输出。有些反馈控制系统，其输出信号是由控制设备本身产生的，而不需另加输入信号，其输出信号的参数受误差信号的控制。前面所讲的压控振荡器就是一个典型的例子。反馈环节的作用是将输出信号 $y(t)$ 按一定的规律反馈到输入端，这个规律可以随着要求的不同而不同，它对整个环路的性能起着重要的作用。

1. 反馈控制系统的工作过程

假定系统已处于稳定状态，这时输入信号为 s_0，输出信号为 y_0，参考信号为 r_0，比较器输出的信号为 e_0。

（1）参考信号 r_0 保持不变，输出信号 y 发生了变化。y 发生了变化的原因既可以是输入信号 $s(t)$ 发生了变化，也可以是控制设备的本身特性发生可变化。y 的变化经过反馈环节将表现为反馈信号 f 的变化，使得输出信号 y 向趋近于 y_0 的方向进一步变化。在反馈控制系统中，总是使输出信号 y 进一步变化的方向与原来的变化方向相反，也就是要减小 y 的变化量。y 的变化减小将使得比较器输出的误差信号减小。适当的设计可以使系统再次达到稳定，误差信号 e 的变小，这就意味着输出信号 y 偏离稳态值 y_0 也很小，从而达到稳态输出 y_0 的目的。显然，整个过程是靠系统的本身的反馈机制自动进行调节的。

（2）参考信号 r_0 发生了变化。这时即使输入信号 $s(t)$ 和可控特性设备的特性没有变化，误差信号 e 也要发生变化。系统调整的结果使得误差信号 e 的变化很小，这只能是输出信号 y 与参考信号 r 同方向的变化，也就是输出信号将随着参考信号的变化而变化。

总之，由于反馈控制作用，较大的参考信号变化和输出信号的变化，只能引起小的误差信号的变化。欲得此结果，需满足如下两个条件：

首先，反馈信号变化的方向要与参考信号的变化方向一致。因为比较器输出的误差信号 e 是参考信号 r 与反馈信号 f 之差，即 $e=r-f$，所以，只有反馈信号与参考信号变化方向一致，才能抵消参考信号的变化。

其次，从误差信号到反馈信号的整个通路（控制设备、反馈环节和比较器）的增益要高。从反馈控制系统的工作过程可以看出，整个调整过程就是反馈信号与参考信号之间的差值自动减小的过程，而反馈信号的变化是受误差信号控制的。整个通路的增益越高，同样的误差信号的变化就越大。这样对于相同的参考信号与反馈信号之间的起始偏差，在相同重新达到稳定后，通路增益高，误差信号变化就小，整个系统调整的质量就高。应该指出，提高通路增益只能减小误差信号变化，而不能将这个变化减小到零。这是因为补偿参考信号与反馈信号之间的起始偏差所需的反馈信号变化，只能由误差信号变化产生。

2. 反馈控制系统的特点

反馈控制系统具有如下特点：

（1）误差检测。控制信号产生和误差信号校正全部都是自动完成的。当系统的参考信号（或称基准信号）与反馈信号之间的差值发生变化时，系统能自动调整，待重新达到稳定后，可以是使误差信号远远小于参考信号与反馈信号的起始偏差。利用这个特性，可以保持输出信号基本不变，或者是输出信号随参考信号的变化而变化。它的反应速度快，控制精度高。

（2）系统是根据误差信号的变化而进行调整的，而不管误差信号是由哪些原因产生的。所以不论是参考信号的变化输出信号的变化而引起的变化，也不论输出信号是由于输入信号的变化而引起的变化，还是由于设备本身特性的变化而引起的变化，系统都能进行调整。

（3）系统的合理设计能够减小误差信号的变化，但不可能完全消除。因此，反馈控制系统调整的结果总是有误差的，这个误差叫剩余误差。系统的合理设计可以将剩余误差控制在一定范围内。

以上对反馈控制系统的组成、工作过程及其特点进行了说明，下面对反馈控制系做一些基本分析。

8.2.2 反馈控制系统的基本分析

1. 反馈控制系统的传递函数及数学模型

分析反馈控制系统就是要找到参考信号与输出信号（又称被控信号）的关系，也就是要找到反馈控制系统的传输特性。和其他系统一样，反馈控制系统也可以分为线性系统和非线性系统。这里重点分析线性系统。

若参考信号 $r(t)$ 的拉氏变换为 $R(s)$，输出信号 $y(t)$ 的拉氏变化为 $Y(s)$，则反馈控制系统的传输特性表示为

$$T(s) = \frac{Y(s)}{R(s)} \tag{8.1}$$

式中，称 $T(s)$ 为反馈控制系统的闭环传递函数。

下面来推导闭环传递函数 $T(s)$ 的表达式。并利用它分析反馈控制系统的特性。为此需先找出反馈控制系统各部件的传递函数及数学模型。

1）比较器

比较器的典型特性如图 8.2 所示，其输出的误差信号 e 通常与参考信号 r 和反馈信号 f 的差值成比例，即

$$e = A_{cp}(r - f) \tag{8.2}$$

这里，A_{cp} 是一个比例常数，它的量纲应满足不同系统的要求。如在下面将要分析的 AGC 系统中，r 是参考信号的电平值，所以 A_{cp} 是一个无量纲的常数。而在 AFC 中，r 是参考信号的频率值，f 是

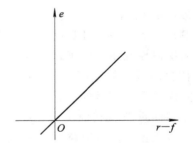

图 8.2　比较器的典型特性

反馈信号的频率值，e 是反映这两个频率差的电平值，所以 A_{cp} 唯一的量纲是 V/Hz 的常数。在锁相环电路中，e 和 $(r-f)$ 不成线性关系，这时 A_{cp} 就不再是一个常数，这种情况可参阅有关文献，这里只讨论 A_{cp} 为常数的情况。

将式（8.2）写成拉氏变换式

$$E(s) = A_{cp}[R(s) - F(s)] \tag{8.3}$$

式中，$E(s)$ 是误差信号的拉式变换，$R(s)$ 是参考信号的拉氏变换，$F(s)$ 是反馈信号的拉氏变换。

2）控制设备

在误差信号控制下产生的相应输出信号的设备为控制设备。控制设备的典型特性如图

8.3 所示。如压控振荡器就是在误差电压的控制下产生相应的频率变化。和比较器一样，控制设备的变化关系并不一定是线性关系，为简化分析假定它是线性关系，即

$$y = A_c e \qquad (8.4)$$

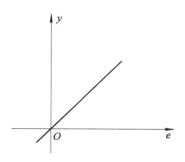

这里，A_c 是常数，其量纲应满足系统的要求。例如，压控振动器 A_c 的量纲就是 Hz/V。

将式(8.4)写成拉氏变换式

$$Y(s) = A_c E(s) \qquad (8.5)$$

图 8.3　控制设备的典型特性

3) 反馈环节

反馈环节的作用是将输出信号 y 的信号形式变化为比较器需要的信号形式。如输出信号是交流信号，而比较器需要用反映交变信号的平均值的直流信号进行比较，反馈环节应能完成这种变换。反馈环节的另一重要作用是按需要的规律传递输出信号。例如，只需要某些频率信号起反馈作用，那么可以将反馈环节设计成一个滤波器，只允许所需的频率信号通过。此外，它还可以对环路进行调整。

通常，反馈环节是一个所需特性的线性无源网络。如在锁相环 PLL 中它是一个低通滤波器。它的传递函数为

$$H(s) = \frac{F(s)}{Y(s)} \qquad (8.6)$$

这里，$H(s)$ 为反馈传递函数。

根据上面的基本部件的功能和数学模型可以得到这个反馈控制系统的数学模型，如图 8.4 所示。利用这个模型，就可以导出整个系统的传递函数。因为

$$Y(s) = A_c E(s) = A_c A_{cp}[R(s) - F(s)] = A_c A_{cp}[R(s) - H(s)Y(s)]$$
$$= A_c A_{cp} R(s) - A_c A_{cp} H(s)Y(s)$$

从而得到反馈控制系统的传递函数为

$$T(s) = \frac{Y(s)}{R(s)} = \frac{A_c A_{cp}}{1 + A_c A_{cp} H(s)} \qquad (8.7)$$

式(8.7)称为反馈控制系统的闭环传递函数。利用该式就可以对反馈控制系统的特性进行分析。在分析反馈控制系统时，有时还要用到开环传递函数 $T_{op}(s)$、正向传递函数 T_f 和误差传递函数 $T_e(s)$ 的表达式。

开环传递函数是指反馈信号 $F(s)$ 与误差信号 $E(s)$ 之比，即

$$T_{op}(s) = \frac{F(s)}{E(s)} = A_c H(s) \qquad (8.8)$$

正向传递函数是指输出信号 $Y(s)$ 与误差信号 $E(s)$ 之比，即

$$T_f(s) = \frac{Y(s)}{E(s)} = A_c \qquad (8.9)$$

误差传递函数是指误差信号 $E(s)$ 与参考信号 $R(s)$ 之比，即

$$T_e(s) = \frac{E(s)}{R(s)} = \frac{A_c}{1 + A_c A_{cp} H(s)} \qquad (8.10)$$

2. 反馈控制系统的基本特性的分析

1) 反馈控制系统的瞬态与稳态响应

若反馈控制系统系统已经给定，即正向传递函数 A_c 和反馈传递函数 $H(s)$ 为已知，则在给定参考信号 $R(s)$ 后就可根据式(8.7)求得该系统的输出信号 $Y(s)$，因为

$$Y(s) = \frac{A_c A_{cp}}{1 + A_c A_{cp} H(s)} R(s) \tag{8.11}$$

在一般情况下，该式表示的是一个微分方程式，从线性系统的分析可知，所求得的输出信号的时间函数 $y(t)$ 将包含有稳态部分和瞬态部分。在控制系统中，稳态部分表示系统稳定后所处的状态；瞬态部分则表示系统中进行控制过程中的情况。这里主要讨论稳态情况。

【例 8.1】 以反馈放大器为例来说明上述概念。电路如图 8.4 所示。

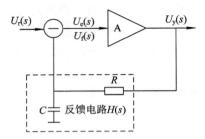

图 8.4 反馈放大器等效电路

【解】 与图 8.4 对比，不难得出相应的关系式，其正向传递函数如下：

反馈传递函数为

$$H(s) = \frac{U_f(s)}{U_y(s)} = \frac{1}{1 + RCs}$$

这里，$A_{cp} = 1$，所以其闭环传递函数为

$$T(s) = \frac{U_y(s)}{U_r(s)} = \frac{A_c A_{cp}}{1 + A_c A_{cp} H(s)} = \frac{A}{1 + \dfrac{A}{RCs}}$$

$$= \frac{A(RCs + 1)}{RCs + 1 + A} = \frac{A\left(s + \dfrac{1}{RC}\right)}{s} + \frac{1 + A}{RC} \tag{8.12}$$

当给定参考信号是阶跃信号时，即 $r(t) = u(t)$，则

$$U_r(s) = \frac{1}{s}$$

将其代入式(8.12)，得

$$U_y(s) = \frac{A\left(s + \dfrac{1}{RC}\right)}{s\left(s + \dfrac{1 + A}{RC}\right)} \tag{8.13}$$

利用部分分式展开式(8.13)，并进行拉式逆变换，就得到了在阶跃函数输入时该电路的输出信号 $u_y(t)$ 为

$$u_y(t) = \frac{A}{1 + A} u(t) + \frac{A^2}{1 + A} \exp\left(-\frac{1 + A}{RC} t\right) u(t) \tag{8.14}$$

式中，第一项为稳态部分，当电路稳定后，输出亦是一个阶跃，幅度为 $\dfrac{A}{1+A}$；第二项为瞬态部分，它随时间的增长按指数规律衰减。如图 8.5 所示。

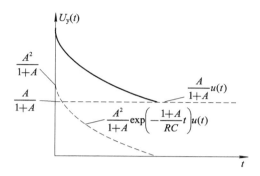

图 8.5　反馈放大器在单位阶跃信号作用下的输出信号

2）反馈控制系统的跟踪特性

反馈控制系统的跟踪特性是指误差信号 e 与参考信号 r 的关系。它的复频域表示式是式（8.10）所示的误差传递函数，也可表示为

$$E(s) = \frac{A_{cp}}{1 + A_c A_{cp} H(s)} R(s) \tag{8.15}$$

当给定参考信号 r 时，求出其拉氏变换并代入式（8.15）中，求出 $E(s)$，在进行逆变换就可得误差信号 e 随时间变化的函数式。显然，误差信号的变化既取决于系统的参数 A_{cp}、A_c 和 $H(s)$，也取决于参考信号的形式。对于同一个系统，当参考信号是一个阶跃信号时，误差信号是一种形式，而当参考信号是一个斜升函数（随时间线性增加的函数）时，误差信号又是另一种形式。

误差信号随时间变化的情况反映了参考信号的变化和系统是怎样跟随变化的。例如，当参考信号是阶跃变化，即由一个稳态值变化到另一个稳态值时，误差信号在开始时较大，而当控制过程结束系统达到稳态时，误差信号将变得很小，近似为零。但是，对于不同的系统，变化的过程是不一样的，它既可能是单调减小的，也可能是振荡减小的，如图 8.6 中的曲线（Ⅰ）和（Ⅱ）所示。

当需要了解在跟踪过程中有没有起伏以及起伏的大小时，或者需要了解误差信号减小到某一规定值所需的时间（即跟踪速度）时，就需要了解这个跟踪过程。从数学上说，就是要求在给定参考信号变化形式的情况下误差信号的时间函数，但是这种计算往往是比较复杂的。

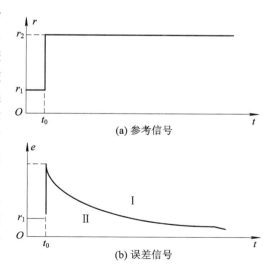

图 8.6　反馈控制系统的跟踪过程

在许多实际应用中，往往不需要了解信号的跟踪过程，而只需要了解系统稳定后误差信号的大小，称其为稳态误差。利用拉普拉斯变换的终值定理和误差传递函数的表达式 (8.15)就可求得稳态误差信号值

$$e_{s} = \lim_{s \to 0} e(t) = \lim sE(s) = \lim \frac{sA_{cp}}{1 + A_{cp}A_{c}H(s)} R(s) \tag{8.16}$$

e_s 越小，说明系统跟踪误差越小，跟踪特性越好。

对于例 8.1，在单位阶跃函数的作用下，即 $u_r(t) = u(t)$，$U_r(s) = 1/s$，其误差信号为

$$U_e(s) = \frac{s + \dfrac{1}{RC}}{s\left(s + \dfrac{1+A}{RC}\right)} \tag{8.17}$$

利用部分分式法展开式(8.17)并进行逆变换，就能得到在单位阶跃信号作用下电路误差信号随时间变化的特性，即跟踪特性

$$u_e(t) = \frac{1}{1+A} u(t) + \frac{A}{1+A} \exp\left(-\frac{1+A}{RC}t\right) u(t) \tag{8.18}$$

由图 8.7 可见，在单位阶跃函数的作用下，这个电路的误差信号开始是 1，当 $t \to \infty$ 时，电路达到稳定，误差信号的值是 $\dfrac{1}{1+A}$，变换过程是按指数规律单调衰减，时间常数是 $\dfrac{RC}{1+A}$。利用式(8.16)，也可以直接求其稳态误差

$$U_{es} = \lim_{t \to \infty} u_e(t) = \lim_{s \to 0} U_e(s)$$

$$= \lim_{s \to 0} \frac{s + \dfrac{1}{RC}}{s + \dfrac{1+A}{RC}}$$

$$= \frac{A}{1+A} \tag{8.19}$$

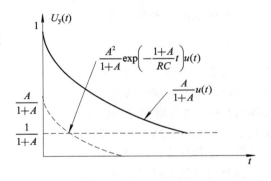

图 8.7 反馈放大器的跟踪特性

上式和式(8.18)求得的结果是一致的。显然 A 越大，U_{es} 越小，输出信号越接近参考信号，这与式(8.14)的结果是符合的。

3) 反馈控制系统的频率响应

反馈控制系统在正弦信号的作用下的稳态响应称为频率响应，可以用 $j\omega$ 代替传递函数中的 s 来得到，这样，系统的闭环频率响应为

$$T(j\omega) = \frac{Y(j\omega)}{R(j\omega)} = \frac{A_{cp}A_{c}}{1 + A_{cp}A_{c}H(j\omega)} \tag{8.20}$$

这时，反馈控制系统等效为一个滤波器，$T(j\omega)$ 也可以用幅频特性和相频特性表示。若参考信号的频谱函数为 $R(j\omega)$，那么经过反馈控制系统后它的不同频率分量的幅度和相位都将发生变化。

由式(8.20)可以看出，反馈环节的频率响应 $H(j\omega)$ 对反馈控制系统的频率响应起决定性作用。可以利用改变 $H(j\omega)$ 的方法调整整个系统的频率响应。

与闭环频率特性一样，用式(8.10)可求得误差频率响应为

$$T_e(j\omega) = \frac{E(j\omega)}{R(j\omega)} = \frac{A_{cp}}{1 + A_{cp}A_c H(j\omega)} \tag{8.21}$$

它表示误差信号的频谱函数与参考信号频谱函数的关系。

对于例 8.1，其闭环频率响应为

$$T(j\omega) = \frac{U_y(j\omega)}{U_r(j\omega)} = \frac{A(j\omega CR + 1)}{j\omega CR + 1 + A} \tag{8.22}$$

其幅频特性为

$$|T(j\omega)| = \left|\frac{U_y(j\omega)}{U_r(j\omega)}\right| = A\sqrt{\frac{(\omega CR)^2 + 1}{(\omega CR)^2 + (1 + A)^2}} \tag{8.23}$$

频率曲线如图 8.8 所示。可见，当反馈放大器在阶跃信号作用下，它的输出信号在系统稳定后是 $\frac{A}{1+A}$；当参考信号频率很高时，输出信号在系统稳定后将比参考信号在幅度上增加 A 倍。这个结果是明显的，因为对于直流信号来说，这个电路是全部负反馈，其增益为 $\frac{A}{1+A}$；而当 $\omega \to \infty$ 时，这个电路没有反馈，其增益为 A。这样的频率响应特性是由其反馈环节 RC 电路决定的。RC 电路的频率特性为

$$H(j\omega) = \frac{1}{j\omega CR + 1} \tag{8.24}$$

如图 8.9 所示，调整 $H(j\omega)$ 的特性，就可以得到所需的整个电路的频率特性。它的误差频率特性与闭环频率特性形状相同，只差一个系数 A。

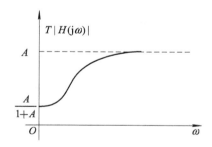

图 8.8 反馈放大器的闭环频率特性

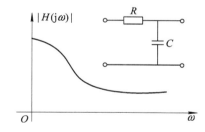

图 8.9 例 8.1.1 反馈电路的频率特性

4）反馈控制系统的稳定性

反馈控制系统的稳定性是必须考虑的重要问题之一。其含义是：在外来扰动的作用下，环路脱离原来的稳定状态，经瞬变过程后能回到原来的稳定状态，则系统是稳定的；反之则是不稳定的。如果反馈回路是非线性的，它的稳定与否不仅取决于环路本身的结构参数，还与外来扰动的强弱有关。但是，当扰动强度较小时，则可以作为线性化环路的稳定性问题来处理。事实上，线性化环路满足稳定工作条件是实际环路稳定工作的前提。

若一个线性电路的传递函数 $T(s)$ 的全部极点（亦即特征方程的根）位于复平面的左半平面内，则它的瞬态响应将是按指数规律衰减（不论是振荡的或是非振荡的）。这时，环路振荡是稳定的；反之，若其中一个或一个以上极点位于复平面的右半平面或虚轴上，则环路的瞬态响应或为等幅振荡或为指数增长振荡。这时环路是不稳定的。因此，由式(8.7)，根据环路的特征方程

$$1 + A_{cp}A_cH(s) = 0 \tag{8.25}$$

得出全部特征根位于复平面的左半平面内是环路稳定工作的充要条件。

对于例8.1，电路稳定条件是式(8.12)的分母多项式根的实部为负值，即要求

$$\frac{1+A}{RC} > 0 \tag{8.26}$$

这意味着放大器的增益 A 应大于零，即输出信号与参考信号同极性。或者，如果输出信号与参考信号反极性时，则要求 $|A| < 1$，这个结果与利用放大器电路知识发现的结果是一致的。当 $A > 0$ 时，该电路是负反馈放大器当然是稳定的；当 $A < 0$ 时，该电路是正反馈，所以只有 $|A| < 1$ 才是稳定的。

以上方法对二阶以下系统是适用的。若环路为高阶，要解出全部特征根往往是比较困难的。因此，有根轨迹法、劳斯-霍尔维茨判据、奈奎斯特判据等比较简便的稳定性判定方法。这些方法中还包含极坐标图(又称幅相特性图)、伯德图、对数幅相图(又称尼柯尔斯图)三种，这已超出本书范围，读者可参阅自动控制原理。

5) 反馈控制系统的控制范围

前面的分析都是假定比较器和控制设备及反馈环节具有线性特性。实际上，这个假定只能在一定的范围内成立。因为任何一个实际部件都不可能具有无穷宽的线性范围，而当系统的部件进入非线性区后，系统自动调整功能可能被破坏。因此，任何一个实际的反馈控制系统都有一个能够正常工作的范围。如当 r 在一定范围内变动时，系统能够保持误差信号 e 足够小，而当 r 变化超过了这个范围时，误差信号 e 明显增大，系统失去了自动控制的作用，人们称这个范围为反馈控制系统的控制范围。由于不同的系统，其组成部件的非线性特性是不同的，而一个系统的控制范围主要取决于这些部件的非线性特性，所以控制范围随具体的控制系统的不同而不同。

在对反馈控制系统的分析中，主要是讨论参考信号与输出信号的关系，因此，输出信号究竟是可控特性设备本身产生的，还是由于输入信号激励控制设备而得到的响应，是无关紧要的。

8.3　自动增益控制(AGC)电路

8.3.1　自动增益控制的基本原理

自动增益控制是使放大电路的增益自动地随信号强度而调整的自动控制方法。实现这种功能的电路简称 AGC 环。AGC 环是闭环电子电路，是一个负反馈系统，它可以分成增益受控放大电路和控制电压形成电路两部分。增益受控放大电路位于正向放大通路，其增益随控制电压而改变。AGC 电路广泛用于各种接收机、录音机和测量仪器中，它常被用来使系统的输出电平保持在一定范围内，因而也称自动电平控制；用于话音放大器或收音机时，称为自动音量控制。

AGC 有两种控制方式：一种是利用增加 AGC 电压的方式来减小增益的方式，叫正向 AGC；另一种是利用减小 AGC 电压的方式来减小增益的方式，叫反向 AGC。正向 AGC

控制能力强，所需控制功率大被控放大级工作点变动范围大，放大器两端阻抗变化也大；反向 AGC 所需控制功率小，控制范围也小。

　　AGC 电路的组成如图 8.10 所示，它包含有电平检测电路、滤波器、比较器、控制信号产生器和可控增益电路。

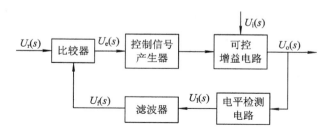

图 8.10　AGC 电路组成

1. 电平检测电路

　　电平检测电路的功能就是检测出输出信号的电平值。它的输入信号就是 AGC 电路的输出信号，既可能是调幅波或调频波，也可能是声音或图像信号。这些信号的幅度也是随时间变化的，但变化频率较高，至少在几十赫兹以上。而其输出则是一个仅仅反映其输入电平的信号，如果其输入信号的电平不变，那么电平检测电路的输出信号就是一个脉动电流。一般情况下，电平信号的变化频率较低，如几赫兹左右。通常电平检测电路是由检波器担任，其输出与输入信号电平成线性关系，即

$$u_i = K_d u_o \tag{8.27}$$

其复频域表示式为

$$U_i(s) = K_d U_o(s) \tag{8.28}$$

2. 滤波器

　　对于以不同频率变化的电平信号，滤波器将有不同的传输特性。因此可以控制 AGC 电路的响应时间。也就是决定当输入电平以不同频率变化时输出电平将怎样变化。常用的是单节 RC 积分电路如图 8.11 所示，其传输特性为

$$H(s) = \frac{U_f(s)}{U_i(s)} = \frac{1}{1 + sRC} \tag{8.29}$$

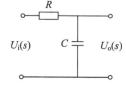

图 8.11　RC 积分电路

3. 比较器

　　将给定的基准电平 u_r 与滤波器输出的 u_f 进行比较，输出误差信号为 u_e。通常，u_e 与 $u_r - u_f$ 成正比，所以比较器特性的复频域表示式为

$$U_e(s) = A_{cp}[U_r(s) - U_f(s)] \tag{8.30}$$

其中，A_{cp} 为比例常数。

4. 控制信号产生器

　　控制信号产生器的功能是将误差信号变换为适于可变增益电路需要的控制信号。这种变换通常是幅度的放大或极性的变换。有的还设置一个初始值，以保证输入信号小于某一电平时，保持放电器的增益最大。因此，它的特性的复频域表示式为

$$U_{\mathrm{p}}(s) = A_{\mathrm{p}}U_{\mathrm{e}}(s) \tag{8.31}$$

式中，A_{p} 为比例系数。

5. 可控增益电路

可控增益电路在控制电压作用下改变增益。要求这个电路在增益变化时，不使信号产生线性或非线性失真。同时要求它的增益变化范围大，它将直接影响 AGC 系统的增益控制倍数 n_{g}。所以，可控增益电路的性能对整个 AGC 系统的技术指标的影响是很大的。

可控增益电路的增益与控制电压的关系一般是非线性的。通常最关心的是 AGC 系统的稳定情况。为简化分析，假定它的特性是线性的，即

$$G = A_{\mathrm{g}}u_{\mathrm{p}} \tag{8.32}$$

其复频域表示式为

$$G(s) = A_{\mathrm{g}}U_{\mathrm{p}}(s) \tag{8.33}$$

$$U_{\mathrm{o}}(s) = G(s)U_{\mathrm{i}}(s) = A_{\mathrm{g}}U_{\mathrm{i}}(s) = K_{\mathrm{g}}U_{\mathrm{p}}(s) \tag{8.34}$$

式中，$K_{\mathrm{g}}=A_{\mathrm{g}}U_{\mathrm{i}}$，表示 U_{o} 与 U_{p} 关系中的斜率，如图 8.12 所示。

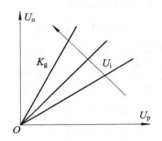

图 8.12　$U_{\mathrm{o}}\sim U_{\mathrm{p}}$ 曲线

以上说明了 AGC 电路的组成及各部件的功能。但是，在实际 AGC 电路中并不一定都包含这些部分。例如，简单的 AGC 电路中就没有比较器和控制信号产生器，但工作原理与复杂电路并没有本质的区别。

从图 8.10 可以看出，它是一个反馈控制系统。当输入信号 $u_{\mathrm{i}}(t)$ 的电平变化或其他原因，使输出信号 $u_{\mathrm{o}}(t)$ 的电平发生了相应的变化时，电平检测电路将检测出的这个新的电平信息，并输出与之成比例的电平信号，经过滤波器送至比较器。比较电路将比较器的输出电平的变化并产生相应的误差信号。经控制信号产生器进行适当的变换后，控制可控增益电路调整输出信号的电平值。只要设计合理，这个系统就可以减小由于各种原因引起的输出电平的变化，从而使这个系统的输出信号基本保持不变。

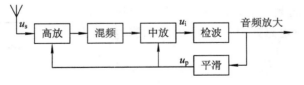

图 8.13　具有 AGC 电路的接收机方框图

接收机为了保证输出基本不变，必须采用 AGC 电路。图 8.13 是具有 AGC 作用的接收机方框图，它的工作过程大致如下：由天线接收到的输入信号 u_{s} 经过放大、变频，得到中频输出信号，再放大，然后把这个输出电压经检波和平滑，产生控制电压 u_{p}，反馈到中频、高频放大器，对它们的增益进行控制。

图 8.13 所示的 AGC 电路比较简单，常用于一般的广播收音机。对于电视机、雷达接收机或质量较高的通信接收机来说，由于情况的不同，AGC 电路的组成有差异。图 8.14 是电视接收机 AGC 电路的框图。它的工作原理和图 8.13 基本相同，只是电路比较复杂。除了 AGC 检波器之外，还可以加上若干级视频放大器或直流放大器，以及用于选出某一

特定信号的选通电路,如图中虚线部分所示,这一部分统称为 AGC 电路。

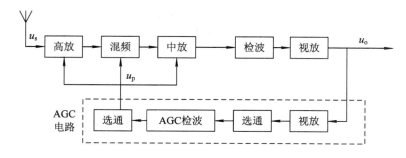

图 8.14　延迟-选通 AGC 电路

上面介绍的两种典型的 AGC 系统的作用主要有两点:第一,产生一个随输入电平而变化的直流控制电压 u_p;第二,利用 AGC 电压去控制高放和中放的增益,使接收机的总增益按照一定的规律变化。

8.3.2　自动增益控制电路

可控增益电路是在控制信号作用下改变增益,从而改变输出信号的电平,达到稳定输出电平的目的。这部分电路通常是与整个系统共用的,并不单独属于 AGC 系统。例如,接收机的高、中频放大器既是接收机的信号通道,又是 AGC 系统的可控增益电路。要求可控增益电路只改变增益而不致使信号失真。如果单级增益变化范围不能满足要求,还可采用多级控制的方法。

1. 放大器的自动增益控制

因正向传输导纳 $|y_{fe}|$ 与晶体管的工作点有关,所以改变集电极电流 I_c(或发射极电流 I_e)就可以使 $|y_{fe}|$ 随之改变,从而达到控制放电器增益的目的。

图 8.15 是晶体管的 $|y_{fe}|-I_c$ 特性曲线,如果将放电器的静止工作点选在 $|I_{CQ}|$,由图可见,当 $I_c<|I_{CQ}|$ 时,$|y_{fe}|$ 随着 I_c 的减小而下降,称反向 AGC;当 $I_c>|I_{CQ}|$ 时,$|y_{fe}|$ 随着 I_c 的增加而下降,称正向 AGC。前者要求随着输入信号的增强,放电器的工作点电流也增大;后者则相反。

国产专供增益控制用的晶体管有 3DG56、3DG79、3DG91 等,它们都是做正向 AGC 使用。这些管子的 $|y_{fe}|-I_c$ 曲线右边的下降部分斜率大、线性好,且在 I_c 较大的范围内,晶体管的集电极损耗仍不超过允许值。

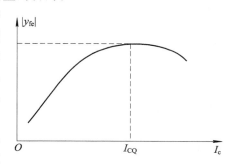

图 8.15　晶体管的 $|y_{fe}|-I_c$ 曲线

图 8.16 是两种常用的增益控制电路。图 8.16(a)中,控制电压 u_p 加在晶体管的发射极。当 u_p 增加时,晶体管的偏置电压 u_{be} 减小,集电极电路 I_c 随之减小,$|y_{fe}|$ 减小,放大器增益降低。相反,当控制电压 u_p 减小时,晶体管的偏置电压 u_{be} 增大,集电极电路 I_c 随之增大,$|y_{fe}|$ 增大,放大器增益变大。

图 8.16(b)是控制电压加在晶体管基极的增益控制电路。它的工作原理与图 8.16(a)

基本相同，不过控制电压应该是负极性，即加在基极控制电压是 $-u_p$。这种电路的实质是利用 u_p 的变化对晶体管的基极电流进行控制 I_b 进行控制，因而所需的控制电流较小。对 AGC 检波电路的要求较低。广播收音机的自动增益控制大多采用这种电路。

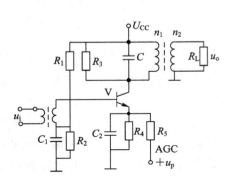
(a) 控制电压加在晶体管的发射极

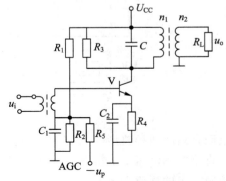
(b) 控制电压加在晶体管的基极

图 8.16 改变 I_c 的自动增益电路

利用晶体管的正向传输导纳 $|y_{fe}|$ 与集电极电压 u_{ce} 有关，改变 u_{ce} 同样可以实现增益控制，其电路如图 8.17 所示，它和一般放大器的主要区别是在集电极回路中串接一个阻值较大的电阻 R_s（一般是几千欧）。当输入电压 u_i 增大时，控制电压 u_p 增加，电流 I_c 随之增加，由于 R_s 的作用，集电极电压 u_{ce} 减小，因而放大器的增益降低。

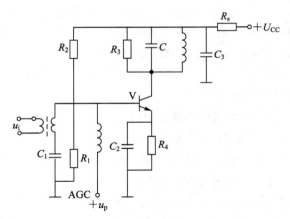
图 8.17 改变 U_{CC} 实现增益控制电路

这种控制方式的特点是：u_i 增加，I_c 也增加，所以它被称为正向增益控制。其优点是放大器的线性较好。但是 u_{ce} 变化时，晶体管输出电容也跟着变化，对回路的调谐有较大影响，因而实际上这种电路应用较少。

放电器的增益与负载 Y_L 有关，调节 Y_L 也可以实现放电器的增益控制。图 8.18 是广播接收机中常采用变阻二极管作为回路负载来实现增益控制的中放电路。这种电路是在反向控制的基础上，加上由变阻二极管 VD_1（习惯上叫做阻尼二极管）和电阻 R_1、R_2、R_3 组成的网络，借以改变回路 $L_1 C_1$ 的负载。控制电压 u_p 在 V_2 的基极注入，当外来信号较小时 u_p 较小，V_2 的集电极电流 U_{C_2} 较大，R_3 上的压降大于 R_2 上的压降，这时 B 点的电位高于 A 点的电位，阻尼二极管 VD_1 处于反向偏置，它的动态电导很小，对回路没有什么影响；当输入信号增大时，u_p 增加，I_{C_2} 减小，B 点电位降低，二极管偏置逐渐变正，动态电导变大，因而放电器的增益减小。输入信号越强，则 VD_1 的电导越大，回路 $L_1 C_1$ 的有效 Q 值大大减小，V_1 组成的放电器增益将显著减低。广播收音机采用这种电路，可以有效地防止因外来信号太强而出现的过载现象。

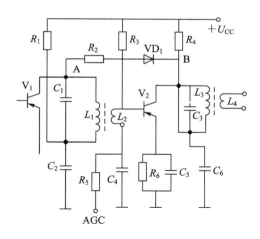

图 8.18 采用阻尼二极管的 AGC 电路

2. 电控衰减器

在中频放大器各级之间插入由二极管和电阻网络构成的电控衰减器来控制增益，是增益控制的一种较好的方法。

简单的二极管电控衰减器如图 8.19 所示。电阻 R 和二极管 VD 的动态电阻 R_d 构成一个分压器。当控制电压 u_p 变化时，R_d 也随之变化，从而改变分压器的分压比。这种电路增益控制范围较小，又因受控放电器和控制电路之间只用扼流圈 L_Z 进行隔离，所以隔离度较差。

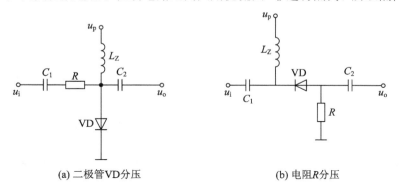

(a) 二极管VD分压　　　　　　　　(b) 电阻R分压

图 8.19 二极管电控衰减器

图 8.20 是一种改进电路。控制电压 u_p 通过三极管 V 来控制 VD₁、VD₂、VD₃ 和 VD₄ 的动态电阻。当输入信号较弱时，控制电压 u_p 的值较小，晶体管 V 的电流较大，流过 VD₁～VD₄ 的电流也较大，其动态电阻 R_d 小，因而信号 u_i 从四只二极管通过时的衰减很小。当输入信号增大时，u_p 的值增大，V 和 VD₁～VD₄ 的电流减小，R_d 增大，使信号 u_i 受到较大的衰减。由于晶体三极管的放大作用提高了增益控制的灵敏度，同时控制电路和受控电路之间有较好的隔离度，即 u_i 和 u_p

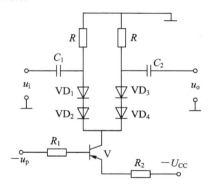

图 8.20 串联式二极管衰减器

两个电路之间的相互影响减小。在该电路中，四只二极管分成对称的两组，目的是使它们对被控制的高频信号正负半周的衰减相同。

用二极管做可控衰减器时应注意级间电容的影响。级间电容越大的衰减器的频率特性越差，在放大宽带信号时这个问题尤其应该注意。

3. 利用 PIN 管组成的增益控制器

近年来，广泛采用分布电容很小的 PIN 管作为增益控制器件。图 8.21 是这种管子的结构示意图。它的作用和一般 PN 结的作用相同，但结构有所差别，管子两端分别是重掺杂的 P 型和 N 型半导体，形成两个电极，中间插入一层本征半导体 I，故称之为 PIN 二极管。

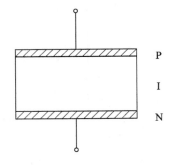

图 8.21　PIN 管结构示意图

本征半导体 I 层的电阻率很高，所以 PIN 管在零偏置时的电阻较大，一般可达 $7 \sim 10$ kΩ。在正偏置时，由 P 层和 N 层分别向 I 层注入空穴和电子，它们在 I 层不断复合，而两个结层处则继续注入、补充，在满足电中性的条件下达到动态平衡。因此，I 层中存在着一定数量并按照一定规律分布的等离子体，这使原来电阻率很高的 I 层变成低阻区。正向偏置越大，注入 I 层的载流子也越多，I 层的电阻也就越小。由上述过程看出，加在 PIN 管上的正向偏置可以改变它的电导率，这种现象通常叫做电导调制效应。

PIN 管的电阻与正向电流 I 的关系，可用下面的经验公式来计算

$$R \approx \frac{k}{I^{0.78}} \tag{3.35}$$

式中，I 是管子的正向电流，单位为 mA；k 是一个比例系数，它和 I 层电阻率及结面积有关，一般在 $20 \sim 50$ 之间。

典型情况下，当偏流在零至几毫安变化时，PIN 管的电阻变化范围约为 10 Ω ~ 10 kΩ。

PIN 用管作电调可控电阻有许多优点。首先是它的结电容比普通二极管小得多，通常是 10^{-1} pF 的数量级。降低结电容，不仅可大大提高工作频率，也使得频率特性有所提高。其次，PIN 管的等效阻抗可以看做是两个结区的阻抗和 I 层电阻三者串联。只要前两者的数值小于 I 层电阻，那么 PIN 管的作用基本上就是一个与频率无关的电阻，其阻值只取决于正向偏置电流。

图 8.22 是用 PIN 管作为增益控制器件的典型电路。图中 V_1 是共发射极电路，它直接耦合到下一级的基极；V_2 是射极跟随器，放大后的信号由发射极输出，同时有一部分由反馈电阻 R_f 反馈到 V_1 的基极，反馈深度可通过 R_f 来调整。因为反馈电压与输入电压并联，所以是电压并联负反馈。它可以加宽频带，增加工作稳定性，减小失真。这种放电器称为负反馈对管放电器。VD_1、VD_2 和 R_1 等则构成一个电控衰减器。当 u_p 较大时，VD_1、VD_2 的电阻很小，被放大的高频信号几乎不被衰减；当 u_p 减小时，VD_1、VD_2 电阻增加，衰减增大。在这个电路中，PIN 管的电流变化范围约为 $20 \sim 200$ μA，增益变化为 15 dB。由于放电器是射极输出，内阻很小，PIN 管的极间电容也很小，因此衰减器有良好的频率特性。

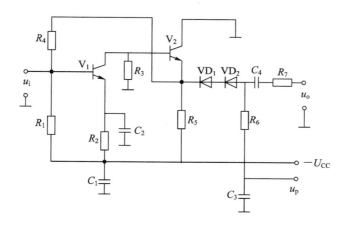

图 8.22　用 PIN 管作为电控衰减器的放大电路

4. 线性集成电路中的 AGC 控制

1）改变电路分配比

图 8.23 是线性集成电路中常用的差分电路。输入电压 u_i 加在晶体管 V_3 的基极上，放大后的信号 u_o 由 V_2 集电极输出，增益控制电压 u_p 加在 V_1 和 V_2 的基极。当 V_3 基极加入电压 u_i 时，其集电极产生相应的交变电流 I_3，而 $I_3 = I_1 + I_2$，I_1 和 I_2 分配的大小取决于控制电压，若 u_p 足够大，使得 V_2 截止，I_3 全部通过 V_1，$I_1 = 0$，放大器没有输出，增益等于零；若 u_p 减小，V_2 导通，I_3 中的一部分通过 V_2，产生输出电压 $I_{c2}R_c$，这时放大器具有一定的增益，并随 u_p 的变化而变化。

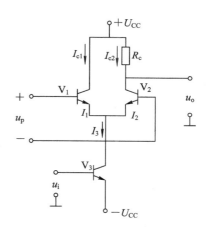

图 8.23　改变电流分配比的增益控制电路

因 $I_3 \approx g_{m3} V_i$，而 $A_u = \dfrac{u_o}{u_i} = \dfrac{I_2 R_c}{I_3 / g_{m3}} = g_{m3} R_c \dfrac{I_2}{I_3}$，由式 $\dfrac{I_2}{I_3} = \dfrac{1}{1 + e^z}$，得

$$A_u = g_{m3} R_c \frac{1}{1 + e^z} = \frac{1}{1 + \exp(q V_p / kT)} g_{m3} R_c \qquad (8.36)$$

这种电路的最小增益 $A_{u(\min)} = 0$，最大增益 $A_{u(\max)} = g_{m3} R_c$。

利用电流分配法来控制放大器增益的优点是：放大器的增益受控时只是改变了 V_1 和 V_2 的电流分配，对 V_3 没有影响；它的输入阻抗保持不变，因而放电器的频率特性、中心频率和频谱宽度都不受影响；此外，V_3 和 V_2 实质上是一个供发射极的放大电路，V_2 的输入阻抗是 V_3 的负载；由于 V_2 是共基组态，其输入阻抗低，内部反馈小，工作稳定性高。

2）改变差分放大器的工作电流

对已平衡输入的差分放大器，改变它的工作电流也可以实现增益控制。图 8.24 是平衡输入、单端输出的差分放大电路。设 V_3 的工作电流为 I_3，V_2 的负载电阻为 R_c，则单端输出时的电压放大倍数是

$$A_u = \frac{q}{4kT} I_3 R_c \approx 10 I_3 R_c$$

显然，改变 I_3 可改变 A_u。电流 I_3 大小可由加在 V_3 基极的控制电压 u_p 来调节。这种电路控制方法简便，是线性集成电路中广泛采用的电路之一。

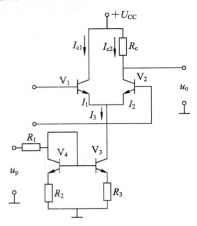

图 8.24　改变恒流源的增益控制电路

3）改变差分放大器的负反馈

图 8.25 是具有负反馈的差分放大电路，负反馈的强弱由电阻 r 来调节。

当 $r=0$ 时，V_1 和 V_2 的发射极电路彼此独立，由于输入信号 u_i 所引起的交变信号电流 i_1 和 i_2 分别流过电阻 R_{e1} 和 R_{e2} 产生电流负反馈，使放大器的增益降低。

当 $r=\infty$ 时，V_1 和 V_2 的发射极直接相连，R_{e1} 和 R_{e2} 并联成一个公共的射极电阻 R_e。在放大器左右两臂完全对称的条件下，交变信号电流 i_1 和 i_2 的大小相等、相位相反。它们流过电阻 R_e 时，相互抵消，因而 R_e 中的电流没有交变的信号分量，放大器没有负反馈，这时放大器的增益最大。

根据上面的分析可知，调节电阻 r 就可以改变负反馈的深度，达到控制增益的目的。此外由于有负反馈，这种电路还具有线性好、输入信号动态范围较大等优点。

如图 8.26 所示，可变电阻 r 通常用两只正向工作的二极管实现，改变二极管的工作电流即改变 r 的大小。当控制电压 u_p 较大，使 VD_1、VD_2 截止时，放大器的负反馈最强，增益最小；当 u_p 增加时，VD_1 和 VD_2 的阻抗减小，负反馈减弱，增益升高。这种电路的增益控制范围约为 30 dB。

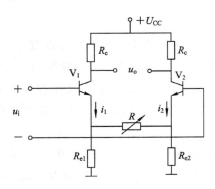

图 8.25　改变负反馈的增益控制电路

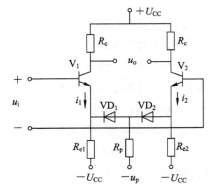

图 8.26　改变负反馈增益控制的实际电路

除了本节介绍的几种线性集成电路的增益控制方法外，以前所讲的一些方法原则上也可以应用，不过本节所述方法性能更为优越，电路虽然比较复杂，但对集成电路来说，多做几个元器件并没有什么困难。

5. AGC 控制电压的产生——电平检测电路

AGC 控制电压是由电平检测电路形成的，电平检测电路的功能是从系统输出信号中取出电平信息。通常要求其输出应与信号电平成比例。

按照控制电压产生的方法不同，电压检测电路有平均值型、峰值型和选通型三种。

1）平均值型 AGC 电路

平均值型 AGC 电路适用于被控信号中含有一个不随有用信号变化的平均值的情况，如调幅广播信号，其平均值是未调载波的幅度。调幅接收机的自动增益控制广泛采用这种电路。

图 8.27 是一种常用的等效电路，二极管 VD 和 R_1、R_2、C_1、C_2 构成一个检波器，中频输出信号 u_o 经检波后，除了得到音频信号外，还有一个平均分量（直流）u_p，它的大小和中频载波电平成正比，与信号的调制幅度无关，这个电压就可以用做 AGC 控制电压。R_p、C_p 组成的一个低通滤波器，把检波后的音频分量滤掉，使控制电平 u_p 不受音频信号的影响。

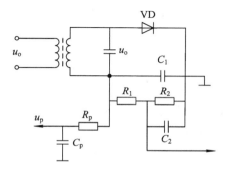

图 8.27　平均值型 AGC 检波电路

正确选择低通滤波器的时间常数是设计 AGC 电路的重要任务之一。通常在音频调幅信号时，时间常数 $\tau_p = C_p R_p$ 约为 0.02～0.2 s；接收等幅电报时，约为 0.1～1 s。数值太大或太小都不适合。若 τ_p 太大，则控制电压 u_p 会跟不外来信号电平的变化（例如由于衰落而产生的值），接收机的增益将不能得到及时调整，失去应有的自动增益控制作用；反之，如果 τ_p 太小，则将随外来信号的包络（即检波后的音频信号）而变化，如图 8.28（b）所示。在调幅度的顶点（t_1 的瞬间），控制电压 u_p 增大，接收机增益减小，在调幅度的谷点（t_2 的瞬间），u_p 值减小，接收机增益升高。这样放电器将产生额外的反馈作用，使调幅信号受到反调制，从而降低了检波器输出音频信号电压的振幅。低通滤波器的时间常数越小，调制信号的频率越低，反调制

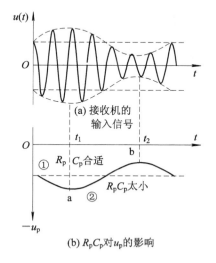

(a) 接收机的输入信号

① R_p C_p 合适

$R_p C_p$ 太小

(b) $R_p C_p$ 对 u_p 的影响

图 8.28　$R_p C_p$ 的选择

作用越厉害。其结果将使检波后音频信号的低频分量相当减弱，产生频率失真。

根据上面的分析，为了减小反调制作用所产生的失真，时间常数 $\tau_p = C_p R_p$ 应根据调制信号的最低频率 F_L 来选择。其数值可以用下式来计算：

$$C_\mathrm{p} = \frac{5 \sim 10}{2\pi F_\mathrm{L} R_\mathrm{p}} \tag{8.37}$$

设调制信号的最低频率 $F_\mathrm{L}=50$ Hz，滤波电路的电阻 $R_\mathrm{p}=4.7$ kΩ，则

$$C_\mathrm{p} = \frac{5 \sim 10}{2\pi \times 50 \times 4700} \approx 4 \sim 8\ (\mu\mathrm{F})$$

在调幅收音机中 C_p 通常是 $10\sim30\ \mu$F。

在高质量接收机中，为了适应工作方式（接收电话和电报等）的改变和接收条件的变化（例如衰落的变化），时间常数 τ 的数值是可以改变的。使用时根据不同的情况选用不同的 $R_\mathrm{p} C_\mathrm{p}$，可以得到较好的结果。

2）峰值型 AGC 电路

电视信号的电平与图像内容有着密切的关系，暗画面的电平高，亮画面的电平低（见图 8.29）。采用平均值型 AGC 电路时，即使载波幅度保持不变，AGC 控制电压 u_p 也将随图像内容的变化而变化，画面暗淡时，u_p 增大，增益降低；画面明亮时，u_p 减小，增益升高。因此，画面暗淡时的对比度减小，电视画面更显得暗淡；而画面明亮时的对比度增加，图像更为明亮，其结果将使将使电视图像变得很不自然。

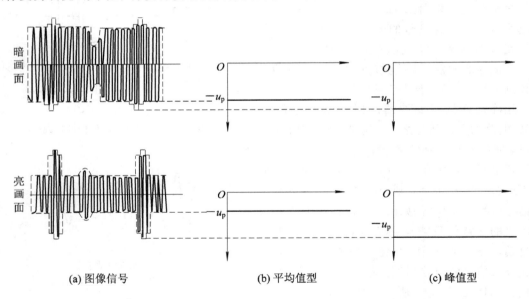

(a) 图像信号　　　　　(b) 平均值型　　　　　(c) 峰值型

图 8.29　电视接收机的 AGC 电压

解决这个问题的一种方法是采用峰值型检波电路，它适应于被控信号中含有一个不随有用信号变化的峰值的情况。由于全电视信号行同步脉冲的幅度是不变的，与图像信号内容无关，且就是该信号的峰值，故对全电视信号进行峰值检波就能得到与信号电平成比例的电平信号。

峰值 AGC 检波电路不能和图像信号的检波共用一个检波器，必须另外设置一个峰值检波器。图 8.30 就是这种检波器的电路。当输入信号为负值时，二极管 VD 导通，电容 C_1 被充电。通常二极管的内阻 r_d 为几百欧，若 $C_1 = 200$ pF，充电电路时间常数 $\tau=r_\mathrm{d} C_1$。它比行同步脉冲宽度（5 μs）要小得多，所以，在行同步脉冲期间能够给电容 C_1 冲到峰值电

平。在同步脉冲终结后紧接着到来的是图像信号，它的电平比行同步脉冲低，所以二极管 VD 截止，电容 C_1 通过电阻 R_1 放电。电阻 R_1 通常很大，若 $R_1=1\ \text{M}\Omega$，则放电时间常数为 $200\ \mu\text{s}$，而两个行同步脉冲之间的时间间隔只有 $64\ \mu\text{s}$。因此，在下一个行同步脉冲到来时，C_1 的电压不会全放光，大体上只放掉原有充电电压的 $20\%\sim30\%$，下一个行同步脉冲到来时 C_1 又被充电。这样反复的充、放电，在 C_1、R_1 两端就得到了一个近似锯齿波的电压，其数值反映了同步脉冲的峰值，而与图像信号的电平几乎无关。锯齿形电压经 $R_\text{p}C_\text{p}$ 低通滤波器平滑后，即给出所需的控制电压。

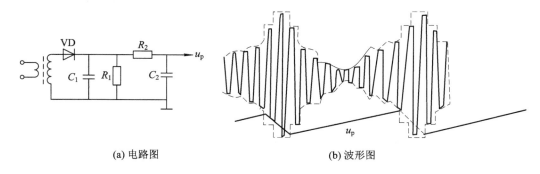

(a) 电路图　　　　　　　　　　　(b) 波形图

图 8.30　峰值型 AGC 电路及其波形

　　峰值型 AGC 电路具有一些优点，它比平均值型 AGC 电路的输出电压要大得多，它具有较好的抗干扰能力，幅度小于同步信号的干扰，对于 AGC 电路的工作没有影响。但是如果干扰幅度大于同步信号，而且混入的时间较长，那么，它对 AGC 电流就会产生危害。因此，这种电路的抗干扰性能力还不够理想。

　　3）选通型 AGC 电路

　　选通型 AGC 电路具有更强的抗干扰能力，多用于高质量的电视接收器和某些雷达接收机。它的基本思想是只在反映信号电平的时间范围内对信号取样，然后利用这些取样值形成反映信号的电平。这样，出现在取样时间范围外的干扰就不会对电平产生影响，从而大大提高了电路的抗干扰能力。使用这种方法的条件，首先是信号本身要周期性出现，在信号出现的时间内信号的幅度能反映信号的电平；其次是要提供与上述信号出现时间相对应的选通信号，这个选通信号可由 AGC 系统内部产生，也可由外部提供。

　　雷达接收机选通型 AGC 电路如图 8.31 所示。当雷达天线所指向的某空域内同时存在着几个目标，由于只跟踪一个目标，雷达操作人员可操纵距离跟踪系统，即调节选通波门的位置，把预选的目标回波（例如回波 2）选出，经检波，放大送到角跟踪系统。对 AGC 电路而言，则是利用选出的回波信号经峰值检波，平滑滤波后给出 AGC 控制电压。

　　对于电视接收机来说，行同步脉冲出现的时间和周期都是确定的，而且其大小反映了信号电平，因此，可利用接收机中已分离的行同步信号作为"选通脉冲"，而无需采用手动的方法。

　　为了得到反映信号电平的信号平均值或峰值，需要一个平滑滤波电路，这是一个积分电路或低通滤波器，利用它才能保证 AGC 系统对比较慢的电平变化起控制作用，而对有用信号则不响应。显然，这个系统存在一定的建立时间，对于一些特殊要求的系统，这个问题是应该考虑的。

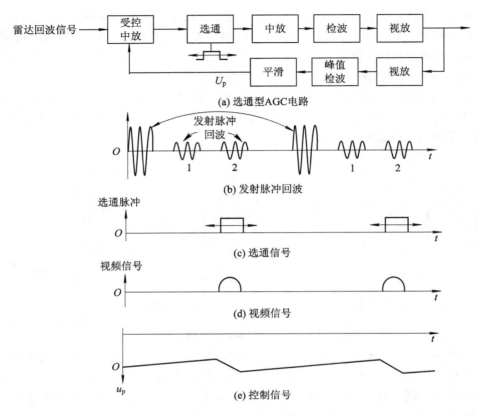

(a) 选通型AGC电路

(b) 发射脉冲回波

(c) 选通信号

(d) 视频信号

(e) 控制信号

图 8.31 选通型 AGC 方框图及波形

8.3.3 AGC 性能指标及 AGC 系统的增益控制特性

1. AGC 性能指标

接收机的输出电平取决于输入信号电平和接收机的增益。由于种种原因，接收机的输入信号变化范围往往很大，信号微弱时可以是一微伏或几十微伏，信号强时可达几百毫伏。也就是说，最强信号与最弱信号相差可达几十分贝。这种变化范围叫做接收机的动态范围。

显然，在接收弱信号时，希望接收机的增益高，而接收强信号时希望它的增益低。这样才能使输出信号保持适当的电平，不至于因为输入信号太小而无法正常工作，也不至于输入信号太大而使接收机发生饱和或堵塞，这就是自动增益控制电路所应完成的任务。所以，自动增益控制电路是输入信号电平变化时，用改变增益的方法维持输出信号的电平基本不变的一种反馈控制系统。

对自动增益控制电路的主要要求是控制范围要宽，信号失真要小，要有适当的响应时间，同时不影响接收机的噪声性能。

1）动态范围

当输入信号电平在一定范围内变化时，尽管 AGC 电路能够大大减小输出信号电平的变化，但它不能完全消除电平的变化。对于 AGC 系统来说，一方面希望输出信号的电平的变化越小越好，另一方面则希望输入信号的电平变化范围越大越好。因此，AGC 动态范围是指在给定输出电平变化范围内，允许输入信号电平的变化范围。由此可见，AGC 动态范围越大就意味着 AGC 电路的控制范围越宽,性能越好。例如,收音机的 AGC 指标为:输入信号强度变化 26 dB 时,输出电压的变化范围不超过 6 dB;输入信号在 10 μV 以下时 AGC 电路不起作用。

若用 $m_i = \dfrac{u_{i\,max}}{u_{i\,min}}$ 代表 AGC 电路输入信号电平的变化范围,则

$$m_o = \frac{u_{o\,max}}{u_{o\,min}}$$

这代表 AGC 电路输出信号电平允许变化范围。当给定 m_o 时,m_i 越大的 AGC 系统控制范围越宽。例如,黑白电视接收机输出电平变化规定为 ±1.5 dB 甲级机要求输入电平变化不小于 60 dB,而乙级机则要求输入电平变化不小于 40 dB,显然甲级机比乙级机的控制范围要宽。

取 $n_G = \dfrac{m_i}{m_o}$,称 n_G 为增益控制倍数,显然 n_G 越大,控制范围越宽,即

$$n_G = \frac{m_i}{m_o} = \frac{u_{i\,max}/u_{i\,min}}{u_{o\,max}/u_{o\,min}} = \frac{u_{o\,min}}{u_{i\,min}} \cdot \frac{u_{i\,max}}{u_{o\,max}} = \frac{A_{max}}{A_{max}} \tag{8.38}$$

式中,$A_{max} = u_{o\,min}/u_{i\,min}$,表示 AGC 电路的最大增益;$A_{min} = u_{o\,max}/u_{i\,max}$,表示 AGC 电路的最小增益。

可见,要想扩大 AGC 电路的增益控制倍数,也就是要求 AGC 电路有较大的增益变化范围。

2) 响应时间

AGC 电路是通过对可控放大器增益的控制来实现对输出信号电平变化的限制,而增益变化又取决于输入信号电平的变化,所以要求 AGC 电路的反应即要跟得上输入信号电平的变化速度,又不会出现反调制现象,这就是响应时间特性。适当的响应时间是 AGC 电路应考虑的主要要求之一。AGC 电路是用来对信号电平变化进行控制的。因此,要求 AGC 电路的动作要跟上电平变化的速度。响应时间短,自然能迅速跟上输入信号电平的变化,但若响应时间过短,AGC 电路将随着信号的内容而变化,这对有用信号产生反调制作用,导致信号失真。因此,要根据信号的性质和需要,设计适当的响应时间。

2. AGC 系统的增益控制特性

AGC 的性质可以用增益特性即增益-输入信号振幅间的关系来表示,按控制特性的不同可分为简单的 AGC、延迟 AGC、瞬时 AGC 等。在这里仅介绍简单 AGC 和延迟 AGC 的特点和性能。

图 8.32 是最简单的 AGC 电路。这是广播收音机中常用的一种电路。V_1 是中频放大器,VD_1 是检波二极管。中频已调信号经检波后,产生一个和中频输出载波幅度成比例的直流电压,经滤波器 $R_p C_p$ 平滑后,送到 V_1(或前面各级放大器)的基极,对放大器施加增益控制。

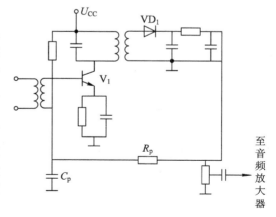

图 8.32　简单 AGC 控制电路

当未加上 AGC 时,在放大器的正常工作范围内(线性区域内),放大器增益基本上是固定值,与输入信号 u_i 的大小无关,因而 $A - u_i$ 特性是一条与 u_i 轴平行的直线,相应的

$u_o - u_i$ 也是一条直线。

加上 AGC 后，放大器增益 A 随 u_i 的增加而减小，因而输出电压 u_o 和输入电压 u_i 不再是线性关系，振幅特性 $u_o - u_i$ 不再是一条直线，而是向下弯曲的曲线，这一曲线大体上可以分为两部分：当 u_i 较小时，控制电压 u_p 也较小，这时增益 A 略有减小，但变化不大，因此振幅特性曲线大体上仍是一条直线，即 u_o 随 u_i 的增加而增加；当 u_i 足够大时，u_p 的控制作用较强，增益 A 显著减小，这时 u_o 基本不变，振幅特性变为大体上与横轴平行的直线，通常把 u_o 基本保持不变的这一部分叫做 AGC 的可控范围。可控范围越大，AGC 的特性越好。

上述 AGC 系统的优点是电路简单，产生控制电压 u_p 的检波器和有用信号的检波器可以共用一个二极管。它的缺点是可控范围窄，而且不论输入电平高低，AGC 都起作用，当 u_i 较小时，放大器的增益仍受到控制有所减小，使接收机灵敏度有所降低，这对于接收微弱信号是很不利的。

图 8.33 是一种常用的最简单的延迟 AGC 电路。这里有两个检波器，一个信号检波器 S，另一个是 AGC 检波器 W，它们的主要区别在于后者的检波二极管 VD_2 上加有负偏置电压（延迟电压）U_d。这样只有当电压 u_o 的幅度大于 U_d 时，VD_2 才开始检波，产生控制电压 u_p。

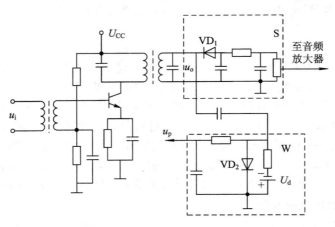

图 8.33 延迟 AGC 电路

图 8.33 的电路过于简单，检波器的检波效率恒小于 1，输出的控制电压 u_p 不够大，所以增益控制能力低。质量要求高的 AGC 电路往往在 AGC 检波器前面或后面加上放大器。这样，即使容许的输出电压变化 Δu_o 较小，仍可以使控制电压 u_p 足够大的变化，从而提高增益的控制的能力。

图 8.34 是复杂的延迟式 AGC 电路的控制特性。它的特点是对接收机的中放和高放分段进行延迟控制，因而具有较宽的控制范围和工作特性。在具有高频放大的接收机中，高放应该有足够大的增益，才能有效地减少变频和中

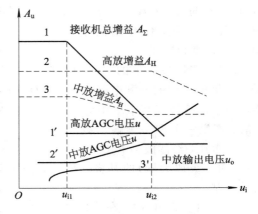

图 8.34 复杂的延迟式 AGC 控制特性

放噪声作用，提高接收机的灵敏度。因此，对高频放大器，最好不加自动增益控制，但是如果接收信号动态范围大，接收机输出电平很难保持不变。当信号很强时，中放还可能发生饱和，使接收机无法正常工作。采用分段控制方法对高放和中放分别进行增益控制，可以解决这个矛盾。具体地说，AGC 电路设置两个延迟电压，当 u_i 大于 u_{i1} 但小于 u_{i2} 时，只控制中放增益；当 u_i 超过 u_{i2} 时，再控制高放增益。

最后讨论增益受控级的位置。

增益受控级的位置是否适当，对接收机性能有较大的影响，在确定受控级位置时，应注意下列一些问题：

第一，必须保证接收机各级都不过载。这就要求受控级尽量靠前，因为前面各级放大器的输入和输出信号都比较小，晶体管直流工作点受到控制而变动时，不容易出现饱和现象。中放末级的信号较大，工作点变化容易产生过载，所以中放末级一般都不加自动增益控制。

第二，不能引入过大的线性失真，这也是要求受控级尽量靠前。

第三，不能使接收机的噪声系数变坏。由于接收机噪声系数主要取决于前几级，在有高放的接收机中，噪声系数主要取决于高放的第一、第二级；在没有高放的接收机中，中放的第一级与噪声系数有密切的关系。通常高放和中放第一级的工作状态是按照最小噪声系数来设计的。对放大器的增益进行控制时，必然要使放大管的工作状态随之改变，其结果将使该机的噪声性能变坏，而且它们的增益降低时，后面的各级噪声系数的影响增加。从这方面看，增益受控级应该靠后。

根据上面的分析可知，选择受控级的原则是：在保证接收机噪声系数满足规定指标的前提下，受控级应尽量靠前。现举例说明，如果高放级数大于 1，则可以从第二级开始受控；对于没有高放的接收机，因为混频器的增益小于 1，第一级中放的噪声系数和增益对整机的性能影响很大，故受控级最好在中放的第二、第三和其后各级。至于中放末级一般不加增益控制。

8.4　自动频率控制(AFC)电路

频率源是通信和电子系统的心脏，频率源性能的好坏直接影响到系统的性能。频率源的频率因经常受到各种因素的影响发生变化，从而偏离了标称的数值。前面我们讨论了引起频率不稳定的各种因素及稳定频率的各种措施，本节我们讨论另一种稳定频率的方法——自动频率控制，用这种方法可以使频率源的频率自动锁定到近似等于预期的标准频率上。

AFC 电路也是一种反馈控制电路。它与 AGC 电路的区别在于控制对象不同，AGC 电路的控制对象是电平信号，而 AFC 电路的控制对象则是信号的频率。如在超外差接收机中利用 AFC 电路的调节作用可自动控制本振频率，使其与外来信号频率之差维持在近乎中频的数值。在调频发射机中，如果振荡频率漂移，用 AGC 电路可适当减少频率的变化，提高频率的稳定度。在调频接收机中，用 AFC 电路的跟踪特性构成调制解调器，即所谓调制负反馈解调器，可改善调频解调的门限效应。

8.4.1 自动频率控制的基本原理

AFC 电路的框图如图 8.35 所示,其基本工作过程如 8.2 节所述。需要注意的是,在反馈环路中传递的是频率信息,误差信号正比于参考频率与输出频率之差,控制对象是输出频率。不同于 AGC 电路在环路中产生的电平信息,误差信号正比于参考电平与反馈电平之差,控制对象是输出电平,因此研究 AFC 电路应着眼于频率。下面分析环路中个部件的功能。

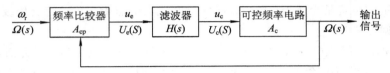

图 8.35　AFC 电路方框图

1. 频率比较器

加到频率比较器的信号,一个是参考信号,一个是反馈信号,它的输出电压 u_e 与这两个信号的频率差有关,而与这两个信号的幅度无关,称 u_e 为误差信号,即

$$u_e = A_{cp}(\omega_r - \omega_o) \tag{8.39}$$

式中,A_{cp} 在一定的频率范围内为常数,实际上是鉴频跨导。因此,凡是能检测出两个信号的频率差并将其转换成电压(或电流)的电路都可构成频率比较器。

常用的电路有两种形式:一是鉴频器,二是混频—鉴频器。前者无需外加参考信号,鉴频器的中心频率就起参考信号的作用,常用于将输出频率稳定在某一固定值的情况。后者则用于参考频率不变的情况,其框图如图 8.36(a)所示。鉴频器的中心频率为 ω_1,当 ω_r 与 ω_o 之差等于 ω_1 时输出为零,否则就有误差信号输出,其鉴频特性如图 8.36(b)所示。

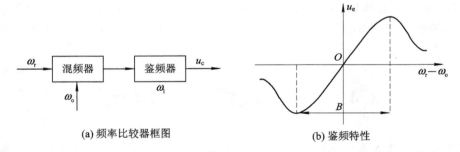

(a) 频率比较器框图　　　　　　　　(b) 鉴频特性

图 8.36　混频-鉴频型频率比较器框图及其特性

2. 可控频率电路

可控频率电路是在控制信号 u_c 的作用下,用以改变输出信号频率的装置。显然,它是一个电压控制的振荡器,其典型特性如图 8.37 所示。一般这个特性也是非线性的,但在一定的范围内,如 CD 段可近似表示为线性关系

$$\omega_y = A_c u_c + \omega_{o0} \tag{8.40}$$

式中,A_c 为常数,实际是压控灵敏度。这一特性称为控制特性。

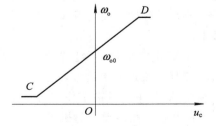

图 8.37　可控频率电路的控制特性

3. 滤波器

这里的滤波器也是一个低通滤波器。根据频率比
较器的原理，误差信号 u_e 的大小与极性反映了 $\omega_r - \omega_o = \Delta\omega$ 的大小与极性，而 u_e 的频率则反映了频率差 $\Delta\omega$ 随时间变化的快慢。因此，滤波器的作用是限制反馈环路中流通的频率差的变化频率，只允许频率差较慢的变化信号通过实施反馈控制，而滤除频率差较快的变化信号使之不产生反馈控制作用。

在图 8.25 中，滤波器的传递函数为

$$H(s) = \frac{U_c(s)}{U_e(s)} \tag{8.41}$$

当滤波器为单节 RC 积分电路时，

$$H(s) = \frac{1}{1 + RCs} \tag{8.42}$$

当误差信号 u_e 是慢变化的电压时，这个滤波器的传递函数可以认为是 1。

另外，频率比较器和可控频率电路都是惯性器件，即误差信号的输出相对于频率信号的输入有一定的延时，频率的改变相对于误差信号的加入也有一定的延时。这种延时的作用一并考虑在低通滤波器之中。

在了解各部件功能的基础上，就可分析 AFC 电路的基本特性了。可以用解析法，也可以用图解法，这里我们用图解法进行分析。

因为我们感兴趣的是稳态情况，不讨论反馈控制过程，所以，可认为滤波器的传递函数为 1，这样，AFC 的方框图如图 8.38(a)所示，那么

$$u_c = u_e$$

$$\omega_{r0} = \omega_{y0}$$

$$\Delta\omega = \omega_{r0} - \omega_y$$

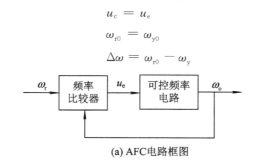

(a) AFC电路框图

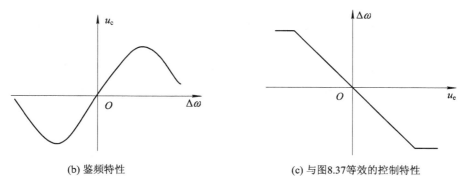

(b) 鉴频特性　　　　　　　　(c) 与图8.37等效的控制特性

图 8.38　简化的 AFC 电路框图及其部件特性

将图 8.38(b)所示的鉴频特性及图 8.37 所示的控制特性换成 $\Delta\omega$ 的坐标，分别如图

8.38(b)、(c)所示。在 AFC 电路处于平衡状态时，应是这两个部件特性方程的联立解。图解法则是将这两个特性曲线画在同一坐标轴上，找出两条曲线的交点，即为平衡点，如图8.39 所示。

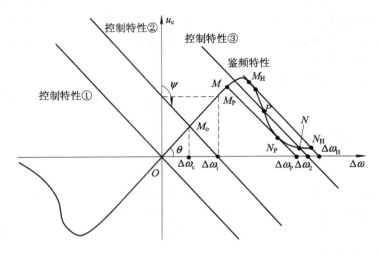

图 8.39　AFC 电路的工作原理

　　和所有的反馈控制系统一样，系统稳定后所具有的状态与系统的初始状态有关。AFC电路对应于不同的初始频差 $\Delta\omega$，将有不同的剩余频差 $\Delta\omega_e$。当初始频差 $\Delta\omega$ 一定时，鉴频特性越陡（即 θ 角越趋近于 90°），或控制特性越平（即 ψ 角越趋近于 90°），则平衡点 M 越趋近于坐标原点，剩余频差就越小。

　　① 设初始频差 $\Delta\omega=0$，即 $\omega_0=\omega_{00}=\omega_{r0}$，开始可控频率电路的输出频率就是标准频率，控制特性如图 8.39 中①线所示，它与鉴频特性的交点就在坐标原点。初始频差为零，剩余频差也为零。

　　② 初始频差 $\Delta\omega=\Delta\omega_1$，如"控制特性②"线所示，它代表可控频率电路未加控制电压，振荡角频率偏离时的控制特性。它的鉴频特性的交点 M_0 就是稳定平衡点，对应的就是剩余频差，因为在这个平衡点上，频率比较器由 $\Delta\omega_e$ 产生的控制电压恰好使可控频率电路在这个控制电压作用下的振荡角频率误差由 $\Delta\omega_1$ 减小到 $\Delta\omega_e$，显然 $\Delta\omega_e<\Delta\omega_1$。鉴频特性越陡，控制特性越平，$\Delta\omega_e$ 就越小。

　　③ 初始角频率由小增大时，控制电压相应地向右平移，平衡点所对应的剩余角频差也相应地由小增大。当初始角频差为 $\Delta\omega_2$ 时，鉴频特性与控制特性出现 3 个交点，分别用 M、P、N 表示。其中 M 和 N 点是稳定点，而 P 点则是不稳定点。问题是在两个稳定平衡点中应稳定在哪个平衡点上。如果环路原先是锁定的，若工作在 M 点上，由于外因的影响使起始角频差增大到 $\Delta\omega_2$，在增大过程中环路来得及调整，则环路就稳定在 M 点上；如果环路原先是失锁的，那么必先进入 N 点，并在 N 点稳定下来，而不再转移到 M 点。在 N 点上，剩余角频差接近于起始角频差，此时环路已失去了自动调节作用，因此 N 点对 AFC 电路已无实际意义。

　　④ 若环路原先是锁定的，当 $\Delta\omega$ 由小增大到 $\Delta\omega=\Delta\omega_H$ 时，控制特性与鉴频特性的外部相切于 M_H 点，$\Delta\omega$ 再继续增大，就不会有交点了，这表明 $\Delta\omega_H$ 是环路能够维持锁定的最大初始

频差。通常将 $2\Delta\omega_{\mathrm{H}}$ 称为环路的同步带或跟踪带，而将跟得上 $\Delta\omega$ 变化的过程称为跟踪过程。

⑤ 若环路原先是失锁的，如果初始频差由大向小变化，当 $\Delta\omega = \Delta\omega_{\mathrm{H}}$ 时，环路首先稳定在 N_{H} 点，而不会转移到 M_{H} 点，这时环路相当于失锁。只有当初始频差继续减小到 $\Delta\omega_{\mathrm{P}}$ 时，控制特性与鉴频特性相切于 N_{P}，相交于 M_{P} 点，环路由 N_{P} 点转移到 M_{P} 点稳定下来，这就表明 $\Delta\omega_{\mathrm{P}}$ 是从失锁到稳定的最大初始角频差，通常将 $2\Delta\omega_{\mathrm{P}}$ 称为环路的捕捉带，而将失锁到锁定的过程称为捕捉过程。

显然，$\Delta\omega_{\mathrm{P}} < \Delta\omega_{\mathrm{H}}$。

8.4.2　自动频率控制电路

由于 AFC 系统中所用的单元电路前面都已介绍，这里仅用方框图说明 AFC 电路在无线电技术中的应用。

1. 自动频率微调电路

因为超外差接收机的增益与选择性主要由中频放大器决定，这就要求中频频率很稳定。

在接收机中，中频是本振信号与外来信号之差。通常情况下，外来信号的频率稳定度较高，而本地振荡器的稳定度较低。为了保持中频频率的稳定，在较好的接收机中往往加入 AFC 电路。

用于调频接收机的自动频率微调电路如图 8.40 所示。在正常情况下，接收信号载波频率为 f_{s}，本振频率为 f_{L}，混频器输出的中频就是 $f_{\mathrm{I}} = f_{\mathrm{L}} - f_{\mathrm{s}}$。如果由于某种不稳定因素使本振频率发生了一个偏移 $+\Delta f_{\mathrm{L}}$，本振频率就变成 $f_{\mathrm{L}} + \Delta f_{\mathrm{L}}$，混频后中频也发生了同样的偏移，成为 $f_{\mathrm{I}} + \Delta f_{\mathrm{L}}$，中频放大器输出信号加到鉴频器，因为偏离鉴频器的中心频率 f_{I}。鉴频器就给出相应的输出电压，通过低通滤波器去控制压控振荡器，使压控振荡器的频率降低，从而使中频频率减小，达到了稳定中频的目的。

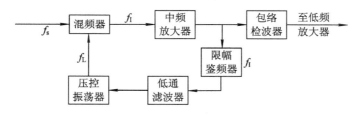

图 8.40　调幅接收机中 AFC 电路的组成方框图

由于调频接收机本身就具有鉴频器，因此采用自动频率微调电路时，无需再外加鉴频器。但是，必须考虑到鉴频器输出不仅含有反映中频频率变化的信号电压，还含有调频解调信号的电压，只是前者变化较慢，后者变化较快。因此，在鉴频器和压控振荡器之间，必须加入低通滤波器，以取出反映中频频率变化的慢变化信号去控制压控振荡器，其方框图如图 8.41 所示。

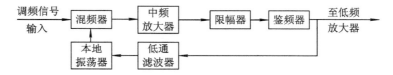

图 8.41　调频接收机自动频率微调系统

2. 稳定调频发射机的中心频率

为使调频发射机既有大的频偏，又有稳定的中心频率，往往采用 AFC 电路，其方框图如图 8.42 所示。图中，参考信号频角率 ω_r 由高稳定度的晶体振荡器产生，输出信号是调频振荡器的中心频率 ω_o，混频输出的额定中频为 $\omega_r - \omega_o$。由于 ω_r 的稳定度高，因此，混频器输出端产生的频率误差 $\Delta\omega$ 主要是由 ω_o 不稳定所致的。通过 AFC 电路的自动调节作用就能减少频率误差值，使 ω_o 趋于稳定。

必须注意，在这种 AFC 环境中，低通滤波器的带宽应足够窄，一般小于几十赫兹，要求能滤除调制频率分量，使加到调频振荡器的控制电压仅仅是反映调频信号中心频率漂移的缓变电压。

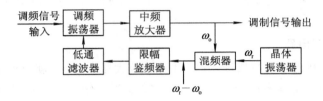

图 8.42 具有 AFC 电路的调频发射机方框图

3. 调频负反馈解调器

当存在噪声时，调频波解调器有一个解调门限值，当其输入端的信噪比高于解调门限时，经调频波解调器解调后的输出信噪比将有所提高，且其值与输入端的信噪比成线性关系。而当输入信噪比低于解调门限时，调频波解调器输出端的信噪比随输入信噪比的减小而急剧下降。因此，要保证调频波解调器有较高的输出信噪比，其输入端的信噪比必须高于解调门限值。调频负反馈解调器的解调门限值比普通的限幅鉴频器低，用调频负反馈解调器降低解调门限值，这样，接收机的灵敏度就可提高。

调频负反馈解调器如图 8.43 所示。和普通调频接收机相比，区别在于低通滤波器取出的解调信号又反馈给压控振荡器，作为控制电压，使压控振荡器的振荡角频率按调制信号变化。这样就要求低通滤波器的带宽必须足够宽，以便不失真地通过调制信号。对低通滤波器带宽的要求正好与上述两种电路相反。

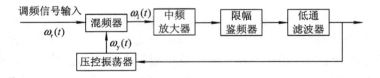

图 8.43 调频负反馈解调器

下面分析一下调频负反馈解调器的解调门限比普通限幅鉴频器低的原因。

设混频器输入调频信号的瞬时角频率为

$$\omega_r(t) = \omega_{r0} + \Delta\omega_r \cos\Omega t \qquad (8.43)$$

压控振荡器在控制信号的作用下，产生调频振荡的瞬时角频率为

$$\omega_y(t) = \omega_{y0} + \Delta\omega_y \cos\Omega t \qquad (8.44)$$

刚混频器输出中频信号的瞬时角频率为

$$\omega_I(t) = (\omega_{r0} - \omega_{y0}) + (\Delta\omega_r - \Delta\omega_y)\cos\Omega t \tag{8.45}$$

其中，$\omega_{I0} = \omega_{r0} - \omega_{y0}$，为输出中频信号的载波角频率；$\Delta\omega_I = \Delta\omega_r - \Delta\omega_y$，为输出中频信号的角频偏。可见，中频信号仍为不失真的调频波，但其角频偏比输入调频波小，与采用普通限幅鉴频的接收机比较，中频放大器的带宽可以缩小，使得加到限幅鉴频器输入端的噪声功率减小，即输入信噪比提高了；若维持限幅鉴频器输入端的信噪比不变，则采用调频负反馈解调器时，混频器输入端所需有用信号电压比普通调频接收机小，即解调门限值降低。

自动频率控制电路对频率而言是有静差系统，即输出频率与输入频率不可能完全相等，总存在一定的剩余频差。在某些工程应用中要求频率完全相同，AFC 系统就无能为力了，需要用到下面讨论的锁相回路才能满足要求。

8.4.3　主要性能指标

对于 AFC 电路，其主要的性能指标是暂态和稳态响应及跟踪特性。

1. 暂态和稳态特性

由图 8.35 可得，AFC 电路的闭环传递函数为

$$T(s) = \frac{\Omega_y(s)}{\Omega_r(s)} = \frac{A_{cp}A_c H(s)}{1 + A_{cp}A_c H(s)} \tag{8.46}$$

由此可得输出信号角频率的拉氏变换

$$\Omega_y(s) = \frac{A_{cp}A_c H(s)}{1 + A_{cp}A_c H(s)}\Omega_r(s) \tag{8.47}$$

对上式进行拉氏反变换，即可得到 AFC 电路的时域响应，包括暂态响应和稳态响应。

2. 跟踪特性

由图 8.35 可求得 AFC 电路的误差传输函数 $T_e(s)$，它的误差角频率 $\Omega_e(s)$ 与参考角频率 $\Omega_r(s)$ 之比，其表达式为

$$T_e(s) = \frac{\Omega_e(s)}{\Omega_r(s)} = \frac{1}{1 + A_{cp}A_c H(s)} \tag{8.48}$$

从而得到 AFC 电路中误差角频率 ω 的时域稳定误差值

$$\omega_{e\infty} = \lim_{s \to 0}s\Omega_e(s) = \lim_{s \to 0}\frac{s}{1 + A_{cp}A_c H(s)}\Omega_r(s) \tag{8.49}$$

8.5　锁相环路(PLL)基本原理

AFC 电路是以消除频率误差为目的的反馈控制电路。由于它的基本原理是利用频率误差电压去消除频率误差，所以当电路达到平衡状态之后，必然会有剩余频率误差存在，即频率误差可能不为零，这是它固有的缺点。

锁相环路(PLL)和 AGC、AFC 电路一样，也是一种反馈控制电路。但它的基本原理是利用相位误差去消除频率误差，将参考信号与输出信号之间的相位进行比较，产生相位误差电压来调整输出信号的相位，以达到与参考信号同频的目的。所以当电路达到平衡状态

之后，虽然有剩余相位误差的存在，但频率误差可以降低到零，从而实现无频率误差的频率跟踪和相位跟踪。

锁相环可以实现被控振荡器相位对输入信号相位的跟踪。根据系统设计的不同，可以跟踪输入信号的瞬时相位，也可以跟踪其平均相位。同时，锁相环对噪声还有良好的过滤作用，锁相环具有优良的性能，主要包括锁定时无频差、良好的窄带跟踪特性、良好的调制跟踪特性、良好的门限效应和易于集成化。锁相环路早期应用于电视接收机的同步系统，使电视图像的同步性能得到了很大的改善。20 世纪 50 年代后期，随着空间技术的发展，锁相技术用于接收来自空间的微弱信号，显示了很大的优越性，它能把深埋在噪声中的信号(信噪比约—10～—30 dB)提取出来，因此，锁相技术得到迅速发展。到了 60 年代中后期，随着微电子技术的发展，集成锁相环路也应运而生，因而，其应用范围越来越宽，在雷达、制导、导航、遥控、遥测、通信、仪器、测量、计算机乃至一般工业都有不同程度的应用，遍及整个电子技术领域，而且正朝着多用途、集成化、系列化、高性能的方向进一步发展。

锁相环路可分为模拟锁相环与数字锁相环。模拟锁相环的显著特征是相位比较器(鉴相器)输出的误差信号是连续的，对环路输出信号的相位调节是连续的，而不是离散的。数字锁相环则与之相反。本节只讨论模拟锁相环。

8.5.1 锁相环路的工作原理

基本的锁相环路是由鉴相器(Phase Detector, PD)、环路滤波器(Loop Filter, LF)和压控振荡器(Voltage Controlled Oscillator, VCO)三个基本部件组成，如图 8.44 所示。

图 8.44　锁相环路的基本组成

设参考信号为

$$u_r(t) = U_{rm} \sin[\omega_r t + \varphi_r(t)] \tag{8.50}$$

式中，u_r 为参考信号的振幅，ω_r 为参考信号的载波角频率，$\varphi_r(t)$ 为参考信号以其载波相位 $\omega_r t$ 为参考时的瞬时相位。若参考信号是未调载波时，则 $\varphi_r(t) = \varphi_r =$ 常数。设输出信号为

$$u_o(t) = U_{om} \cos[\omega_o t + \varphi_o(t)] \tag{8.51}$$

式中，U_{om} 为输出信号的振幅，ω_o 为参考信号的载波角频率，$\varphi_o(t)$ 为输出信号以其载波相位 $\omega_o t$ 为参考时的瞬时相位。在 VCO 未受控之前它是常数，受控后它是时间的函数。则两信号之间的瞬时相差为

$$\varphi_e(t) = \omega_r t + \varphi_r(t) - [\omega_o t + \varphi_o(t)] = (\omega_r - \omega_o)t + \varphi_r - \varphi_o(t) \tag{8.52}$$

由频率和相位之间的关系可得两信号之间的瞬时频差为

$$\frac{d\varphi_e(t)}{dt} = (\omega_r - \omega_o) - \frac{d\varphi_o(t)}{dt} \tag{8.53}$$

鉴相器是相位比较装置，用来比较参考信号 $u_o(t)$ 与压控振荡器输出信号 $u_r(t)$ 的相位，产生对应于这两个信号相位差 $\varphi_e(t)$ 的误差电压 $u_e(t)$。

环路滤波器的作用是滤除误差电压 $u_e(t)$ 中的高频分量及噪声，以保证环路所要求的性能，增加系统的稳定性。

压控振荡器受环路滤波器输出电压 $u_e(t)$ 的控制，使振荡频率向参考信号的频率靠拢，两者的差拍频率越来越低，直至两者的频率相同、保持一个较小的剩余相差为止。所以，锁相就是压控振荡器被一个外来基准信号控制，使得压控振荡器输出信号的相位和外来基准信号的相位保持某种特定关系，达到相位同步或相位锁定的目的。

因此，锁相环的工作原理可简述如下：首先鉴相器把输出信号 $u_o(t)$ 和参考信号 $u_r(t)$ 的相位进行比较，产生一个反映两信号相位差 φ_e 大小的误差电压 $u_e(t)$，$u_e(t)$ 经过环路滤波器的过滤得到控制电压 $u_c(t)$，$u_c(t)$ 调整 VCO 的频率向参考信号的频率靠拢，直到最后两者频率相等而相位同步实现锁定。锁定后两信号之间的相位差表现为一固定的稳态值，即

$$\lim_{t \to \infty} \frac{d\varphi_e(t)}{dt} = 0 \tag{8.54}$$

此时，输出信号的频率已偏离了原来的自由振荡频率 ω_o（控制电压 $u_c(t) = 0$ 时的频率），其偏移量由式(8.52)和式(8.53)得到

$$\frac{d\varphi_o(t)}{dt} = \omega_r - \omega_o \tag{8.55}$$

这时，输出信号的工作频率已变为

$$\frac{d}{dt}[\omega_o(t) + \varphi_o(t)] = \omega_o + \frac{d}{dt}\varphi_o(t) = \omega_r \tag{8.56}$$

由此可见，通过锁相环路的跟踪作用，最终可以实现输出信号与参考信号同步，两者之间不存在频差而只存在很小的稳态相差。

8.5.2　锁相环的基本方程与模型

1. 锁相环的结构和基本方程

为了进一步了解环路工作过程及对环路进行必要的定量分析，有必要先分析环路三个基本部件的特性，然后得出环路相应的数学模型。

1）鉴相器

鉴相器（PD）又称相位比较器，用来比较两个输入信号之间的相位差 $\varphi_e(t)$。鉴相器输出的误差信号 $u_d(t)$ 是相位差 $\varphi_e(t)$ 的函数，即

$$u_d(t) = f[\varphi_e(t)] \tag{8.57}$$

鉴相器的形式很多，按其鉴相特性可分为正弦型、三角型和锯齿型等。在分析其原理时，通常使用正弦型。较为典型的正弦鉴相器可用模拟乘法器与低通滤波器的串联构成。

根据前述我们知道，式(8.50)中的 $\varphi_r(t)$ 是以 $\omega_r t$ 为参考相位的瞬时相位，$\varphi_o(t)$ 是以 $\omega_o t$ 为参考相位的瞬时相位。考虑一般情况，ω_o 不一定等于 ω_r，为便于比较两者之间的相位差，我们统一以输出信号的 $\omega_o t$ 为参考相位。这样，$u_r(t)$ 的瞬时相位为

$$\omega_r t + \varphi_r(t) = \omega_o t + (\omega_r - \omega_o)t + \varphi_r(t) = \omega_o t + \varphi_1(t) \tag{8.58}$$

其中，

$$\varphi_1(t) = (\omega_r - \omega_o)t + \varphi_r(t) = \Delta\omega t + \varphi_r(t) \tag{8.59}$$

$\Delta\omega = \omega_r - \omega_o$ 是参考信号角频率与压控振荡器振荡信号角频率之差,称为固有频差。

令 $\varphi_o(t) = \varphi_2(t)$,可将式(8.50)与式(8.51)重写如下:

$$u_r(t) = U_{rm} \sin[\omega_r t + \varphi_r(t)] = U_{rm} \sin[\omega_o t + \varphi_1(t)] \qquad (8.60)$$

$$u_o(t) = U_{om} \cos[\omega_o t + \varphi_o(t)] = U_{om} \cos[\omega_o t + \varphi_2(t)] \qquad (8.61)$$

这将给以后的分析带来方便。

将式(8.60)和式(8.61)所示信号作为模拟乘法器的两个输入,设乘法器相乘系数 $A_M = 1$,则其输出为

$$u_r(t)u_o(t) = \frac{1}{2}U_{rm}U_{om}\{\sin[2\omega_o t + \varphi_1(t) + \varphi_2(t)] + \sin[\varphi_1(t) - \varphi_2(t)]\} \quad (8.62)$$

该式第一项为高频分量,可通过环路滤波器滤除。这样,鉴相器的输出为

$$u_c(t) = \frac{1}{2}U_{rm}U_{om} \sin[\varphi_1(t) - \varphi_2(t)] = U_{em} \sin\varphi_e(t) = A_{cp} \sin\varphi_e(t) \qquad (8.63)$$

式中,

$$\varphi_e(t) = \varphi_1(t) - \varphi_2(t) = \Delta\omega \cdot t + \varphi_r - \varphi_o \qquad (8.64)$$

式(8.63)所示鉴相器的数学模型如图8.45所示,它所表示的正弦特性就是鉴相特性,如图8.46所示,表示鉴相器输出误差电压与现相位差之间的关系。

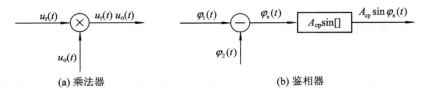

(a) 乘法器   (b) 鉴相器

图 8.45 鉴相器的数学模型

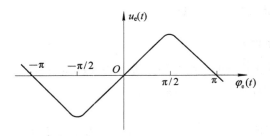

图 8.46 正弦鉴相特性

2) 压控振荡器

压控振荡器的振荡角频率 $\omega_o(t)$ 受控制电压 $u_c(t)$ 的控制。不管振荡器的形式如何,其总特性总可以用瞬时角频率 ω_o 与控制电压之间关系曲线来表示,如图8.47所示。当 $u_c = 0$,而仅有固有偏置时的振荡角频率 ω_{o0} 称为固有角频率。$\omega_o(t)$ 以 ω_{o0} 为中心而变化。在一定的范围内,$\omega_o(t)$ 与 u_c 呈线性关系。在线性范围内,控制特性可表示为

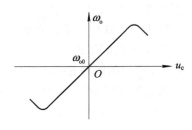

图 8.47 压控特性

$$\omega_{\rm o}(t) = \omega_{\rm o0} + A_{\rm c} u_{\rm c}(t) \tag{8.65}$$

式中，$A_{\rm c}$ 为特性斜率，单位为 rad/(sV)，称为压控灵敏度或压控增益。因为压控振荡器的输出对鉴相器起作用的不是瞬时频率，而是它的瞬时相位，那么该瞬时相相位可对式 (8.65)积分求得：

$$\int_0^t \omega_{\rm o}(t')\,{\rm d}t' = \omega_{\rm o0} t + A_{\rm c}\int_0^t u_{\rm c}(t')\,{\rm d}t' \tag{8.66}$$

故

$$\varphi_2(t) = A_{\rm c}\int_0^t u_{\rm c}(t')\,{\rm d}t' \tag{8.67}$$

可见，压控振荡器在环路中起了一次理想积分的作用，因此压控振荡器是一个固有积分环节。如用微分算子 p 表示，则上式可表示为

$$\varphi_2(t) = \frac{A_{\rm c}}{p} u_{\rm c}(t) \tag{8.68}$$

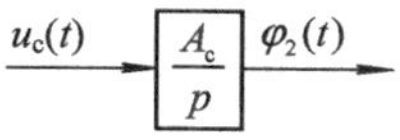

由此可得压控振荡器的数学模型如图 8.48 所示。

图 8.48　压控振荡器的数学模型

3) 环路滤波器

环路滤波器一般是线性电路，用来滤除误差电压 $u_{\rm d}(t)$ 中的高频分量和噪声，更重要的是，它对环路参数调整起着决定性作用。环路滤波器由线性元件电阻、电容及运算放大器组成。其输出电压 $u_{\rm c}(t)$ 和输入电压 $u_{\rm e}(t)$ 之间可用线性微分方程来描述。常用的三种环路滤波器如图 8.49 所示。具体如下：

（1）RC 积分滤波器（如图 8.49(a)所示）的传递函数为

$$H(s) = \frac{U_{\rm c}(s)}{U_{\rm e}(s)} = \frac{\dfrac{1}{sC}}{R + \dfrac{1}{sC}} = \frac{1}{s\tau + 1} \tag{8.69}$$

式中，$\tau = RC$，为滤波器时间常数。

（2）无源比例滤波器（如图 8.49(b)所示）的传递函数为

$$H(s) = \frac{U_{\rm c}(s)}{U_{\rm e}(s)} = \frac{R_2 + \dfrac{1}{sC}}{R_1 + R_2 + \dfrac{1}{sC}} = \frac{1 + s\tau_2}{s(\tau_1 + \tau_2) + 1} = \frac{1 + s\tau_2}{s\tau + 1} \tag{8.70}$$

式中，$\tau = (R_1 + R_2)C$，$\tau_1 = R_1 C$，$\tau_2 = R_2 C$。

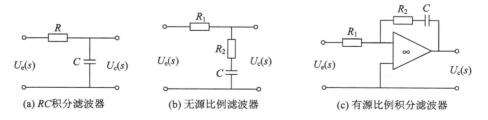

(a) RC 积分滤波器　　　　(b) 无源比例滤波器　　　　(c) 有源比例积分滤波器

图 8.49　三种常用的环路滤波器

（3）有源比例积分滤波器（如图 8.49(c)所示）在运算放大器的输入电阻和开环增益趋于无穷大的条件下，其传递函数为

$$H(s) = \frac{U_c(s)}{U_e(s)} = -\frac{R_2 + \frac{1}{sC}}{R_1} = -\frac{1 + s\tau_2}{s\tau_1} \qquad (8.71)$$

对于一般情况，环路滤波器传递函数 $H(s)$ 的一般表示式为

$$H(s) = \frac{U_c(s)}{U_e(s)} = \frac{b_m s^m + b_{m-1} s^{m-1} + \cdots + b_1 s + b_0}{s^n + a_{n-1} s^{n-1} + \cdots + a_1 s + a_0} \qquad (8.72)$$

如果将式(8.66)中 $H(s)$ 的 s 用微分算子 p 替换，就可以写出环路滤波器的微分方程，即

$$u_c(t) = H_p u_e(t) \qquad (8.73)$$

若系统的冲击响应为 $h(t)$，即传递函数 $H(s)$ 的拉氏反变换

$$h(t) = L^{-1} H(s)$$

则环路滤波器的输出、输入关系的表示式又可写成

$$u_c(t) = \int_0^t h(t - \tau) u_e(\tau) \mathrm{d}\tau \qquad (8.74)$$

可以看出，$u_c(t)$ 是冲激响应与 $u_e(t)$ 的卷积。

　　4) 环路相位模型和基本方程

　　上面分别得到了鉴相器、环路滤波器和压控振荡器的模型，将三个部件按照图 8.43 的组成关系连接起来，就构成了锁相环的相位模型，如图 8.50 所示。可以看出，给定值是参考信号的相位 $\varphi_1(t)$，被控量是压控振荡器输出信号的相位 $\varphi_2(t)$。因此，它是一个自动相位控制（APC）系统。

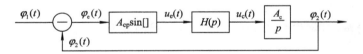

图 8.50　锁相环的相位模型

由图 8.50 可得

$$\varphi_e(t) = \varphi_1(t) - \frac{A_L}{p} H(p) \sin\varphi_e(t) \qquad (8.75)$$

$$p\varphi_e(t) = p\varphi_1(t) - A_L H(p) \sin\varphi_e(t) \qquad (8.76)$$

$$\frac{\mathrm{d}\varphi_e(t)}{\mathrm{d}t} = \frac{\mathrm{d}\varphi_1(t)}{\mathrm{d}t} - A_L \int_0^t h(t - \tau) [\sin\varphi_e(\tau)] \mathrm{d}\tau \qquad (8.77)$$

式中，$A_L = A_{cp} A_c$，称为环路增益，量纲为 rad/s。

　　式(8.75)～(8.77)虽然写法不同，但实质相同，都是无噪声时环路的基本方程。它们代表了锁相环路的数学模型，隐含着环路整个相位调节的动态过程，即描述了参考信号和输出信号之间的相位差随时间变化的情况。由于鉴相特性的非线性，因而方程是非线性微分方程。方程的阶次取决于环路滤波器的 $H(s)$，对于三种常用的环路滤波器，$H(s)$ 皆为一阶，所以环路的基本方程为二阶非线性方程。

2. 锁相环路的工作过程和工作状态

　　加到锁相环路的参考信号通常可以分为两类：一类是频率和相位固定不变（即 ω_r 与 φ_r 均为常数）的信号；另一类是频率和相位按某种规律变化的信号。我们从最简单的情况出发来考察环路在第一类信号输入时的工作过程。

因为
$$u_r(t) = U_{rm}(t)\sin[\omega_r t + \varphi_r(t)]$$

当 ω_r 与 φ_r 均为常数时，由式(8.59)得：
$$\varphi_1(t) = (\omega_r - \omega_o)t + \varphi_r$$

则有
$$\frac{d\varphi_1(t)}{dt} = \Delta\omega_o$$

将它代入环路方程式(8.77)，可得
$$\frac{d\varphi_e(t)}{dt} + A_L\int_0^t h(t-\tau)[\sin\varphi_e(\tau)]d\tau = \Delta\omega_o \tag{8.78}$$

或
$$p\varphi_e(t) + A_L H(p)\sin\varphi_e(t) = \Delta\omega_o \tag{8.79}$$

式(8.79)左边第一项是瞬时相位差 $\varphi_e(t)$ 对时间的微分，代表瞬时频差；第二项是闭环后压控振荡器受控制电压 $u_c(t)$ 作用而产生的频率变化 $\omega_r - \omega_o$，称为控制频差。右边项 $\Delta\omega_o$ 为环路的固有频差。显然，式(8.79)表明，在固有频差作用下，闭环后的任何时刻，瞬时频差与控制频差的代数和总是等于固有频差 $\Delta\omega_o$。

下面分几种状态来说明环路的动态过程。

1) 失锁与锁定状态

通常，在环路开始动作时，鉴相器输出的是一个差拍频率为 $\Delta\omega_o$ 的差拍电压波 $A_{cp}\sin\Delta\omega_o t$。若固有频差值 $\Delta\omega_o$ 很大，则差拍信号的拍频也很高，不容易通过环路滤波器而形成控制电压 $u_c(t)$。因此，控制频差建立不起来，环路的瞬时频差始终等于固有频差。鉴相器输出仍然是一个上下对称的正弦差拍波，环路未起控制作用。环路处于"失锁"状态。反之，假定固有频差值 $\Delta\omega_o$ 很小，则差拍信号的拍频就很低，差拍信号容易通过环路滤波器加到压控振荡器上，使压控振荡器的瞬时频率 ω_o 围绕着 ω_{o0} 在一定范围内来回摆动。也就是说，环路在差拍电压作用下，产生了控制频差。由于 $\Delta\omega_o$ 很小，ω_r 接近于 ω_{o0}，所以有可能使 ω_o 摆动到 ω_r 上，当满足一定条件时就会在这个频率上稳定下来。稳定后，$\omega_o = \omega_r$，控制频差等于固有频差，环路瞬时频差等于零，相位差不再随时间变化。此时，鉴相器只输出一个数值较小的直流误差电压，环路就进入了"同步"或"锁定"状态。由式(8.79)可以看出，只有使控制频差等于固有频差，瞬时频差才能为零。而要控制频差等于固有频差，控制频差便不能为零，这只有在 φ_e 不为零时才能做到。由于 $\Delta\omega_o$ 很小，φ_e 也不会太大。因此，在环路处于锁定状态时，虽然参考信号和输出信号之间的频率相等，但是它们之间的相位差却不会为零，以便产生环路锁定所必须的控制信号电压（即直流误差电压）。由此可知，锁相环对频率而言是无静差系统。

2) 牵引捕获状态

显然还存在一种 $\Delta\omega_o$，其值介于以上两者之间，即参考信号频率 ω_r 比较接近于 ω_o，但是其差拍信号的拍频还比较高，经环路滤波器时有一定的衰减（既非完全抑制，亦非完全通过），加到压控振荡器上使压控振荡器的频率围绕 ω_{o0} 的摆动范围较小，有可能摆不到 ω_r 上，因而鉴相器电压也不会马上变为直流，仍是一个差拍波形。由于这时压控振荡器的输出是频率受差拍电压控制的调频波，其调制频率就是差拍频率，所以鉴相器输出是一个正弦波(频率为 ω_r 的参考信号)和一个调频波的差拍。这时,鉴相器输出的电压波形不再是一个正弦差拍波了,而是一个上下不对称的差拍电压波形,如图 8.51 所示。

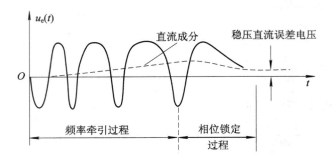

图 8.51　$\omega_r > \omega_o$ 的情况下牵引捕获过程 $u_e(t)$ 波形

鉴相器输出的这种上下不对称的差拍电压波是如何形成的呢?

假设刚开始这种差拍是一个正弦波,当正半周电压通过环行滤波器去控制 VCO 时,加在 VCO 变容二极管上的反偏电压会提高,如图 8.52 所示。此时 C_j 的值减小,VCO 的振荡频率 ω_o 增大,经鉴相器后的差拍频率 $\omega_e = \omega_r - \omega_o$(假设 $\omega_r > \omega_o$)也减小。同理,当负半周电压作用时,ω_e 将增大。差拍频率越低越容易通过

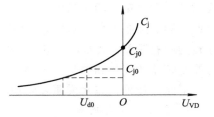

图 8.52　变容二极管电容量

环行滤波器,差拍频率越高越难通过环行滤波器。于是经过几次调整之后,差拍电压的正半周宽度越来越宽,而负正周宽度越来越窄,且幅度越来越小,从而形成了如图 8.51 所示的上下不对称的波形。

鉴相器输出的上下不对称的差拍电压波含有电流、基波与谐波成分,经环路滤波器滤波以后,可以近似认为只有直流与基波加到压控振荡器上。直流使压控振荡器的中心频率产生偏移(设由 ω_{oo} 变为 $\bar{\omega}_o$),基波使压控振荡器调频。其结果使压控振荡器的频率 $\omega_o(t)$ 变成一个围绕着平均频率 $\bar{\omega}_o$ 变化的正弦波。

非正弦差拍波的直流分量对于锁相环路是非常重要的。正是这个直流分量通过环路滤波器的积分作用,产生一个加到压控振荡器上的不断积累的直流控制电压,使压控振荡器的平均频率 ω_o 偏离固有振荡频率 ω_{oo} 而向 ω_r 靠近,使得两个信号的频差减小。这样,将使鉴相器输出差拍波的拍频变得越来越低,波形的不对称性也越来越高,相应的直流分量更大,直流控制电压累积的速度更快,将驱使压控频率以更快的速度移向 ω_r。上述过程以极快的速度进行着,直至可能发生这样的变化:压控瞬时频率 ω_o 变化到 ω_r,且环路在这个频率上稳定下来,这时鉴相器输出也由差拍波变成直流电压,环路进入锁定状态。很明显,这种锁定状态是环路通过频率的逐步牵引而进入的,我们把这个过程叫做捕获。图 8.51 表示了牵引捕获过程中鉴相器输出电压变化的波形,它可用长余辉慢扫示波器看到。

当然,若 $\Delta\omega_o$ 值太大,环路通过频率牵引也可能始终进入不了锁定状态,则环路仍处于失锁状态。

3)跟踪状态

当环路已处于锁定状态时,如果参考信号的频率和相位稍有变化,立即会在两个信号

的相位差 $\varphi_e(t)$ 上反映出来,那么鉴相器输出也随之改变,并驱动压控振荡器的频率和相位发生相应的变化。如果参考信号的频率和相位以一定的规律变化,只要相位变化不超过一定的范围,压控振荡器的频率和相位也会以同样的规律变化,这种状态就是环路的跟踪状态。如果说锁定状态是相对静止的同步状态,则跟踪状态就是相对运动的同步状态。

从环路的工作过程可以定性地看到,环路的捕获和锁定都是受环路参数制约的。从环路开始动作到锁定,必须经由频率牵引作用的捕捉过程,频率牵引作用使控制频差逐渐缩小到等于固有频差,这时环路的瞬时频差将等于零,即满足

$$\lim_{t \to \infty} \frac{\mathrm{d}\varphi_e(t)}{\mathrm{d}t} = 0 \qquad (8.80)$$

的条件。显然,瞬时相位差 $\varphi_e(t)$ 此时趋向一个固定的值,且一直保持下去。这意味着压控振荡器的输出信号与参考信号之间,在固有的 $\pi/2$ 相位差上只叠加一个固定的稳态相位差,而没有频差,即 $\Delta\omega_o = \omega_r - \omega_o = 0$,故 $\omega_r = \omega_o$。这是锁相环路的一个重要特性。

当满足式(8.80)时,$\varphi_e(t)$ 为固定值,$\dfrac{\mathrm{d}\varphi_e(t)}{\mathrm{d}t}=0$,鉴相器输出电压 $u_e = A_{cp}\sin\varphi_e(t)$ 是一个直流电压,于是式(8.79)成为

$$A_L H(0)\sin\varphi_e(\infty) = \Delta\omega_o \qquad (8.81)$$

其中,$\varphi_e(\infty)$ 表示在时间趋于无穷大时的稳态相位差。因此

$$\varphi_e(\infty) = \arcsin\frac{\Delta\omega_o}{A_L H(0)} = \arcsin\frac{\Delta\omega_o}{A_L(0)} \qquad (8.82)$$

式中,$A_L(0) = A_L H(0)$,为环路的直流增益,量纲为 rad/s。

$\varphi_e(\infty)$ 的作用是使环路在锁定时,仍能维持鉴相器有一个固定的误差电压输出,此电压通过环路滤波器加到压控振荡器上,控制电压 $A_{cp}\sin\varphi_e(t)$ 将其振荡频率调整到与参考信号频率同步。稳态相差的大小反映了环路的同步精度,通过环路设计可以使 $\varphi_e(\infty)$ 很小。

观察式(8.82),因为 $|\sin\varphi_e(\infty)|_{max} = 1$,所以,

$$|\Delta\omega_o| \leqslant A_L H(0)$$

这意味着初始频差 $|\Delta\omega_o|$ 的值不能超过环路的直流增益,否则环路不能锁定。

假定环路已处于锁定状态,然后缓慢地改变参考信号频率 ω_r,使固有频差指向两侧逐步增大(即正向或负向增大 $\Delta\omega_o$)。由于 $|\Delta\omega_o|$ 是缓慢改变的,因而当 $\varphi_e(t)$ 值处于一定变化范围内时,环路有维持锁定的能力。通常将环路可维持锁定或同步的最大固有频差 $|\pm\Delta\omega_{om}|$ 的 2 倍称为环路的同步带 $2\Delta\omega_H$,如图 8.53 所示。

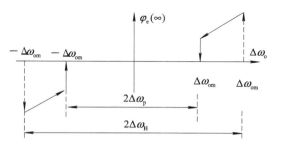

图 8.53　环路捕获与同步过程的特性

因此,所讨论的基本环路的同步带是 $A_L(0)$,即 $\Delta\omega_H = A_L(0)$。因为

$$A_L(0) = \frac{1}{2}U_{rm}U_{om}A_M A_c H(0)$$

所以两个信号的幅度、乘法器的相乘系数和环路滤波器的直流特性 $H(0)$ 等都对同步带有

影响。同时，如果选择信号幅度和环路参数使 $A_{\mathrm{L}}(0) \gg |\Delta\omega_o|$，由式（8.76）可知，可将 $\varphi_e(\infty)$ 缩小到所需的程度。因此，锁相环可以得到一个与参考信号频率完全相同而相位很接近的输出信号。

假定环路最初处于失锁状态，然后改变参考信号频率 ω_r，使固有频差 $\Delta\omega_o$ 从两侧缓慢地减小，环路有获得牵引锁定的最大固有频差 $|\pm\Delta\omega_{om}|$ 存在，我们将这个可获得牵引锁定的最大固有频差 $|\pm\Delta\omega_{om}|$ 的 2 倍称为环路的捕捉带 $2\Delta\omega_p$，如图 8.53 所示。这与 AFC 电路的同步带和捕捉带类似。

8.5.3 锁相环路的线性分析

当环路处于跟踪状态下，只要 $|\varphi_e(t)| \leqslant \pi/6$，就可认为环路处于线性跟踪状态。此时，式（8.63）中的 $\sin\varphi_e(t) \approx \varphi_e(t)$，即将环路线性化。将式（8.76）取拉氏变换，可得

$$s\Phi_e(s) + A_{\mathrm{L}}H(s)\Phi_e(s) = s\Phi_1(s) \tag{8.83}$$

由此式可得环路线性化相位模型如图 8.54 所示。

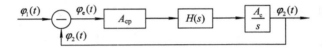

图 8.54　环路线性相位函数

从而可得环路的开环传递函数、闭环传递函数和误差传递函数。

（1）开环传递函数为

$$T_{\mathrm{op}}(s) = \frac{\Phi_2(s)}{\Phi_e(s)} = \frac{A_{\mathrm{L}}H(s)}{s} \tag{8.84}$$

式中，$A_{\mathrm{L}} = A_{\mathrm{cp}}A_c$。该式表示在反馈支路断开时，输出信号相位的拉氏变换同相位差的拉氏变换之比。

（2）闭环传递函数为

$$T(s) = \frac{\Phi_2(s)}{\Phi_1(s)}$$

因

$$\Phi_2(s) = T_{\mathrm{op}}(s)\Phi_e(s) = T_{\mathrm{op}}(s)[\Phi_1(s) - \Phi_2(s)]$$

故

$$T(s) = \frac{T_{\mathrm{op}}(s)}{1 + T_{\mathrm{op}}(s)} = \frac{A_{\mathrm{L}}H(s)}{S + A_{\mathrm{L}}H(s)} \tag{8.85}$$

该式表示在闭环条件下，输出相位的拉氏变换与参考信号相位的拉氏变换之比。

（3）误差传递函数为

$$T_e(s) = \frac{\Phi_e(s)}{\Phi_1(s)} = \frac{\Phi_1(s) - \Phi_2(s)}{\Phi_1(s)} = 1 - T(s)$$

$$= \frac{1}{1 + T_{\mathrm{op}}(s)} = \frac{s}{s + A_{\mathrm{L}}H(s)} \tag{8.86}$$

该式表示在闭环条件下，相位误差的拉氏变换与参考信号相位的拉氏变换之比。

运用 $T(s)$ 及 $T_e(s)$ 可以分析环路的稳定跟踪响应、稳态误差及线性环路的稳定性。

　　将常用的 $H(s)$ 代入以上各式，可得实际二阶环路的 $T_{op}(s)$、$T(s)$ 和 $T_e(s)$。用二阶线性微分方程描述的动态系统是一个阻尼振荡系统。最合适的表征量是阻尼系数 ξ 和当 $\xi=0$ 时的自然谐振角频率 ω_n。对于二阶线性环路，也可以用 ξ 与 ω_n 来表示环路的 $T(s)$、$T_{op}(s)$ 和 $T_e(s)$，如表 8.1 所示。

表 8.1　二阶环路参数的表征

$H(s)$	$T(s)$	$T_e(s)$	$2\zeta\omega_n$	ω_n^2	ξ
$1+\dfrac{1}{s\tau}$	$\dfrac{\omega_n^2}{s^2+2\zeta\omega_n s+\omega_n^2}$	$\dfrac{s^2+2\zeta\omega_n s}{s^2+2\zeta\omega_n s+\omega_n^2}$	$\dfrac{1}{\tau}$	$\dfrac{A_L}{\tau}$	$\dfrac{1}{2}\sqrt{\dfrac{1}{A_L\tau}}$
$\dfrac{1+s\tau_2}{1+s(\tau_1+\tau_2)}$	$\dfrac{s\omega_n\left(2\zeta-\dfrac{\omega_n}{A_L}\right)+\omega_n^2}{s^2+2\zeta\omega_n s+\omega_n^2}$	$\dfrac{s\left(s+\dfrac{\omega_n^2}{A_L}\right)}{s^2+2\zeta\omega_n s+\omega_n^2}$	$\dfrac{1+A_L\tau_2}{\tau_1+\tau_2}$	$\dfrac{A_L}{\tau_1+\tau_2}$	$\dfrac{1}{2}\sqrt{\dfrac{A_L}{\tau_1+\tau_2}}\left(\tau_2+\dfrac{1}{A_L}\right)$
$\dfrac{1+s\tau_2}{s\tau_1}$	$\dfrac{2\zeta\omega_n s+\omega_n^2}{s^2+2\zeta\omega_n s+\omega_n^2}$	$\dfrac{s^2}{s^2+2\zeta\omega_n s+\omega_n^2}$	$\dfrac{A_L\tau_2}{\tau_1}$	$\dfrac{A_L}{\tau_1}$	$\dfrac{\tau_2}{2}\sqrt{\dfrac{A_L}{\tau_1}}$

　　由表 8.1 可见，环路滤波器的传递函数 $H(s)$ 对环路性能有很大的影响，因此环路滤波器参数的选取是十分重要的。

1. 环路的瞬态响应和正弦稳态响应

　　当环路输入的参考信号的频率或相位发生变化时，通过环路自身的调节作用，使压控振荡器的频率和相位跟踪参考信号发生变化。如果是理想的跟踪，那么输出信号的频率和相位都应与参考信号的相同。实际上，整个跟踪过程是一个瞬变过程，总是存在着瞬态相位误差 $\varphi_e(t)$ 和稳态相位误差 $\varphi_e(\infty)$。它们不仅与环路本身的参数有关，还与参考信号变化的形式有关。参考信号变化的形式往往是复杂的，但可以选择某些具有代表性的参考信号，如相位阶跃(跳变)、频率阶跃(跳变)、频率斜升等来研究环路的瞬态响应。这里仅讨论稳态相位误差。

　　利用环路的误差传递函数和拉氏变化的中值定理，可求得在相位阶跃、频率阶跃和频率斜升情况下的稳态相差。

　　按照中值定理，应有

$$\Phi_e(\infty)=\lim_{s\to0}sT_e(s)\Phi_1(s)=\lim_{s\to0}\frac{s^2}{s+A_LH(s)}\Phi_1(s) \tag{8.87}$$

几种典型的输入信号形式如下：

　　(1) 相位阶跃 $\Delta\varphi(\text{rad})$。在 $t=0$ 的瞬间，输入信号发生幅值为 $\Delta\varphi$ 的相位阶跃，输入相位 $\varphi_1(t)$ 可以写成

$$\varphi_1(t)=\Delta\varphi u(t)$$

式中，$u(t)$ 为单位阶跃函数。$\varphi_1(t)$ 的拉氏变换为

$$\Phi_1(s)=\frac{\Delta\varphi}{s} \tag{8.88}$$

　　(2) 频率阶跃 $\Delta\omega(\text{rad/s})$ 由称为相位斜升或相位速度输入，可以写成

$$\varphi_1(t)=\Delta\omega t u(t)$$

其拉氏变换为

$$\Phi_1(s)=\frac{\Delta\omega}{s^2} \tag{8.89}$$

（3）频率斜升 Rt。输入信号以速度 $R(\text{rad/s})$ 随时间作线性变化，相位则以加速度随时间变化，故又称为相位加速度输入。输入相位为

$$\varphi_1(t) = \int_0^t Rt'u(t')\mathrm{d}t' = \frac{1}{2}Rt^2u(t)$$

其拉氏变换为

$$\Phi_1(s) = \frac{R}{s^3} \tag{8.90}$$

现将三种典型的输入归纳在表 8.2 中。将不同形式的 $\varphi(t)$ 和 $H(s)$ 代入式（8.87），便可得到环路的稳态相位误差 $\varphi_e(\infty)$，如表 8.3 所示。

表 8.2　三种典型输入形式

输入信号	输入信号与输入频率波形	$\varphi_1(t)$	$\Phi_1(s)$
相位阶跃 $\Delta\varphi$		$\Delta\varphi u(t)$	$\dfrac{\Delta\varphi}{s}$
频率阶跃 $\Delta\omega$		$\Delta\omega t u(t)$	$\dfrac{\Delta\omega}{s^2}$
频率斜升 Rt		$\dfrac{1}{2}Rt^2 u(t)$	$\dfrac{R}{s^3}$

表 8.3　三种输入对跟踪性能的影响

$\varphi_1(t)$	$\Phi_1(s)$	$H(s)$	$\varphi_e(\infty)$
$\Delta\varphi$	$\dfrac{\Delta\varphi}{s}$	任意	0
$\Delta\omega t$	$\dfrac{\Delta\omega}{s^2}$	$\dfrac{1}{1+s\tau}$	$\dfrac{\Delta\omega}{A_{\mathrm{L}}}$
		$\dfrac{1+s\tau_2}{1+s\tau_1}$	
		$\dfrac{1+s\tau_2}{s\tau_1}$	0
$\dfrac{1}{2}Rt^2$	$\dfrac{R}{s^3}$	$\dfrac{1}{1+s\tau}$	∞
		$\dfrac{1+s\tau_2}{1+s\tau_1}$	
		$\dfrac{1+s\tau_2}{s\tau_1}$	$\dfrac{\tau R}{A_{\mathrm{L}}}$

由表 8.3 可见：

（1）同一环路对于不同的 $\varphi_1(t)$ 跟踪性能是不一样的。

（2）除相位阶跃外，同一 $\varphi_1(t)$ 加到不同的环路，跟踪性能的优劣也不尽相同。

（3）相位阶跃时，只要 $H(0)\neq0$，环路都不会引起稳态相位误差。这个结论似乎不可思议，实际上，压控振荡器是理想的积分环节，自相位阶跃输入瞬间开始，压控振荡器的输出相位就不断积累保持，因此，尽管当进入锁定状态时，加到压控振荡器上的控制电压消失了（由于 $\varphi_e(\infty)=0$），但是这个积累起来的相位量恰好等于输入的相位阶跃量，因而环路锁定。

（4）当频率阶跃加入由理想的有源比例积分滤波器构成的二阶环路时，也不产生稳态误差。这是因为环路具有两个理想积分器。当环路处于稳态时，为跟踪频率阶跃，压控振荡器需要有一个为产生频偏为 $\Delta\omega$ 的控制电压 $\Delta\omega/A_c$，这个电压由环路滤波器供给。环路在频率阶跃 $\Delta\omega$ 的作用下由暂态到稳态，暂态 $\varphi_e(t)$ 不等于零，理想比例积分器把暂态的相位误差积累起来并保持到稳态。所以在稳态时，理想比例积分滤波器仍有 $\Delta\omega/A_c$ 的控制电压输出，使 $\varphi_e(\infty)=0$，环路维持相位跟踪。

（5）频率斜升加到滤波器的传递函数为 $H(s)=\dfrac{1}{1+s\tau}$，$H(s)=\dfrac{1+s\tau_2}{1+s\tau_1}$，环路的稳态相差 $\varphi_e(\infty)=0$ 均趋于无限大，即环路失锁。这意味着环路来不及跟踪频率斜升的输入信号。

以上分析了环路的时间响应。下面分析环路的频率响应。

2. 环路的频率响应

将环路的闭环传递函数 $T(s)$ 中的 s 用 $\mathrm{j}\Omega$ 代替，即可得环路的频率特性。所谓环路的频率特性，是指环路输入参考信号的相位作正弦变化时，在稳态情况下，环路输出正弦相位对输入正弦相位的比值随输入正弦相位的频率变化的特性。

例如：具有理想比例积分滤波器的环路如表 8.1 所示，其闭环频率特性为

$$T(\mathrm{j}\Omega)=\frac{\Phi_2(\mathrm{j}\Omega)}{\Phi_1(\mathrm{j}\Omega)}=\frac{2\xi\omega_n(\mathrm{j}\Omega)+\omega_n^2}{(\mathrm{j}\Omega)^2+2\xi\omega_n(\mathrm{j}\Omega)+\omega_n^2}$$

$$=\frac{1+\mathrm{j}2\xi\dfrac{\Omega}{\omega_n}}{1-\left(\dfrac{\Omega}{\omega_n}\right)^2+\mathrm{j}2\xi\dfrac{\Omega}{\omega_n}} \tag{8.91}$$

对 $T(\mathrm{j}\Omega)$ 取模，可得其幅频特性

$$|T(\mathrm{j}\Omega)|=\sqrt{\frac{1+\left(\dfrac{2\xi\Omega}{\omega_n}\right)^2}{\left(1-\left(\dfrac{\Omega^2}{\omega_n}\right)^2\right)^2+\left(\dfrac{2\xi\Omega}{\omega_n}\right)^2}} \tag{8.92}$$

根据式（8.92），给定不同的阻尼系数 ξ，即可以作出环路的幅频特性，如图 8.55 所示。由图可以看出，采用理想有源比例积分滤波器的环路相当于一个低通滤波器。其低通响应的截止频率即环路的带宽，可令 $|T(\mathrm{j}\Omega)|=\dfrac{1}{\sqrt{2}}$，求得

$$B=\omega_n\left[2\xi^2+1+\sqrt{1+(2\xi^2+1)^2}\right]^{\frac{1}{2}}(\mathrm{rad/s}) \tag{8.93}$$

可见，环路带宽容易通过改变 ω_n 和 ξ 进行调整，如表 8.4 所示。

表 8.4

ξ	0.5	0.707	1
Ω/ω_n	1.82	2.06	2.48

由图 8.55 还可以看出，ξ 越小，低通特性的峰起越严重，截止的速度也越快。而 ξ 越大，衰减越慢；$\xi=1$ 称为临界阻尼；$\xi<1$ 称为欠阻尼；$\xi>1$ 则成为过阻尼。

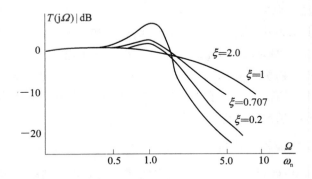

图 8.55　采用理想比例积分滤波器环路的幅频特性

分析表明，无论采用何种滤波器的二阶环，闭环频率响应都具有低通性质。环路带宽的选取除了考虑信号特性外，还应考虑噪声对环路性能的影响。如果仅考虑抑制伴随参考信号从输入端进入环路的噪声，则选择较窄的环路带宽对抑制输入噪声较为有利。但是，这对抑制从压控振荡器输入端窜入的高频噪声不利。这是因为从 VCO 输入端窜入的噪声将使 VCO 输出相位发生变化，经鉴相器加到环路滤波器的输入端，由于环路滤波器对高频噪声的抑制作用较强，因而通过环路滤波器的分量很少，就不能有效地抵消 VCO 输入端的干扰噪声。所以环路带宽的选取应折中考虑，使总的输出相位噪声最小。至于环路的稳定性，分析表明，二阶线性化环路是无条件稳定的。

8.5.4　锁相环路的应用

锁相环路之所以广泛地应用于电子技术的各个领域，是由于它具有以下一些重要的特性。

（1）良好的跟踪特性。锁相环路的输出信号频率可以精确地跟踪输入参考信号频率的变化，环路锁定后输入参考信号和输出信号之间的稳态相位误差，可以通过增加环路增益被控制在所需数值范围内。这种输出信号频率随输入参考信号频率变化的特性成为锁相环的跟踪特性。如果输入为调角信号，通过设计，可以要求环路只跟踪输入调角信号的中心频率的变化，而不跟踪反映调制规律的频率变化，即所谓的调制跟踪型锁相环路。

（2）良好的窄带滤波特性。窄带特性在无线电技术中是非常重要的。锁相环路窄带特性的获得，是由于当压控振荡器的输出频率锁定在输入参考频率上时，位于信号频率附近的干扰成分将以低频干扰的形式进入环路，绝大部分的干扰会受到环路滤波器低通特性的抑制，从而减少了对压控振荡器的干扰作用。所以，环路对干扰的抑制作用就相当于一个窄带的高频带通滤波器，其通带可以做得很窄（如在数百兆赫兹的中心频率上，带宽可以做到几赫兹）。不仅如此，还可以通过改变环路滤波器的参数和环路增益来改变带宽，作为性能优良的跟踪滤波器,用以接收信噪比低、载频漂移大的空间信号。

(3)环路在锁定状态时无剩余频差存在。锁相环路是一个相差控制系统,它不同于自动频率微调系统。对于有固定频差的输入信号,只要环路处于锁定状态,通过环路本身固有积分环节的作用,环路输出可以做到无剩余频差存在。自动频率微调系统是有剩余频差的,因此,锁相环是一个理想的频率控制系统。

(4)良好的门限特性。在调频通信中若使用普通鉴频器,由于该鉴频器是一个非线性器件,信号与噪声通过非线性相互作用对输出信噪比会发生影响。当输入信噪比降低到某个数值时,由于非线性作用噪声会对信号产生较大的抑制,使输出信噪比急剧下降,即出现了门限效应。锁相环路也是一个非线性器件,用做鉴频器时同样有门限效应存在。但是,在调制指数相同的条件下,锁相环路的门限比普通鉴频器的门限低。当锁相环路处于调制跟踪状态时,环路有反馈控制作用,跟踪相差小,这样,通过环路的作用,限制了跟踪的变化范围,减少了鉴相特性的非线性影响,所以改善了门限特性。

利用上述特性,锁相环可以实现各种性能优良的频谱变换功能,做成性能十分优越的跟踪滤波器,用以接收来自宇宙空间的信噪比很低且载频漂移大(有多普勒效应产生)的信号。下面仅对锁相环路在稳频技术、调制解调技术、锁相接收等方面的应用做一些讨论。

1. 在稳频技术中的应用

利用频率跟踪特性,锁相环路可实现分频、倍频、混频等频谱变换功能。综合这几种功能又可构成频率综合器与标准频率源。

1)锁相倍频电路

锁相倍频电路的基本组成方框图如图 8.56 所示。它是在基本环路的反馈通道中插入分频器而组成的。当环路锁定时,鉴相器的两个比相信号的频率应该相等,即 $f_r = f_o/N$,因此,$f_o = Nf_r$。这样,就完成了锁相倍频的任务,倍频次数等于分频器的分频次数。锁相倍频的优点是频谱很纯,而且倍频次数高,可达数万次以上。

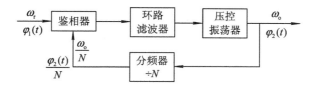

图 8.56 锁相倍频电路的基本组成方框图

设环路的输出相位为 $\varphi_2(t)$,经分频后的相位为 $\varphi_2(t)/N$,因此环路增益下降为原值的 $1/N$,这样用 $A_{cp}A_c/N$ 取代前面分析中的 $A_{cp}A_c$,我们就用前面锁相环基本原理应用到锁相倍频电路来分析其性能。

2)锁相分频电路

如果在基本锁相环路的反馈通道中插入倍频器,就可组成基本的锁相分频电路,如图 8.57 所示。当环路锁定时,$f_r = f_o N$,因此 $f_o = f_r/N$,即锁相分频电路的分频次数等于倍频器的倍频次数。同理,用 $NA_{cp}A_c$ 代替 $A_{cp}A_c$,便可用基本锁相环的公式来分析锁相分频器的性能。

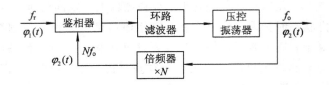

图 8.57　锁相分频电路基本组成方框图

3）锁相混频电路

锁相混频电路的方框图如图 8.58 所示。在反馈通道中，插入混频器和中频放大器。在混频器上外加一频率为 f_L 的信号 $u_L(t)$，因此混频器输出信号的频率为 $|f_o-f_L|$，经中频放大器放大加到鉴相器上。当环路锁定时，$f_r=|f_o-f_L|$，即 $f_o=f_L\pm f_r$，这样环路就实现了混频作用。f_o 是取 f_L+f_r 还是取 f_L-f_r，在环路滤波器带宽足够窄时，取决于 VCO 输出频率 f_o 是高于还是低于 f_L，当 f_o 高于 f_L 时，取 f_L+f_r；当 f_o 低于 f_L 时，取 f_L-f_r。

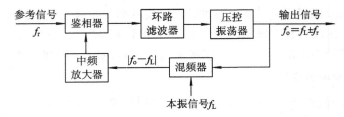

图 8.58　锁相混频电路的基本组成方框图

当 $f_L\gg f_r$ 时，若采用普通混频器进行混频，则由于 $f_L\pm f_r$ 很靠近 f_L。要取出 $f_L\pm f_r$ 中的任一分量，滤出另一分量，对普通混频器输出滤波器的要求就十分苛刻，尤其是需要 f_r 和 f_L 在一定的范围内变化时更是难于实现。利用锁相混频电路则是十分方便的。

4）频率合成器（频率综合器）

所谓频率合成器，就是利用一个（或几个）晶体振荡器产生一系列（或若干个）标准频率信号的设备，其基本思想是利用综合或合成的手段，综合晶体振荡器频率稳定度、准确度高和可变频率振荡器改换频率方便的优点，克服了晶振点频工作和可变频率振荡器频率稳定度、准确度不高的缺点，而形成了频率合成技术。

频率合成器的原理框图如图 8.59 所示。就是在基本锁相环路的反馈支路中，接入具有高分频比的可变分频器，控制（人工或程控）可变分频器的分频比就可得到若干个标准频率输出。为了得到所需的频率间隔，往往在电路中还加了一个前置分频器。频率合成器的电路构成和锁相倍频电路是一样的，只不过频率合成器中的分频器用了可变分频器。所以，频率合成器实际上就是锁相倍频器。

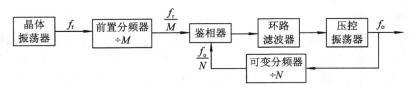

图 8.59　频率合成器的原理框图

在工程应用中，对频率合成器的技术要求较多，其中主要要求是：

　　(1) 频率范围视用途而定。就其频段而言有短波、超短波、微波等频段。通常要求在规定的频率范围内，在任何指定的频率点(波道)上频率合成器都正常工作，而且能满足质量指标的要求。

　　(2) 频率间隔。频率合成器的输出频谱是不连续的。两个相邻频率之间的最小间隔就是频率间隔。对短波单边带通信来说，现在多取频率间隔为 100 Hz，有的甚至为 10 Hz、1 Hz；对短波通信来说，频率间隔多取 50 Hz 或 10 kHz。

　　如何设计频率合成器使之满足上述要求？这里主要是如何确定前置分频器和可变分频器的分频比。在选定 f_r 后通常分两步进行，第一步由给定的频率间隔求出前置分频器的分频比，第二步由输出频率范围确定可变分频器的分频比。

　　① 在图 8.59 中，先确定前置分频器的分频比 M。由 $f_r/M = f_o/N$，得

$$f_o = \frac{N}{M} f_r$$

故频率间隔

$$\Delta f = f_{o(N+1)} - f_{o(N)} = \frac{N+1}{M} f_r - \frac{N}{M} f_r = \frac{1}{M} f_r \tag{8.94}$$

　　② 确定可变分频器的分频比。由 $f_r/M = f_o/N$，得

$$N = \frac{f_o}{f_r} M \tag{8.95}$$

若 f_o 在 $f_{o\,min} \sim f_{o\,max}$ 范围内，则对应有 $N_{min} \sim N_{max}$。

2. 在调制解调技术中的应用

1) 锁相环调频

　　锁相调频电路能够得到中心频率稳定度很高的调频信号，其原理电路如图 8.60 所示。实现锁相调频的条件是，调制信号的频谱要处于低通滤波器通带之外，并且调制指数不能太大。这样，调制信号不能通过低通滤波器，因而在环路内不能形成交流反馈，调制频率对环路无影响。锁相环路只对 VCO 平均中心频率不稳定所应起的分量(处于低通滤波器通带之内)起作用，使其中心频率锁定在晶振频率上。因此，输出调制波的中心频率稳定度很高。这样，锁相调频能克服直接调频中心频率稳定度不高的缺点。这种锁相环路叫载波跟踪型 PLL。

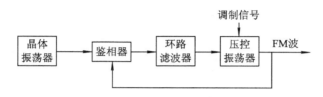

图 8.60　锁相调频电路原理方框图

2) 锁相环鉴频

　　调频波锁相解调电路可以与调频负反馈解调电路媲美。它的门限电平比普通鉴频器低，其电路组成如图 8.61 所示。当输入为调频波时，如果将环路滤波器的带宽设计得足够宽，能使鉴相器的输出电压顺利通过，则 VCO 就能跟踪输入调频波中反映调制规律变化的瞬时频率，即 VCO 的输出是一个具有相同调制规律的调制频波。显然，这时环路滤波器

输出的控制电压就是所需的调频波解调电压。这种电路就是调制跟踪型锁相环。

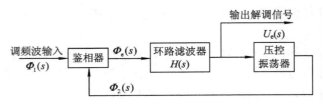

图 8.61　锁相鉴频电路原理方框图

若输入的调频信号为

$$u_{\text{FM}}(t) = U_{\text{m}} \sin\left[\omega_{\text{o}}t + k_{\text{f}} \int_0^t u_\Omega(t')\mathrm{d}t'\right] = U_{\text{m}} \sin[\omega_{\text{o}}t + \varphi_1(t)]$$

式中，$\varphi_1(t) = k_{\text{f}} \int_0^t u_\Omega(t')\mathrm{d}t'$，$k_{\text{f}}$ 为调频比例系数，$u_\Omega(t)$ 为调制信号电压。因而得

$$\Phi_2(s) = T(s)\Phi_1(s)$$

$$\frac{\Phi_2(s)}{U_{\text{c}}(s)} = \frac{A_{\text{c}}}{s}$$

$$U_{\text{c}}(s) = \frac{s}{A}\Phi_2(s) = s\Phi_1(s)\frac{T(s)}{A_{\text{c}}} \tag{8.96}$$

由拉氏变换可知，

$$u_{\text{c}} \propto k_{\text{f}} u_\Omega(t) T(\text{j}\Omega)$$

可见，当 $T(\text{j}\Omega)$ 在整个调制频率范围内具有均匀的幅频特性和线性的相频特性时，环路滤波器的输出电压 u_{c} 就正比于原来的调制信号 $u_\Omega(t)$。

分析表明，锁相鉴频器输入信噪比的门限值比普通鉴频器低，低多少取决于信号的调制度。调制指数越高，门限改善的分贝数也越大，通常可以改善几个分贝，调制指数高时可改善 10 dB 以上。

如果用锁相鉴频器解调调相信号，只要将其输出再积分一次即可，即锁相鉴频器和积分器一起就可以构成锁相鉴相器。

3）调幅信号的同步检波

我们已经知道，欲将调幅信号（带导频）进行同步检波，必须从已调信号中恢复出同频同相的载波作为同步检波器的本机载波信号。显然，用载波跟踪型锁相环就能得到这个本机载波信号，如图 8.62 所示。不过，由于压控振荡器输出信号与输入参考信号（已调幅波）的载波分量之间有固定 $\pi/2$ 的相移，因此，必须经过 $\pi/2$ 移相器变成与已调波中载波分量同相的信号，这个信号与已调波共同加到同步检波器上，才能得到所需的解调信号。

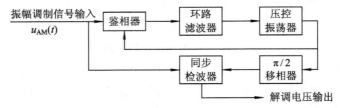

图 8.62　锁相同步检波电路

4）锁相环鉴相

对于调相信号和数字相位键控（PSK）信号，为了实现相干解调，需要一个与输入信号的频率和相位有严格关系（即相干性）的本地参考载波。如果输入信号内含有这个载波的频率分量，则可以用一个带宽很窄的滤波器把它提取出来。锁相环的带宽可以做得非常窄而且能够跟踪载波频率的变化，所以用它来提取载波是特别合适的。用锁相环提出的载波并经过适当移相后即可最为相干解调的本地载波，其方框图如图 8.63 所示。

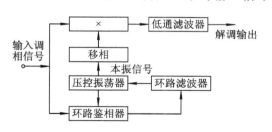

图 8.63　调相信号的相干解调

有时输入信号不包括载波分量，例如二进制反相 PSK 信号就属于这种情况，那么将采用平方环或科斯塔环来提取载波分量。

图 8.64(a)是用平方环提取载波的方案，其中输入信号可表示为

$$S_i(t) = m(t)\sin\omega_i t, \qquad m(t) = \pm 1$$

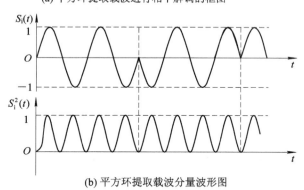

(a) 平方环提取载波进行相干解调的框图

(b) 平方环提取载波分量波形图

图 8.64　用平方环提取载波分量进行相干解调

$S_i(t)$ 的典型波形如图 8.64(b)所示，如果 $m(t)$ 取 1 或者 -1 的概率相等，则 $S_i(t)$ 的功率谱中将不存在载波分量的谱线，但是，经过平方后可得

$$S_i^2(t) = m^2(t)\sin^2\omega_i t = \frac{1}{2} - \frac{1}{2}\sin 2\omega_i t$$

其波形图如图 8.64(b)所示，$S_i^2(t)$ 中的直流分量可用隔直电容去掉，只留下频率为 $2\omega_i$ 的分量。锁相环锁定在 $2\omega_i$ 频率上，其输出经过 2 分频，即能得到频率为 ω_i 的载波信号，再经过适当移相，则可用来进行相干解调。实际上，对于任何频谱围绕载波对称的信号（如双边带信号），经过平方都可以得到载波分量的谱线，因而对于这些信号都可用平方环来提

取载波。

另一种提取载波的方案是采用科斯塔环，如图 8.65 所示。这里，输入信号仍可写作

$$S_i(t) = m(t)\sin(\omega_i t + \theta_i), \quad m(t) = \pm 1 \tag{8.97}$$

u_1 和 u_2 是压控振荡器的两个输出信号，它们的频率相同，而相位为 90°，即

$$u_1(t) = U_{om}\sin(\omega_o t + \theta_o) \tag{8.98}$$

$$u_2(t) = U_{om}\cos(\omega_o t + \theta_o) \tag{8.99}$$

如果 $\omega_o = \omega_i$，那么 $u_1(t)$ 和 $u_2(t)$ 与 $S_i(t)$ 经过相乘并滤去高频分量后可得（这里省略了鉴相器和滤波器的传输系数）：

$$u_3(t) = m(t)U_{om}\cos(\theta_i - \theta_o) \tag{8.100}$$

$$u_4(t) = m(t)U_{om}\sin(\theta_i - \theta_o) \tag{8.101}$$

将 $u_3(t)$ 与 $u_4(t)$ 相乘后得

$$u_5(t) = u_3(t)u_4(t) = m^2(t)U_{om}^2 \cdot \frac{1}{2}\sin 2(\theta_i - \theta_o) \tag{8.102}$$

$$= \frac{U_{om}}{2} \cdot \sin 2(\theta_i - \theta_o)$$

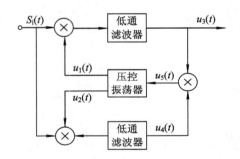

图 8.65 科斯塔环

至此，我们可以看到，$u_5(t)$ 这个电压和调制信号 $m(t)$ 无关，而取决于输入信号和本地信号之间的相位差。把 $u_5(t)$ 送往压控振荡器时，整个环路的工作和信号没有调制的情况基本相同，所以可以套用基本锁相环的全套分析方法和结论。当 $\theta_i - \theta_o$ 接近于零时，由于 $\cos(\theta_i - \theta_o) \approx 1$，则可以直接用 u_3 作为解调输出，即 $u_3(t) = m(t)U_{om}$；当 $\theta_i - \theta_o$ 的值较大时，必须对 u_1 进行移相后才能用来对 $S_i(t)$ 进行相干解调。

平方环和科斯塔环都存在相位含糊的问题，即输出的参考载波和输入信号的相差可能是 0°也可能是 180°，可用差分调相方案加以解决。

3. 在空间技术中的应用

当地面接收机接收人造卫星、宇宙飞船发送来的无线电信号时，由于卫星、宇宙飞船离地面距离远，再加上卫星发射机的功率小，天线增益低，因此，地面接收机收到的信号是极其微弱的。此外，由于飞行器产生多普勒频移和发射机振荡器的自身频率漂移，地面接收机收到的信号频率将偏离卫星发射的信号频率，并且其值往往在几十赫兹到几百赫兹，而多普勒频移可以达到几千赫兹至几十千赫兹。如果采用普通的超外差接收机，中放通带就要大于这一变化范围，由于通带宽，接收机的灵敏度就低，使得微弱信号的接收十分困难，无法检测出有用信号。

　　若采用锁相接收机，利用环路的窄带跟踪特性就可以有效地接收这种信号。图 8.66 是锁相接收机的简化方框图，工作过程如下。

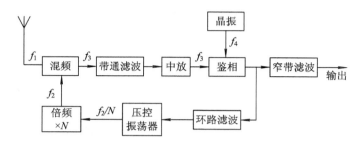

图 8.66　锁相接收机的方框图

　　调频高频信号（中心频率为 f_1）与频率为 f_2 的外差本振信号相混频，本振信号 f_2 是由 VCO 频率 f_2/N 经 N 次倍频后所提供的。混频后，输出中心频率为 f_3 的信号，经过中频放大，在鉴相器内与一个频率稳定的参考频率 f_4 进行相位比较，经鉴相后，解调出来的单音调制信号直接通过环路输出端的窄带滤波器输出。由于环路滤波器的带宽选得很窄，因此鉴相器输出中的调制信号分量不能进入环路。但以参考频率 f_4 为基准的已调信号的载波发生漂移，所对应的低频分量和直流输出控制电压却能够进入环路，用来控制 VCO 的振荡频率，使其混频后的中频已调制信号的载波漂移减小，以至到零。显然，在锁定状态下，必有 $f_3 = f_4$。因此，窄带跟踪环路的作用就是使载波有漂移的已调信号频谱经混频后，能准确地落在中频通频带的中央，从而实现窄带跟踪。这样，中频放大器的频带就可以做得很窄（3～300 Hz），接收机的灵敏度就会提高，接收微弱信号的能力也就会增强。

　　由于这种接收机的中频频率可以跟踪接收信号频率的漂移，而且中频放大器的频带又窄，所以叫做"窄带跟踪滤波器"。锁相接收机除了能作为窄带跟踪滤波器外，还能够用来测量飞行器的距离和多普勒频移，提供相干解调所需的载波。这些功能在空间技术中起着十分重要的作用，有兴趣的读者可以查阅有关资料。

　　这里应该指出，由于环路采用了倍频器，因此压控振荡器的频偏在达到混频器时，增加了 N 倍。这相当于压控振荡器的增益从原来的 A_v 增加到 NA_v。实际上，窄带跟踪接收机的环路中还往往加有限幅器。限幅器的作用是能自动调节环路的噪声带宽，使接收机在不同的信噪比条件下，仍具有较好的跟踪和滤波性能。

　　我们对锁相环路的讨论仅仅介绍了有关锁相环的基本原理、线性分析和基本应用，至于稳定性分析、非线性分析、噪声性能分析等问题均未涉及，读者遇到实际问题时可查阅有关资料。

8.5.5　集成锁相环

　　随着电子技术的发展，集成电路取代分立元件已成为趋势，现在单片的集成锁相环得到广泛的应用。下面列举几个常用的集成锁相环，阐述它们的电路原理及工作方法。

1. CD4046 集成锁相环

　　CD4046 集成锁相环是通用的 CMOS 锁相环集成电路，具有电源电压范围宽、输入阻抗高、动态功耗小等特点。CD4046 锁相的意义是相位同步的自动控制，功能是完成两个电信号相位同步的自动控制闭环系统叫做锁相环，简称 PLL。它广泛应用于广播通信、频率合成、自动控制及时钟同步等技术领域。

CD4046 集成锁相环主要由相位比较器（PC）、压控振荡器（VCO）和低通滤波器（LF）三部分组成，其内部电路原理框图如图 8.67 所示。

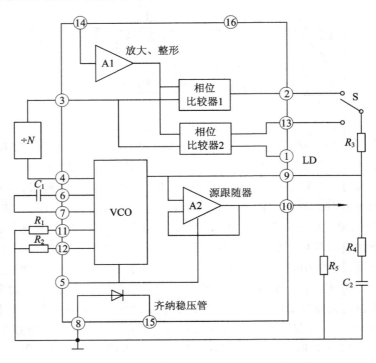

图 8.67　CD4046 集成锁相环内部电路原理框图

CD4046 集成锁相环工作原理大致如下：输入信号 u_i 从 14 脚输入后，经放大器 A1 进行放大、整形后加到相位比较器 1、2 的输入端，开关 S 拨至 2 脚，则比较器 1 将从 3 脚输入的比较信号 u_o 与输入信号 u_i 作相位比较，从相位比较器输出的误差电压 u_φ 则反映出两者的相位差。u_φ 经 R₃、R₄ 及 C₂ 滤波后得到一控制电压 u_d 加至压控振荡器 VCO 的输入端 9 脚，调整 VCO 的振荡频率 f_2，使 f_2 迅速逼近信号频率 f_1。VCO 的输出又经除法器再进入相位比较器 1，继续与 u_i 进行相位比较，最后使得 $f_2=f_1$，两者的相位差为一定值，实现了相位锁定。若开关 S 拨至 13 脚，则相位比较器 2 开始工作，过程与上述相同，不再赘述。

图 8.68 是用 CD4046 的 VCO 组成的方波发生器，当其 9 脚输入端固定接电源时，电路即起基本方波振荡器的作用。振荡器的充、放电电容 C_1 接在 6 脚与 7 脚之间，调节电阻 R_1 阻值即可调整振荡器振荡频率，振荡方波信号从 4 脚输出。按图示数值可知振荡频率变化范围在 20 Hz～2 kHz。

图 8.69 是 CD4046 锁相环用于调频信号的解调电路。如果由载频为 10 kHz 组成的调

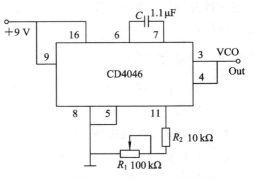

图 8.68　CD4046 的 VCO 方波发生器

频信号，用 400 Hz 音频信号调制，假如调频信号的总振幅小于 400 mV 时，用 CD4046 时则应经放大器放大后用交流耦合到锁相环的 14 脚输入端，环路的相位比较器采用比较器 1，因为需要锁相环系统中的中心频率 f。等于调频信号的载频，这样会引起压控振荡器输出与输入信号输入间产生不同的相位差，从而在压控振荡器输入端产生与输入信号频率变化相应的电压变化，这个电压变化经原跟随器隔离后在压控振荡器的解调输出端 10 脚输出解调信号。当 U_{DD} 为 10 V、R_1 为 10 kΩ、C_1 为 100 pF 时，锁相环路的捕捉范围为 ± 0.4 kHz。解调器输出幅度取决于源跟随器外接电阻 R_3 值的大小。

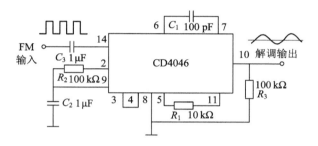

图 8.69　CD4046 锁相环调频信号的解调电路

图 8.70 是用 CD4046 与 BCD 加法计数器 CD4518 构成的 100 倍频电路示意图。刚开机时，f_2 可能不等于 f_1，假定 $f_2 < f_1$，此时相位比较器 Ⅱ 输出 u_φ 为高电平，经滤波后 u_d 逐渐升高使 VCO 输出频率 f_2 迅速上升，f_2 增大至 $f_2 = f_1$，如果此时 u_i 滞后 u_o，则相位比较器 Ⅱ 输出 u_φ 为低电平。u_φ 经滤波后得到的 u_d 信号开始下降，这就迫使 VCO 对 f_2 进行微调，最后达到 $f_2 / N = f_1$，并且 f_2 与 f_1 的相位差 $\Delta\varphi = 0°$，从而进入锁定状态。如果此后 f_1 又发生变化，锁相环能再次捕获 f_1，使 f_2 与 f_1 相位锁定。

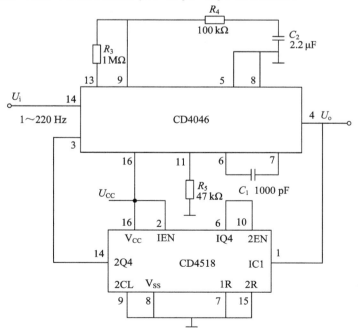

图 8.70　CD4046 与 BCD 加法计数器 CD4518 构成的 100 倍频电路

2. NE561B 锁相环

NE561B 锁相环是一个单片集成的信号调制、解调系统，它由压控振荡器、相位比较器、放大器和低通滤波器组成，其连接如图 8.71 所示。锁相环的中心频率是由压控振荡器在自由振荡时的频率 f_0 决定的，压控振荡器的频率由外接电容和电位计进行调整。决定环路捕获性能的低通滤波器是由相位比较器输出端外接的两个电容和电阻组成的。

NE561B 锁相环有一组可以利用差分或单端模式的自偏置输入端。压控振荡器输出可以作为调制、频率同步、倍频或分频应用。一个模拟乘法器集成在锁相环内部可以实现同步 AM 解调。

图 8.71 是用部分多功能集成锁相环 NE561B 作同步检波电路的接线图。除鉴相器外，还有一个模拟乘法器使之能直接用于同步检波，而无需外接乘法器，使用十分方便。

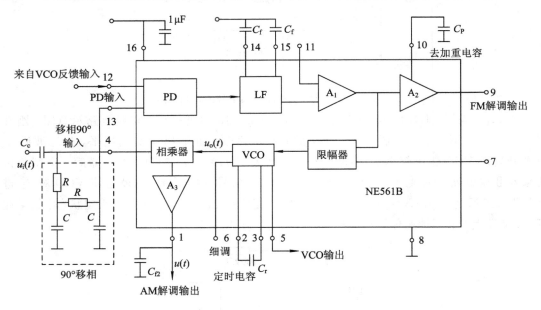

图 8.71　用 NE561B 作同步检波的接线图

设输入 AM 信号为

$$u_{AM}(t) = U_{rm}\left[1 + \frac{u_\Omega(t)}{U_{rm}}\right]\sin\omega_r t \tag{8.103}$$

经 $\pi/2$ 移相后变为

$$u_{AM}(t) = U_{rm}\left[1 + \frac{u_\Omega(t)}{U_{rm}}\right]\cos\omega_r t \tag{8.104}$$

图 8.71 所示为用 NE561B 作同步检波的接线图由 13 端送入环路。环路锁定后，VCO 的输出信号为

$$u_o(t) = U_{om}\sin[\omega_o t + \varphi_e(\infty)] \tag{8.105}$$

式中，$\varphi_e(\infty)$ 为稳态相差，通常 $\varphi_e(\infty)\approx 0$。

将 $U_{AM}(t)$ 与 $U_o(t)$ 相乘，经放大与低通滤波器后输出为

$$u(t) = \frac{1}{2}A_M U_{rm} U_{om}\cos\varphi_e(\infty)u_\Omega(t) \approx \frac{1}{2}A_M U_{rm} U_{om} u_\Omega(t) \tag{8.106}$$

该输出信号是与 $U_\Omega(t)$ 成正比的检波输出。

3. LM567 锁相环

LM567 锁相环内侧包含一个电流控制振荡器(CCO)、一个鉴相器和一个反馈滤波器。此音调解码块包含一个稳定的锁相环路和一个晶体管开关,当在此集成块的输入端加上所选定的音频时,即可产生一个接地方波。音频解码电路由 I 与 Q 检波器构成,由电压控制振荡器驱动振荡器确定译码器中心频率。用外接元件独立设定中心频率带宽和输出延迟。

LM567 主要用于振荡、调制、解调和遥控编码、译码电路,如电力线载波通信、对讲机亚音频译码、遥控等。

LM567 的基本工作状况犹如一个低压电源开关,当其接收到一个位于所选定的窄频带内的输入音调时,其开关就接通。而且通用的 LM567 还可以用做可变形发生器或通用锁相环电路。当其用作音调控制开关时,所检测的中心频率可以设定于 $0.1 \sim 500\ \text{kHz}$ 之间的任意值,检测带宽可以设定在中心频率 14％内的任意值。并且,输出开关延迟可以通过选择外电阻和电容在一个宽时间范围内任意改变。LM567 锁相环的内部原理图如 8.72 所示。

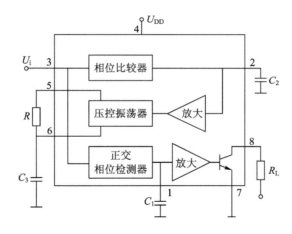

图 8.72　LM567 锁相环的内部原理图

LM567 锁相环的各个部分功能如下：1、2 脚通常分别通过一电容器接地,形成输出滤波网络和环路单级低通滤波网络。2 脚所接电容决定锁相环路的捕捉带宽：电容值越大,环路带宽越窄。1 脚所接电容的容量应至少是 2 脚电容的 2 倍。3 脚是输入端,要求输入信号大于等于 $25\ \text{mV}$。5、6 脚外接的电阻和电容决定了内部压控振荡器的中心频率 f_2,且 $f_2 \approx \dfrac{1}{1.1RC}$。8 脚是逻辑输出端,其内部是一个集电极开路的三极管,允许最大灌电流为 $100\ \text{mA}$。

LM567 的电气参数：M567 的工作电压为 $4.75 \sim 9\ \text{V}$,工作频率从直流到 $500\ \text{kHz}$,静态工作电流约 $8\ \text{mA}$。

LM567 芯片的使用。图 8.73 是以 LM567 作为通用音调译码器的连接图,主要用于外界接电阻 20：1 的范围,逻辑兼容输出具有吸收 $100\ \text{mA}$ 电流的能力。它的技术指标有：① 可调宽带从 0 至 14％；② 宽信号输出与噪声的高抑制；③ 对假信号抗干扰；④ 高稳定的中心频率；⑤ 中心频率调节从 0.01 Hz 到 500 kHz；⑥ 电源电压 5～15 V，推荐使用 8 V。应用举例：输入端接 0.1 μF 电容，输出端接上拉电阻 10 kΩ，C_1、C_2 为 0.1 μF。R_1、C_1 决定振荡频率，一般 C_1 为 0.1 μF 电容，R_1 为 10～200 kΩ，电源电压为 8 V。

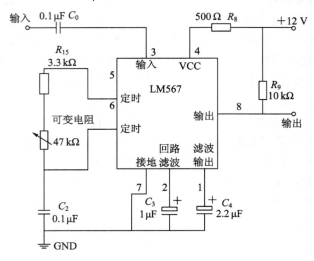

图 8.73　LM567 锁相环作为通用音频译码器的连接图

4. XR‑S200 集成锁相环

XR‑S200 集成锁相环是一款多功能单片集成锁相环电路，其方框图如图 8.74 所示。该电路由四象模拟乘法器、高频压控振荡器和运算放大器组成，由于各部件在电路内没有连接，因此各输入控制端彼此是独立的。

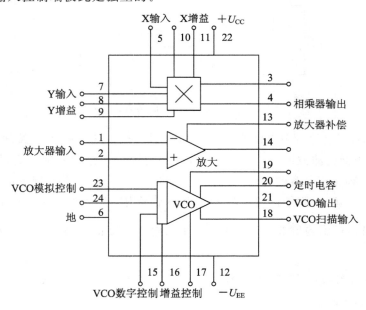

图 8.74　XR‑S200 集成锁相环方框图

XR‑S200 在使用上具有很大的灵活性，可以实现多功能，广泛用于 FM/FSK 的调制与解调、频率合成、数据同步、信号检测等领域。

图 8.75 所示是用 XR-S200 接成的锁相鉴频器。图中，乘法器作鉴相器用，将可调增益的⑧与⑨端、⑩与⑪端短路，接在鉴相器输出③与④的 C_1、R_3 及乘法器输出电阻 R_4 组成无源比例积分网络起环路滤波器的作用；③、④端直接接到 VCO 的输入端㉓、㉔上，可控制 VCO 的瞬时频率跟踪输入调频信号的瞬时频率。所以，VCO 输入端的控制电压必然反映调制信号的变化规律。因此，从③、④端输出解调信号，经放大器进行音频放大可得解调输出。R_8、C_2 是外接的去加重电路。

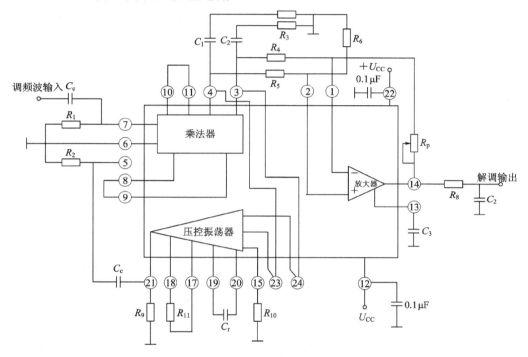

图 8.75　用 XR-S200 作锁相鉴频器的接线图

8.6　频率合成器

频率合成器就是利用一个(或几个)晶体振荡器产生一系列(或若干个)标准频率信号的设备。本节首先介绍频率合成器的主要技术指标，然后介绍直接频率合成法和间接频率合成法。本节着重介绍间接频率合成法(数字锁相环路法)和直接数字频率合成法(DDS)。

8.6.1　频率合成器的主要技术指标

近年来，由于无线电通信技术的迅速发展，对振荡信号源的要求也在不断提高，不但要求其频率稳定度和准确度高，而且要求能方便地改换频率。我们知道，石英晶体振荡器的频率稳定度和准确度是很高的，但改换频率不方便，只适用于固定频率；LC 振荡器改换频率方便，但频率稳定度和准确度又不够高。能不能设法将这两种振荡器的特点结合起来，既兼有较高的频率稳定度与准确度，又具有改换频率方便的优点呢？近年来获得迅速发展的频率合成技术，就能满足上述要求。

所谓频率合成器，就是利用一个（或几个）晶体振荡器产生一系列（或若干个）标准频率信号的设备，其基本思想是利用综合或合成的手段，综合晶体振荡器的频率稳定度、准确度高和 LC 振荡器改换频率方便的优点，克服了晶体点频工作和 LC 振荡的频率稳定度、准确度不高的缺点，从而形成频率合成技术。

为了正确使用与设计频率合成器，首先应对它提出合理的质量指标。频率合成器的使用场合不同，对其要求也不全相同。大体来说，频率合成器有如下几项主要技术指标：频率范围、频率间隔、频率稳定度和准确度、频谱纯度（杂散输出或相位噪声）、频率转换时间等。

1. 频率范围

频率范围是指频率合成器的工作频率范围，衡量频率范围性能一般用覆盖系数来表征。覆盖系数是指频率合成器输出的最高频率 $f_{o\,max}$ 和最低频率 $f_{o\,min}$ 之比，即

$$k = \frac{f_{o\,max}}{f_{o\,min}} \qquad (8.107)$$

当 $k > 2\sim3$ 时，一般 VCO 是很难满足这一输出频率范围的，实践中可以把整个频段分为几个分波段，每个分波段由一个 VCO 来满足分波段频率范围，如视其用途可分为短波、超短波、微波等频段。通常要求在规定的频率范围内，在任何指定的频率点（波道）上，频率合成器都能工作，而且电性都能满足质量指标。

2. 输出频率间隔

频率合成器的输出频谱是不连续的。所谓输出频率间隔，是指频率合成器输出两个相邻频率之间的频率之差，又称为频率分辨率，用 Δf_o 来表示。由频率范围和频率间隔可以确定频率合成器的工作频率点数（波道数）。应当指出，频率合成器在工作时，各个频率信号不是同时存在的，即频率合成器在某一时刻只能输出一个频率信号。

在通信系统中，一般希望波段内的频率通道尽可能多，以满足通信的要求，所以希望 Δf_o 尽可能小，目前，PLL 频率合成器的 Δf_o 可以做到 100 kHz、10 Hz 乃至 0.1 Hz，而 DDS 合成器的 f_o 可以做到 1 Hz 以下。

3. 频率准确度

频率准确度是指实际工作频率偏离标称频率值的程度，即频率误差。标称频率是指国际和国内统一标定的基准频率。若设频率合成器实际输出频率为 f，标称频率为 f_o，则频率准确度可定义为

$$A_f = \frac{f - f_o}{f_o} = \frac{\Delta f}{f_o} \qquad (8.108)$$

式中，$\Delta f = f - f_o$，为频率偏移。

应该指出，即使对于晶体振荡器，当它长期工作时，其振荡频率也会发生漂移，因此，不同时刻的频率准确度是不同的。所以，频率准确度的完整说明除应包括其大小和正负外，还应包括是何时的频率准确度。

4. 频率稳定度

频率稳定度是指在规定的时间间隔内，频率合成器输出频率变化的大小。它表征频率合成器工作于规定频率上的能力，是频率合成器最重要的技术指标之一。从时间长短上来

讲，频率稳定度可以分为长期稳定度、短期稳定度和瞬时稳定度，但无严格的界限。

长期稳定度是指年或月时间范围内频率准确度的变化。长时间频率漂移主要由晶体振荡器中晶体的老化特性引起。对于短波单边带电台而言，为满足收发双方对频率偏差的要求，其月频率稳定度应保持在 10^{-7} 数量级上。

短期稳定度是指日或小时时间范围内频率准确度的变化。短期稳定度中，日稳定度仍然取决于晶体的老化特性；小时或分级的短期稳定度则主要取决于振荡电路内部参数的变化，外部电源的波动、稳定变化及其他环境因素的变化等。

瞬时稳定度是指秒或毫秒时间范围内的随机频率变化，即频率的瞬时无规则变化。这种无规则的变化与长时间频率漂移无关，主要影响因素是干扰和噪声。瞬时稳定度反映了频率合成器的噪声性能，表现在频域上就是频率合成器的输出信号频谱不纯。

5. 频率转换时间

频率转换时间又称换频时间(t_s)，是指频率合成器输出频率从一个工作频率转换到另一个工作频率并达到稳定工作所需时间。频率转换时间与所采用的频率合成器方法有着密切的关系。

对于直接频率合成，频率转换时间主要取决于信号通过窄带滤波器所需建立时间，t_s 可以小到毫秒(ms)级以下，甚至可以达到微秒(μs)；而对于锁相频率合成，频率转移时间则主要取决于环路进入锁定所需时间，即环路的捕获时间，t_s 大约是参考频率周期的 25 倍。

在通信系统中，一般要求频率合成器的 t_s 小于几十毫秒。在时分多址和跳频体制的通信系统中，则要求 t_s 在微秒级，甚至是纳秒级，为满足这种需求，目前只能用 DDS 合成法和组合式 DDS 合成法。

6. 频谱纯度

频谱纯度是指频率合成器输出频率信号接近正弦波的程度。它是衡量频率合成器输出信号质量的另一个重要技术指标。频谱纯度用频率合成器输出的有用信号电平与各种干扰合成总电平之比的分贝数来表示。

一个理想的频率合成器的输出在时域上可表示为

$$u_c = U_{cm} \cos(\omega_c t + \varphi_c) \tag{8.109}$$

式中，U_{cm}、ω_c、φ_c 均为常数，U_{cm} 表示谱线高度，ω_c 表示频谱线位置。

实际上，频率合成器的输出总是不可避免的有寄生调幅和寄生调相存在，如下式所示：

$$u_c = U_{cm}[1 + \alpha(t)]\cos[\omega_c t + \varphi(t)] \tag{8.110}$$

式中，$\alpha(t)$ 表示寄生调幅，$\varphi(t)$ 表示寄生调相。

上面已经谈到，振荡器频率的不稳定表现为频谱的不纯。实际合成器输出信号中含有大量不需要的频谱分量，如图 8.76 所示。其中，离散谱称为杂波(杂散频率)，连续谱称为噪声。对于正常工作的频率合成器而言，寄生调幅通常比较小，可以忽略，而寄生调相则是产生频谱不纯的主要因素。

寄生调相又可分为正弦寄生调相和随机寄生调相两种

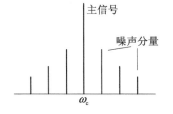

图 8.76　输出不纯的频谱图

情况。前者是由鉴相频率泄露和 50 Hz 或者 100 Hz 电源等信号作用于 VCO 输入端引起的正弦波调相；后者是由各种噪声引起的相位随机变化。正弦波调相产生输出杂散频率，相位随机变化产生相位噪声。由于输出杂散频率和相位噪声都是由寄生调相所产生的，因此有时将它们统称为相位噪声。

相位噪声是呈现在主频两边的连续噪声频谱。对于 PLL 频率合成器而言，相位噪声主要来源于 VCO，而 PLL 对 VCO 的开环相位噪声有抑制作用，因此必须合理设计 PLL。对于 DDS 合成器，相位噪声取决于内部器件的非相干噪声。

8.6.2 频率合成器的类型

频率合成器可分为直接式模拟频率合成器、间接式（或锁相）频率合成器和直接数字式频率合成器。

1. 直接模拟频率合器

所谓直接模拟频率合成法，是将两个基准频率直接在混频器中进行混频，以获得所需要的新频率。这些基准频率是由石英晶体振荡器产生的。如果只用一块石英晶体作为标准频率源，产生混频的两个基准频率（通过倍频器产生的）彼此之间是相关的，就称之为相干式直接合成；否则就是非相干式直接合成。此外，还有利用外差原理来消除可变振荡器频率漂移的频率漂移抵消法（或称外差补偿法），分述如下。

1) 非相干式直接合成器

图 8.77 为非相干式直接合成器方框图，图中 f_1 与 f_2 为两个石英晶体振荡器的频率，并可根据需要选用。例如，f_1 可以从 5.000～5.009 MHz 这 10 个频率中任选一个，f_2 可以从 6.00～6.09 MHz 这 10 个频率中任选一个。所选出的两个频率在混频器中相加，通过带通滤波器取出合成频率。本例可以获得 11.000～11.099 MHz 共 100 个频率点，每步相距 0.001 MHz。要想获得更多的频率点与更宽的频率范围，可根据类似的方法多用几个石英晶体振荡器与混频器来组成。例如，图 8.78 就是一个实际的频率合成器的方框图，输出频率自 1.000～39.999 MHz 共 39 000 个频率点，每步相距 0.001 MHz。

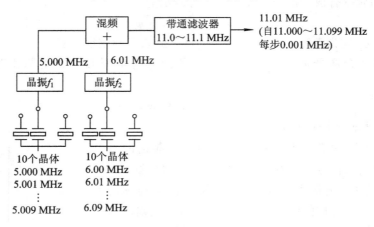

图 8.77 非相干式直接合成器方框图

这种合成方法所需用的石英晶体较多，可能产生某些落在频带之内的互调分量，而形成杂波输出。因此，必须适当选择频率，以避免发生这种情况。

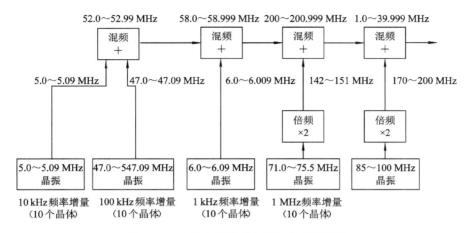

图 8.78　实际非相干式直接合成器方框图

2）相干式直接合成器

相干式直接合成方法常用来产生频率合成器中的辅助频率。图 8.79 是相干式直接合成器的一个实例。图中的 10 个等差数频率（2.7~3.6 MHz、间隔 0.1 MHz）是由石英晶体振荡器通过谐波发生器产生的多个频率。由于这些频率都是同一来源，故为相干式，所需的输出频率可以通过对这 10 个等差数列频率的选择，经过逐次混频、滤波与分频的方式来获得。例如，若需要输出 3.4509 MHz 的频率，则开关 D、C、B、A 应分别旋到 4、5、0、9 的位置上，合成过程如下：

开关 A 在位置 9，选取的数列频率为 3.6 MHz，它与由第一个分频器送来的固定频率 0.3 MHz（将 3 MHz 分频 10 次的结果）相混频，取相加项，用滤波器滤掉其余不需要的信号后，得到 3.9 MHz 信号。将 3.9 MHz 送至第二个分频器（分频比仍为 10），得到 0.39 MHz 的输出。

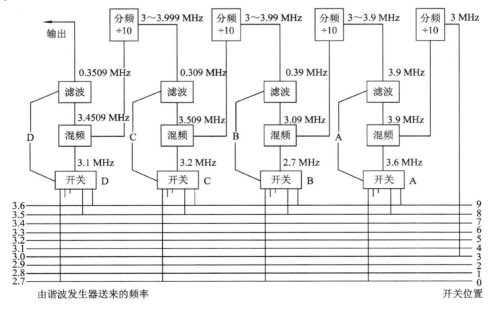

图 8.79　相干式直接合成器举例

开关 B 在位置 0，选取的数列频率为 2.7 MHz，与上面的 0.39 MHz 信号混频（相加），得到 3.09 MHz 的信号。然后经过滤波器及分频器，得到 0.309 MHz 的输出。

开关 C 在位置 5，选取的数列频率为 3.2 MHz，与上面的 0.309 MHz 信号混频（相加），得 3.509 MHz 的信号。然后再经过最后一个分频器，得到 0.3509 MHz 的输出。

开关 D 在位置 4，选取的数列频率为 3.1 MHz，与上面的 0.3509 MHz 信号混频（相加），经过滤波，最后得到 3.4509 MHz 的输出频率。

这样，开关 A、B、C、D 放在各种不同的位置上，就可以获得 3.0000～3.9999 MHz 范围内去 10 000 个频率点，间隔为 0.0001 MHz（即 100 Hz）。这种方案能产生任意小增量的合成频率，每增加一组选择开关、混频器、滤波器、分频器，即可使信道分辨力提高 10 倍。

以上两种直接合成法的优点是：比较稳定可靠，能做到任意小的频率增量，波道转换速度快（可小于 0.5 μs）；缺点是：要采用大量的滤波器、混频器等，成本高、体积大，又由于混频器存在谐波成分，易产生寄生调制，从而影响频率稳定度。为了减少滤波器与混频器，减少组合频率干扰，于是提出了下面要介绍的频率漂移抵消法（外差补偿法）。

3）频率漂移抵消法（外差补偿法）

频率漂移抵消法的工作原理方框图见图 8.80，图中 f_{o1}，f_{o2}，…，f_{on} 是由标准频率源（石英晶体振荡器）产生的一系列等间隔的标准频率点，可变振荡器的频率调整是步进的，它们的间隔和标准频率的间隔相同。通过可变振荡器的频率 f_L，可以做到从 f_{o1}，f_{o2}，…，f_{on} 中选出一个频率 f_{om}（$1 \leq m \leq n$），使它与可变频率振荡器频率之差 $f_{i1} = f_L - f_{om}$ 落在带通滤波器的通频带内，而其余频率（f_{om} 以外的频率）与 f_L 的差拍落在滤波器通频带之外，不能到达第二混频器。在第二混频器中，f_{i1} 与 f_L 再次相减，于是又得到原来的标准频率 f_{om} 输出。由此可见，可变振荡器在系统中仅起频率转换作用，输出频率与 f_L 无关。因而 f_L 的频率不稳定度对输出频率无影响。推证如下：设可变振荡器的频率误差为 Δf，则第一混频器的输出频率为

$$f_{i1} = (f_L + \Delta f) - f_{om} \tag{8.111}$$

第二混频器的输出频率为

$$f_{i2} = (f_L + \Delta f) - f_{i1} = (f_L + \Delta f) - [(f_L + \Delta f) - f_{om}] = f_{om} \tag{8.112}$$

由此可见，输出频率 f_{i2} 的准确度仅取决于标准频率 f_{om}，而与可变振荡器的频率误差 Δf 无关。由于频率误差 Δf 在两次变频过程中被抵消，故称之为频率漂移抵消法。

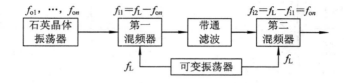

图 8.80　频率漂移抵消法的工作原理方框图

观察图 8.80 可能会提出这样的问题：既然输出频率是晶振频率 f_{o1}，f_{o2}，…，f_{on} 中的一个，那么为什么不直接取出所需要的频率，而需要经过两次混频的过程呢？答复是：如果直接取出所需的频率，则对于每一个频率，就应该有一个滤波器，这样势必要采用数量众多的滤波器，显然是不经济的。采用二次混频后，即可节省大量的滤波器。事实上，图 8.80 中由可变振荡器、混频器与带通滤波器所组成的环路，起了可变频率滤波器的作用。

要想选择不同的 f_{om} 输出，只要改变 f_L 就行了，带通滤波器的频率 $f_{i1} = f_L - f_{om}$ 总是维持不变的。这里所用的带通滤波器的通频带取决于可变振荡器的频率稳定度；这种不稳定度一般不应大于频率间隔的 20%。这种合成法的瞬时频率稳定度很高，寄生调制小，可用于快速数字通信等。

应该说明，图 8.80 只是原理性方框图，实际上用频率漂移抵消法做成的频率合成器还是相当复杂的，往往需要若干个环路才能组成。因而与下节即将讨论的间接合成法相比，这种方法所用的混频器与滤波器较多，且体积大、成本高，调试也比较复杂。

2. 间接式频率合成器（IS）

间接式频率合成器又称为锁相频率合成器，锁相频率合成技术是第二代频率合成技术。在 20 世纪 50 年代出现了锁相频率合成器，它是利用一个或几个参考频率源，通过谐波发生器混频或分频等产生大量的谐波或组合频率，然后用锁相环把压控振荡器的频率锁定在某一谐波或组合频率上，由压控振荡器间接产生所需频率输出。这种方法的优点是稳频和杂散抑制好，调试简便；缺点是频率切换速度比直接合成慢。锁相频率合成器是目前应用最广的频率合成器。我们将在下一节介绍其主要内容。

直接式频率合成器中所固有的那些缺点，如体积大、成本高、输出端出现寄生频率等，在锁相频率合成器中就可以克服。基本的锁相频率合成器如图 8.81 所示，当锁相环锁定后，相位检波器两输入端的频谱是相同的，即

$$f_r = f_d \tag{8.113}$$

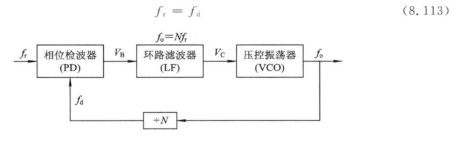

图 8.81　基本锁相频率合成器

VCO 输出频率 f_o 经 N 分频得到

$$f_d = \frac{f_o}{N} \tag{8.114}$$

所以，输出频率是参考频率 f_r 的整数倍，即

$$f_o = N f_r \tag{8.115}$$

这样，环中带有分频器的锁相环就提供了一种从单个参考频率获得大量频率的方法。如果用一可编程分频器来实现分频比 N，就很容易按增量 f_r 来改变输出频率。带有可编程分频器的锁相环为合成大量频率提供了一种方法，合成频率都是参考频率的整数倍。

这种基本的锁相频率合成器存在以下几个问题。首先，由式(8.115)可知，频率分辨率等于 f_r，即输出频率只能以参考频率 f_r 为增量来改变。为了提高频率合成器频率分辨率，就必须将 f_r 减小。然而这与转换时间是相互矛盾的，因为转换时间取决于锁相环的非线性性能，精确的表达式还难以导出，所以工程上常用的经验公式为

$$t_s = \frac{25}{f_r} \tag{8.116}$$

转换时间大约等于 25 个参考频率的周期。分辨率与转换时间成正比，例如 $f_r = 10$ Hz，$t_s = 2.5$ s，这显然难以满足系统要求。

基本锁相频率合成器的另一个问题是 VCO 输出是直接加到可变分频器上的，而这种可编程分频器的最高工作频率可能比所要求的合成器工作频率低得多，因此在很多应用场合，基本频率合成器是不适用的。

固定分频器的工作频率明显高于可变分频比，超高速器件的上限频率可达千兆赫兹以上。若在可变分频器之前串接一固定分频器的前置分频器，则可大大提高 VCO 的工作频率，如图 8.82 所示。前置分频器的分频比为 M，可得

$$f_o = N(Mf_r) \tag{8.117}$$

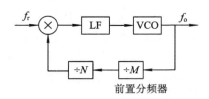

图 8.82 有前置分频器的锁相频率合成器

采用了前置分频器之后，允许合成器得到较高的工作频率，但是因为 M 是固定的，输出频率只能以 Mf_r 为增量的变化，这样，合成器的分辨率就下降了。避免可编程分频器工作频率过高的另一个途径是用一个本地振荡器通过混频将频率下移，如图 8.83 所示。

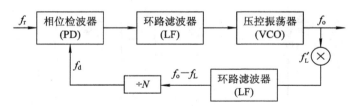

图 8.83 下变频锁相频率合成器

混频后用低通滤波器取出差频分量，分频器输出频率为

$$f_d = f_r = \frac{f_o - f_L}{N} \tag{8.118}$$

因此，

$$f_o = f_L + Nf_r \tag{8.119}$$

总之，锁相频率合成器的频率分辨率取决于 f_r，为了提高频率分辨率应取较低的 f_r；转换时间 t_s 也取决于 f_r，为使转换时间短，应取较高的 f_r，这两者是矛盾的。另外，可变分频器的频率上限与合成器的工作频率之间也是矛盾的。上述前置分频器和下变频的简单方法并不能从根本上解决这些矛盾。近年来出现的变模分频锁相环频率合成器、小数分频锁相频率合成器以及多环锁相频率合成器等的性能比基本锁相频率合成器有了明显的改善，满足了各类应用的需求。

3. 直接数字频率合成器

模拟频率合成方法是通过对基准频率人为地进行加减乘除算术运算得到所需的输出频率。自 20 世纪 70 年代以来，由于大规模集成电路的发展及计算机技术的普及，开创了另

一种信号合成方法——直接数字频率合成法（Direct Digital Frequency Synthests，DDS）。它突破了模拟频率合成法的原理，从"相位"的概念出发进行频率合成。采用了数字采样存储技术，具有精确的相位、频率分辨率，快速的转换时间等突出优点，是频率合成技术发展的新一代技术。

直接数字频率合成器（Direct Digital Frequency Synthesizer，DDFS）有两种基本合成方法。一种是根据正弦函数关系式，按照一定的时间间隔，利用计算机进行数字递推关系计算，求解瞬时正弦函数幅值并实时地送入数模转换器，从而合成出所要求频率的正弦波信号。这种合成方式具有电路简单、成本低、合成信号频率的分辨率可做得很高等优点，但由于受计算机速度的限制，因此合成信号频率较低，一般在几千赫兹左右。另一种合成方式是用硬件电路取代计算机的软件计算过程，即利用高速存储器将正弦波的 M 个样品存在其中，然后以查表的方式按均匀的速率把这些样品输入到高速数模转换器，变换成所设频率的正弦波信号。这种合成方式由于采用了高速存储器产生了正弦波幅值数据，因此合成频率可以做得很高，目前已达数百兆赫兹，是现在使用最广泛的一种 DDS 频率合成方式。

与其他频率合成方法相比较，DSS 的主要优点：利于集成，频率合成器体积小、功率低，频率转换速度快，可以几乎实时地以连续相位转换频率，能给出非常高的频率分辨率（典型值为 0.001 Hz），价格低。目前，DDS 工作频率主要受 D/A 转换速度的限制。除了正弦信号外，这种方法还可以产生任何其他波形信号，因此这种方法又称为波形合成法。

DDS 作为新一代数字频率合成技术，其发展迅速，并显示了很大的优越性，已经在军事和民用领域得到了广泛的应用，例如在雷达（捷变频雷达、有源相控阵雷达、低截获概率雷达）、通信（跳频通信、扩频通信）、电子对抗（干扰和反干扰）、仪器和仪表（各种合成信号源）、任意波形发生器、产品测试、冲击和振动、医学等方面的应用。

8.6.3　间接频率合成法（锁相环路法）

在上面提到的频率合成器的三种基本模式中，直接式频率合成器和直接数字式频率合成器属于开环系统，因此具有频率转换时间短、分辨率高等优点，而锁相频率合成器是一种闭环系统，其频率转换时间和分辨率均不如前两者好，但因其结构简单、成本低等优势，已成为当前频率合成器的主要方式，被广泛应用于各种电子系统中。

锁相频率合成的基本方法是：锁相环路对高稳定度的参考振荡器锁定，环内串接可编程的程序分频器，通过编程改变程序分配器的分频比 N，从而就得到 N 倍参考频率的稳定输出。按上述方式构成的单环锁相频率合成器是锁相频率合成器的基本单元。这种基本的锁相频率合成器在性能上存在一些问题，为了解决合成器工作频率与可编程分频器最高工作频率之间的矛盾和合成器分辨率与转换速度之间的矛盾，需对基本的构成进行改进。

1. 单环锁相频率合成器

基本的单环频率合成器的构成如图 8.84 所示，环中的 ÷N 分频器采用可编程的程序分频器，合成器的输出为

$$f_o = N f_r$$

式中，f_r 为参考频率，通常是用高稳定度的晶体振荡器产生，经过固定分频比的参考分频之后获得的。这种合成器的分辨率为 f_r。

设鉴相器的增益为 A_{cp}，环路滤波器的传递函数为 $H(s)$，压控振荡器的增益系数为 A_c，则可得到单环锁相频率合成器腭线性相位模型，如图 8.84 所示。

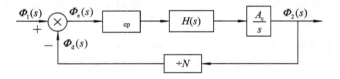

图 8.84　单环频率合成器传递函数相位模型

由图可以看出，

$$\Phi_d(s) = \frac{\Phi_2(s)}{N} \tag{8.120}$$

$$\Phi_e(s) = \Phi_1(s) - \Phi_d(s) = \Phi_1(s) - \frac{\Phi_2(s)}{N} \tag{8.121}$$

由输出相位和输入相位可得闭环传递函数

$$T'(s) = \frac{\Phi_2(s)}{\Phi_1(s)} = \frac{\dfrac{A_{cp}A_c H(s)}{s}}{1 + \dfrac{A_{cp}A_c H(s)}{Ns}} = N\frac{A'_L H(s)}{s + A'_L H(s)} \tag{8.122}$$

其中，$A'_L = A_{cp}A_c/N$。因为相位是频率的时间积分，故同样的传递函数也可说明输入频率（即参考频率）$f_r(s)$ 和输出频率 $f_o(s)$ 之间的关系。

误差传递函数为

$$T'_e(s) = \frac{\Phi_e(s)}{\Phi_1(s)} = \frac{1}{1 + \dfrac{A_{cp}A_c H(s)}{Ns}} = \frac{s}{s + A'_L H(s)} \tag{8.123}$$

将式(8.122)和式(8.123)与前面锁相环的闭环传递函数和误差传递函数比较，得单环锁相环频率合成器的传递函数与线性锁相环的传递函数有如下关系：

$$\begin{cases} T'(s) = NT(s) \\ T'_e(s) = NT_e(s) \end{cases} \tag{8.124}$$

不同的只是 $T(s)$、$T_e(s)$ 中的环路增益由原来的 A_L 变为 $A'_L = A_L/N$。从式(8.122)和式(8.123)不难看出，单环锁相频率合成器的线性性能、跟踪性能、噪声性能等于线性锁相环是一致的。

如果要合成更多的频率，可选择多级可分频器或程序分频器。频率合成器要求波段工作，频率数要多，频率间隔要小，因此对分频器的要求很高。目前已有专用的单片合成器，这种合成器将环路的主要部件鉴相器以及性能很好的分频器集成在一个芯片上，它可以与微机接口进行连接，利于调整整个环路参数。

2. 变模分频锁相频率合成器

在基本的单环锁相频率合成器中，VCO 的输出频率是直接加到可编程分频器上的。目前可编程分频器还不能工作在很高的频率上，这就限制了这种合成器的应用。加前置分频器固然能提高合成器的工作频率，但是以降低频率分辨率为代价的。采用下变频方法可以在不改变频率分辨率和转换时间的条件下提高频率合成器的工作频率，但它增加了电路的复杂性且有混频产生寄生信号以及滤波器引起的延迟对环路性能都有不利的影响。因此上述两种电路并不能很好地解决基本单环锁相频率合成器的固有问题。

在不改变频率分辨率的同时提高频率合成器输出频率的有效方法之一是采用变频分频器，也称吞脉冲技术。它的工作速度虽不如固定模数的前置分频器那么快，但比可编程分频器要快得多，图 8.85 所示为采用双模分频器的锁相频率合成器的组成框图。

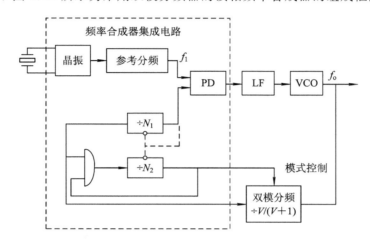

图 8.85 双模分频锁相频率合成器

双模分频器有两个分频模数，当模式控制器为高电平时分频模数为 $V+1$，当模式控制为低电平时分频模式为 V。双模分频器的输出同时驱动两个可编程分频器，它们分别预置在 N_1 和 N_2，并进行减法计数。在 $\div N_1$ 分频计数器未计数到零时，模式控制为高电平，双模分频器的输出频率为 $f_o/(V+1)$。在输入 $N_2(V+1)$ 周期之后，$\div N_2$ 分频器计数到零，将模式控制电平变为低电平，同时通过 $\div N_2$ 分频器还存有 N_1-N_2。由于受模式控制低电平的控制双模分频器的分频模数变为 V，输出频率为 f_o/V。再经过 $(N_1-N_2)V$ 个周期，$\div N_2$ 计数器也计数到零，输出低电平，将两计数器重新赋予它们的预置值 N_1 和 N_2，同时对相位检波器输出比相脉冲，并将模式控制信号恢复到高电平，在一个完整的周期中，输入的周期数为

$$N = (V+1)N_2 + (N_1-N_2)V = VN_1 + N_2 \tag{8.125}$$

若 $V=10$，则

$$N = 10N_1 + N_2 \tag{8.126}$$

上面的原理说明可知，N_1 必须大于 N_2。例如 N_2 从 0 到 9 变化，则 N_1 至少为 10。由此得到最小分频比为 $N_{min}=100$。若 N_1 从 10 变化到 19，那么可达到的最大分频比为 $N_{max}=199$。

在采用变模分频器的方案中也要用可编程分频器，这时双模分频器的工作频率为合成器工作频率 f_o，而两个可编程分频器的工作频率为 f_o/V 或 $f_o/(V+1)$。合成器的参考频率仍然为参考频率 f_r，这就在保证分辨率的条件下提高了合成器的工作频率，频率的转换时间也未受到影响。

3. 小数分频型数字锁相频率合成器

前面所介绍的基于单环数字锁相频率合成器方案，其可编程分频器的分频比是以整数

倍变化的。每当可编程分频器的分频比改变 1 时，输出频率的改变量即是一个基准频率 f_r。因为可编程分频比的最小增量为 1，所以输出频率的最小频率间隔 $\Delta F = f_r$。如果要求进一步提高频率分辨率，就必须减小基准频率 f_r。当基准频率 f_r 不能继续减小，而要进一步提高频率合成器的频率分辨率时，可采用如图 8.86 所示的后置分频锁相频率合成器。该电路在基本数字环的输出端设置一个分频器 M，它可以使输出频率间隔降低为参考频率的 $1/M$。但这样做的结果是使输出频率同时也下降了 M 倍，这对提高频率合成器的输出频率是不利的。要保持输出频率不下降，同时要提高频率分辨率，可采用小数分频型数字锁相频率合成器或多环方案构成的多环锁相频率合成器。

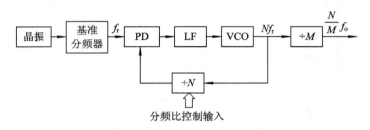

图 8.86　后置分频器锁相式频率合成器方框图

利用小数分频技术实现的小数分频式频率合成器，既可以在不降低基准频率 f_r 的情况下提高输出频率分辨率，而且频率转换速度快，还可以使系统输出的频谱得到改善，具有线路简单、体积小、程控方便、集成容易等优点。

如设可编程分频器分频比提供的最小增量为 ΔN_{min}，则频率合成器的输出频率间隔将为

$$\Delta F = \Delta N_{min} f_r \tag{8.127}$$

可见，当 $\Delta N_{min} < 1$ 时，可以在基准频率 f_r 不变，甚至于较高的情况下减小输出频率间隔 ΔF。小数的位数越多，输出频率间隔 ΔF 越小。在理论上，频率间隔 ΔF 可以达到任意小的程度，因而在分频比为小数的频率合成器中，提高频率分辨率时，不必降低，甚至还可以提高基准频率 f_r。然而，采用计数器构成的可编程分频器本身是不能实现小数分频的，但可以控制其分频比以一定规律变化，以等效为一小数分频器。

设小数分频式频率合成器的分频比为 $m = N.F$（其中，N 表示整数部分，F 表示小数部分，并以十进制表示），如小数部分 F 的有效位数是 n 位，则

$$0 \leqslant 0.F = F \times 10^{-n} < 1 \tag{8.128}$$

那么小数分频比的一般通式可表示为

$$m = N.F = N + F \times 10^{-n}$$
$$= \frac{N \times 10^n + F}{10^n} = \frac{(N+1) \times 10^n + N \times (10^n - F)}{10^n} \tag{8.129}$$

由式(8.129)可见，如果在每 10^n 个 $T_r = 1/f_r$ 的基准周期中，有 F 个 T_r 中的分频比为 $N+1$，其余 $10^n - F$ 个 T_r 中分频比为 N，如此交错进行，那么对 10^n 个 T_r 基准周期而言，从输出的平均频率来看，就实现了分频比 $m = N.F$ 的小数分频。因此，小数分频比实际上是从平均意义上来获得的。随着式(8.129)演变形式的不同，构成的小数分频器数字锁相式频率合成器的结构形式也不同。

例如，按照上述规律，要实现 5.3 的小数分频，只要先做 3 次除 6，再做 $10-3=7$ 次除 5，那么在 10 次分频全过程中的分频比即为所需的小数分频比，即

$$m = \frac{6 \times 3 + 5 \times 7}{10} = 5.3$$

又如，当要实现 40.35 的小数分频时，只要在每 100 次分频中先做 35 次除 41，再做 65 次除 40 即可得到

$$m = \frac{41 \times 35 + 40 \times 65}{10} = 40.35$$

可见，按此规律可以实现所需的任意小数分频比。

一个小数分频型数字锁相频率合成器电路方框图如图 8.87 所示，它利用双模分频原理实现小数分频。

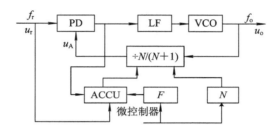

图 8.87　小数分频数字锁相频率合成器电路方框图

在小数分频锁相环中，鉴相器的每次比相都产生相位误差，而且，每比相一次，相差就增加一次。这样类推得到相位差随时间的变化呈下降阶梯状，这时鉴相器的输出电压也呈下降阶梯状，经环路滤波器滤波后加到 VCO 上，就会使 VCO 产生附加调制，造成 VCO 输出相位抖动。实践表明，完全消除鉴相器输出的阶梯波电压影响是困难的，从而使得频率合成器输出存在一定的杂波。相应地，称由这个阶梯波电压产生的输出杂波为小数杂波或小数杂散。如何减小小数杂波，是设计制作小数分频式频率合成器的关键问题。

4. 多环数字锁相频率合成器

单环数字锁相频率合成器的组成比较简单，但是可变分频比比较大时，输出噪声也较大，而且要求频率分辨率小于 1 kHz 时，单环数字锁相频率合成器难以实现，采用多环数字锁相频率合成器可以克服这些问题。多环数字锁相频率合成器是在不降低基准频率的情况下，提高输出频率分辨率的一种方法。

一个双环数字频率合成器电路框图如图 8.88 所示。图中采用了两个锁相环路和一个混频滤波电路，可以推证，当环路锁定时，频率合成器输出频率为

$$f_o = N_2 f_r + f_1 = N_2 f_r + \frac{N_1}{10} f_1 \tag{8.130}$$

图 8.88 中标出了某通信接收机频率合成器的频率值。可见，当基准频率 $f_{r1} = 1$ kHz，$f_r = 100$ kHz，且两个 $\div N$ 分频器具有相同的分频比范围并在任何时候取相同数值，即它们同步方式工作时，频率合成器的输出频率 f_o 为 $73 \sim 101.1$ MHz，频率间隔为 100 Hz。这种双环数字频率合成器具有结构简单、同步方式好、输出噪声较小的优点；但为了降低噪声，要求采用环形混频器及窄带机械滤波器，因而工艺结构稍微复杂。

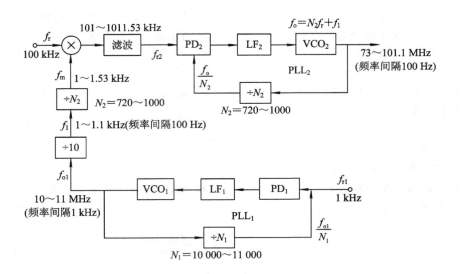

图 8.88 双环数字锁相频率合成器电路方框图

一个三环锁相频率合成器电路如图 8.89 所示。

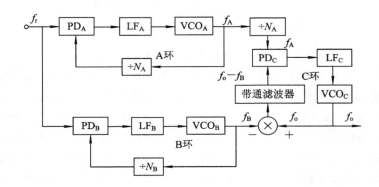

图 8.89 三环锁相频率合成器电路方框图

图中，A 环输出 f_r 经后置固定分频器 M 分频后为 f_A，所以有

$$f_A = \frac{N_A f_r}{M} \qquad (8.131)$$

f_A 的分辨率 $\Delta f_A = f_r/M$，比单环分辨率提高了 M 倍。因为固定分频器 M 后置，所以 f_A 一般是比较低的，因此，A 环输出频率较低的高分辨率环又称低位环。B 环的 $f_B = N_B f_r$，可使它工作在所需的合成器输出频率范围，因此，B 环又称为高位环。C 环标为混频相加环。由图可见，输出频率 f_o 和分辨率 Δf_o 的关系为

$$f_o = \frac{N_A}{M} f_r + N_B f_r \qquad (8.132)$$

$$\Delta f_o = \frac{f_r}{M} \qquad (8.133)$$

通常，$N_A > M$，可见三个环的基准频率均为 f_r 或大于 f_r，其中 C 环的基准频率 $f_A \geqslant f_r$，而输出分辨率 Δf 则提高了 M 倍，从而实现了不降低基准频率的高输出分辨率的设计方案。

由于 DDS 的极高频率分辨率和极短的转换时间，而锁相倍频环具有很高的工作频率

和较高的带宽，结合 DDS 和锁相倍频环特点，取长补短，可以获得更高的频率合成器，如环外插入混频器的 DDS＋PLL 频率合成器、DDS 激励 PLL 的频率合成器等，由于篇幅的限制，我们就不一一赘述。有兴趣的读者可以参考相关文献。

8.6.4 直接数字频率合成器

前面我们介绍了直接数字频率合成的两种方法。一种是根据函数关系式，计算得到下一时刻的数值，送 D/A 转换器转换后滤波进行输出，但这种方法得到的信号频率低，一般在几千赫兹左右。另一种合成方法是用硬件电路取代计算机的软件计算过程，即利用高速存储器将正弦波的 M 个样品存在其中，然后以查表的方式按均匀的速率把这些样品输入高速数/模转换器，变换成所设频率的正弦波信号。这种合成方式由于采用了高速存储器产生了正弦波幅值数据，因此合成频率已经可以做得很高，目前已经达数百兆赫兹。相比而言，第二种方法应该比较广泛，下面主要加以介绍。

1. 直接数字合成器基本原理

DDS 的原理框图如图 8.90 所示，它包含相位累加器、波形存储器、D/A 转换器、低通滤波器和基准时钟五部分。在基准时钟的控制下，相位累加器对频率控制字 K 进行线性累加，得到的相位码字对应的波形存储器寻址，输出相应的幅度码，经过数/模转换器得到相对应的阶梯波，最后经低通滤波器得到连续变化的所需频率的波形。

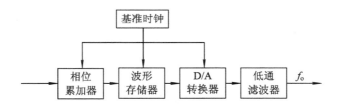

图 8.90 DDS 原理方框图

理想的正弦波信号 $S(t)$ 可表示成
$$S(t) = A\cos(2\pi ft + \varphi) \tag{8.134}$$
式(8.133)说明 $S(t)$ 在振幅 A 和初相 φ 确定后，频率由相位唯一确定
$$\varphi = 2\pi ft \tag{8.135}$$

DDS 就是利用式(8.134)中 φ 与时间 t 成线性关系的原理进行频率合成的，在 $t=T_c$ 间隔内，正弦信号的相位增量 $\Delta\varphi$ 与正弦信号的函数 f 构成了一一对应关系（如图8.91 所示），可表示为
$$f = \frac{\Delta\varphi}{2\pi T_c} \tag{8.136}$$

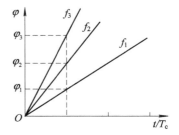

图 8.91 频率与相位增量之间的关系

为了便于理解，我们假设做这样一个实验。微机内，插入一块 D/A 插卡，然后编制一段小程序，先连续进行加 1 运算到一定值，然后连续进行减 1 运算回到原值，再反复运行该程序，则微机输出的数字量经 D/A 变换成小阶梯式模拟量波形，如图8.92 所示。再经低通滤波器滤除引起小阶梯的高频分量，则得到三角波输出。若更换程

序，令输出 1(高电平)一段时间，再令输出 0(低电平)一段时间，反复运行这段程序，则会得方波输出。实际上，可以将要输出的波形数据(如正弦函数表)预先存在 ROM(或 RAM)单元中，然后在系统标准时钟(CLK)频率下，按照一定的顺序从 ROM(或 RAM)单元中读出数据，再进行 D/A 转换，就可以得到一定频率的输出波形。现以正弦波为例进一步说明如下：在正弦波一周期(360°)内，按相位划分为若干等分 $\Delta\varphi$，将各相位所对应的幅值 A 按二进制编码并存入 ROM。设 $\Delta\varphi=6°$，则一周期内共有 60 等分。由于正弦波对 180°为奇对称，对 90°和 270°为偶对称，因此 ROM 中只需存 0～90°范围内的幅值码。若以 $\Delta\varphi=6°$ 计算，在 0～90°之间共有 15 等分，其幅值在 ROM 中占 16 个地址单元。因为 $2^4=16$，所以可以按 4 位地址码对数据 ROM 进行寻址。现设幅值码为 5 位，则在 0～90°范围内编码关系如表 8.5 所示。

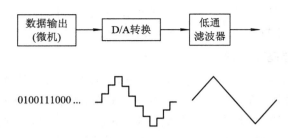

图 8.92 直接数字合成示意图

表 8.5 正弦函数表(正弦波信号相位与幅度的关系)

地址码	相位	幅度(满度值为 1)	幅度编码
0000	0	0.00	00000
0001	6	0.105	00001
0010	12	0.207	00010
0011	18	0.309	00011
0100	24	0.406	00100
0101	30	0.500	10101
0110	36	0.558	10110
0111	42	0.669	10111
1000	48	0.743	11000
1001	54	0.809	11001
1010	60	0.866	11010
1011	66	0.914	11011
1100	72	0.951	11100
1101	78	0.978	11101
1110	86	0.994	11110
1111	90	1.000	11111

在图 8.93 中，时钟 CLK 的频率为固定值 f_c。在 CLK 的作用下，如果按照 0000，0001，0010，…，1111 的地址顺序读出 ROM 中的数据，即表 8.5 中的幅值编码，其输出正

弦信号频率为 f_{o1}；如果每隔一个地址读一次数据（即按 0000，0010，0100，…，1110 顺序），其输出信号频率为 f_{o2}，且 f_{o2} 将比 f_{o1} 提高一倍，即 $f_{o2}=2f_{o1}$。依次类推，就可以实现直接数字频率合成器的输出频率的调节。

上述过程是由控制电路实现的，由控制电路的输出决定选择数据 ROM 的地址（即正弦波的相位）。输出信号波形的产生是相位逐渐累加的结果，这由累加器实现，称为相位累加器，如图 8.93 所示。在图中，K 为累加值，即相位步进码，也称频率码，如果 $K=l$，每次累加结果的增量为 l，则依次从数据 ROM 中读取数据；如果 $K=2$，则每隔一个 ROM 地址读一次数据；依次类推。因此 K 值越大，相位步进越快，输出信号波形的频率就越高。在时钟 CLK 频率一定的情况下，输出的最高信号频率为多少？或者说，在相应于段位常见地址的 ROM 范围内，最大的 K 值应为多少？对于 n 位地址来说，共有 2^n 个 ROM 地址，在一个正弦波中有 2^n 个样点（数据）。如果取 $K_{max}=2^n$，就意味着相位步进为 2^n，则一个信号周期中只取一个样点，它不能表示一个正弦波，因此不能取 $K=2^n$；如果取 $K=2^{n-1}$，$2^n/2^{n-1}=2$，则一个正弦波形中有两个样点，这在理论上满足了取样定理，但实际难以实现。一般地，限制 K 的最大值为

$$K_{max}=2^{n-2}$$

这样，一个波形中至少有 4 个样点 $2^n/2^{n-2}=4$，经过 D/A 变换，相当于 4 级阶梯波，如图 8.93 中的 D/A 输出波形由 4 个不同的阶跃电平组成。在后继低通滤波器的作用下，可以得到较好的正弦波输出。相应地，K 为最小值（$K_{min}=1$）时，有 2^n 个数据组成一个正弦波。

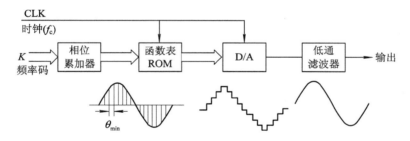

图 8.93　以 ROM 为基础组成的 DDS 原理图

根据以上讨论，可以得到如下一些频率关系。假设控制时钟频率为 f_c，ROM 的地址码的位数为 n，当 $K=K_{min}=1$ 时，输出频率 f_o 为

$$f_o=K_{min}\times\frac{f_c}{2^n}$$

故最低输出频率 $f_{o\,min}$ 为

$$f_{o\,min}=\frac{f_c}{2^n} \tag{8.137}$$

当 $K=K_{max}=2^{n-2}$ 时，输出频率 f_o 为

$$f_o=K_{max}\times\frac{f_c}{2^n}$$

故最高输出频率 $f_{o\,max}$ 为

$$f_{o\,max}=\frac{f_c}{4} \tag{8.138}$$

在 DDS 中，输出频率点是离散的，当 $f_{o\,max}$ 和 $f_{o\,min}$ 已设定时，可输出的频率个数为

$$M = \frac{f_{o\,max}}{f_{o\,min}} = \frac{f_c/4}{f_c/2^n} = 2^{n-2} \tag{8.139}$$

现在讨论 DDS 的频率分辨率。如前所述，频率分辨率是两个相邻频率之间的间隔，现在定义 f_1 和 f_2 为两个相邻的频率，若

$$f_1 = K \times \frac{f_c}{2^n}$$

则

$$f_2 = (K+1) \times \frac{f_c}{2^n}$$

因此，频率分辨率为

$$\Delta f = f_2 - f_1 = (K+1) \times \frac{f_c}{2^n} - K \times \frac{f_c}{2^n}$$

故得频率分辨率为

$$\Delta f = \frac{f_c}{2^n} \tag{8.140}$$

为了改变输出信号频率，除了调节累加器的 K 值以外还有一种方法，就是调节控制时钟的频率 f_c。由于 f_c 不同，读取一轮数据所花时间不同，因此信号频率也不同。用这种方法调节频率，输出信号的阶梯仍取决于 ROM 单元的多少，只要有足够的 ROM 空间都能输出逼近正弦的波形，但调节比较麻烦。

2. DDS 的技术特点

由于 DDS 采用了不同于传统频率合成器方法的全数字结构，因此具有许多直接式频率合成技术和间接式频率合成技术所不具备的特点。DDS 频率合成技术的特点如下所述。

1）极高的频率分辨率

DDS 具有极高的频率分辨率，可达微赫兹数量级，这是 DDS 主要的优点之一，由式（8.140）可知，当基准频率确定后，DDS 的频率分辨率由相位累加器的字长 N 决定。理论上讲，只要相位累加器的字长 N 足够大，就可以得到足够高的频率分辨率。当 $K=1$ 时，DDS 产生的最低频率称为频率分辨率，即

$$\Delta f = \frac{f_c}{2^N} \tag{8.141}$$

例如，若直接数字频率合成器的时钟采用 50 MHz，相位累加器的字长为 48 位，则频率分辨率可达 0.36×10^{-6} Hz，这是传统频率合成器技术所难以实现的。

2）输出频率相对带宽很宽

DDS 的输出频率下限对应于频率控制字为 $K=0$ 时的情况，$f_o=0$ 即可输出直流。根据 Nyquist 定理，从理论上讲，DDS 的输出频率上限应为 $f_c/2$，但由于低通滤波器的非理想过渡特性及高端信号频谱恶化的限制，工程上可实现的 DDS 输出频率上限一般为

$$f_{max} = \frac{2f_c}{5} \tag{8.142}$$

因此，可得到 DDS 的输出频率范围一般是 $0 \sim 2f_c/5$。这样的相对带宽是传统频率合成技术难以达到的。

3）极短的频率转换时间

DDS 具有极短的频率转换时间，可达纳秒量级，这是 DDS 的又一个主要优点，由图 8.90 可知，DDS 是一个开环系统，无反馈环节，这样的结构决定了 DDS 的频率转换时间是频率控制字的传输时间和以低通滤波器为主的器件的频率响应时间之和。在高速的 DDS 系统中，由于采用了流水线结构，其频率控制字的传输时间等于流水线级数与时钟周期的乘积。低通滤波器的频响时间随截止频率的提高而缩短，因此高速 DDS 系统的频率转换时间极短，一般可以达到纳秒量级。

4）频率捷变时的相位连续性

从 DDS 的工作原理中可以看出，改变其输出频率是通过改变控制字 K 实现的，实际上这改变的是信号的相位增长速率，而输出信号的相位本身是连续的，这就是 DDS 频率捷变的相位连续性。而在许多应用系统（如跳频通信系统）中，都需要在捷变频过程中保证信号相位的连续，以避免相位信息丢失和出现离散频率分量，因此，DDS 解决了传统频率合成技术很难做到相位连续性的难题。

5）任意波形输出能力

根据 Nyquist 定理，DDS 中波形存储器可以保存其他波形数据。只要该波形所包含的最高频率分量小于取样频率的一半，那么这个波形就可以由 DDS 产生，而且由于 DDS 为模块化结构。输出波形仅由波形存储器中的数据决定。因此，只需要改变存储器中的数据，就可以利用 DDS 产生正弦波、方波、三角波、锯齿波等任意波形。

6）工作频带的限制

工作频带的限制是 DDS 的主要缺点之一，是其应用受到限制的主要因素。根据 DDS 的结构和工作原理，DDS 的工作频率显然受到器件速度的限制，主要是指 ROM 和 DAC 的速度限制。目前的微电子技术水平，采用 CMOS 工艺的逻辑电路速度可达 60～80 MHz，采用 TTL 工艺的逻辑电路速度可达 150 MHz，采用 ECL 工艺的电路速度可达 300～400 MHz，采用 GaAs 工艺的电路速度可达 2～4 GHz。目前，DDS 的最高输出频率为 1 GHz 左右。

7）DDFS 工作噪声

相位和幅度量化噪声简称为量化噪声，在一定的电路中，它一般是不变的。对于合成正弦波来说，相位和幅度的量化值都是相应的相位和幅度的近似值，存在量化误差，或称为量化噪声。

非理想滤波器带来噪声是数/模转换器产生的阶波中的杂散频率通过非理想低通滤波器而带来的噪声。这类噪声将随频率的增大而增加。

3. DDS 的调整特性

在 DDS 中，输出信号波形的三个参数（频率、相位和振幅）都可以用数据字来定义。频率的分辨率由相位累加器中的比特数确定，相位的分辨率由 ROM 中的比特数确定，而振幅 A 的分辨率由 DAC 的分辨率确定，因此在 DDS 中可以完成数字调制。频率调制可以用改变频率控制字来实现。相位调制可以用改变瞬时相位字来实现，振幅调制可以用在 ROM 和 DAC 之间加数字乘法器来实现。

用 DDS 可以完成 FSK、ASK、PSK、QPSK 、MSK、QAM 等调制，其调制方式是非常灵活方便的，调制质量也非常好。这样，即可将频率合成和数字调制合二为一，一次完成，系统大大简化，成本、复杂度也大幅度降低。用 DDS 完成相位、频率和振幅数字调制的方框图如图 8.94 所示。

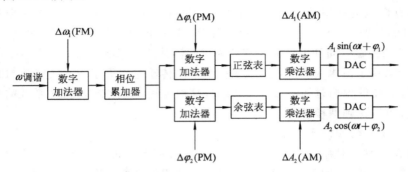

图 8.94　用 DDS 完成相位、频率和振幅调制方框图

目前，许多厂商在生产 DDS 芯片时，都考虑了调制功能，可直接利用这些 DDS 芯片完成所需的调制功能，这无疑为实现各种调制方式增添了更多的选择，而且用 DDS 完成调制带来的好处是以前许多完成相同调制的方法难以比拟，我们将在下一小节着重介绍 Analog Devices 公司的生产的 DDS 系列芯片的应用。

4. DDS 的任意波形的产生

直接数字频率合成技术还有一个很重要的特色，就是它可以产生任意波形。从上述直接数字频率合成的原理可知，其输出波形取决于波形存储器的数据。因此，产生任意波形的方法取决于向该存储器（RAM）提供数据的方法。目前有以下几种方法。

1）表格法

图 8.95 给出了用表格法绘制心电图的示意图。将波形画在小方格纸上，纵坐标按幅度相对值进行二进制量化，横坐标按时间间隔编制地址，然后制成对应的数据表格，按序放入 RAM 中。对经常使用的定了"形"的波形，可将数据固化于 ROM 或存入非易失性 RAM 中，以便反复使用。

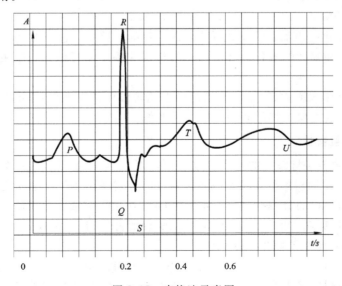

图 8.95　表格法示意图

2）数学方程法

对能用数学方程描述的波形，先将其方程（算法）存入计算机，在使用时输入方程中的有关参量，计算机经过运算提供波形数据。

3）折线法

对于任意波形可以用若干线段来逼近，只要知道每一段的起点和终点的坐标位置（X_1，Y_1 和 X_2，Y_2）就可以按照下式计算波形各点的数据

$$Y_i = Y_1 + \frac{Y_2 - Y_1}{X_2 - X_1}(X_i - X_1) \tag{8.143}$$

4）作图法

在计算机显示器上移动光标作图，生成所需波形数据，将此数据送入 RAM。

5）复制法

将其他仪器（如数字存储示波器，X－Y 绘图仪）获得的波形数据通过微机系统总线或 GPIB 接口总线传输给波形数据存储器。该法适于复制不再复现的信号波形。

在自然界中有很多无规律的现象，例如，雷电、地震及机器运转时的振动等现象都是无规律的，甚至可能不再出现。为了研究这些问题，就要模拟这些现象的产生，现在我们采用任意波形产生器来产生。目前，国内外已有多种型号的任意波形产生器可供选用。例如，HP33120A 函数/任意波形发生器可以产生 10 种标准波形和任意波形，采样速率为 40 MS/s，输出最高频率为 15 MHz（正弦波），波形幅度分辨率为 12 位。

8.6.5　集成频率合成器

1. 集成锁相频率合成器

集成锁相频率合成器是一种专用锁相电路，是一种发展很快，采用了新工艺的专用集成电路。它将参考分频器、参考振荡器、数字鉴相器、各种逻辑控制电路等部件集成在一个或几个单元中，以构成集成频率合成器的电路系统。目前，集成锁相频率合成器按集成度可分中规模（MSI）和大规模（LSI）两种；按电路速度可分为低速、中速和高速三种。随着频率合成技术和集成电路技术的迅速发展，单片集成频率合成器也正向性能更高、速度更快的方向发展。有些集成频率合成器系统中还引入了微机部件，使得波道转换、频率和波段的显示实现了遥控盒程控，从而集成频率合成器逐级取代分立元件组成频率合成器，应用范围也日益广泛。

现在，集成锁相环频率合成器电路的产品很多，按频率置定方式的不同，可分为并行码、4 位数据总线、串行码和 BCD 码等四种输入频率置定方式。实现频率置定可用机械开关、三极管阵列、EPPROM 和微机等多种方式。这里介绍摩托罗拉公司出品的四位数据总线输入可编程的大规模单片集成锁相频率合成器 MC145146－1 和并行码输入可编程大规模单片集成锁相频率合成器 MC14515－1 其应用。

1）集成锁相频率合成器 MC145146－1

MC145146－1 是一块 20 脚陶瓷或塑料封装的，有四位总线输入、锁存器选通和地址线编程的大规模单片集成锁相双模频率合成器，图 8.96 给出了它的方框图。程序分频器为 10 位 ÷ N（$N = 3 \sim 1023$）计数器和 7 位 ÷ A（$A = 3 \sim 127$）计数器，组成吞脉冲程序分频器。14 脚为变模控制端 MOD，当 MOD＝1 时，双模前置分频器按低模分频比工作；当 MOD＝

0 时，双模前置分频器按高模分频比工作。12 位可编程的参考分频比为 $R = 3 \sim 4095$，这样，鉴相器输入的参考频率 $f_{\mathrm{r}} = f_{\mathrm{c}}/R$，这里 f_{c} 为参考时钟源的频率，一般用高稳定度石英晶振作为参考时钟源。

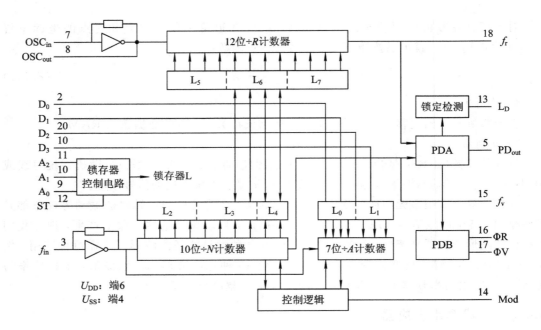

图 8.96　集成锁相频率合成器 MC145146 - 1 方框图

表 8.6 中，$D_0 \sim D_3$（芯片的 2、1、10、20 端）为数据输入端。当 ST（芯片的 12 端）是高电平时，这些输入端的信息将传送到内部锁存器。$A_0 \sim A_2$（9~11 脚）为地址输入端，用来确定由哪一个锁存器接收数据输入端的信息。这些地址与锁存器的关系如表 8.6 所示。

表 8.6　MC145146 - 1 地址码与锁存器的选通关系

$A_2 A_1 A_0$	被选锁存器	功能	D_0	D_1	D_2	D_3
000	0	$\div A$	0	1	2	3
001	1	$\div A$	4	5	6	—
010	2	$\div N$	0	1	2	3
011	3	$\div N$	4	5	6	7
100	4	$\div N$	8	9	—	—
101	5	$\div R$	0	1	2	3
110	6	$\div R$	4	5	6	7
111	7	$\div R$	8	9	10	11

表 8.6 中，$D_0 \sim D_3$ 栏的 0、1、2…表示相应数据输入端 $D_0 \sim D_3$ 上所输入二进制的权值，如 $D_i(i=0\sim3)=3$，表示该位的权值为 8；$D_i=8$ 表示该位的权值为 128，以此类推。实际的参考分频比和可变分频比即等于所输入的二进制数。

下面是对 MC145146-1 主要引脚的介绍：

ST(12 端)：数据选通控制器，当 ST 是高电平时，可以输入 $D_0 \sim D_3$ 输入端的信息，当 ST 是低电平时，则锁存这些信息。

PD_{out}(5 端)：鉴相器的三态单端输出。当频率 $f_v > f_r$ 或 f_v 相位超前时，PD_{out} 输出负脉冲；当相位滞后时，输出正脉冲；当 $f_v = f_r$ 且同相位时，输出端为高阻抗状态。

LD(13 脚)：锁定检测器的输出端。当环路锁定时(f_v 与 f_r 同频同相)，输出高电平，失锁时输出低电平。

ΦV、ΦR(16、17 脚)：鉴相器的双端输出。可以在外部组合成环路误差信号，与单端输出 PD_{out} 作用相同，可按需要选用。

图 8.97 是一个微机控制的 UHF 移动电话信道的频率合成器，工作频率为 450 MHz。接收机的中频为 10.7 MHz，具有双工功能，收发频差为 5 MHz，$f_r = 25$ kHz，可根据选定的参考振荡频率来确定 $\div R$ 的值。环路总分频比 $N_T = N \times P + A = 17\,733 \sim 17\,758$，其中 $P = 64$，$N = 277$，$A = 5 \sim 30$。则输出频率(VCO 输出)为 $N_T f_r = 443.325 \sim 443.950$ MHz，步进 25 kHz。

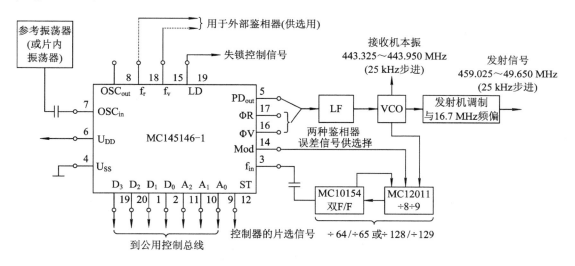

图 8.97　采用 MC145146-1 的 UHF 移动无线电话频率合成器

图 8.98 给出了一个 800 MHz 蜂窝状无线电系统用的 666 个信道、微机控制的移动无线电话频率合成器。接收机第一中频是 45 MHz，第二中频是 11.7 MHz，具有双工功能，收发频差为 45 MHz。参考频率 $f_r = 7.5$ kHz，参考分频比 $R = 1480$。环路总分频比 $N_T = 32 \times N + A = 27\,501 \sim 28\,188$，$N = 859 \sim 880$，$A = 0 \sim 31$，锁相环 VCO 输出频率 $f_v = N_T f_r = 206.2575 \sim 211.410$ MHz。

MC145145-1 与 MC145146-1 结构类似，不同点在于 MC145145-1 是单模锁相频率合成器，其可编程 $\div N$ 计数器为 14 位，则 $N = 3 \sim 16\,388$。

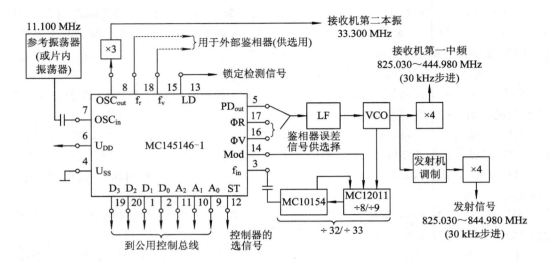

图 8.98　采用 MC145146-1 的 800 MHz 移动无线电话频率合成器

2) 集成锁相频率合成器 MC145151-1

MC145151-1 是一块由 14 位并行码输入编程的单模 CMOS、LSI 单片集成锁相频率合成器,其组成方框图如图 8.99 所示。整个电路包含参考振荡器、12 位 $\div R$ 计数器(有 8 种可选择的分频比)、12×8 ROM 参考译码器、14 位 $\div N$ 计数器($N = 3 \sim 16\,383$)、发射频偏加法器、三态单端输入鉴相器、双端输出鉴相器和锁定指示器等几部分。本器件的特点是内部有控制收发频差的功能,可以很方便地组成单模或混频型频率合成器。

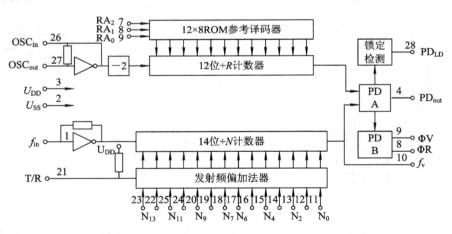

图 8.99　MCA145151-1 方框图

MC145151-1 是 28 脚陶瓷或塑料封装型电路,现将各引出端的作用说明如下:

OSC_{in}、OSC_{out}(26、27 端):参考振荡器的输入端和输出端。

RA_0、RA_1、RA_2(5、6、7 端):参考地址输入端。12×8ROM 参考译码器通过地址码的控制,对 12 位 $\div R$ 计数器进行编程,使参考分频比有 8 种选择,参考地址与参考分频比的关系列在表 8.7 中。

f_{in}(1 端):$\div N$ 计数器的输入端。信号通常来自 VCO,采用交流耦合,但对于振幅达到标准 CMOS 逻辑电平的输入信号,亦可参与直流耦合。

f_v(10 端)：÷N 计数器的输出端。有这个输出端可÷N 计数器使单独使用。

$N_0 \sim N_{13}$（11～20 及 22～25 端）：÷N 计数器的预置端。当÷N 计数器达到 0 计数时，这些输入端向÷N 计数器提供程序数据。N_0 是最低位，N_{13} 是最高位。输入端都有上拉电阻，以确保在开路时处于逻辑"1"，而只需一个单刀单掷开关就可把数据改变到逻辑"0"状态。

T/R(21 端)：收/发控制端。这个输入端可控制 N 输入端提供附加的数据，以产生收发频差，其数值一般等于收发信机的中频。当 T/R 端是低电平时，N 端的偏值固定在 856，当 T/R 端是高电平时，则不产生偏移。

PD_{out}（4 端）：PDA 三态输出端。

ΦR、ΦV（8、9 端）：PDB 两个输出端。

LD(28 端)：锁定检测输出端。当环路锁定时，LD 为高电平；失锁时，LD 为低电平。

表 8.7　MC145151 - 1 参考地址码与参考分频比的关系

参考地址码			总参考分频比
RA$_2$	RA$_1$	RA$_0$	
0	0	0	8
0	0	1	128
0	1	0	256
0	1	1	512
1	0	0	1024
1	0	1	2048
1	1	0	2410
1	1	1	3192

图 8.100 是一个采用 MC145151 - 1 的单环本振电路。参考晶振频率为 $f_c = 2.048$ MHz，因 $RA_0 = 1$、$RA_1 = 1$、$RA_2 = 0$，故 $R = 2048$，所以鉴相器 $f_r = 1$ kHz，亦即频道间隔为 $\Delta f = 1$ kHz，VCO 的输出频率范围 $f_o = 5 \sim 5.5$ MHz。

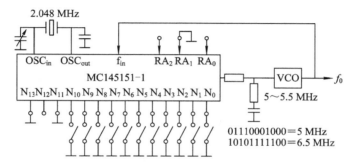

图 8.100　采用 MC145151 - 1 的 5～5.5 MHz 本振电路

图 8.101 为一个采用 MC145151-1 组成的 UHF 陆地移动电台频率合成器。采用单环混频环，参考晶振频率 $f_c=10.0417$ MHz，因 $RA_0=0$、$RA_1=1$、$RA_2=1$，故 $R=2410$，所以鉴相器 $f_r=4.1667$ kHz。程序分频器在接收状态时，分频比 $N=2284\sim3484$，当转到发射状态时，N 值应加上 865，即 $N=3140\sim4340$。

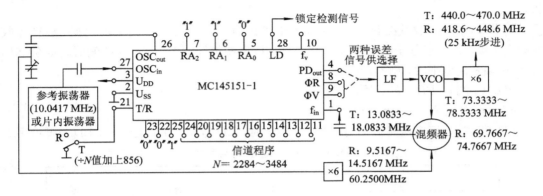

图 8.101 采用 MC145151-1 组成的 UHF 陆地移动电台频率合成器

与 MC145151-1 对应的是 MC145152-1，它是一块由 16 位并行码编程的双模 CMOS、LSI 单片锁相频率合成器，除程序分频器外，其他与 MC145151-1 基本相同。MC145151-1 是单模工作的，而 MC145152-1 是双模工作的。

2. DDFS 频率合成器

随着电子技术和通信技术的发展，DDS 频率合成器得到了广泛的应用。美国模拟器件公司(Analog Devices Inc.，ADI)是整套直接数字频率合成器集成电路的产品的业界领先制造商。DDS 集成电路的系列有 AD9830、AD9850、AD9851、AD9852、AD9854、AD9954、AD9958 等。下面介绍 DDS 芯片 AD9850 及其应用方案。

1) AD9850 的主要技术特点

AD9850 包含有 DDS、数/模转换器和比较器，可以构成一个直接可编程的频率合成器和时钟发生器。当采用一个精确的时钟脉冲信号源时，AD9850 可以产生一个稳定的频率和相位可编程的数字化的模拟正弦波输出。这个正弦波可以直接作为频率源，或在芯片内部被改变为方波在时钟发生器中应用。

AD9850 的高速 DDS 核心采用一个 32 位的频率调谐字，在 125 MHz 系统时钟的情况下，具有大约 0.0291 Hz 的输出调谐分辨率。AD9850 提供有关 5 位的相位调制分辨率，能够移相 180°、90°、45°、22.5°、11.25°。

频率调谐字、控制器字和相位偏移字通过并行或串行的装载格式异步装入 AD9850，并联装载格式由 5 个重复装入的 8 位控制字组成。第 1 个 8 位字节控制相位调制，激活低功耗和装载格式；剩余的 2~5 个字节组成 32 位频率调谐字。串行装载采用 40 位的串行数据流通过并行输入总线中的一个来完成。

AD9850 采用了先进的 CMOS 技术，电源电压为 3.3 V 或者 5 V。在 125 MHz(5 V)时，功耗为 380 mW；在 110 MHz(3.3 V)时，功耗为 155 mW；低功耗模式，电源电压为 5V 时，功耗为 30 mW，电源电压为 3.3 V 时，功耗为 10 mV。

2）AD9850 的内部结构

AD9850 的内部结构框图如图 8.102 所示。芯片内部包含有高速 DDS 内核、频率/相位数据寄存器、10 位 DAC、32 位调谐字通道、相位控制字通道、数据输入寄存器、比较器、串行装入接口、并行装入接口等电路。在 DDFS 的 ROM 中预先存入正弦函数表：器幅值按二进制分辨率量化，其相位一个周期 360° 按 $\theta_{\min} = 2\pi/2^{32}$ 的分辨率设立相位取样点，然后存入 ROM 的相应地址中。工作时，单片微机通过接口和缓冲器送入频率码。芯片提供了两种输入频率码的方法：一种是并行计算输入，8 位一个字节，分 5 次输入，其中 32 位是频率码，其余 8 位中的 5 位是初始相位控制码，3 位是掉电控制码；另一种是串行 40 位输入，由用户选用。

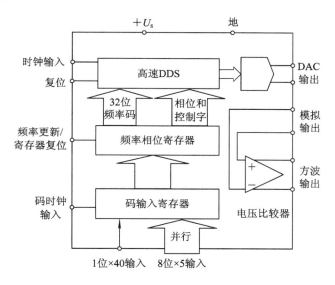

图 8.102　AD9850 内部组成框图

3）AD9850 的应用

DDS 芯片 AD9850 组成调频合成信号源的方案如图 8.103 所示。

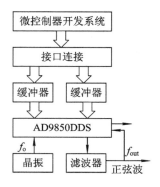

图 8.103　DDS 调频系统组成框图

实际应用中，改变读取 ROM 的地址数目，即可改变输出频率。若在系统时钟频率 f_c 的控制下，依次读取全部地址中的相位点，则输出频率最低。因为这时一个周期要读取 2^{32} 个相位点，点间间隔时间为时钟周期 T_c，则 $T_{\text{out}} = 2^{32} T_c$，因此这时的输出频率为

$$f_{\text{out}} = \frac{f_c}{2^{32}} \qquad (8.144)$$

若隔一个相位点读一次，则输出频率就会提高一倍。以此类推，可得输出频率的一般表达式为

$$f_{\text{out}} = k \frac{f_c}{2^{32}} \qquad (8.145)$$

式中，k 为频率码，是个 32 位的二进制值，可写成

$$k = A_{31} 2^{31} + A_{30} 2^{30} + \cdots + A_1 2^1 + A_0 2^0 \qquad (8.146)$$

式中，A_{31}，A_{30}，$\cdots$，A_1，A_0 对应于 32 位码值（0 或 1）。为便于看出频率码的权值对控制频率高低的影响，将式（8.146）代入式（8.145），得

$$f_{\text{out}} = \frac{f_c}{2^1} A_{31} + \frac{f_c}{2^2} A_{30} + \cdots + \frac{f_c}{2^{31}} A_1 + \frac{f_c}{2^{32}} A_0 \qquad (8.147)$$

按 AD9850 允许最高时钟频率 $f_c = 125$ MHz 进行具体说明。当 $A_0 = 1$、而 A_{31}，A_{30}，$\cdots$，A_1 均为 0 时，则输出频率最低，也就是 AD9850 输出频率的分辨率为

$$f_{\text{out min}} = \frac{f_c}{2^{32}} = \frac{125 \text{ MHz}}{4\ 294\ 967\ 296} = 0.0291 \text{ Hz}$$

与上面从概念导出的结果一致。当 $A_{31} = 1$、而 A_0，A_1，$\cdots$，A_{30} 均为 0 时，输出频率最高，即

$$f_{\text{out max}} = \frac{f_c}{2} = \frac{125 \text{ MHz}}{2} = 62.5 \text{ MHz}$$

应当指出，这时一周期只有两个取样点，已到取样定理的最小允许值，所以当 $A_{31} = 1$ 后，以下码值只能取 0。实际应用中，为了得到好的波形，设计最高输出频率小于时钟频率的 1/4。这样，只要改变 32 位频率码值，就可得到所需的频率，且频率的准确度与时钟频率同数量级。

8.7　移动通信设备实用电路举例——900 MHz 移动电话

为说明频率合成器在通信系统中的应用，下面给出图 8.104 所示的电路。

该系统频率范围是 903.0125～904.9875 MHz、80 个信道、一个信令控制信道、79 个通话信道（频率间隔为 25 kHz），其特点是采用微机控制、自动扫描搜索空闲信道、自动实现线路接续、自动识别标志、无中心台控制、专用数字呼叫信道、多信道共用的单工无线电话系统。

1. 频率合成器

频率合成器由基准频率为 12.5 MHz 的信号、温度补偿晶振和两个 PLL 组成，其中 PLL（Ⅱ）用以产生收发信机固定中频 58.5625 MHz，PLL（Ⅰ）用以产生 80 个发射和 80 个接收频率。

12.5 MHz 的信号经 100 分频后得到 125 kHz 的信号，然后分成两路：一路经二分频后对信息进行调相，调相后的输出作为 PLL（Ⅱ）的基准信号，经 PLL（Ⅱ）处理出 58.5625 MHz 的中频信号用于接收和发射；另一路经 5 分频得到 25 kHz 的信号作为 PLL（Ⅰ）的基准信号。

　　PLL（Ⅰ）接收来自 CPU1 程序分频器指令可得到 80 个频点的频率（Tx961.575～963.550 MHz，Rx961.1252～963.100 MHz）。

2. 发信机

　　PLL（Ⅰ）送来本振电压（961.575～963.550 MHz）与 PLL（Ⅱ）送来载有话音的数字信号与控制信号加到平衡混频器中产生 903.0125～904.9875 MHz 的信号，经放大发射可产生 5 W 的功率。

3. 收信机

　　903.0125～904.9875 MHz 的信号由天线放大后与 PLL（Ⅰ）送来的信号混频，产生中频 58.1125 MHz 的第一中频信号，再经过 2 次混频得 455 kHz 的信号，经解调放大送到扬声器或经 MODEM 解调在微机中进行分析。图 8.104 即为该系统手机电路原理图。

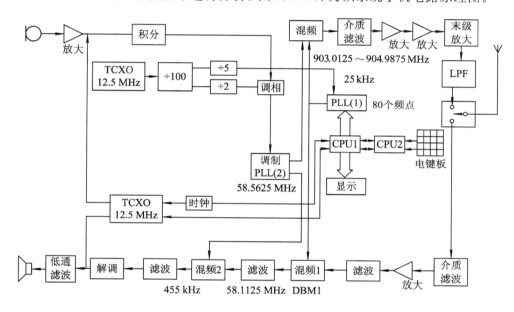

图 8.104　900 MHz 移动电话电路原理框图

本 章 小 结

　　1. 反馈控制是现代系统工程中的一种重要技术手段。在系统受到扰动的情况下，通过反馈控制作用，可使系统某个参数达到所需的精度，或按照一定的规律变化。电子线路中也常常应用反馈控制技术。根据控制对象参数不同，反馈控制电路可以分为自动增益控制（AGC）电路、自动频率控制（AFC）电路和自动相位控制（APC）电路，它们用来控制和提高整机的性能。反馈控制电路可以分为以下三类：

　　（1）自动增益控制（AGC）电路，它主要用在无线电收发系统中，在输入信号改变的情况下，以维持整机输出恒定。

　　（2）自动频率控制（AFC）电路，它用来维持电子设备中工作频率的稳定。保证调制、解调和混频时不会产生频率漂移。

（3）自动相位控制（APC）电路，又称锁相环路（PLL），它主要用于锁定相位，能够实现多种功能，是应用最广的一种反馈控制电路。

2. 反馈控制电路一般由比较器、控制信号发生器、可控器件及反馈网络四部分组成。其中，比较器的作用是将参考信号 $u_r(t)$ 和反馈信号 $u_f(t)$ 进行比较，输出一个误差信号 $u_e(t)$，然后通过控制信号发生器输出一个控制信号 $u_c(t)$，对可控器件的某一个特性进行控制。对于可控器件，或者是其输入/输出特性受控制信号 $u_c(t)$ 的控制（如可控增益放大器），或者是在不加输入的情况下，本身输出信号的某一个参量受控制信号 $u_o(t)$ 的控制（如VCO）。反馈网络的作用是在输出信号 $u_o(t)$ 中提取所需要进行比较的分量，并进行比较。根据输入比较信号参量的不同，比较器可以是电压比较器、频率比较器（鉴频器）或相位比较器（鉴相器）三种，所以对应的 $u_r(t)$ 和 $u_f(t)$ 可以是电压或频率或相位参量。可控器件的可控制的特性一般是增益、频率或相位，所以输出信号 $u_o(t)$ 的量纲是电压、频率或相位。

3. 频率合成器就是利用一个（或几个）晶体振荡器产生一系列（或若干个）标准频率信号的设备。其基本思想就是利用综合或合成的手段，综合晶体振荡器的频率稳定度、准确度高和LC振荡器改换频率方便的优点，克服了晶体点频工作和LC振荡的频率稳定度、准确度不高的缺点，而形成的频率合成技术。频率合成器主要有直接模拟频率合成器、锁相频率合成器和直接数字式频率合成器。

4. 直接模拟频率合成器是将两个基准频率直接在混频器中进行混频，以获得所需的新频率。这些基准频率是由石英晶体振荡器产生的。直接数字频率合成器（DDFS）突破了模拟频率合成法的原理，从"相位"的概念出发进行频率合成。这种合成方法不仅可以给出不同频率的正弦波，还可以给出不同初始相位的正弦波，甚至可以给出各种任意波形。

5. 锁相频率合成器利用锁相技术实现频率的加、减、乘、除运算，得到新的频率源。其优点是由于锁相环路相当于一窄带跟踪滤波器，因此能很好地选择所需频率的信号，抑制杂散分量，且避免了大量使用滤波器，十分有利于集成化和小型化。此外，一个设计良好的压控振荡器具有高的短期频率稳定性，而标准频率源具有高的长期频率稳定度，锁相频率合成器把这二者结合在一起，使其合成信号的长期稳定度和短期稳定度都很高。

6. 集成锁相频率合成器是一种专用锁相电路。它将参考分频器、参考振荡器、数字鉴相器、各种逻辑控制电路等部件集成在一个或几个单元中，以构成集成频率合成器的电路系统。

思考题与习题

8.1　接收机为什么需要自动增益控制？列举使接收机输出电压产生变化的原因。

8.2　自动增益控制的控制方法有哪几种？分别画出它们的典型电路，并说明其工作原理。

8.3　加上自动增益控制电路以后，接收机的输出电压能否保持绝对不变，为什么？有哪些办法可以使输出电压的变化尽量小？

8.4　自动增益控制对被控放大器的频率特性有哪些影响，如何减小这些影响？

8.5　对接收机的各级谐振放大器进行调谐时，是否应将自动增益控制电路去掉，为什么？

8.6　比较 AFC 和 AGC 系统，指出它们之间的异同。

8.7　锁相与自动频率微调有何区别？为什么说锁相环相当于一个窄带跟踪滤波器？

8.8　当输入信号和本振信号的初始频差 $\omega_i - \omega_o = 0$ 时，环路锁定后二者的相位差等于多少？从物理意义上如何解释？

8.9　题图 8.1 是接收机三级 AGC 电路框图。已知可控增益放大器增益 $K_v/(U_c) = 20/(1+U_c)$。当输入信号 $U_{i\,min} = 125\ \mu V$ 时，对应输出信号振幅 $U_{o\,min} = 1\ V$，当 $U_{i\,max} = 250\ mV$ 时，对应的输出信号振幅 $U_{o\,max} = 3\ V$。试求直流放大器增益 K_1 和参考电压 U_r 的值。

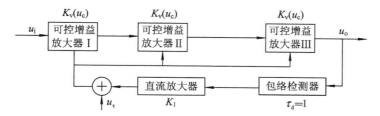

题图 8.1

8.10　题图 8.2(a)、(b)是调频接收机 AGC 电路的两种设计方案，试分析哪一种方案可行，并加以说明。

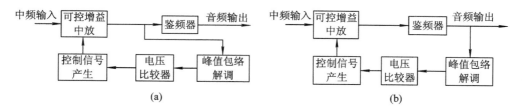

题图 8.2

8.11　为什么在鉴相器后面一定要加入环路滤波器？

8.12　某调频通信接收机的 AFC 系统如题图 8.3 所示。

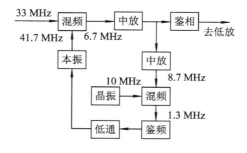

题图 8.3

试说明它的组成原理，与一般调频接收机 AFC 系统相比有什么区别？有什么优点？若将低通滤波器省去是否可正常工作？能否将低通滤波器的元件合并到其他元件中？

8.13　设计一个 FM 调制器。技术指标如下：频率范围 68～88 MHz；输出阻抗 50 Ω；

输出电平 100 mW；音频输入 600 Ω，300 mV；电源电压 24 V，1 A。

8.14 求题图 8.4 锁相式频率合成器中压控振荡器频率 f_{VCO}。

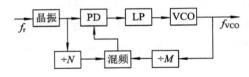

题图 8.4

8.15 频率合成技术有主要有几种？它们各有什么优缺点？

8.16 试述 DDS 的原理。

参 考 文 献

[1]　王康年. 高频电子线路. 西安：西安电子科技大学出版社，2009.

[2]　王卫东，傅佑麟. 高频电子电路. 北京：电子工业出版社，2004 .

[3]　高吉祥. 高频电子线路. 2 版. 北京：电子工业出版社，2009.

[4]　胡宴如，章忠全. 高频电子线路. 北京：高等教育出版社，1993.

[5]　曾兴雯，刘乃安，陈健编. 高频电子线路. 北京：高等教育出版社，2004.

[6]　张肃文，陆兆熊. 高频电子线路. 3 版. 北京：高等教育出版社，1993.

[7]　张义芳. 高频电子线路. 哈尔滨：哈尔滨工业大学出版社，2009.

[8]　阳昌汉. 高频电子线路. 哈尔滨：哈尔滨工业大学出版社，2001.

[9]　谢嘉奎. 电子线路. 非线性部分. 4 版. 北京：高等教育出版社，2000.

[10]　谢沅清，解月珍. 通信电子线路. 北京：北京邮电大学出版社，2000.

[11]　严国萍. 高频电子线路学习指导与题解. 武汉：华中科技大学出版社，2003.

[12]　高吉祥. 高频电子线路. 北京：电子工业出版社，2003.

[13]　高如云，等. 通信电子线路. 2 版. 西安：西安电子科技大学出版社，2002.

[14]　沈伟慈. 高频电路. 西安：西安电子科技大学出版社，2000.

[15]　沈琴. 非线性电子线路. 北京：北京广播学院出版社，2000.

[16]　徐祎. 通信电子技术. 西安：西安电子科技大学出版社，2003.

[17]　谢沅清，籍义忠. 晶体管高频电路. 下册. 北京：人民邮电出版社，1980.

[18]　吴慎山. 高频电子线路. 北京：电子工业出版社，2007.

[19]　曾兴雯，刘乃安，陈健. 高频电子线路辅导. 西安：西安电子科技大学出版社，
　　　2000.

[20]　王恒山. 调频解调技术. 北京：高等教育出版社，1989.

[21]　张企民.《通信电子线路(第二版)》学习指导. 西安：西安电子科技大学出版社，
　　　2004.

[22]　黄智伟. 锁相环与频率合成器电路设计. 西安：西安电子科技大学出版社，2008.

[23]　杜武林，李纪澄，曾兴雯. 高频电路原理与分析. 2 版. 西安：西安电子科技大学出
　　　版社，1994.

[24]　曹志刚，钱亚生. 现代通信原理. 北京：清华大学出版社. 1992.

[25]　张肃文. 高频电子线路. 5 版. 北京：高等教育出版社，2009.

[26]　刘联会. 通信电路原理. 北京：北京邮电大学出版社，2004.

[27]　于洪珍. 通信电子电路. 北京：清华大学出版社，2005.

[28]　杨霓清. 高频电子线路. 北京：机械工业出版社，2007.